智囊图书·建筑书系

全国土木工程类实用创新型规划教材

# 理论力学

LILUN LIXUE

主　编　郭新柱

副主编　黄玉果　黄剑锋　李剑光

编　者　张　琴　闫　琴　谭喜云

吴　岩

哈爾濱工業大學出版社

## 内容简介

本书从工程实例出发，介绍了静力学、运动学和动力学等方面的知识，具有较强的工程实践指导性，充分体现了职业性、典型性、实践性和开放性的要求，实现了以能力培养为目标的教学宗旨。本书内容包括：静力学公理与物体的受力分析，平面汇交力系与力偶系，平面任意力系与摩擦，空间力系，点的运动，刚体的平面运动，动力学基本定律、运动微分方程与动量定理，动量矩定理，动能定理，达朗贝尔原理，虚位移原理等。

本书按照“理论力学”教学大纲的基本要求编写，可作为普通高等院校、高职高专“理论力学”课程教材，也可供相关专业师生和工程技术人员参考。

**图书在版编目(CIP)数据**

理论力学/郭新柱主编．—哈尔滨：哈尔滨工业大学出版社，2014.7

ISBN 978-7-5603-4679-3

Ⅰ．①理…　Ⅱ．①郭…　Ⅲ．①理论力学-高等学校-教材　Ⅳ．①O31

中国版本图书馆 CIP 数据核字(2014)第 086973 号

责任编辑　刘　瑶
出版发行　哈尔滨工业大学出版社
社　　址　哈尔滨市南岗区复华四道街 10 号　邮编 150006
传　　真　0451-86414749
网　　址　http://hitpress.hit.edu.cn
印　　刷　三河市越阳印务有限公司
开　　本　850mm×1168mm　1/16　印张 14.5　字数 419 千字
版　　次　2014 年 7 月第 1 版　2014 年 7 月第 1 次印刷
书　　号　ISBN 978-7-5603-4679-3
定　　价　31.00 元

# Preface
# 前言

为了配合全国土木工程类实用创新型规划教材建设，我们组织兄弟院校具有丰富教学经验的老师通力合作，编写了本书。本书在编写过程中，充分吸收借鉴了近年来各兄弟院校的教学研究成果，紧密联系工程实际和科技发展成果，在内容编排上，结合职业资格认证，理论联系实际，充分体现普通高等教育特色。本书内容采用模块化结构，便于教与学。

**本书特色**

1. 本书内容按照课程内容的内在联系、认识规律和“理论力学”课程的一般顺序编排，将内容分为 11 个模块。

2. 对教学内容进行了优化整合，适当简化或删除了公式的详细推导过程，拓宽了知识在工程中的实际运用。

3. 教学内容编排上设有：模块概述、知识目标、能力目标、学习重点、课时建议、工程导入、知识拓展等，以此明确学习目的与要求、体现出知识的内在联系与工程实际运用，有利于学生系统掌握知识、学会知识的使用，有利于学生自主学习能力的培养与提高。

4. 教材中“拓展与实训”中设有：职业能力训练、工程模拟训练及链接执考等，借此强化工程背景，强化学生工程意识，加强解决工程实际的能力，同时也为今后执考提供了素材。

5. 强化案例教学，教材中增加了调查、分析、讨论等类型的综合例题，引导学生理论联系实际。

6. 本书的内容较为全面，可视实际授课具体情况酌情取舍，其中加“*”号的章节为选学内容。

**本书内容**

本书全面介绍了静力学、运动学和动力学的基本知识，注重培养学生分析问题和解决问题的能力。主要内容包括：静力学的物体受力分析，平面力系空间力系求解，运动学的点和刚体的基本运动，点和刚体的合成运动，动力学基本方程，动力学三大定理，达朗贝尔原理，虚位移原理。

**本书应用**

本书按照“理论力学”教学大纲的基本要求编写，可作为高等院校、高职高专“理论力学”课程教材，也可供有关专业师生和工程技术人员参考。

由于编者水平有限，本书欠妥之处恳请广大读者批评指正。

编　者

# 编审委员会

**主　任**：胡兴福

**副主任**：李宏魁　　符里刚

**委　员**：（排名不分先后）

| | | |
|---|---|---|
| 胡　勇 | 赵国忱 | 游普元 |
| 宋智河 | 程玉兰 | 史增录 |
| 张连忠 | 罗向荣 | 刘尊明 |
| 胡　可 | 余　斌 | 李仙兰 |
| 唐丽萍 | 曹林同 | 刘吉新 |
| 武鲜花 | 曹孝柏 | 郑　睿 |
| 常　青 | 王　斌 | 白　蓉 |
| 张贵良 | 关　瑞 | 田树涛 |
| 吕宗斌 | 付春松 | 蒙绍国 |
| 莫荣锋 | 赵建军 | 易　斌 |
| 程　波 | 王右军 | 谭翠萍 |
| 边喜龙 | | |

# 本书学习导航

模块概述

简要介绍本模块与整个工程项目的联系，在工程项目中的意义，或者与工程建设之间的关系等。

学习目标

包括知识目标和技能目标，列出了学生应了解与掌握的知识点。

课时建议

建议课时，供教师参考。

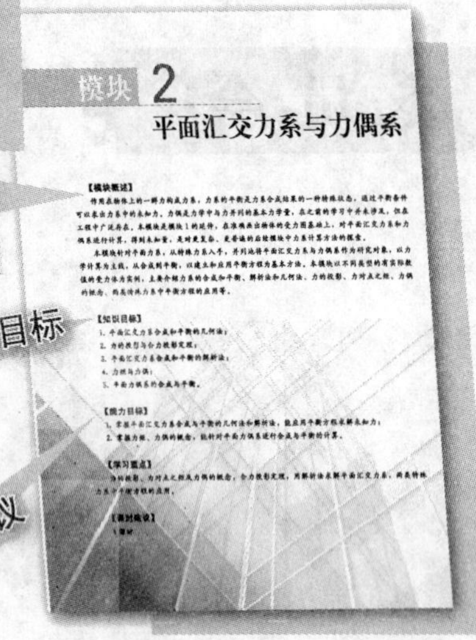


工程导入

各模块开篇前导入实际工程，简要介绍工程项目中与本模块有关的知识和它与整个工程项目的联系及在工程项目中的意义，或者课程内容与工程需求的关系等。

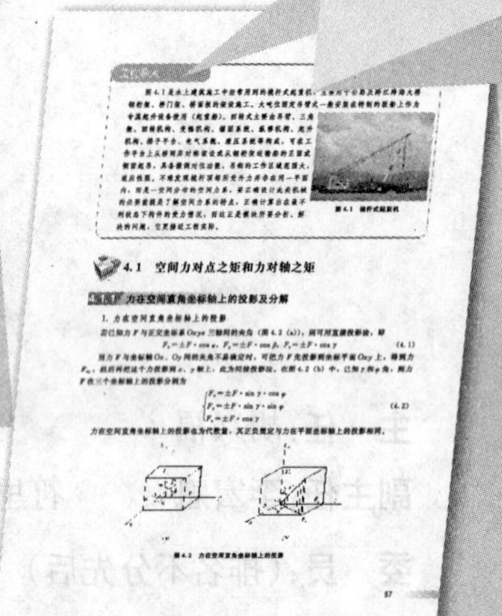


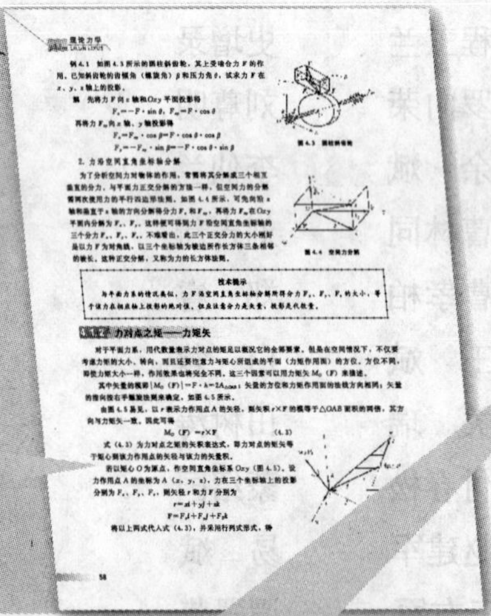

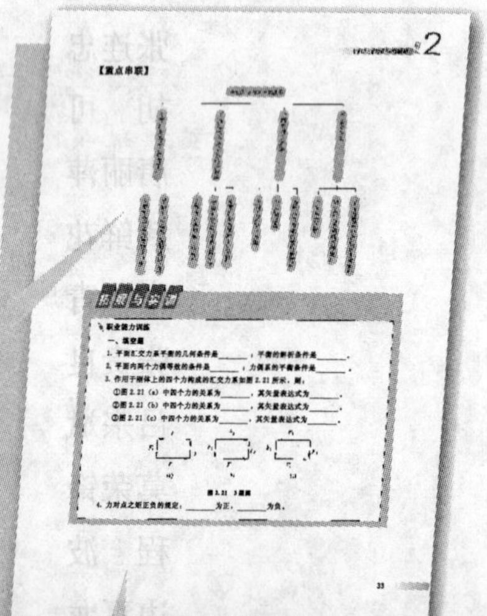


技术提示

言简易赅地总结实际工作中容易犯的错误或者难点、要点等。

重点串联

用结构图将整个模块的重点内容贯穿起来，给学生完整的模块概念和思路，便于复习总结。

拓展与实训

包括职业能力训练、工程模拟训练和链接执考三部分，从不同角度考核学生对知识的掌握程度。

# 目录 Contents


绪　论

模块 1　静力学公理与物体的受力分析

☞模块概述/005
☞知识目标/005
☞能力目标/005
☞学习重点/005
☞课时建议/005
☞工程导入/006
1.1　静力学的基本概念/006
1.1.1　力和力系/006
1.1.2　平衡的概念/007
1.1.3　刚体/007
1.2　静力学的基本公理/007
1.3　约束与约束反力/010
1.3.1　自由体/010
1.3.2　非自由体/010
1.3.3　约束和约束反力/010
1.4　物体的受力分析和受力图/013
❖重点串联/015
❖拓展与实训/016
✼职业能力训练/016
✼工程模拟训练/018
✼链接执考/018

模块 2　平面汇交力系与力偶系

☞模块概述/020
☞知识目标/020
☞能力目标/020
☞学习重点/020
☞课时建议/020
☞工程导入/021
2.1　平面汇交力系合成与平衡/021
2.1.1　平面汇交力系合成的几何法/021
2.1.2　平面汇交力系平衡的几何条件/022
2.2　平面汇交力系合成的解析法/023
2.2.1　力在直角坐标轴上的投影/024
2.2.2　平面汇交力系合成的解析法/025
2.2.3　平面汇交力系的平衡方程/026
2.3　平面力对点之矩/027
2.3.1　力对点之矩(力矩)/027
2.3.2　合力矩定理/028
2.3.3　力矩与合力矩的解析表达式/029
2.4　平面力偶系/029
2.4.1　力偶与力偶矩/029
2.4.2　同平面内力偶的等效定理/031
2.4.3　平面力偶系的合成和平衡条件/031
❖重点串联/033
❖拓展与实训/033
✼职业能力训练/033
✼工程模拟训练/036
✼链接执考/036

模块 3　平面任意力系与摩擦

☞模块概述/037
☞知识目标/037
☞能力目标/037
☞学习重点/037
☞课时建议/037
☞工程导入/038
3.1　平面任意力系/038
3.1.1　力线平移定理/038
3.1.2　平面任意力系的简化/039
3.1.3　平面任意力系的平衡/041
3.1.4　物体系统的平衡、静定和超静定问题/043
3.1.5　平面桁架/045
3.2　摩擦/048
3.2.1　滑动摩擦力与滑动摩擦定律/048
3.2.2　摩擦角及自锁现象/049

3.2.3 考虑摩擦的平衡问题/049
❖重点串联/050
❖拓展与实训/051
✽职业能力训练/051
✽工程模拟训练/054
✽链接执考/054

模块4 空间力系

☞模块概述/056
☞知识目标/056
☞能力目标/056
☞学习重点/056
☞课时建议/056
☞工程导入/057
4.1 空间力对点之矩和力对轴之矩/057
4.1.1 力在空间直角坐标轴上的投影及分解/057
4.1.2 力对点之矩——力矩矢/058
4.1.3 力对轴之矩/059
4.1.4 力对点之矩与力对轴之矩的关系/060
4.2 空间任意力系向已知点简化/061
4.2.1 空间力偶/061
4.2.2 空间任意力系向任意点的简化/062
4.3 空间任意力系的简化结果分析/064
4.4 空间任意力系的平衡方程及其应用/065
4.4.1 空间任意力系的平衡方程/065
4.4.2 空间约束/067
4.4.3 空间力系平衡方程的应用/067
4.5 平行力系的中心及物体的重心与质心/070
4.5.1 平行力系的中心/070
4.5.2 重心和质心/071
❖重点串联/076
❖拓展与实训/077
✽职业能力训练/077
✽工程模拟训练/081
✽链接执考/081

模块5 点的运动

☞模块概述/082
☞知识目标/082
☞能力目标/082
☞学习重点/082
☞课时建议/082
☞工程导入/083
5.1 点的运动和刚体的基本运动/083
5.1.1 点的运动的描述方法/083
5.1.2 刚体的平移及其运动特征/093
5.1.3 刚体绕定轴的转动/094
5.1.4 定轴转动刚体内各点的速度和加速度/095
5.2 点的复合运动/100
5.2.1 绝对运动、相对运动和牵连运动/100
5.2.2 点的速度合成定理/102
5.2.3 牵连运动为平移时点的加速度合成/104
❖重点串联/107
❖拓展与实训/107
✽职业能力训练/107
✽工程模拟训练/112
✽链接执考/112

模块6 刚体的平面运动

☞模块概述/114
☞知识目标/114
☞能力目标/114
☞学习重点/114
☞课时建议/114
☞工程导入/115
6.1 刚体平面运动概述和运动分析/115
6.1.1 刚体平面运动的特征/115
6.1.2 刚体平面运动的简化/115
6.1.3 刚体平面运动的方程/116
6.1.4 刚体平面运动的分解/116
6.2 平面图形上各点的速度分析/117
6.2.1 基点法/117
6.2.2 投影法/119
6.2.3 瞬心法/120
6.3 平面运动刚体上各点的加速度分析/123
❖重点串联/124
❖拓展与实训/124
✽职业能力训练/124
✽工程模拟训练/127
✽链接执考/128

## 模块7 动力学基本定律、运动微分方程与动量定理

☞模块概述/129
☞知识目标/129
☞能力目标/129
☞学习重点/129
☞课时建议/129
☞工程导入/130
7.1 动力学基本定律和运动微分方程/130
7.1.1 动力学基本定律——惯性坐标系/130
7.1.2 质点运动微分方程/132
7.1.3 质点动力学的两类基本问题/133
7.2 动量定理/136
7.2.1 动力学普遍定理概述/136
7.2.2 质点的动量、力的冲量及质点的动量定理/136
7.2.3 质心、重心、形心及质心运动守恒/138
❖重点串联/141
❖拓展与实训/141
✽职业能力训练/141
✽工程模拟训练/144
✽链接执考/144

## 模块8 动量矩定理

☞模块概述/145
☞知识目标/145
☞能力目标/145
☞学习重点/145
☞课时建议/145
☞工程导入/146
8.1 动量矩定理及动量矩守恒/146
8.1.1 动量矩/146
8.1.2 动量矩定理/148
8.2 刚体定轴转动微分方程/151
8.2.1 刚体定轴转动微分方程/151
8.2.2 转动惯量/152
8.2.3 刚体定轴转动微分方程的应用/156
8.3* 刚体平面运动微分方程/158
8.3.1 相对于质心的动量矩定理/158
8.3.2 刚体平面运动微分方程/158
❖重点串联/160
❖拓展与实训/160
✽职业能力训练/160
✽工程模拟训练/163
✽链接执考/164

## 模块9 动能定理

☞模块概述/165
☞知识目标/165
☞能力目标/165
☞学习重点/165
☞课时建议/165
☞工程导入/166
9.1 功的概念与计算方法/166
9.1.1 功的概念/166
9.1.2 功的计算方法/166
9.2 质点和质点系的动能/169
9.2.1 质点的动能/169
9.2.2 质点系的动能/169
9.3 动能定理/170
9.3.1 质点的动能定理/170
9.3.2 质点系的动能定理/171
9.3.3 理想约束及内力做功/171
9.4 功率、功率方程及机械效率/173
9.4.1 功率/173
9.4.2 功率方程/174
9.4.3 机械效率/174
9.5 势力场、势能及机械能守恒定律/175
9.5.1 势力场/175
9.5.2 势能/175
9.5.3 机械能守恒定律/176
9.6 动力学普遍定理在工程中的应用/177
❖重点串联/180
❖拓展与实训/181
✽职业能力训练/181
✽工程模拟训练/184
✽链接执考/185

## 模块10 达朗贝尔原理

☞模块概述/186
☞知识目标/186

☞能力目标/186
☞学习重点/186
☞课时建议/186
☞工程导入/187
10.1 惯性力及惯性力系的简化/187
10.1.1 惯性力的概念/187
10.1.2 惯性力系及其简化/189
10.2 达朗贝尔原理/192
10.2.1 质点达朗贝尔原理/192
10.2.2 质点系达朗贝尔原理/193
10.3 定轴转动刚体的动反力及动平衡的概念/195
10.4 达朗贝尔原理的应用/196
❖重点串联/198
❖拓展与实训/198
✲职业能力训练/198
✲工程模拟训练/201
✲链接执考/201

## 模块 11 虚位移原理

☞模块概述/202
☞知识目标/202
☞能力目标/202
☞学习重点/202
☞课时建议/202
☞工程导入/203
11.1 约束方程/203
11.2 虚位移的计算/205
11.2.1 虚位移/205
11.2.2 虚位移的计算/207
11.3 虚位移原理/207
11.3.1 虚功/207
11.3.2 理想约束/208
11.3.3 虚位移原理/208
11.3.4 虚位移原理的应用/209
11.4* 自由度与广义坐标/213
11.4.1 自由度/213
11.4.2 广义坐标/214
11.5* 以广义力表示质点的平衡条件/215
11.5.1 以广义力表示的质点系平衡条件/215
11.5.2 广义力的计算/215
❖重点串联/217
❖拓展与实训/218
✲职业能力训练/218
✲工程模拟训练/220
✲链接执考/221
参考文献/222

# 绪论

1. 理论力学的研究对象

理论力学是研究物体机械运动一般规律的科学。

物体在空间的位置随时间的改变，称为机械运动。机械运动是人们生活和生产实践中最常见的一种运动。平衡是机械运动的特殊情况。机械运动包括静止、移动、转动、振动、变形、流动、波动及扩散等。

运动是物质存在的形式，它的范围很广，包括物体位置的变化、发光、发热、化学变化甚至人脑的思维等。

理论力学属于古典力学的范畴。古典力学是以伽利略和牛顿所建立的基本定律为基础建立起来的力学理论。所谓古典力学是对相对论力学和量子力学而言的。相对论力学研究速度接近光速(300 000 km/s) 的物体的运动。量子力学研究微观粒子的运动。古典力学研究运动速度远小于光速的宏观物体的运动。虽然古典力学具有一定的局限性，但是大多数工程实际的力学问题都属于古典力学的研究范畴。由于古典力学是在生产和科学实践中发展起来的，因而在一般情况下具有足够的准确性。因此，对于宏观物体在速度远小于光速时的运动，特别是对绝大多数工程实际的力学问题的计算，仍以古典力学的定理为依据。

2. 理论力学发展简史

力学是一门古老的科学，也是最早获得发展的科学之一。远在奴隶社会时代，人们就已经通过劳动所积累的经验开始创造一些简单的工具。我国劳动人民积累了比较丰富的力学知识，如杠杆原理、功的原理、滚动摩擦的原理。我国古代的《墨经》是一部最早记述有关力学原理的著作，对于力的定义及杠杆平衡提出了正确的见解，后来在欧洲相继出现了亚里士多德的《物理学》和阿基米德的《论比重》等著作，建立了有关杠杆平衡原理、重心、浮力原理等理论，奠定了静力学的基础。

西方于15世纪后期进入文艺复兴时期，由于商业资本的兴起，生产力发展很快，手工业、航海、建筑及军事技术等领域提出了新的问题，推动了力学和其他科学的迅速发展。意大利著名画家、物理学家莱奥纳多·达·芬奇研究了物体沿斜面运动和滑动摩擦的问题，他发现了惯性原理，研究平衡问题时提出了力矩的概念。波兰科学家尼古拉·哥白尼创立了宇宙“日心说”，引起科学界宇宙观的革命。德国学者约翰·开普勒提出了行星运动三大定律，为牛顿发现万有引力定律打下了基础。意大利著名科学家伽利略通过实验方法验证了自由落体运动定律，并提出了惯性定律和加速度的概念，从而奠定了动力学的基础。英国伟大的科学家牛顿在总结前人的研究成果后，写出了《自然哲学的数学原理》一书，对动力学做了系统的描述，提出了牛顿三大定律，奠定了古典力学的基础。

18～19世纪是理论力学发展的成熟时期，特别是西方工业革命后，天文、军事、水利、建筑、航海、航空、机械和仪器等工业的迅速发展，给力学提出了许多新的问题，同时数学的发展也为力学的发展提供了有利条件，使得力学发展成为理论严谨、体系完整的学科。瑞士数学家约翰·伯努利最先提出了重要的虚位移原理。瑞士数学力学家莱奥纳多·欧拉的名著——《力学》给出了用微分方程表示的分析方法来解决质点的运动问题，发展了摩擦、刚体运动等方面研究。1743年，法国科学家达朗贝尔在他的著作《动力学专论》中提出了达朗贝尔原理，提供了非自由质点动力学的普遍解法。随后，法国数学家、力学家拉格朗日在分析力学方面获得了辉煌的成就，他把虚位移原理与达朗贝尔原理相结合，导出了拉格朗日方程。19世纪上半期，由于大量机器的使用，功和能的概念在科学技术中得到了发展；能量守恒与转化定律不但在工程技术中得到了应用，而且沟通了各门科学之间的联系。

19世纪末20世纪初，随着物理学和其他学科的迅速发展，出现了许多古典力学无法解释的现象，使得牛顿力学的普遍性受到了怀疑。伟大的物理学家爱因斯坦创立了相对论力学，否定了绝对空间和绝对时间的概念，为力学的发展做出了巨大贡献。

20世纪初发明的量子力学，是研究微观粒子的运动规律的物理学分支学科，它主要研究原子、分子、凝聚态物质，以及原子核和基本粒子的结构、性质的基础理论，它与相对论一起构成了现代物理学的理论基础。

3. 我国力学成就简介

我国古代（14世纪以前）在力学的发展上始终走在世界的前列，只是在近代封建社会的统治下，才变得比较落后。

在力学的发展史上，我国不乏光辉的成就。早在2 300多年前，我国古代思想家墨子所著《墨经》中就包含了丰富的关于力学、光学、几何学、工程技术知识和现代物理学、数学的基本要素。现在研究杠杆所用的动力、阻力、动力臂、阻力臂等概念，在《墨经》中分别称为重、权、本、标。

万里长城（图0.1）是我国也是世界上修建时间最长、工程量最大的一项古代防御工程。自公元前七八世纪开始，延续不断修筑了2 000多年，分布于我国北部和中部的广大土地上，总计长度约达50 000 km，被称之为“上下两千多年，纵横十万余里”。如此浩大的工程不仅在我国就是在世界上也是绝无仅有的，因而在几百年前就与罗马斗兽场、比萨斜塔等列为中古世界七大奇迹之一。

公元前250年，李冰建成了至今闻名中外的都江堰（图0.2）。它是岷江上的大型引水枢纽工程，也是现有世界上历史最长的无坝引水工程。

图0.1 万里长城

图0.2 都江堰

东汉时期，我国频繁发生地震，为了测定地震方位，张衡经过多年的潜心研究，终于在公元132年（东汉顺帝阳嘉元年），发明了世界上第一台测定地震方位的科学仪器——候风地动仪（图0.3）。

591～599年，隋代的李春建成了赵州桥（图0.4）至今已有1 400多年历史。它跨度为37.4 m，采用拱高只有7 m的浅拱——敞肩拱，敞肩拱的运用为世界桥梁史上的首创，并有“世界桥梁鼻祖”的美誉。

图 0.3　地动仪

图 0.4　赵州桥

山西应县木塔（图 0.5）于 1056 年建成，采用筒体结构和各种斗拱结构，900 多年来经受过多次地震的考验。

钱塘江大桥（图 0.6）位于浙江省杭州市西湖之南六和塔附近的钱塘江上，由我国著名桥梁专家茅以升主持设计，是我国自行设计、建造的第一座双层铁路、公路两用桥，横贯钱塘江南北，是连接沪杭甬铁路、浙赣铁路的交通要道。该桥于 1934 年 8 月 8 日开始动工兴建，1937 年 9 月 26 日建成，经历了 70 多年的风风雨雨，钱塘江大桥至今依然屹立在钱塘江之上。

图 0.5　山西应县木塔

图 0.6　钱塘江大桥

以上建筑成就需要综合诸如理论力学、材料力学、结构力学等一系列多学科综合知识，标志着我国古代力学已经发展到了一个较高的水平。

4. 理论力学的研究方法

力学是人类通过长期的生活实践、生产实践和科学实验积累了大量有关机械运动的素材，经过抽象、综合、归纳和数学演绎建立概念和理论体系，再回到实践中去检验及指导新的实践，获得进一步的发展。理论力学的研究方法从观察实验出发，经过抽象化和归纳建立概念和理论，用数学演绎的方法推导定理和结论，再回到实践中去验证理论和解决实际问题。理论力学的产生和发展就是人类对于物体机械运动认识的深化过程，是通过长期的生产实践和无数次科学实验而形成的。人们经过无数次实践—理论—再实践的反复过程，使人类对力学问题的认识不断提高和深化，逐步总结和归纳形成了物体机械运动一般规律的理论。

理论力学问题的解决方法通常是把研究对象抽象为力学模型，再根据力学理论把力学量之间的数量关系建立方程，然后通过数学运算进行求解。理论力学来源于实践，应用于实践，我们只有不断地把所学到的理论应用到生产实践中去，经常应用所学理论解决工程技术问题，才是研究理论力学的正确方法。

5. 理论力学的学习目的

理论力学是一门重要的技术基础课，它是连接基础课与专业课的桥梁与纽带，起着承前启后的作用，它为一系列后续课程诸如材料力学、结构力学、弹性力学、机械原理、机械设计等专业课提供必要的理论基础。所以，没有理论力学的基本知识，就无法学习后续课程。

理论力学的许多问题均来自于工程实践，它为解决工程实际问题提供了必要的理论基础和计算方法。理论力学的理论和方法能够直接运用于工程实际，可以直接用来解决工程实际问题。

学习理论力学有助于学习其他科学理论，有助于培养历史唯物主义和辩证唯物主义世界观，有助于培养分析问题和解决问题的能力，为今后参加工程实践，从事科学研究打下良好基础。

随着科学技术的发展，许多学科领域的研究都需要理论力学的知识，所以理论力学是工程技术人员必备的理论基础。

6. 理论力学的学习方法

理论力学是一门理论性、逻辑性和系统性较强的课程，是许多专业课的基础。因此，对于大多数理工科学生来说，学好理论力学显得尤为重要。要想学好理论力学，应该注意以下几点：

(1) 在上课之前应该对老师即将讲授的内容做到心中有数，提前预习，把不懂的内容记下来，当老师讲到该内容时应重点听。这样做的好处是化被动学习为主动学习，掌握学习的主动权，长期坚持，有助于培养学生的自学能力。

(2) 课堂上要认真听讲，积极思考，紧跟老师的思路，简明扼要地记笔记，老师补充的内容特别是补充的习题、例题，要认真记录，便于日后复习。

(3) 课后应该认真仔细地阅读教材，及时复习，及时消化。要养成坚持做读书笔记的好习惯，简明扼要地概括每章的基本概念、基本理论及基本公式，这样能够加深记忆，便于复习和理解，达到“提要钩玄”的目的。

(4) 本着先入门再提高的原则，开始先做一些简单的题目，树立自信心，而后再做一些难度较大的题目便于提高。解题要讲究方法，解理论力学习题时一定要重视画图，静力学要画物体受力图，以便帮助解题。

(5) 学好理论力学要做到理论联系实际。理论力学的概念和定理来源于实践应用于实践，具有深刻的工程实际背景。要多观察、多思考，善于在日常生活中和工程实际中发现问题，结合所学理论和知识去分析问题、解决问题，这样做对理论和概念的学习有很大的帮助。

# 模块 1

# 静力学公理与物体的受力分析

**【模块概述】**

约束、约束反力、平衡、力与力系是理论力学中最基本的概念，平面汇交力系是对构件进行力学分析简化后的基本力学模型，本模块既是对已学物理知识的深化，又是对工程实际力学分析计算的基础，是模块 2 的先行基础，是学好理论力学的必备基础。

本模块以刚体为主要研究对象，以物体受力分析为主线，以平衡为求解条件，以不同类型的典型受力体为实例，主要介绍力、约束、平衡的基本概念，以及物体受力分析方法、受力图的绘制。

**【知识目标】**

1. 力、刚体、平衡、等效等重要概念；
2. 静力学公理；
3. 恰当地选取分离体，正确地进行受力分析和画受力图；
4. 基本约束类型的性质及其约束反力。

**【能力目标】**

1. 能明确约束、约束反力、刚体、平衡及刚体的概念；
2. 能借助五个公理推出两个推论；
3. 能识别约束反力类型，正确画出受力图。

**【学习重点】**

约束、约束反力、刚体、平衡的基本概念以及五个公理、两个推论、物体受力分析及受力图的绘制。

**【课时建议】**

4～6 课时

## 工程导入

图 1.1 所示为 1974 年竣工的美国伊利诺斯州芝加哥西尔斯大厦，高 443 m，地上 119 层，地下 3 层。大厦采用钢框架构成的成束筒结构，外形逐渐上收，既减小风压又获得外部造型渐变的效果，保持了世界上最高建筑物记录 25 年。

图 1.2 所示为哈利法塔（原名迪拜塔，又称迪拜大厦或比斯迪拜塔），由韩国三星公司负责建造。该大厦位于阿拉伯联合酋长国迪拜，一共有 162 层、总高 828 m。哈利法塔于 2004 年 9 月 21 日开始动工，2010 年 1 月 4 日竣工，为当前世界第一高楼与人工构造物，造价达 70 亿美元。总共使用 33 万 $m^3$ 混凝土、3.9 万 t 钢材及 14.2 万 $m^2$ 玻璃。大厦内设有 56 部升降机，速度最高达 17.4 m/s，另外还有双层的观光升降机，每次最多可载 42 人。

哈利法塔仅大厦本身的修建就耗资至少 10 亿美元，还不包括其内部大型购物中心、湖泊和稍矮的塔楼群的修筑费用。为了修建哈利法塔，共调用了大约 4 000 名工人和 100 台起重机。建成之后，它不仅是世界第一高楼，还是世界第一高建筑。

**图 1.1　西尔斯大厦**

**图 1.2　哈利法塔**

这些成功的建筑设计的共同点之一就是，材料选择得当、结构设计合理，而现代设计中要想做到这一点的前提是进行正确的受力分析与计算。

# 1.1　静力学的基本概念

## 1.1.1　力和力系

力是物体间的相互作用，这种作用使物体的运动状态和物体的形状发生变化。物体间相互作用力的形式多种多样，归纳起来可分为两大类：一类是物体间的直接接触作用产生的作用力，如压力、摩擦力等；另一类是通过场的作用产生的作用力，如万有引力场、电磁场对物体作用的万有引力和电磁力。

力是物体间的相互作用。有一个力，就必然有一个施力物体和一个受力物体，离开物体间的相互作用是不能进行受力分析的。

从观察和实验可知，力对物体的作用效果完全取决于力的三要素，即力的大小、方向、作用点。其中任何一个要素发生变化，力的作用效应也随之发生变化。

力是具有大小和方向的量，即为矢量。它常用带箭头的直线线段来表示，其中线段的长度（按一定的比例）表示力的大小，线段的方位和所带箭头的指向表示力的方向，线段的起点表示力的作用点。过力的作用点沿力的矢量方向画出直线，称为力的作用线。

在国际单位制（SI）中，力的单位是牛［顿］，符号表示为 N。

在工程单位制中，力的单位是千克力，用符号表示为 kgf，1 kgf=9.8 N。

本书中，凡是矢量都用粗斜体字母表示，如力 ***F***；而这个矢量的大小（标量）则用斜体的同一字母（细体）表示，如 *F*。

作用在物体上的一群力称为力系。力的作用线在同一平面内，该力系称为平面力系；力的作用线为空间分布，该力系称为空间力系；力的作用线汇交于同一点，该力系称为平面汇交力系或空间汇交力系；力的作用线相互平行，该力系称为平面平行力系或空间平行力系。力的作用线既不平行又不相交，该力系称为平面任意力系或空间任意力系。力系作用于物体上而不改变其运动状态，则称该力系为平衡力系。如果两个力系分别作用于同一个物体上其效应相同，则这两个力系称为等效力系。若一个力与一个力系等效，则称这个力是这个力系的合力，而该力系中的每个力是这个合力的分力。对一个比较复杂的力系，求与它等效的简单力系的过程称为力系的简化。

**技术提示**

力的单位除工程单位制（kgf）、国际单位制（SI 制）（N）外，还有英制（FPS 制）（磅，用符号表示为 lb）。其关系是：1 lb=4.448 3 N。

### 1.1.2 平衡的概念

平衡是指物体相对于惯性参考系保持静止或匀速直线运动状态。平衡是物体机械运动的一种特殊形式，如静止在地面上的楼房、桥梁等。所谓惯性参考系通常是指与地球固连的参考系。

### 1.1.3 刚　体

所谓刚体，是指在力的作用下，大小和形状始终不变的物体。也就是说，物体任意两点间的距离保持不变。在实际问题中，任何物体在力的作用下或多或少都会产生变形，如果物体变形不大或变形对所研究的问题没有实质影响，则可将物体视为刚体。静力学主要以刚体为研究对象，所以也称刚体静力学。

**【知识拓展】**

**刚体与弹性体**

刚体是指物体内部任意两点的距离不发生改变，也就是不会变形。这种模型主要是理论力学研究的对象，是建立基本力学概念的基础，当然，在天体力学中也有广泛的应用，在建筑工程中如果出现刚度非常大，也可以简化为刚体，如楼板水平变形等。

弹性体就是指物体内部任意两点的距离有变化，也就是物体发生了形变。一般建筑里的受力构件，如梁、板、柱都是弹性体。理想弹性体就是线弹性体。应力应变满足胡克定律。工程一般都按理想弹性方法设计。如果构件的应力应变不满足线性关系，就是非线性弹性体。

## 1.2 静力学的基本公理

静力学公理，是人类在长期的生活和生产实践中将所积累的经验，加以抽象、归纳、总结而建立的，它概括力的一些基本性质，是建立静力学全部理论的基础。

公理 1　力的平行四边形法则

作用在物体上同一点的两个力，可以合成为一个合力。合力的作用点也在该点，合力的大小和

方向由以这两个力为边构成的平行四边形的对角线确定，如图 1.3 所示。或者说，合力矢等于这两个力矢的几何和，即

$$\boldsymbol{F}_{\mathrm{R}}=\boldsymbol{F}_1+\boldsymbol{F}_2$$

求两汇交力合力的大小和方向，也可以用力的三角形法则，如图 1.4 所示。

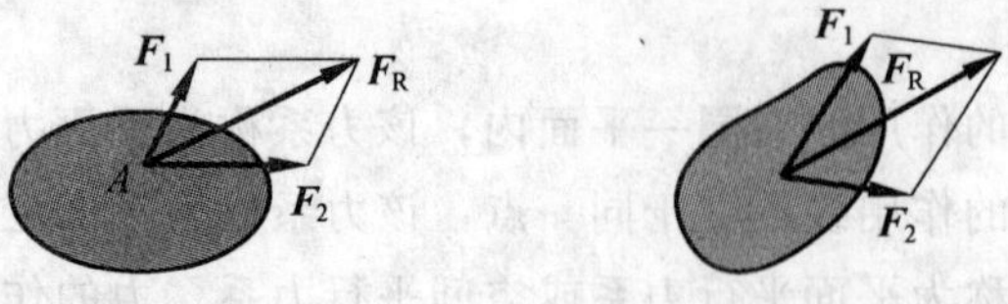

**图 1.3　力的平行四边形法则**

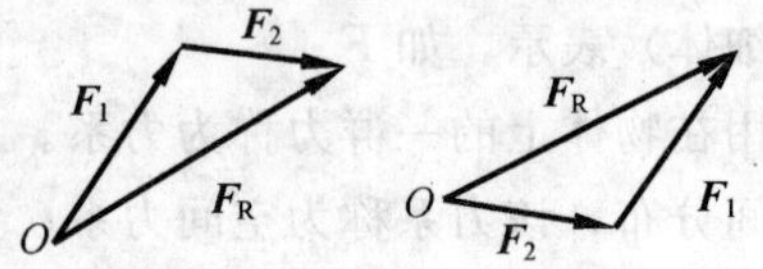

**图 1.4　力的三角形法则**

公理 2　二力平衡原理

作用于刚体上的两个力，使刚体保持平衡的充分必要条件是：这两个力大小相等、方向相反，且作用在同一直线上，如图 1.5 所示。

此公理提供了一种最简单的平衡力系。对于刚体此条件是充要条件，但对变形体只是必要条件，而不是充分条件。

只受两个力作用而平衡的构件，称为二力构件，简称二力杆，如图 1.6 所示。

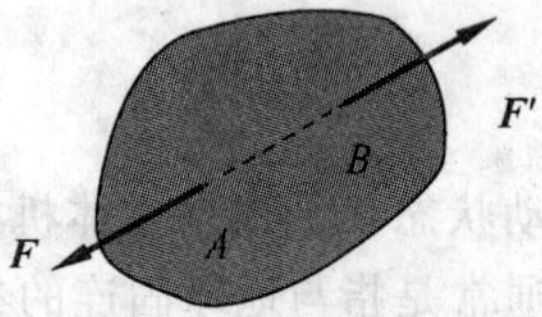

**图 1.5　二力平衡**

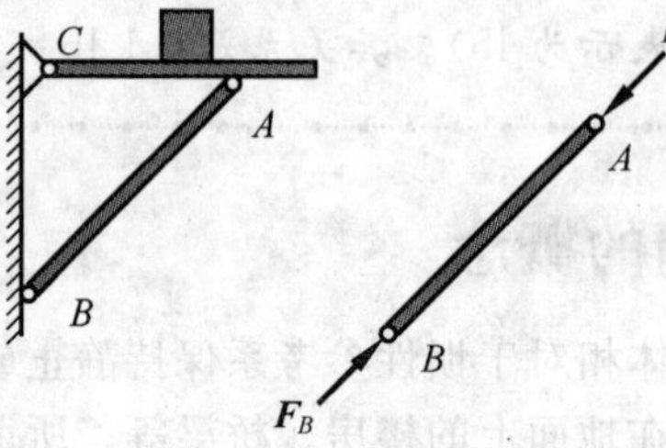

**图 1.6　二力杆**

二力杆可以是直杆，也可以是曲杆，如图 1.7、1.8 所示。

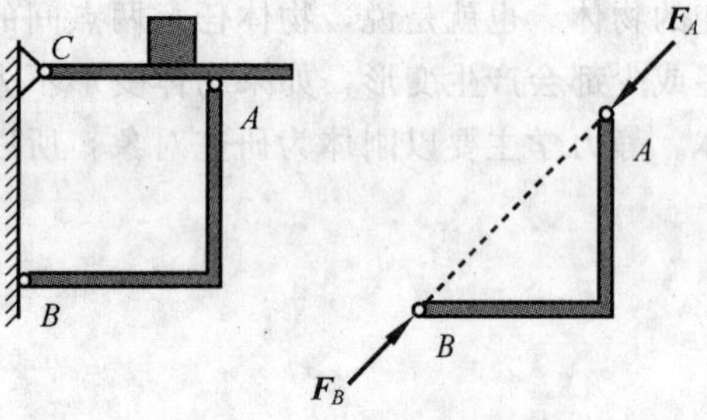

**图 1.7　二力杆（直角杆）**

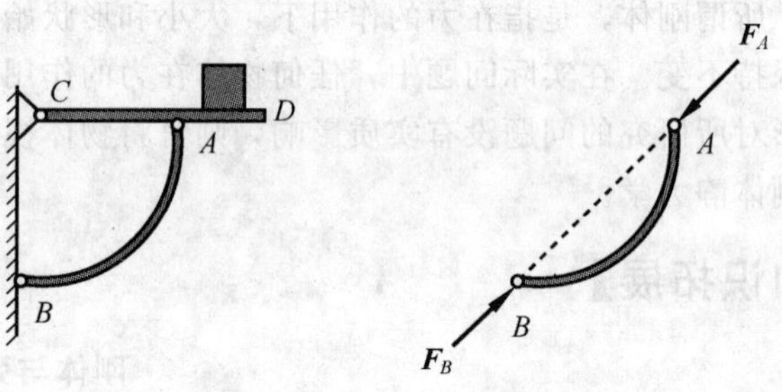

**图 1.8　二力杆（曲杆）**

注意，图 1.9 中 $BC$ 杆不是二力杆。$BC$ 杆受力图如图 1.10 所示。

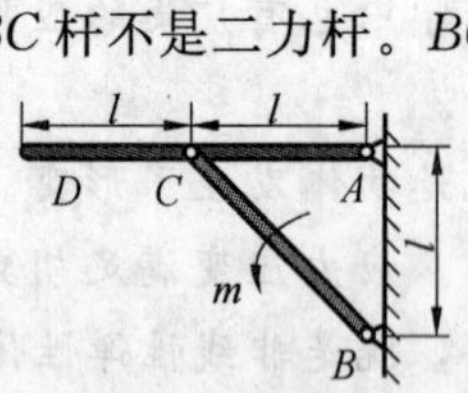

**图 1.9　三角架**

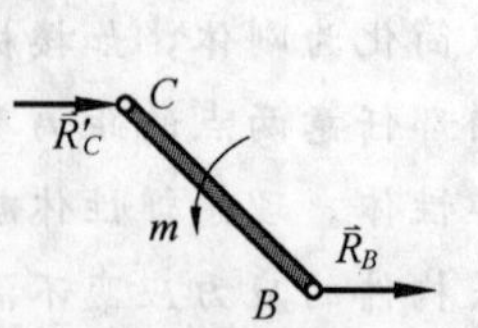

**图 1.10　$BC$ 杆受力图**

公理 3　加减平衡力系公理

在已知力系上加上或减去任意一个平衡力系，并不改变原力系对刚体的作用效果。

该公理是力系简化的理论依据。

**推论 1　力的可传性原理**

作用在刚体上某点的力，可以沿其作用线移动到刚体内任意一点，而不改变该力对刚体的

作用。

证明：在刚体上的点 $A$ 作用力 $\boldsymbol{F}$，如图 1.11 所示，根据加减平衡力系原理，可在力的作用线上任取一点 $B$，并加上两个相互平衡的力 $\boldsymbol{F}_1$ 和 $\boldsymbol{F}_2$，使 $\boldsymbol{F}=\boldsymbol{F}_2=-\boldsymbol{F}_1$。由于力 $\boldsymbol{F}$ 和 $\boldsymbol{F}_1$ 也是一个平衡力系，故可去掉；这样就只剩下一个力 $\boldsymbol{F}_2$，即原来的力 $\boldsymbol{F}$ 沿其作用线移到点 $B$。

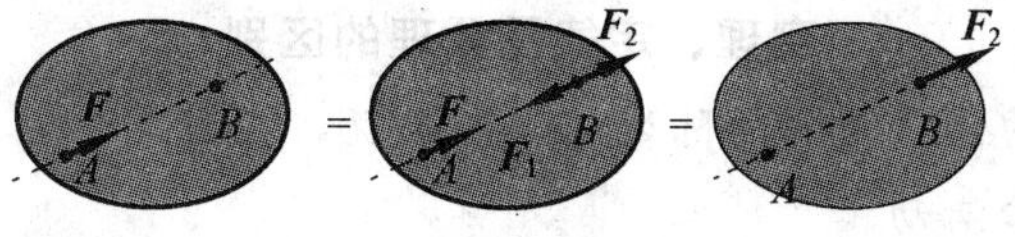


**图 1.11　力的可传性**

作用于刚体上的力的三要素为大小、方向、作用线。

作用于刚体上的力是滑动矢量。

**推论 2　三力平衡汇交原理**

作用于刚体上三个相互平衡的力，若其中两个力的作用线汇交于一点，则此三力必在同一平面内，且第三个力的作用线通过汇交点。

证明：如图 1.12 所示，在刚体的 $A$、$B$、$C$ 三点分别作用有三个同平面相互平衡的力 $\boldsymbol{F}_1$、$\boldsymbol{F}_2$、$\boldsymbol{F}_3$。根据力的可传性，将力 $\boldsymbol{F}_1$ 和 $\boldsymbol{F}_2$ 移到汇交点 $O$，然后根据力的平行四边形法则，得合力 $\boldsymbol{F}_R$，则力 $\boldsymbol{F}_3$ 应与 $\boldsymbol{F}_R$ 平衡。由于两个力平衡必须共线，所以力 $\boldsymbol{F}_3$ 必定与力 $\boldsymbol{F}_1$ 和 $\boldsymbol{F}_2$ 共面，且通过力 $\boldsymbol{F}_1$ 与 $\boldsymbol{F}_2$ 的交点 $O$，如图 1.13 所示。

同平面三力平衡的必要条件，即：三力平衡必然汇交，三力汇交不一定平衡。

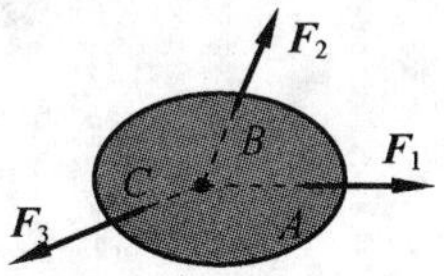


**图 1.12　三力平衡汇交**

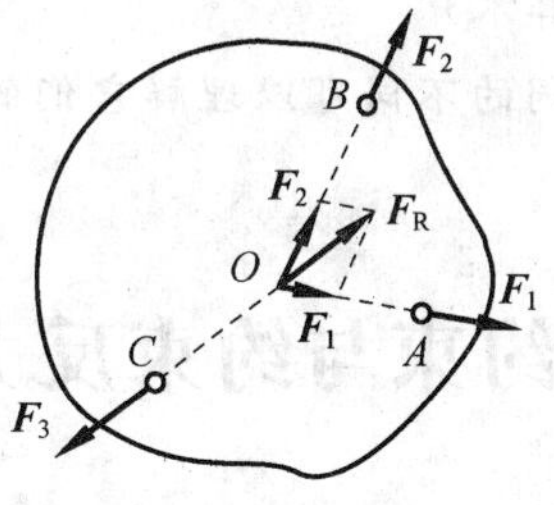


**图 1.13　三力平衡汇交**

公理 4　作用与反作用原理

作用力和反作用力总是同时存在，两力大小相等、方向相反且沿同一直线，分别作用在两个相互作用的物体上。

这个公理概括了物体间相互作用的关系，表明作用力和反作用力总是成对出现的。它是物体受力分析必须遵循的原则。

必须强调指出，由于作用力与反作用力分别作用在两个物体上，因此，不能认为作用力与反作用力相互平衡。

公理 5　刚化原理

变形体在某一力系作用下处于平衡，如将此变形体刚化为刚体，其平衡状态保持不变，如图 1.14 所示。

刚化原理建立了刚体力学与变形体力学的联系。

这个公理提供了把变形体看作刚体模型的条件。如绳索在等值、反向、共线的两个拉力作用下处于平衡，若将绳索刚化成刚体，其平衡状态则保持不变。若绳索在两个等值、反向、共线的压力作用下不能平衡，这时绳索就不能刚化为刚体。但刚体在上述两种力系的作用下都是平衡的。

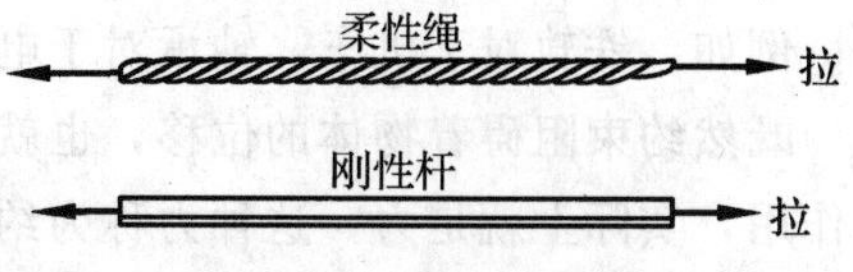


**图 1.14　刚化原理**

由此可见，刚体的平衡条件是变形体平衡的必要条件，而非充分条件。在刚体静力学的基础上考虑变形体的特性，可进一步研究变形体的平衡问题。

**【知识拓展】**

**定理、定律及公理的区别**

定理是经过受逻辑限制的证明为真的陈述。一般来说，在数学中，只有重要或有趣的陈述才称定理。证明定理是数学的中心活动。

定理一般都有一个设定——一大堆条件，然后有结论——一个在条件下成立的数学叙述。通常写作“若条件，则结论”。用符号逻辑来写就是条件→结论。而当中的证明不视为定理的成分。

定律是对客观事实的一种表达形式，通过大量具体的客观事实归纳而成的结论。

定律是一种理论模型，它用以描述特定情况、特定尺度下的现实世界，在其他尺度下可能会失效或者不准确。没有任何一种理论可以描述宇宙当中的所有情况，也没有任何一种理论可能完全正确。

公理是一个不证自明的真理，其他知识必须依靠它们，而且其他知识根据它们而建造。在这种情况下的一个公理可以在你知道任何其他命题之前就知道。

在逻辑和数学中，公理不是必须验证的，是不证自明的真理，是用在演绎中生成进一步结果的一个形式逻辑表达式。要公理化一个知识系统就是证实所有它的主张都可以从一个相互独立的句子的小集合推导出来。这并不暗示着它们可以独立地获知，并且典型的有多种方式来公理化一个给定的知识系统（比如算术）。

或许从英文单词的不同可以理解它们的区别：定理、定律、公理的英文分别是 Theorem、Law 及 Axiom。

# 1.3 约束与约束反力

## 1.3.1 自由体

位移不受限制的物体称为自由体。

例如，飞行的飞机、炮弹和火箭等，它们在空间的位移不受任何限制。

## 1.3.2 非自由体

位移受到限制的物体称为非自由体。

例如，火车受铁轨的限制，只能沿轨道运动；电机转子受轴承的限制，只能绕轴线转动；重物由钢索吊住，不能下落等。

## 1.3.3 约束和约束反力

对非自由体的某些位移起限制作用的周围物体称为约束。

例如，铁轨对于机车，轴承对于电机转子，钢索对于重物等，都是约束。

既然约束阻碍着物体的位移，也就是约束能够起到改变物体运动状态的作用，所以约束对物体的作用，实际上就是力，这种力称为约束反力，简称反力。因此，约束反力的方向必与该约束所能够阻碍的位移方向相反。应用这个准则，可以确定约束反力的方向或作用线的位置。在静力学问题中，约束反力和物体受到的其他已知力（称主动力）组成平衡力系，因此可用平衡条件求出未知的约束反力。

下面介绍几种工程中常见的约束类型和确定约束反力方向的方法。

1. 柔性约束

柔性约束指由柔软的绳索、皮带、链条、三角带等构成的约束。这类约束的特点是：只能受拉，不能受压，它只能限制物体沿绳索伸长方向的运动，所以它给物体的约束反力也就是拉力。因此，绳索对物体的约束反力作用在接触点，方向沿着绳索背离物体。

例如，绳索吊重物，如图 1.15 所示。

链条或皮带也都只能承受拉力。当它们绕在轮子上时，对轮子的约束反力为沿轮缘切线方向的力，如图 1.16 所示。

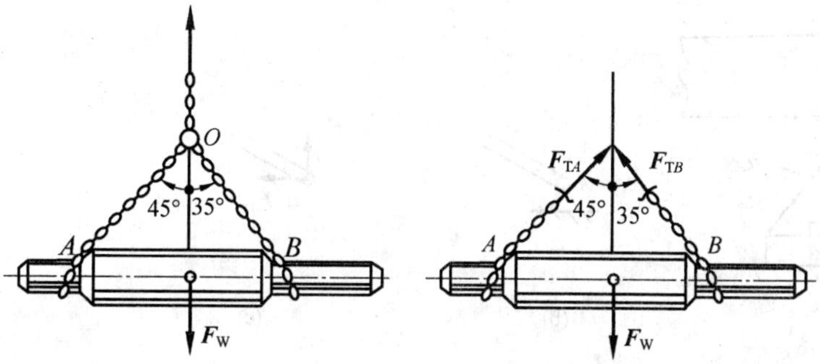


图 1.15　绳索吊重物

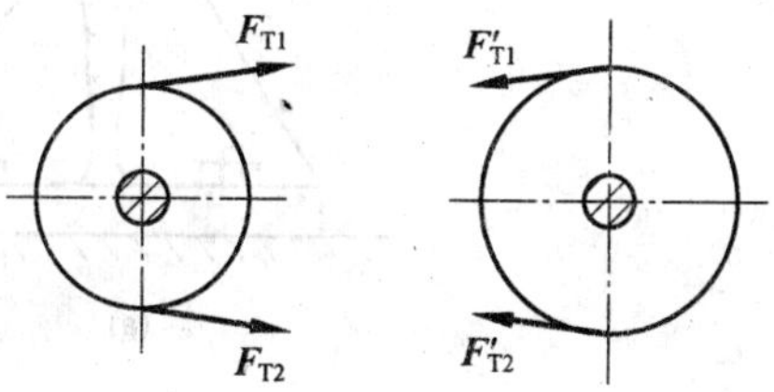


图 1.16　链条或皮带

2. 光滑接触面约束

两个相互接触的物体，若接触面光滑，则可略去摩擦不计。这类约束不能限制物体沿接触面切线方向的运动，只能限制物体沿接触面法线方向的运动。故约束反力的方向总是沿接触面的法线指向受力物体。

例如，支持物体的固定面、啮合齿轮的齿面、机床中的导轨等，当摩擦忽略不计时，都属于这类约束。这种约束反力称为法向反力，如图 1.17、1.18 所示。

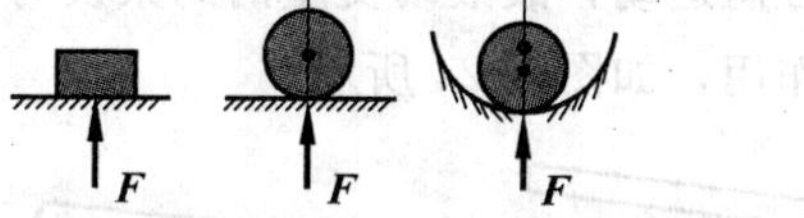


图 1.17　光滑接触面约束

图 1.18　啮合齿轮的齿面

光滑接触面约束的类型可以是一个点、一条线，也可以是一个平面或曲面。

例如，图 1.19 所示是平面与曲面接触，约束反力过接触点沿公法线指向物体；图 1.20 所示是曲面与曲面接触，约束反力沿公法线指向物体。

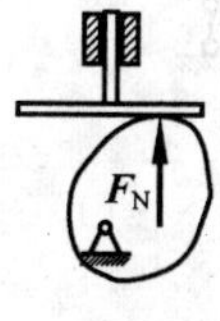


图 1.19　平面与曲面接触

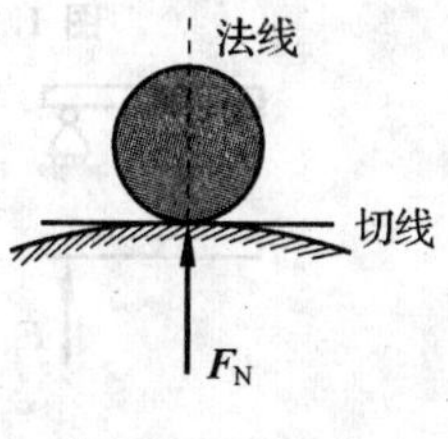


图 1.20　曲面与曲面接触

3. 光滑铰链约束

铰链约束为两构件采用圆柱定位销所形成的连接，其结构为一个圆柱销与两个构件连接，构件孔径略大于圆柱销的直径。这种连接使两构件相互限制了彼此的相对移动，而只允许存在相对转动。

(1) 固定铰链支座

用圆销连接的两构件中，有一个是固定件，称为支座，圆销固定于支座上，另一构件可绕圆销旋转，如图 1.21 所示。

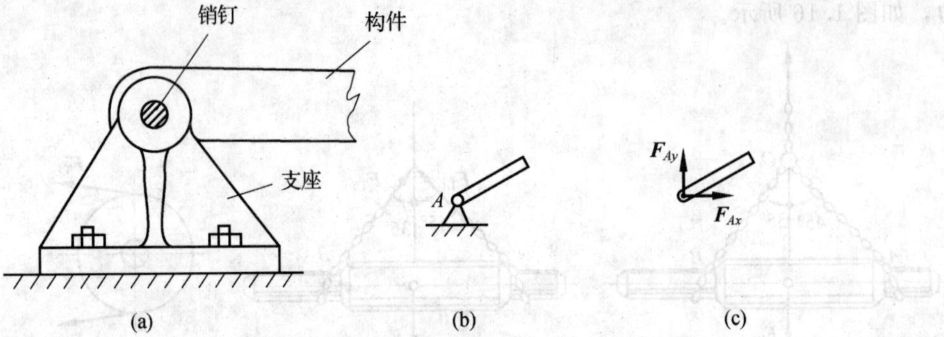


图 1.21 固定铰链支座 (1)

约束反力过圆柱销钉中心，方向不能确定，故通常用两个正交的分力表示。

力的方向可以判断，也可以假设，正值表示力的方向与实际方向一致，负值表示力的方向与实际方向相反，此时不用修改，如图 1.22 所示。

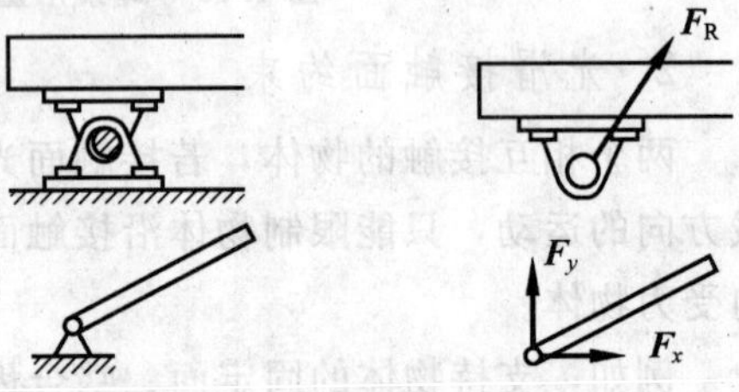


图 1.22 固定铰链支座 (2)

(2) 可动铰链支座

在桥梁、屋架等结构中，常采用一种放在几个圆柱形滚子上的铰链支座，支座在滚子上可以任意左右移动，也称可动支座约束，如图 1.23 所示。

可动支座约束只能限制构件沿支承面的垂直方向运动，故滚动支座的约束反力必定通过铰链中心，与支承面垂直，可以向上作用，也可以向下作用，如图 1.24 所示。

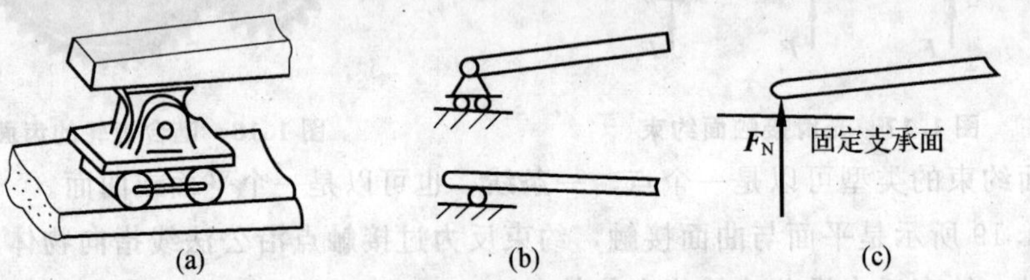


图 1.23 可动铰链支座 (1)

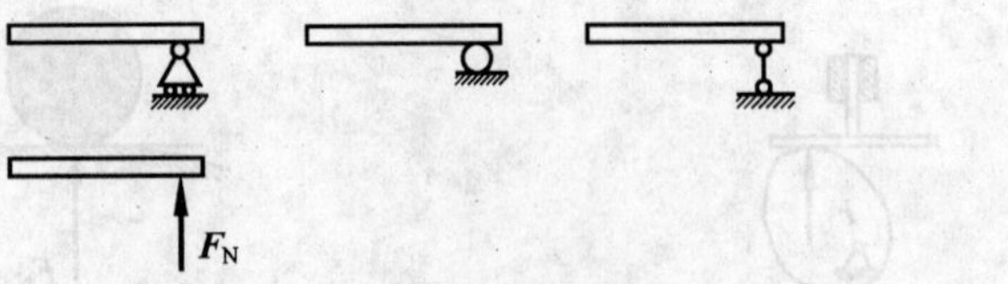


图 1.24 可动铰链支座 (2)

(3) 圆柱铰链

圆柱铰链简称铰链，它由销钉将两个钻有同样大小孔的构件连接在一起而成，如图 1.25 所示。

约束反力过销中心，大小和方向不能确定，通常用正交的两个分力表示，方向可以判断，也可以假设，如图 1.26、1.27 所示。

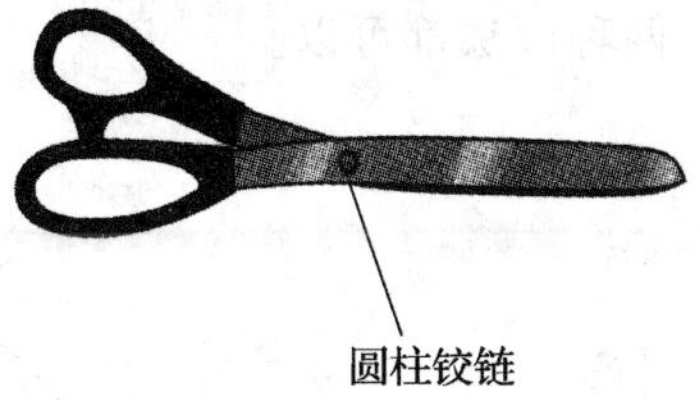


图 1.25 圆柱铰链（1）

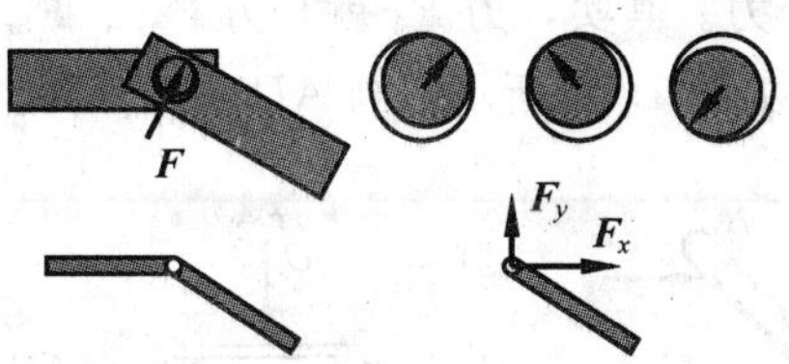


图 1.26 圆柱铰链（2）

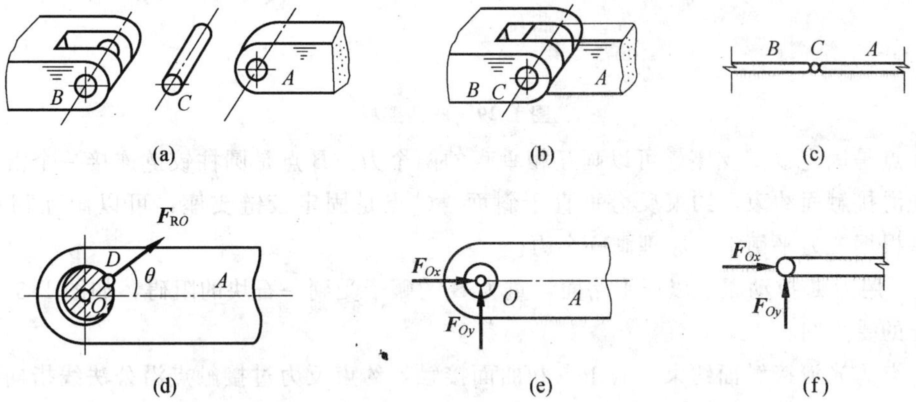


图 1.27 圆柱铰链（3）

## 【知识拓展】

**约束力与约束反力**

约束对被约束物体运动起阻碍作用，是一种力的作用，这种力称为约束反力。约束反力是被动力，约束力是主动力，约束力作用在约束上，约束反力作用在被约束的物体上，也可以说，它们是作用力和反作用力的关系，大小相等，方向相反，作用在同一条作用线上。

# 1.4 物体的受力分析和受力图

在工程实际中，为了求出未知的约束反力，需要根据已知力，应用平衡条件求解。为此，首先要确定构件受几个力，每个力的作用位置和力的作用方向，这种分析过程称为物体的受力分析。

作用在物体上的力可分为两类，一类是主动力，另一类是约束力。例如，对物体的作用力、重力、气体压力等，它能使物体产生运动，一般是已知的。约束对于物体的约束反力是被动力，不能使物体产生运动，只能阻碍物体的运动，一般是未知的。

为了清楚地表示物体的受力情况，把需要研究的物体（称为受力体）从周围的物体（称为施力体）中分离出来，单独画出它的简图，这个步骤称为取研究对象或取分离体。然后把施力物体对研究对象的作用力（包括主动力和约束反力）全部画出来。这种表示物体受力的简明图形，称为受力图。画物体受力图是解决静力学问题的一个重要步骤。

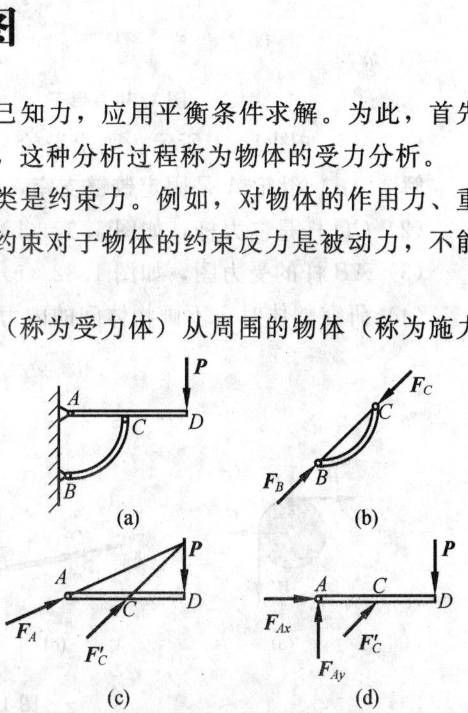


图 1.28 三角架

**例 1.1** 如图 1.28 所示，画 $AD$、$BC$ 的受力图。

**解** $BC$ 杆是二力杆，受力方向沿 $BC$ 连线方向。

$A$ 点是固定铰链支座，可以画互相垂直的两个力，方向可以判断，也可以假设。

但是，在这种情况下，$A$ 点也可以根据三力平衡汇交原理画一个力。其实，力 $\boldsymbol{F}_A$ 就是力 $\boldsymbol{F}_{Ax}$、$\boldsymbol{F}_{Bx}$ 的合力。两种画法都可以。

**例 1.2** 如图 1.29 所示，画 $AD$、$BC$ 的受力图。

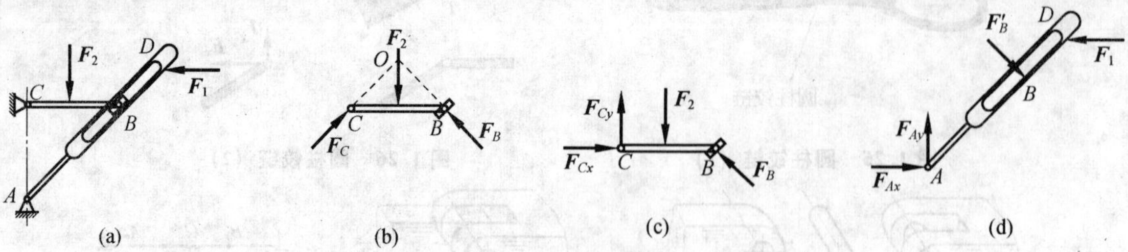


**图 1.29 曲柄摇杆**

**解** $A$ 点是固定铰链支座，可以画互相垂直的两个力。$B$ 点是圆柱铰链连接一个滑块，滑块与槽杆属于光滑接触面约束，约束反力垂直于斜面。$C$ 点是固定铰链支座，可以画互相垂直的两个力，也可以根据三力平衡汇交原理画一个力。

**例 1.3** 用力 $\boldsymbol{F}$ 拉动碾子以压平路面，重为 $\boldsymbol{G}$ 的碾子受到一石块的阻碍，如图 1.30 (a) 所示。试画出碾子的受力图。

**解** $A$ 点为光滑接触面约束，属于点和曲面接触，约束反力过接触点沿公法线指向圆心。$B$ 点也为光滑接触面约束，属于平面和曲面接触，约束反力过接触点沿公法线指向圆心。受力如图 1.30 (b)所示。

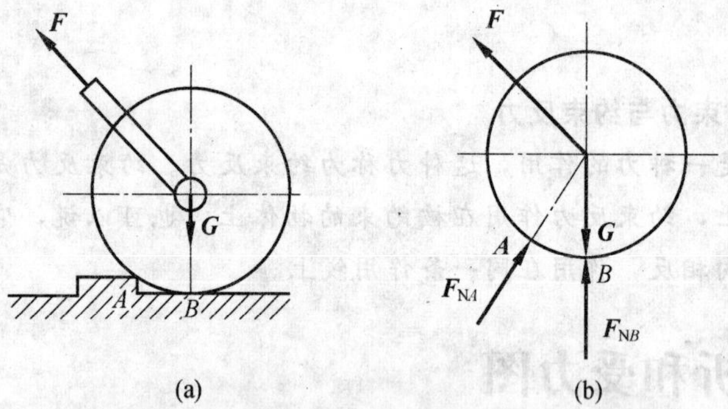


**图 1.30 碾子**

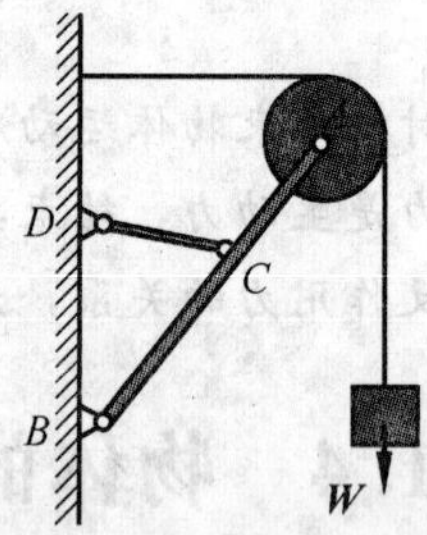

**图 1.31 简易起重机**

**例 1.4** 如图 1.31 所示，画出滑轮 $A$、$CD$ 杆、$AB$ 杆和整体受力图。

**解** (1) 滑轮 $A$ 是固定铰链支座，如图 1.32 (a) 所示。

(2) $CD$ 杆是二力杆，如图 1.32 (b) 所示。

(3) $AB$ 杆的受力图，如图 1.32 (c) 所示。

(4) 研究整体时，不画物体间的内力，如图 1.32 (d) 所示。

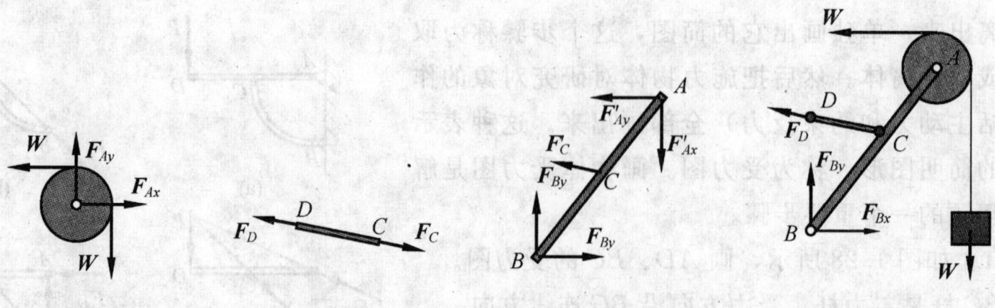


**图 1.32 简易起重机受力图**

**技术提示**

画受力图应注意以下问题：

1. 不要漏画力

除重力、电磁力外，物体之间只有通过接触才有相互的机械作用力，要分清研究对象（受力体）都与周围哪些物体（施力体）相接触，接触处必有力，力的方向由约束类型而定。

2. 不要多画力

要注意力是物体之间的相互机械作用。因此对于受力体所受的每一个力，都应能明确地指出它是由哪一个施力体施加的。

3. 不要画错力的方向

约束反力的方向必须严格按照约束的类型来画，不能单凭直观或根据主动力的方向来简单推想。在分析两物体之间的作用力与反作用力时，要注意作用力的方向一旦确定，反作用力的方向就一定要与之相反，不要把箭头方向画错。

4. 受力图上不能再带约束

即受力图一定要画在分离体上。

5. 整体受力图上只画外力，不画内力

一个力属于外力还是内力，因研究对象的不同有可能不同。当物体系统拆开来分析时，原系统的部分内力就成为新研究对象的外力。

6. 正确判断二力构件

## 【重点串联】

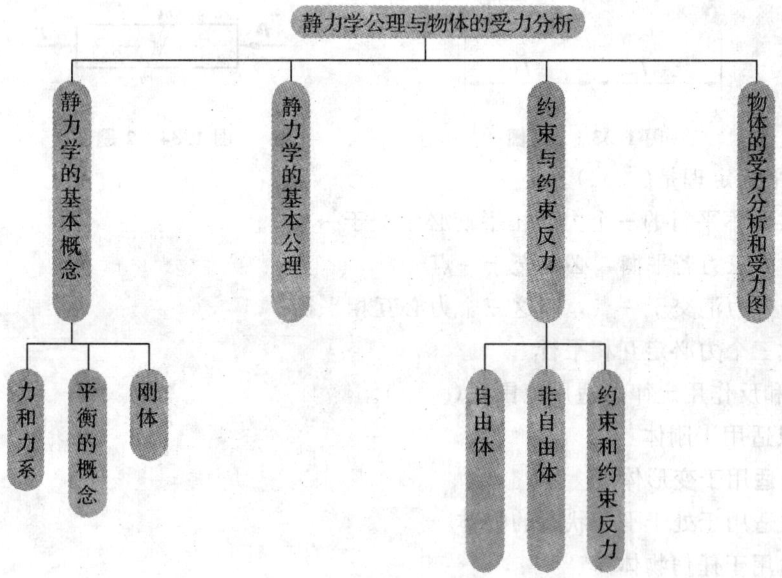

# 拓展与实训

## 职业能力训练

### 一、填空题

1. 理论力学是研究物体________一般规律的科学。

2. 对非自由体的某些位移起限制作用的周围物体称为________；约束反力的方向总是与约束所能阻止的物体的运动趋势的方向________。

3. 力对物体的作用效应一般分为________效应和________效应。

4. 刚体指在外力作用下________变形的物体。

5. 刚体受到两个力作用而平衡的充分必要条件是________。

### 二、单选题

1. 如图 1.33 所示，系统受 $\boldsymbol{F}$ 力作用而平衡。欲使 $A$ 支座约束力的作用线与 $AB$ 成 60°，则斜面的倾角 $\alpha$ 应为(　　)。

A. 0°　　B. 30°　　C. 45°　　D. 60°

2. 如图 1.34 所示的两个楔块 $A$、$B$ 在 $m-m$ 处光滑接触，现在其两端沿轴线各加一个大小相等、方向相反的力，则两个楔块的状态为(　　)。

A. $A$、$B$ 都不平衡　　B. $A$ 平衡，$B$ 不平衡

C. $A$ 不平衡，$B$ 平衡　　D. $A$、$B$ 都平衡

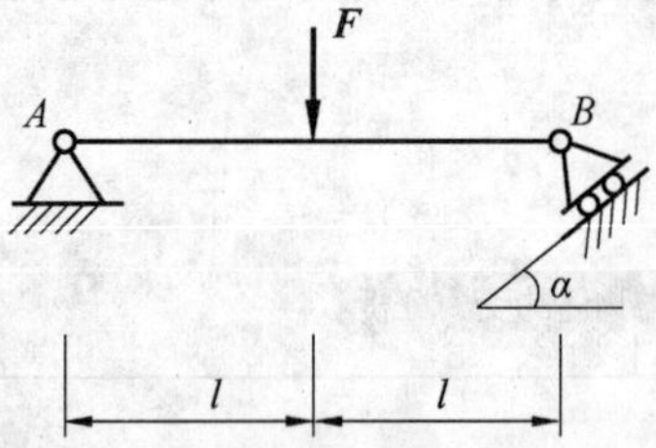


图 1.33　1 题图

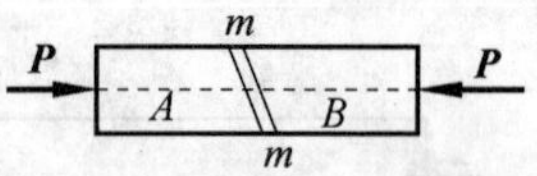


图 1.34　2 题图

3. 三力平衡定理是(　　)。

A. 共面不平行的三个力互相平衡必汇交于一点

B. 共面三力若平衡，必汇交于一点

C. 若三力汇交于一点，则这三个力必互相平衡

D. 此三个力必定互相平行

4. 作用和反作用定律的适用范围是(　　)。

A. 只适用于刚体

B. 只适用于变形体

C. 只适用于处于平衡状态的物体

D. 适用于任何物体

5. 一物体是否被看作刚体，取决于(　　)。

A. 变形是否微小

B. 变形不起决定因素

C. 物体是否坚硬

D. 是否研究物体的变形

6．力的可传性原理(　　)。

A．适用于刚体

B．适用于刚体和弹性体

C．适用于所有物体

D．只适用于平衡的刚体

**三、物体受力分析**

1．画出下列各物体的受力图。未画重力的物体的重量均不计，所有接触面均为光滑接触。

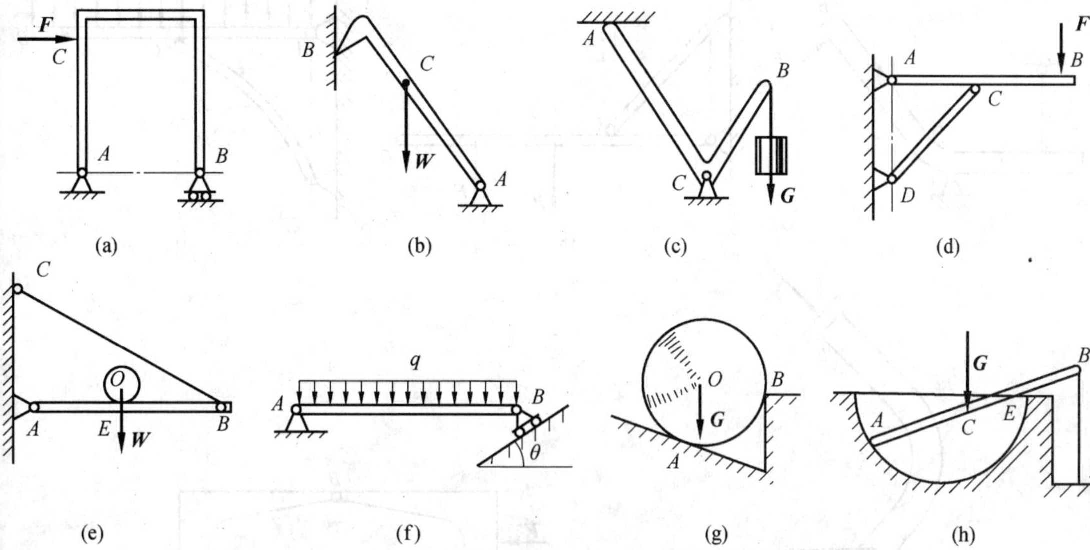


**图 1.35　1 题图**

2．画出下列各物体的受力图，未画重力的物体的重量均不计，所有接触处均为光滑接触。

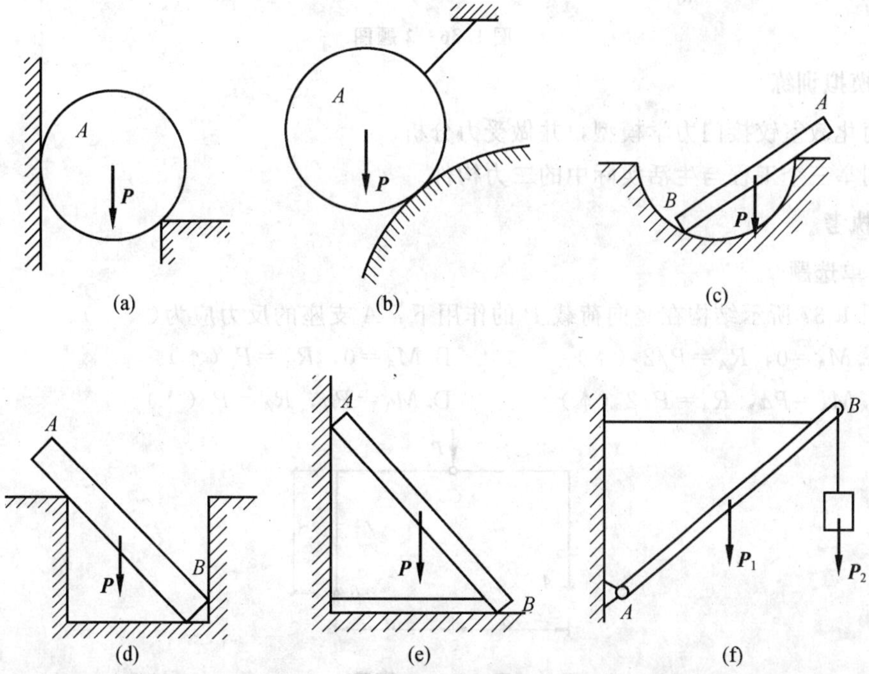

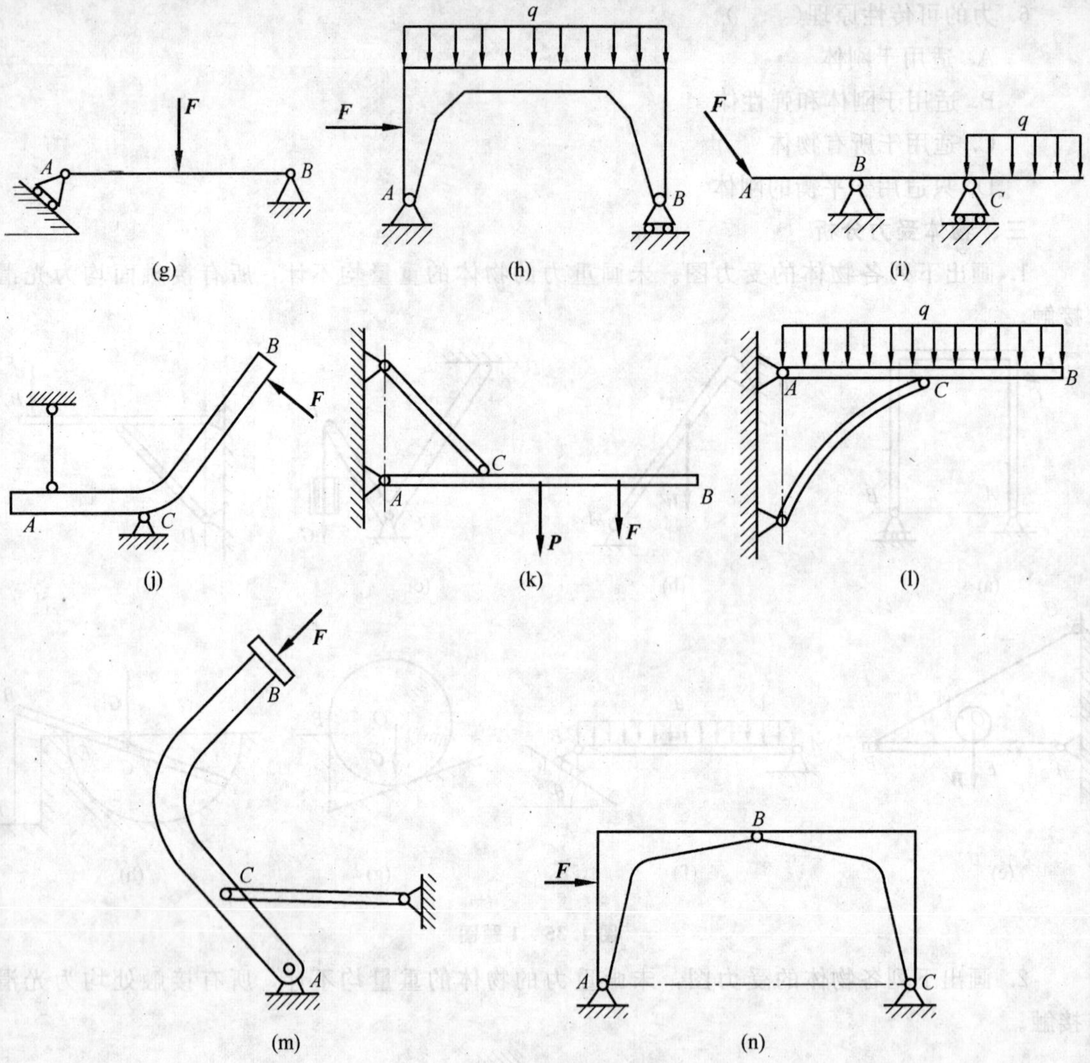


**图 1.36　2 题图**

## 工程模拟训练

1. 简化教室铰接门力学模型，并做受力分析。

2. 列举三个工程与生活实际中的二力构件。

## 链接执考

### 一、单选题

1. 图 1.37 所示结构在竖向荷载 $P$ 的作用下，$A$ 支座的反力应为（　　）。

A. $M_A=0$，$R_A=P/2$（↑）　　B. $M_A=0$，$R_A=P$（↑）

C. $M_A=Pa$，$R_A=P/2$（↑）　　D. $M_A=Pa$，$R_A=P$（↑）

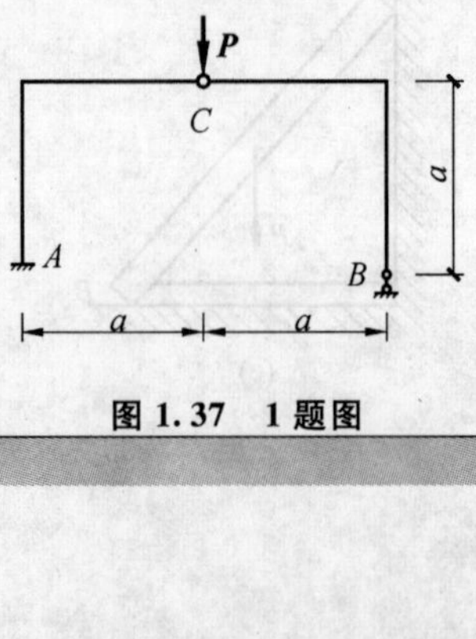


**图 1.37　1 题图**

2. 图 1.38 所示管道支架承受均布荷载 $q$，$A$、$B$、$D$ 点为铰接点，杆 $BD$ 受到的压力为(　　)。

A. 12 kN　　B. $12\sqrt{3}$ kN　　C. 16 kN　　D. $16\sqrt{3}$ kN

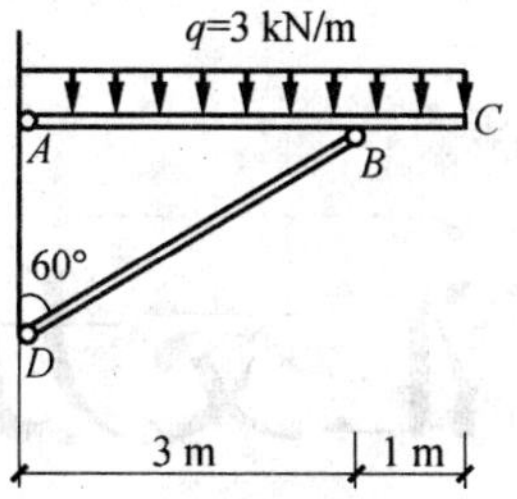


**图 1.38　2 题图**

3. 下列固定铰链支座的四种画法中，错误的是(　　)。

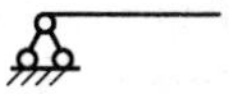

A.

B.

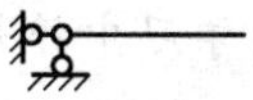

C.

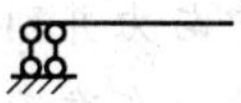

D.

# 模块 2

# 平面汇交力系与力偶系

## 【模块概述】

作用在物体上的一群力构成力系，力系的平衡是力系合成结果的一种特殊状态，通过平衡条件可以求出力系中的未知力。力偶是力学中与力并列的基本力学量，在之前的学习中并未涉及，但在工程中广泛存在。本模块是模块1的延伸，在准确画出物体的受力图基础上，对平面汇交力系和力偶系进行计算，得到未知量，是对更复杂、更普遍的后续模块中力系计算方法的探索。

本模块针对平面力系，从特殊力系入手，并列地将平面汇交力系与力偶系作为研究对象，以力学计算为主线，从合成到平衡，以建立和应用平衡方程为基本方法。本模块以不同类型的有实际数值的受力体为实例，主要介绍力系的合成和平衡、解析法和几何法、力的投影、力对点之矩、力偶的概念、两类特殊力系中平衡方程的应用等。

## 【知识目标】

1. 平面汇交力系合成和平衡的几何法；
2. 力的投影与合力投影定理；
3. 平面汇交力系合成和平衡的解析法；
4. 力矩与力偶；
5. 平面力偶系的合成与平衡。

## 【能力目标】

1. 掌握平面汇交力系合成与平衡的几何法和解析法，能应用平衡方程求解未知力；
2. 掌握力矩、力偶的概念，能针对平面力偶系进行合成与平衡的计算。

## 【学习重点】

力的投影、力对点之矩及力偶的概念，合力投影定理，用解析法求解平面汇交力系，两类特殊力系中平衡方程的应用。

## 【课时建议】

4课时

## 工程导入

图 2.1 为三门核电 1 号机组钢质安全壳吊装过程。该安全壳采用模块化施工，从下到上，此次吊装的 CV3 环由 36 块钢板组成，平均壁厚 44.5 mm，焊缝长度约为 390 m，高约为 11.7 m，本体质量约为 500 t，吊装总质量约为 800 t。

图 2.2 为宁夏路桥集团使用的宝峨 BG25 型旋挖钻机，它适用于各种公路桥梁、铁路桥梁、码头、大型建筑物等的基础施工。这些大型工程机械的安全使用取决于对整体结构准确的力学模型简化和合理的计算，涉及汇交力系和力偶等问题。

**图 2.1 钢质安全壳吊装过程**

**图 2.2 宝峨 BG25 型旋挖钻机**

# 2.1 平面汇交力系合成与平衡

平面汇交力系是指各力的作用线都在同一平面内，并且汇交于一点的力系。平面汇交力系与后面的平面力偶系都属于平面中既特殊又简单的力系，是研究复杂力系的基础。在模块 1 对物体的受力分析中有很多三力平衡汇交的例子，就是所谓的平面汇交力系。

## 2.1.1 平面汇交力系合成的几何法

设在刚体上 $O$ 点的作用力有 $\boldsymbol{F}_1$、$\boldsymbol{F}_2$、$\boldsymbol{F}_4$，$A$ 点的作用力为 $\boldsymbol{F}_3$，其作用线延长后也汇交于 $O$ 点，四个力构成平面汇交力系，如图 2.3（a）所示。

根据力的平行四边形法则，可以将力系中的所有力两两合成，也可以按照力的三角形法则进行合成，如图 2.3（b）所示。在平面上任选一点作为起点，按一定的比例尺作有向线段$\overrightarrow{ab}$，表示力 $\boldsymbol{F}_1$，在其末端 $b$ 作有向线段$\overrightarrow{bc}$，表示力 $\boldsymbol{F}_2$，显然，有向线段$\overrightarrow{ac}$代表二者合力 $\boldsymbol{F}_{R1}$；按此规则继续在末端 $c$ 作有向线段$\overrightarrow{cd}$，表示力 $\boldsymbol{F}_3$，则 $\boldsymbol{F}_{R2}$ 为 $\boldsymbol{F}_{R1}$ 与 $\boldsymbol{F}_3$ 的合力，同时也是 $\boldsymbol{F}_1$、$\boldsymbol{F}_2$、$\boldsymbol{F}_3$ 的合力。以此类推，最终可以得到从第一个力的起点到最后一个力的终点的有向线段$\overrightarrow{ae}$，代表合力 $\boldsymbol{F}_R$，它就是该平面汇交力系的合力。在数学上可以表示为

$$\boldsymbol{F}_R = \boldsymbol{F}_1 + \boldsymbol{F}_2 + \boldsymbol{F}_3 + \boldsymbol{F}_4$$

事实上，上述求合力的过程是按照两两合成进行的，中间得到 $\boldsymbol{F}_{R1}$ 和 $\boldsymbol{F}_{R2}$ 的环节完全可以省略，直接把所有各力按顺序首尾相接，最后将第一个力的起点和最后一个力的终点连接起来就得到合力 $\boldsymbol{F}_R$。这个过程也满足矢量加法的法则。各分力和合力的矢量线构成的多边形，称为力多边形，这种求合力的方法称为力多边形法则，由于是利用作图的方法求合力，所以也称为几何法。

另外，如果不是按照 $\boldsymbol{F}_1$、$\boldsymbol{F}_2$、$\boldsymbol{F}_3$、$\boldsymbol{F}_4$ 的顺序求合力，而是打乱顺序，按照 $\boldsymbol{F}_1$、$\boldsymbol{F}_4$、$\boldsymbol{F}_3$、$\boldsymbol{F}_2$ 依次首尾相接，则得到如图 2.3（c）所示的力多边形。显然，形状与图 2.3（b）完全不同，但是合力 $\boldsymbol{F}_R$ 完全相同。变换力的合成顺序，合力 $\boldsymbol{F}_R$ 依然不变。这是因为矢量加法满足交换律，改变各矢量的叠加次序，不会影响合矢量。

上述四个力合成的特殊情况，可以推广到由 $n$ 个力组成的平面汇交力系的情形。结论是：平面汇交力系的合成结果是一个通过汇交点的合力，其大小和方向可由力多边形的封闭边来确定。合力矢等于原力系中各分力的矢量和，即

$$\boldsymbol{F}_R = \boldsymbol{F}_1 + \boldsymbol{F}_2 + \boldsymbol{F}_3 + \cdots + \boldsymbol{F}_n = \sum_{i=1}^{n} \boldsymbol{F}_i \tag{2.1}$$

在特殊情况下，如果各力在同一直线上，则合力矢的大小和方向取决于各分力的代数和。

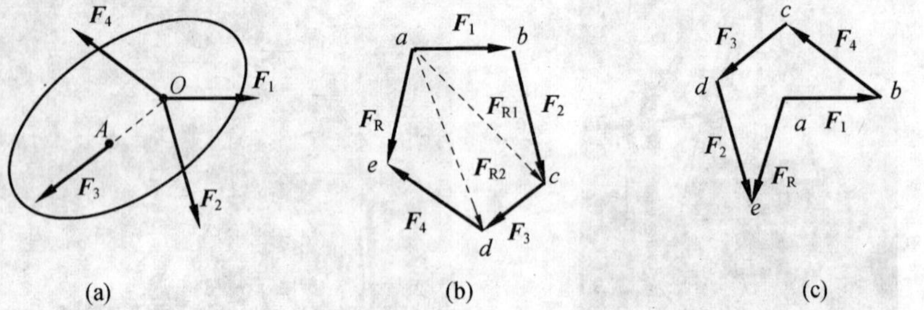


图 2.3　平面汇交力系合成

## 【知识拓展】

### 矢量加法

矢量是既有大小又有方向的量，以区别于标量（只有大小和量纲）。我们常见的物理量，如速度、加速度、位移、力等都是矢量，而路程、时间、质量等都是标量。标量遵循代数运算法则，而矢量遵循平行四边形法则。矢量加法服从交换律和结合律。除此之外，矢量还有乘法（点乘和叉乘），这与标量乘法有很大的不同。

矢量加法的交换律：$\boldsymbol{A}+\boldsymbol{B}=\boldsymbol{B}+\boldsymbol{A}$

矢量加法的结合律：$(\boldsymbol{A}+\boldsymbol{B})+\boldsymbol{C}=\boldsymbol{A}+(\boldsymbol{B}+\boldsymbol{C})$

## 2.1.2　平面汇交力系平衡的几何条件

由于平面汇交力系的合成结果为一个合力，其大小和方向可由力多边形的封闭边决定，即由从第一个力指向最后一个力的那条矢量线段来确定。当封闭边大小为零时，会出现起点和终点重合的情况，此时组成力多边形的各边均是首尾相接，力多边形自行封闭，合力为零。因此可知，平面汇交力系平衡的必要和充分几何条件是：力多边形自行封闭，或者各力的矢量和为零，即

$$\boldsymbol{F}_R = \boldsymbol{F}_1 + \boldsymbol{F}_2 + \boldsymbol{F}_3 + \cdots + \boldsymbol{F}_n = \sum_{i=1}^{n} \boldsymbol{F}_i = \boldsymbol{0} \tag{2.2}$$

平衡是合力为零的一种特殊状态，有时也把平衡问题当作是合成问题的特例。以“工程导入”中提到的吊装过程为例，作用于吊钩的各股吊索力构成汇交力系，虽不是严格的平面力系，但是能反映出当力系的合力不为零时，吊钩以一定的加速度提升或者下降；当合力为零时，吊钩匀速升降或者悬停，即平衡。

应用几何法的平衡条件可以求解平面汇交力系的平衡问题，求解未知力。但是，求解的精度取决于作图的精度，部分问题可以利用代数中的三角函数求解。一般来说，几何法比较简单、直观，但是求解精度不是很高。

**例 2.1**　已知某工地临时吊挂装置如图 2.4 所示，由 $AC$ 和 $BC$ 两杆在 $C$ 处铰接而成，两杆的

另一端与墙面以铰支座固定，在销钉 $C$ 上悬挂 $P=20$ kN 的重物，不计各杆自重。求 $AC$ 和 $BC$ 两杆所受的力。

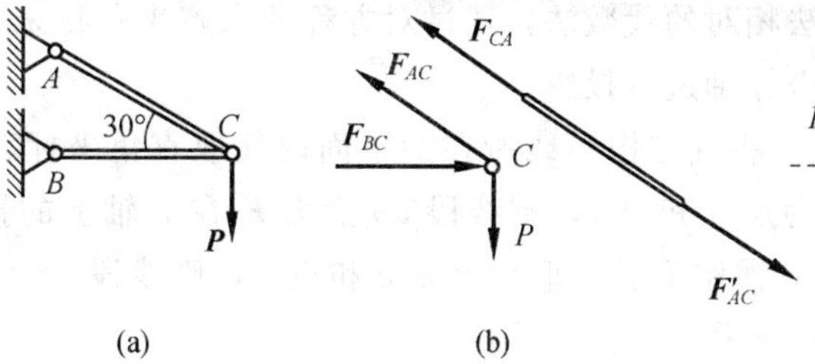

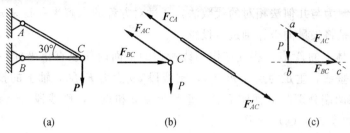

**图 2.4　临时吊挂装置**

**解**　$AC$ 和 $BC$ 两杆均为二力杆，受力分别沿杆件方向。取销钉 $C$ 为研究对象，受力如图 2.4 (b)所示。显然，作用在销钉上的力构成平面汇交力系。

按照平面汇交力系平衡的几何条件，各力首尾相接形成的力多边形应该自行封闭。此处的力多边形应为力三角形。选取适当的比例尺，在图上作出有向线段$\overrightarrow{ab}$表示已知力矢 $\boldsymbol{P}$，过点 $a$ 作直线平行于 $\boldsymbol{F}_{AC}$，过点 $b$ 作直线平行于 $\boldsymbol{F}_{BC}$，两直线交于点 $c$，由力三角形封闭，可以确定出 $\boldsymbol{F}_{AC}$ 和 $\boldsymbol{F}_{BC}$ 的方向，如图 2.4 (c) 所示。

用直尺和量角器量出$\overrightarrow{ac}$和$\overrightarrow{bc}$的长度和角度，再按照比例换算，即可得到 $AC$ 和 $BC$ 两杆所受力的大小。但在一般情况下，对于力三角形也可以借助三角函数进行计算，尤其对于直角三角形，会带来极大的方便。

$$\boldsymbol{F}_{AC}\sin 30°=\boldsymbol{P},\ \boldsymbol{F}_{AC}\cos 30°=\boldsymbol{F}_{BC}$$

$$\boldsymbol{F}_{AC}=40\ \text{kN},\ \boldsymbol{F}_{BC}=20\sqrt{3}\ \text{kN}$$

此处求得的是销钉所受的力，而要求的是 $AC$ 和 $BC$ 两杆所受的力，根据作用与反作用定理应该是 $\boldsymbol{F}_{AC}$ 和 $\boldsymbol{F}_{BC}$ 的反作用力。

本例中，也可以按照过点 $a$ 作直线平行于 $\boldsymbol{F}_{BC}$，过点 $b$ 作直线平行于 $\boldsymbol{F}_{AC}$，即以另外的顺序来作力封闭三角形，形位稍有不同，但未知力求解的结果相同。读者可以自行尝试。

在本例中虽然只以三力平衡的汇交力系为例，但是其方法不失一般性，此方法也可以用于超过三个力的情形。需要注意的是，随着力的增加，力多边形也更趋复杂，这时只能借助辅助线和尺规等纯几何手段，图解精度将会大大降低。

**技术提示**

几何法解题的主要步骤：

(1) 确定研究对象，取分离体。

(2) 受力分析，作受力图。

(3) 作力多边形或三角形（注意：总是从已知力开始）。

(4) 求解未知力（借助三角函数或用尺规）。

## 2.2　平面汇交力系合成的解析法

平面汇交力系合成的几何法简单、直观，不需求解方程，依靠简单的作图工具就能获得一定的精度，但要求操作者细心、谨慎，否则误差较大。工程上更为通用的方法还是解析法。

## 2.2.1 力在直角坐标轴上的投影

解析法也可以理解为与几何法相对的代数法，通过对方程的求解来获得未知数。把矢量化为标量，最有效的方法就是将矢量向坐标轴进行投影。

设力 $\boldsymbol{F}$ 作用于物体上的 $A$ 点，将其在作用线所在的平面内任取直角坐标系 $Oxy$，从力 $\boldsymbol{F}$ 的始末两端分别向 $x$ 轴作垂线，垂足为点 $a$ 和点 $b$，则线段 $ab$ 为力 $\boldsymbol{F}$ 在 $x$ 轴上的投影，用 $F_x$ 来表示。同理，从力 $\boldsymbol{F}$ 的始末两端分别向 $y$ 轴作垂线，垂足为点 $c$ 和点 $d$，则线段 $cd$ 为力 $\boldsymbol{F}$ 在 $y$ 轴上的投影，用 $F_y$ 来表示，如图 2.5 (a) 所示。

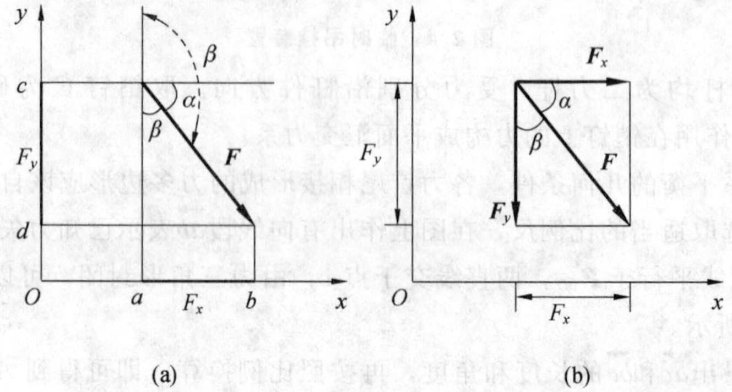


图 2.5　力在直角坐标轴上的投影

若力 $\boldsymbol{F}$ 与 $x$ 轴正向的夹角为 $\alpha$，与 $y$ 轴正向的夹角为 $\beta$，则有

$$\begin{cases} F_x = F\cos\alpha \\ F_y = F\cos\beta \end{cases} \tag{2.3}$$

即力在某轴上的投影，等于力的模乘以力与该轴的正向间夹角的余弦。显然此处，$F_x$ 为正，$F_y$ 为负。若已知一个力和该力与坐标轴的夹角，即可直接计算投影。若已知力在坐标轴上的投影，也可以计算合力的大小和方向，即

$$\begin{cases} F = \sqrt{F_x^2 + F_y^2} \\ \tan\alpha = \left|\dfrac{F_y}{F_x}\right| \end{cases} \tag{2.4}$$

式中，$\alpha$ 表示力 $\boldsymbol{F}$ 与 $x$ 轴间所夹的锐角，其正负由 $F_x$ 和 $F_y$ 共同决定。

另一方面，如果将力 $\boldsymbol{F}$ 沿 $x$ 轴和 $y$ 轴分解，按照平行四边形法则，图 2.5 (b) 中的 $\boldsymbol{F}_x$ 和 $\boldsymbol{F}_y$ 应为其分别在两轴的分力。显而易见，在直角坐标系中，力在各轴上投影的绝对值等于分力的大小。但这不是绝对的，在坐标系不正交时，二者相等的关系不成立，如图 2.6 所示。

**技术提示**

力在坐标轴上的投影是标量（代数量），其正负规定为：与坐标轴的正向一致为正，反之为负。

力沿坐标轴分解的分力是矢量，有大小、方向和作用点。

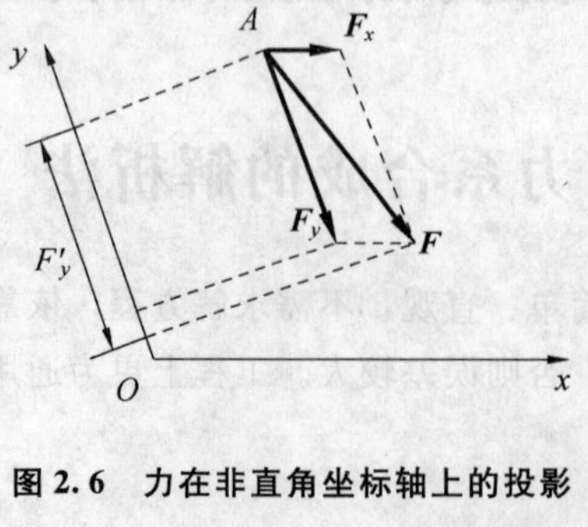


图 2.6　力在非直角坐标轴上的投影

**【知识拓展】**

**投 影**

一般的，用光线照射物体，在某个平面上得到的影子称为物体的投影，照射光线称为投影线，投影所在的平面称为投影面。

由平行光线形成的投影是平行投影。由同一点（点光源发出的光线）形成的投影称为中心投影。投影线垂直于投影面产生的投影称为正投影。投影线不垂直于投影面产生的投影称为斜投影。物体投影的形状、大小与它相对于投影面的位置和角度有关。

设两个非零向量 $\boldsymbol{a}$ 与 $\boldsymbol{b}$ 的夹角为 $\theta$，则将（$|\boldsymbol{b}|\cdot\cos\theta$）称为向量 $\boldsymbol{b}$ 在向量 $\boldsymbol{a}$ 方向上的投影，或称标投影。由定义可知，一个向量在另一个向量方向上的投影是一个数量。当 $\theta$ 为锐角时，它是正值；当 $\theta$ 为直角时，它是 0；当 $\theta$ 为钝角时，它是负值。

## 2.2.2 平面汇交力系合成的解析法

在前面的分析中，通过投影的手段完成了对单个力的代数化，下面尝试对力系进行投影，发现其中的规律。

设刚体上作用有一平面汇交力系 $\boldsymbol{F}_1$、$\boldsymbol{F}_2$、$\boldsymbol{F}_3$，按照求平面汇交力系合成的几何法，作出力多边形 $ABCD$，将所有力投影到 $x$ 轴和 $y$ 轴上，如图 2.7 所示。

显然，$ac$、$cd$、$db$ 是力 $\boldsymbol{F}_1$、$\boldsymbol{F}_2$、$\boldsymbol{F}_3$ 在 $x$ 轴上的投影，而 $a'a'$、$a'b'$、$b'c'$ 为其在 $y$ 轴上的投影。容易看出，合力 $\boldsymbol{F}_R$ 在 $x$ 轴上的投影为

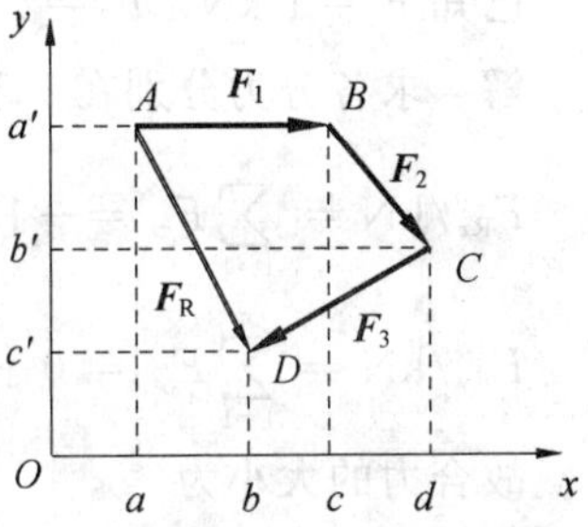


**图 2.7 平面汇交力系的合成**

$$ab=ac+cd-db$$

在 $y$ 轴上的投影为

$$a'c'=a'a'+a'b'+b'c'$$

也可以写成

$$F_{Rx}=F_{x1}+F_{x2}+F_{x3}$$
$$F_{Ry}=F_{y1}+F_{y2}+F_{y3}$$

上述合力和分力投影之间 关系，可以推广到任意 $n$ 个力组成的平面汇交力系中，有

$$\begin{cases} F_{Rx}=F_{x1}+F_{x2}+\cdots+F_{xn}=\sum_{i=1}^{n}F_{xi} \\ F_{Ry}=F_{y1}+F_{y2}+\cdots+F_{yn}=\sum_{i=1}^{n}F_{yi} \end{cases} \tag{2.5}$$

**合力投影定理** 合力在任一轴上的投影等于各分力在同一投影轴上投影的代数和。有了这一定理，以后对于平面汇交力系的合成，就可以不再先求合力矢，再求合力大小，而是直接对力系中的所有分力进行代数运算，最终得到合力，即

$$\begin{cases} F_R=\sqrt{F_{Rx}^2+F_{Ry}^2}=\sqrt{\left(\sum F_{xi}\right)^2+\left(\sum F_{yi}\right)^2} \\ \tan\alpha=\left|\dfrac{F_{Ry}}{F_{Rx}}\right|=\left|\dfrac{\sum F_{yi}}{\sum F_{xi}}\right| \end{cases} \tag{2.6}$$

式中，$\boldsymbol{F}_R$ 表示合力 $\boldsymbol{F}_R$ 的大小；$\alpha$ 表示合力 $\boldsymbol{F}_R$ 与 $x$ 轴间所夹的锐角。合力的指向由两分力的正负号来判断。这种运用投影求合力的方法，称为解析法。

## 2.2.3 平面汇交力系的平衡方程

如前所述，平面汇交力系平衡的充分必要条件是该力系的合力为零，即 $F_R=0$，用解析法表示为

$$F_R=\sqrt{\left(\sum F_{xi}\right)^2+\left(\sum F_{yi}\right)^2}=0$$

下式要同时成立才能满足

$$\begin{cases}\sum F_{xi}=0\\ \sum F_{yi}=0\end{cases}\tag{2.7}$$

因此，平面汇交力系解析法平衡的充分必要条件是：力系中所有各力在两个坐标轴上投影的代数和分别等于零。式（2.7）是两个方程联立的方程组，一次可以求解两个未知数。如果事先不能判明未知力的方向，可以任意假定。如果计算结果为正，则表示所假设的力的方向与实际方向一致；如果为负，则表示所假设的力的方向与实际方向相反，此时不必修改。

**例 2.2** 用解析法求图 2.8 所示平面汇交力系的合力。

已知 $F_1=1$ kN，$F_2=2$ kN，$F_3=3$ kN。

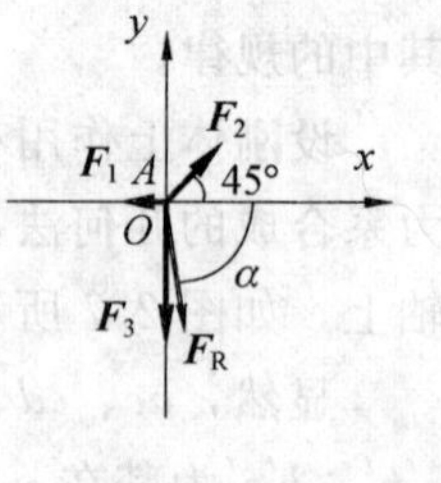

**图 2.8 平面汇交力系**

**解** 求各分力分别在 $x$ 和 $y$ 轴上的投影。

$$F_{Rx}/\text{kN}=\sum_{i=1}^{n}F_{xi}=-1+2\cos 45°+0=0.414$$

$$F_{Ry}/\text{kN}=\sum_{i=1}^{n}F_{yi}=0+2\sin 45°-3=-2.586$$

故合力的大小为

$$F_R/\text{kN}=\sqrt{F_{Rx}^2+F_{Ry}^2}=\sqrt{\left(\sum F_{xi}\right)^2+\left(\sum F_{yi}\right)^2}=\sqrt{0.414^2+(-2.586)^2}=2.619$$

合力的方向为

$$\tan\alpha=\left|\frac{F_{Ry}}{F_{Rx}}\right|=\left|\frac{\sum F_{yi}}{\sum F_{xi}}\right|=\left|\frac{-2.586}{0.414}\right|=6.246,\alpha=\arctan 6.246=80°54'14''$$

合力通过力系的汇交点 $A$，位于第四象限（因为 $F_{Rx}$ 为正，$F_{Ry}$ 为负），指向和大小如图 2.8 所示。

**例 2.3** 图 2.9（a）所示压力机，杆 $l_{AB}=l_{BC}$，自重忽略不计，A、B、C 三处为铰接，已知活塞 $D$ 上受到油缸内的总压力 $P=3$ kN，$h=200$ mm，$l=1\ 500$ mm。试求压块 $C$ 对工件的压力。

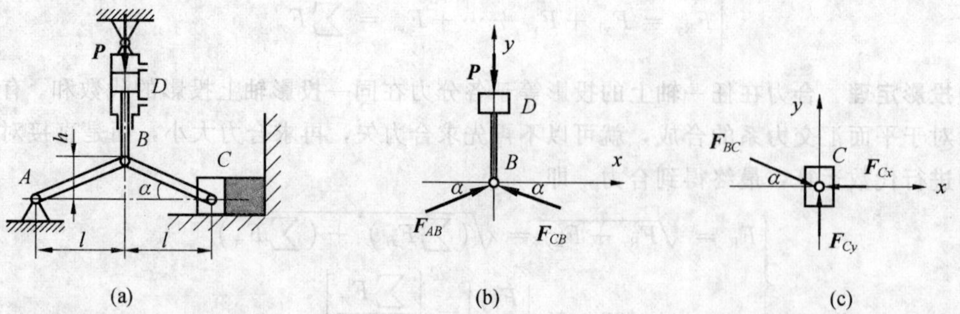

**图 2.9 压力机**

**解** 此结构中包含的构件较多，可以作出的受力图也较多，但是不必全部做出来，结合已知和所求，应该分两步进行分析。

(1) 求出 $BC$ 杆受力。

①已知力作用在活塞上，因此需要选择活塞或者包含活塞的结构为研究对象，并尽量与压块发生联系。综合分析后，选择 $DB$ 为研究对象。

②容易判断出杆 $AB$ 和 $BC$ 为二力杆，作受力图，显然为平面汇交力系。

③在点 $B$ 建立坐标系，如图 2.9 (b) 所示。

④根据平衡条件，列出平衡方程。

$$\sum F_{xi}=0, F_{AB}\cos\alpha - F_{CB}\cos\alpha = 0 \tag{1}$$

$$\sum F_{yi}=0, F_{AB}\sin\alpha + F_{CB}\sin\alpha - P = 0 \tag{2}$$

其中，涉及的角度可由几何关系得

$$\sin\alpha=\frac{h}{\sqrt{h^2+l^2}},\quad \cos\alpha=\frac{l}{\sqrt{h^2+l^2}}$$

⑤求出未知力。联立方程可得

$$F_{AB}=F_{CB}=11.35\ \text{kN}$$

(2) 求出所求的未知力。

选取压块 $C$ 为研究对象，作受力分析，如图 2.9 (c) 所示，显然它也是平面汇交力系。在点 $C$ 建立坐标系，列出平衡方程为

$$\sum F_{xi}=0,\ F_{BC}\cos\alpha - F_{Cx}=0 \tag{3}$$

$$\sum F_{yi}=0,\ -F_{BC}\sin\alpha + F_{Cy}=0 \tag{4}$$

此处，由二力杆的特性可知，$F_{CB}=F_{BC}$，因此，可解得

$$F_{Cx}=11.25\ \text{kN},\ F_{Cy}=1.5\ \text{kN}$$

**技术提示**

解析法解题的主要步骤：

(1) 选研究对象，取分离体。

(2) 受力分析，作受力图。

(3) 建立坐标系（投影轴）。

(4) 列出平衡方程。

(5) 解方程，求出未知力。

需要注意的是，$F_{Cx}$ 是工件对压块的作用力，题目所求的力是 $F_{Cx}$ 的反作用力。

## 2.3 平面力对点之矩

一般情况下，力作用在物体上有两种效应，即变形效应（内效应）和运动效应（外效应）。对于刚体来说，变形效应是忽略的。但就运动效应而言，也可再细分为移动和转动效应，其中，移动效应取决于力的大小和方向，转动效应则需要引入力矩来度量。

### 2.3.1 力对点之矩（力矩）

力矩的概念，我们并不陌生，在初中物理中即有相关的定义，如图 2.10 (a) 所示。用扳手拧螺母，用撬棍撬石头，通过压水井汲水等都与力矩有关。生活的体验也表明：扳手柄越长，撬棍着力点离支点越远，压水手柄越长就越省力。在这些例子中，都是通过施加力，使物体围绕某一点转动，施加的力越大，转动效应就越显著。这使我们获得如下概念：力使物体绕某点转动效应的度量，不仅与力的大小有关，而且与力的作用线到转动中心的距离有关。

上述实例可以抽象为图 2.10 (b) 所示的力学模型。力 $\boldsymbol{F}$ 作用在物体上，使得物体绕 $O$ 点转动，这个转动效应的度量，用符号 $M_O(\boldsymbol{F})$ 来表示，称为力对点之矩，简称力矩。

$$M_O(\boldsymbol{F})=\pm Fd \tag{2.8}$$

其中，$O$ 点称为力矩中心，简称矩心。$O$ 点到力 $\boldsymbol{F}$ 作用线的垂直距离 $d$ 称为力臂。通常规定：力使

物体绕矩心做逆时针转动为正，反之为负。所以，在平面内，力对点之矩只取决于力矩的大小和旋转方向，它是一个代数量。

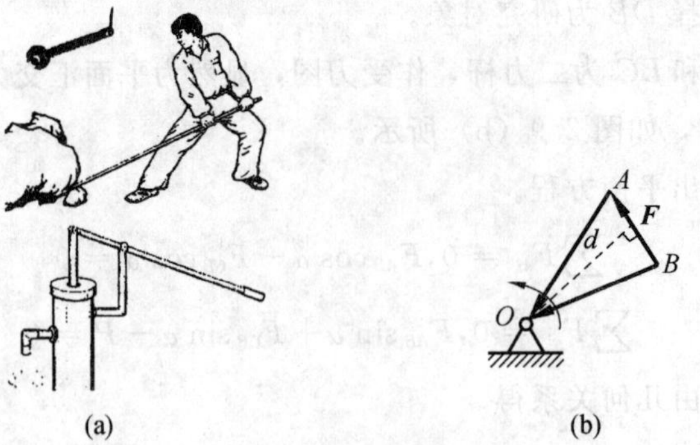


图 2.10　力矩

另一方面，从图上也可以看出，力矩的大小还可以用力 $\boldsymbol{F}$ 矢量的起点、终点和矩心围成的三角形面积来表示，显然有

$$M_O(\boldsymbol{F}) = \pm 2S_{\triangle AOB} \tag{2.9}$$

**技术提示**

力矩的单位是牛顿·米（N·m）或者千牛顿·米（kN·m）。

根据以上所述，可以得出力矩的性质如下：

(1) 力对任意一点之矩不会因该力沿作用线移动而改变。

(2) 力的大小为零，或者力的作用线通过矩心时，力矩为零。

(3) 互成平衡的一对力对同一点之矩的代数和为零。

需要清楚的是，虽然实例中是以力对固定点取矩而引出力矩的概念，但实际上，作用于物体的力可以对任意点取矩。后面模块中还会提及空间中的力对点之矩和力对轴之矩，要注意这几者的区别与联系。

## 2.3.2 合力矩定理

**定理**　平面汇交力系的合力对平面内任意一点的矩等于各个分力对同一点之矩的代数和，即

$$M_O(\boldsymbol{F}_{\mathrm{R}}) = \sum_{i=1}^{n} M_O(\boldsymbol{F}_i) \tag{2.10}$$

此处以两个共点力构成的最简单的汇交力系为例，进行简要的证明。

证明：设作用于 $A$ 点的力 $\boldsymbol{F}_1$ 和 $\boldsymbol{F}_2$ 的合力为 $\boldsymbol{R}$。任取 $O$ 点作为矩心，过 $O$ 点作 $x$ 轴垂直于 $OA$，并过点 $B$、$C$、$D$ 分别作垂直于 $x$ 轴的垂线，交 $x$ 轴于 $b$、$c$、$d$ 三点，则 $Ob$、$Oc$、$Od$ 分别为 $\boldsymbol{F}_1$、$\boldsymbol{F}_2$ 和 $\boldsymbol{R}$ 的投影，如图 2.11 所示。由合力投影定理可知

$$Od = Ob + Oc$$

又由力矩的几何法表示可知

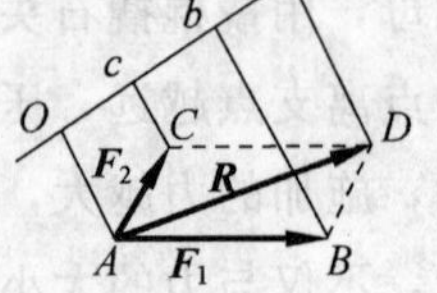


图 2.11　合力矩定理

$$M_O(\boldsymbol{F}_1) = \pm 2S_{\triangle AOB} = OA \cdot Ob$$

$$M_O(\boldsymbol{F}_2) = \pm 2S_{\triangle AOC} = OA \cdot Oc$$

$$M_O(\boldsymbol{R}) = \pm 2S_{\triangle AOD} = OA \cdot Od$$

可见：$M_O(\boldsymbol{F}_1) + M_O(\boldsymbol{F}_2) = M_O(\boldsymbol{R})$ 证毕！

用类似的方法可以证明，上述结论对于具有多个力的平面汇交力系同样成立。

### 2.3.3 力矩与合力矩的解析表达式

设力 $\boldsymbol{F}$ 作用于平面内 $A$ 点，$A$ 点的坐标为 $(x, y)$，将力 $\boldsymbol{F}$ 在坐标系 $xOy$ 下进行投影，如图 2.12 所示。利用合力矩定理有

$$M_O(\boldsymbol{F}) = M_O(F_x) + M_O(F_y) = xF_y - yF_x$$

此即力 $\boldsymbol{F}$ 对坐标原点的矩的解析表达式。

对于具有 $n$ 个力的平面汇交力系，类似地有

$$M_O(\boldsymbol{F}_R) = x_i \sum F_{yi} - y_i \sum F_{xi} \tag{2.11}$$

**例 2.4** 图 2.13 所示支架，已知 $l_{AB} = l_{AC} = 30$ cm，$l_{CD} = 15$ cm，$F = 100$ N，$\alpha = 30°$。求力 $\boldsymbol{F}$ 对 $A$、$B$、$C$ 三点之矩。

**解** 根据力臂是否容易计算，可以选择不同的计算方法。

$M_A(\boldsymbol{F})/(\text{N}\cdot\text{m}) = -Fd_A = -F \cdot l_{AD}\sin 30° = -22.5$

$M_C(\boldsymbol{F})/(\text{N}\cdot\text{m}) = -Fd_C = -F \cdot l_{CD}\sin 30° = -7.5$

$M_B(\boldsymbol{F})/(\text{N}\cdot\text{m}) = -F\cos 30° l_{AB} - F \cdot \sin 30° l_{AD} = -48.5$

此处，计算对 $B$ 点之矩时，若不采用合力矩定理，在现有的已知条件下，则很难进行。

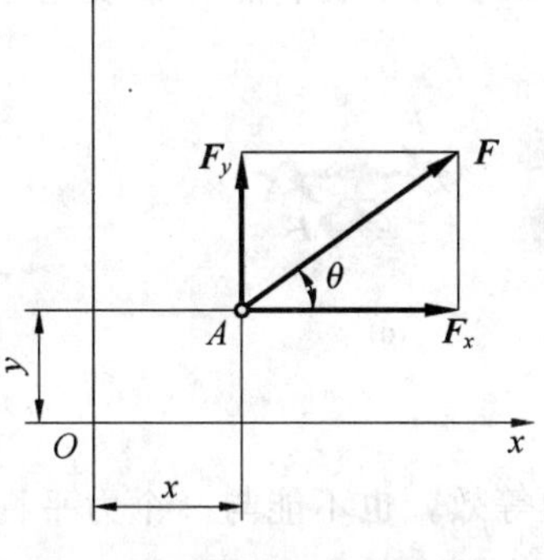


图 2.12 力矩与合力矩

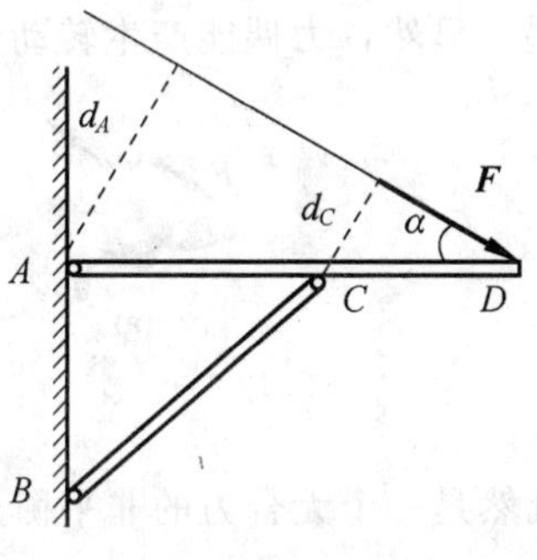


图 2.13 支架

## 2.4 平面力偶系

本节主要引入力偶的概念，介绍力偶的性质、平面力偶系的合成和平衡问题。既是对力偶这一新概念的认识，也是为后续模块中的空间力偶的学习打基础。

### 2.4.1 力偶与力偶矩

为了引入力偶的概念，下面首先来看平行力的合成。通过前面模块的学习，应该能够熟练地掌握共点力的合成，事实上，不共点的力作用在物体上，也会体现出一个综合的作用效果，也就是说，可能存在合力。如图 2.14 所示，作用在刚体上 $A$、$B$ 两点的同向平行力 $\boldsymbol{P}$ 和 $\boldsymbol{Q}$，可以按照加减平衡力系原理，在 $A$、$B$ 两点施加一对平衡力 $\boldsymbol{T}$ 和 $\boldsymbol{T}'$，然后按照平行四边形法则合成为 $A$、$B$ 两点

的力$\boldsymbol{R}_1$和$\boldsymbol{R}_2$，再按力的可传性移动到$D$点，合成力$\boldsymbol{R}$，在整个过程中，均满足静力学基本公理，最终力$\boldsymbol{R}$对刚体的作用效应和$\boldsymbol{P}$、$\boldsymbol{Q}$对刚体的作用效应相同，因此力$\boldsymbol{R}$称为同向平行力$\boldsymbol{P}$和$\boldsymbol{Q}$的合力。

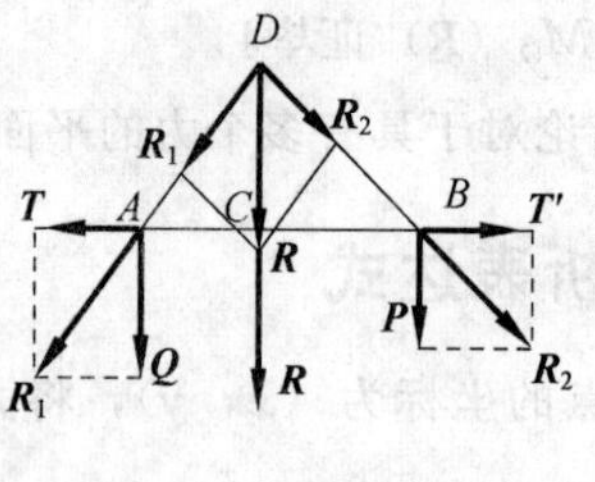


**图 2.14　平行力的合力**

其大小为

$$\boldsymbol{R}=\boldsymbol{P}+\boldsymbol{Q}\text{（方向与}\boldsymbol{P}\text{、}\boldsymbol{Q}\text{同向）}$$

作用点$C$可以根据合力矩定理

$$M_C(\boldsymbol{P})+M_C(\boldsymbol{Q})=M_C(\boldsymbol{R})$$

求得

$$\frac{P}{Q}=\frac{AC}{CB}$$

类似地，可以求得反向平行力的合力，其大小为$\boldsymbol{R}=\boldsymbol{P}-\boldsymbol{Q}$。这时会出现一种特殊的情形，当$\boldsymbol{P}=-\boldsymbol{Q}$时，$\boldsymbol{R}=0$，但本身却不满足二力平衡公理而不平衡，两个力必须当作一个整体来看。把这种大小相等、方向相反、作用线互相平行的两个力称为力偶，以符号（$\boldsymbol{F}$，$\boldsymbol{F}'$）来表示。力偶中的两个力所在的平面称为力偶作用面，两力作用线间的垂直距离称为力偶臂。在生产生活实践中，我们常见到的如图 2.15 所示的拧水龙头、操作方向盘、定子驱动转子旋转、丝锥攻丝等，实际施加的都是力偶。显然，力偶能产生转动效应。

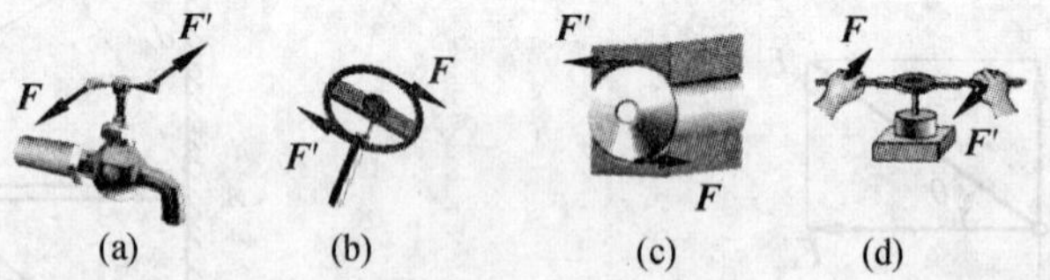


**图 2.15　力偶**

力偶既然是一个无合力的非平衡力系，就不能与一个力等效，也不能与一个力平衡。力偶只能与力偶平衡。因此，力偶既没有合力，本身又不平衡，是一个基本的力学量。作为在力学中同力并列的基本力学量，力偶也有三要素。

(1) 力偶的大小。因为力偶是由两个力组成的特殊力系，它的作用只改变物体的转动状态，所以，力偶对物体的转动效应用类似力矩的量来衡量。

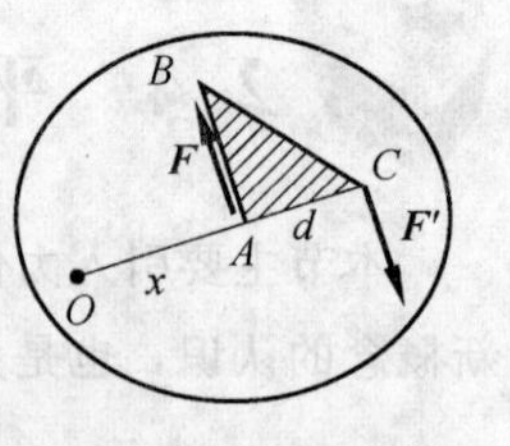


**图 2.16　力偶矩**

设作用于刚体上的力偶（$\boldsymbol{F}$，$\boldsymbol{F}'$）的力偶臂为$d$，如图 2.16 所示，则该力偶对作用面任意点$O$的矩为

$$M_O(\boldsymbol{F},\boldsymbol{F}')=M_O(\boldsymbol{F})+M_O(\boldsymbol{F}')=-F'(x+d)+Fx=-Fd$$

上式表明，力偶对作用面内任意点的矩大小恒等于力偶中力的大小和力偶臂的乘积，而与矩心位置无关。乘积$Fd$冠以适当的正负号称为力偶矩。也可以用三角形面积表示，因此有

$$M_O(\boldsymbol{F},\boldsymbol{F}')=\pm Fd=\pm 2S_{\triangle ABC} \tag{2.12}$$

力偶矩是一个代数量，它表征了力偶的大小，其单位与力矩的单位相同。

(2) 力偶的转向。力偶的正负决定力偶的转向，通常规定：逆时针转动为正，顺时针转动为负，此规定与力矩相同。

(3) 力偶的作用面。力偶的作用面即力偶中两力所在的平面，作用面不同，对物体的转动效应也不同。需要指出的是，上面的简单证明，已经表明力偶的大小与矩心位置无关，即在同一作用面内，不必提及作用点。

## 2.4.2 同平面内力偶的等效定理

经验证实，如图 2.17 所示汽车司机操纵方向盘，不论以第一或第二种方式在外缘加力偶，还是以第三种方式在距离转动中心一半的距离处，加力为一倍的力偶，只要力偶矩大小相同，都可获得相同的转动效果。事实上，由于力偶的作用只改变物体的转动状态，而力偶对物体的转动效应用力偶矩来衡量，如图 2.18 所示。因此可以得出如下定理。

**平面力偶的等效定理**　作用在同一平面内的两个力偶，只要它们的力偶矩大小相等，转向相同，则该两力偶彼此等效。

该定理给出了同一平面内力偶的等效条件。由此可得推论：

**推论 1**　力偶可以在其作用面内任意移动，而不影响它对刚体的作用效应。

**推论 2**　只要保持力偶矩的大小和转向不变，可以任意改变力偶中力的大小和力偶臂的长短，而不改变它对刚体的作用效应。

需要注意的是，上述结论只适用于刚体，而不适用于变形体。

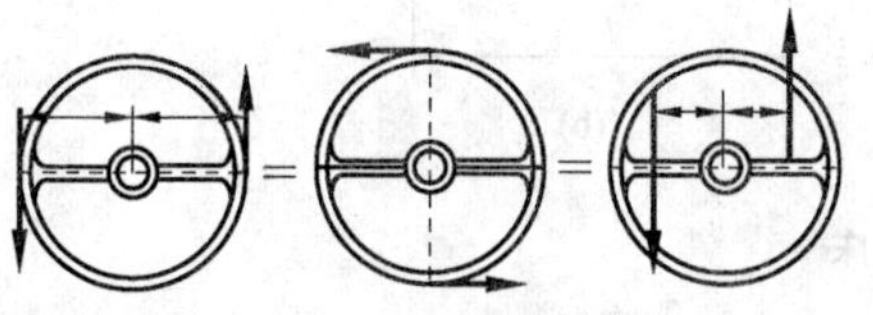

图 2.17　汽车方向盘

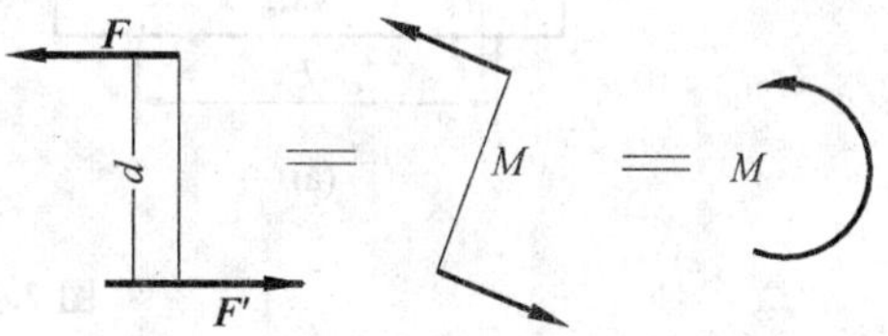


图 2.18　力偶的简化画法

## 2.4.3 平面力偶系的合成和平衡条件

作用在刚体的同一平面上的若干力偶称为平面力偶系。

设在刚体同一平面内有 $n$ 个力偶 $M_1$、$M_2$、…、$M_n$，构成平面力偶系，它们具有不同的力偶臂，如图 2.19 (a) 所示。其中，$M_1=F_1d_1$，$M_2=F_2d_2$，…，$M_n=-F_nd_n$。

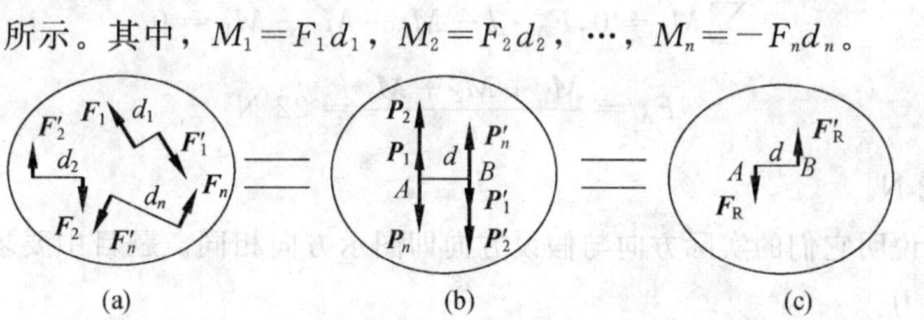


图 2.19　平面力偶系的合成

为求其合成结果，操作如下：保持所有力偶的力偶矩不变，同时改变力偶中力的大小和力偶臂的长短，使它们具有相同的力偶臂长 $d$，并将它们在平面内移转，使力臂与 $AB$ 重合，如图 2.19 (b) 所示。于是得到新力偶系 $M'_1$、$M'_2$、$M'_n$，满足如下条件：

$$M'_1=P_1d=M_1,\ M'_2=P_2d=M_2,\ \cdots,\ M'_n=-P_nd=M_n$$

将在 $A$、$B$ 两点的力继续合成，如图 2.19 (c) 所示。其中，$F_R=P_1+P_2+\cdots\div P_n$，$F'_R=P'_1+P'_2+\cdots-P'_n$。

显然，$\boldsymbol{F}_R$ 和 $\boldsymbol{F}'_R$ 大小相等，方向相反，互相平行，不在同一直线上，构成新的力偶，此力偶矩为

$$M = F_R d = (P_1 + P_2 + \cdots - P_n)d = M_1 + M_2 + \cdots - M_n = \sum_{i=1}^{n} M_i = \sum M_i \qquad (2.13)$$

由此可知，平面力偶系的合成结果是一个合力偶，合力偶矩的大小等于力偶系中各力偶矩的代数和。

平面力偶系合成的结果既然是一个合力偶，那么，要使力偶系平衡，则合力偶矩必须等于零，而如果合力偶矩等于零，则表示力偶系中各力偶对物体的转动效应互相抵消，物体处于平衡状态。因此，平面力偶系平衡的充分必要条件是：力偶系中各力偶矩的代数和等于零，即

$$\sum M_i = 0 \qquad (2.14)$$

利用这个平衡条件，可以求解一个未知量。

**例 2.5** 图 2.20（a）所示多轴钻床在水平工作台上钻孔时，每个钻头的切削刀刃作用于工件的力在水平面内构成一力偶系。已知切削力的力偶矩大小分别为 $M_1 = M_2 = M_3 = 10$ kN · m，求工件受到的合力偶的力偶矩。若工件在 $A$、$B$ 两处用螺栓固定，$L = 200$ mm，求螺栓所受的水平力。

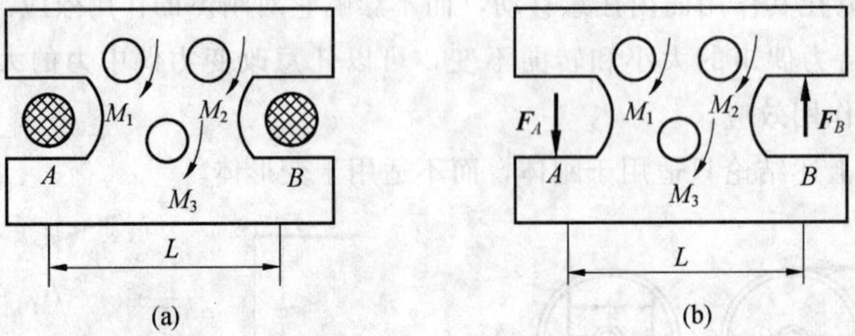


**图 2.20 多轴钻床**

**解** （1）取工件为研究对象。

（2）做受力分析，如图 2.20（b）所示。工件受三个主动的切削力偶和一对定位螺栓给的约束力而平衡。根据力偶只能和力偶相平衡，可以判断 $\boldsymbol{F}_A$ 和 $\boldsymbol{F}_B$ 也必然构成力偶。因此，在工件上作用的是平面力偶系。

（3）列平衡方程为

$$\sum M_i = 0, F_A \cdot l - M_1 - M_2 - M_3 = 0$$

$$F_A = \frac{M_1 + M_2 + M_3}{l} = 22 \text{ N}$$

同理，$F_B = 22$ N。

因为是正值，说明它们的实际方向与假设方向即图示方向相同。题目中要求的螺栓所受的水平力是它们的反作用力。

**技术提示**

平面力偶系问题的解题步骤与平面汇交力系大致相同，但是因为不涉及投影轴，所以不需建立坐标系，在选取研究对象，做完受力分析后，直接列平衡方程即可。当然，一次只能求解一个未知数。

## 【重点串联】

- 平面汇交力系与力偶系
  - 平面汇交力系合成与平衡
    - 平面汇交力系合成的几何法
    - 平面汇交力系平衡的几何条件
  - 平面汇交力系合成的解析法
    - 力在直角坐标轴上的投影
    - 平面汇交力系合成的解析法
    - 平面汇交力系的平衡方程
  - 平面力对点之矩
    - 力对点之矩（力矩）
    - 合力矩定理
    - 力矩与合力矩的解析表达式
  - 平面力偶系
    - 力偶与力偶矩
    - 同平面内力偶的等效定理
    - 平面力偶系的合成和平衡条件

## 拓展与实训

### 职业能力训练

**一、填空题**

1. 平面汇交力系平衡的几何条件是________；平衡的解析条件是________。
2. 平面内两个力偶等效的条件是________；力偶系的平衡条件是________。
3. 作用于刚体上的四个力构成的汇交力系如图 2.21 所示，则：

   ①图 2.21（a）中四个力的关系为________，其矢量表达式为________。

   ②图 2.21（b）中四个力的关系为________，其矢量表达式为________。

   ③图 2.21（c）中四个力的关系为________，其矢量表达式为________。

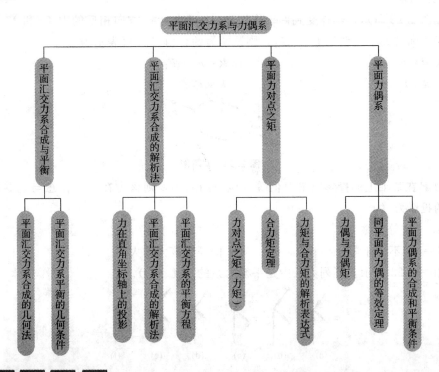

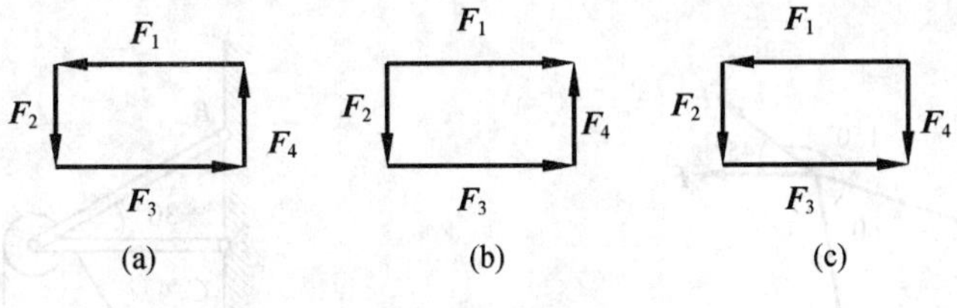


图 2.21　3 题图

4. 力对点之矩正负的规定：________为正，________为负。

## 二、选择题

1. 如图 2.22 所示，刚体受到两个作用在同一直线上、方向相反的力 $\boldsymbol{F}_1$ 和 $\boldsymbol{F}_2$ 作用，它们之间的大小关系是 $\boldsymbol{F}_1=2\boldsymbol{F}_2$，则该两力的合力矢 $\boldsymbol{R}$ 可表示为（　　）。

A. $\boldsymbol{R}=\boldsymbol{F}_1-\boldsymbol{F}_2$　　B. $\boldsymbol{R}=\boldsymbol{F}_2-\boldsymbol{F}_1$

C. $\boldsymbol{R}=\boldsymbol{F}_1+\boldsymbol{F}_2$　　D. $\boldsymbol{R}=\boldsymbol{F}_2$

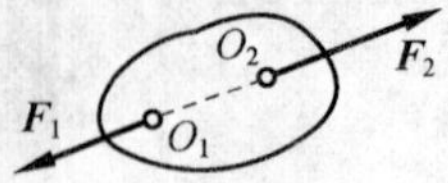


图 2.22　1 题图

2. 力 $\boldsymbol{F}$ 在某轴上的投影的绝对值等于该力的大小，则该力在另一任意与之共面的轴上的投影为（　　）。

A. 一定等于零　　B. 不一定等于零

C. 一定不等于零　　D. 仍等于该力的大小

3. 如图 2.23 所示，下列力系中是平衡力系的是（　　）。

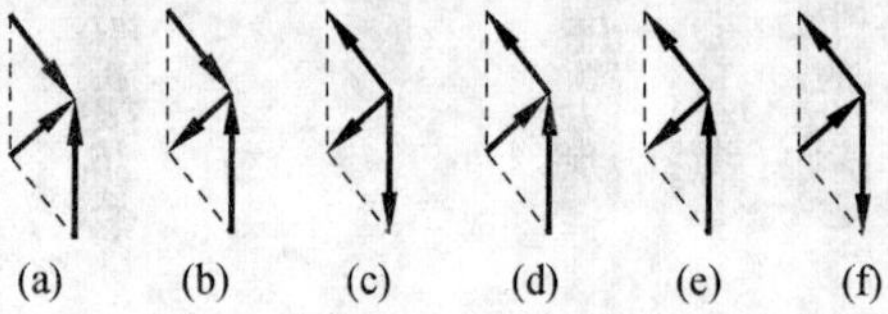


图 2.23　3 题图

A.（a）和（b）　　B.（c）和（d）　　C.（e）和（f）　　D.（b）和（f）

4. 力在坐标轴上的投影是（　　）。

A. 矢量　　B. 标量　　C. 两者兼是　　D. 两者都不是

## 三、计算题

1. 如图 2.24 所示，四个平面共点力作用于物体的 $O$ 点。已知 $F_1=F_2=200$ kN，$F_3=300$ kN，$F_4=400$ kN，力 $\boldsymbol{F}_1$ 水平向右。试分别用几何法或解析法求它们的合力的大小和方向。

2. 简易起重装置如图 2.25 所示，如 $A$、$B$、$C$ 三处均可简化为光滑铰链连接，各杆和滑轮的自重可以不计；起吊重量 $G=2$ kN。求直杆 $AB$、$AC$ 所受力的大小，并说明其受拉还是受压。

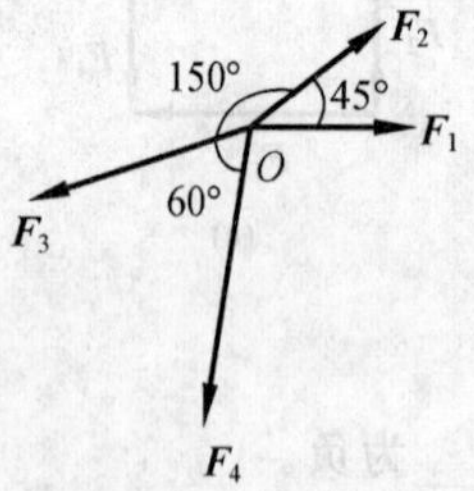


图 2.24　1 题图

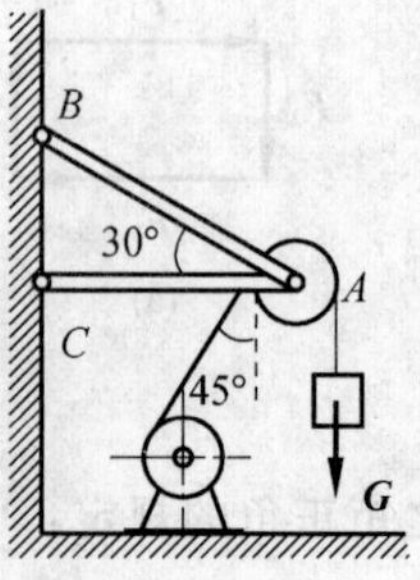


图 2.25　2 题图

3. 梁 $AB$ 的支座如图 2.26 所示，在梁的中点作用一力 $P=20$ kN，力与梁的轴线成 45°角。梁的重量略去不计，试求梁的支座反力。

4. 曲柄 $OA$ 上作用一力偶，其力偶矩为 $M$；另在滑块 $D$ 上作用水平力 $\boldsymbol{F}$。机构尺寸如图 2.27 所示，各杆重量不计。求当机构平衡时，力 $\boldsymbol{F}$ 与力偶矩 $M$ 的关系。

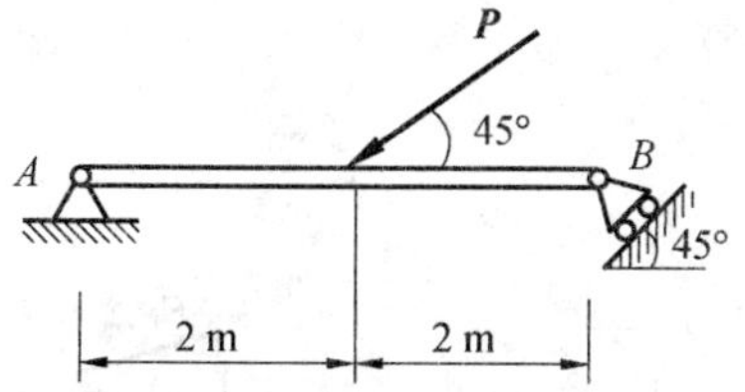


图 2.26　3 题图

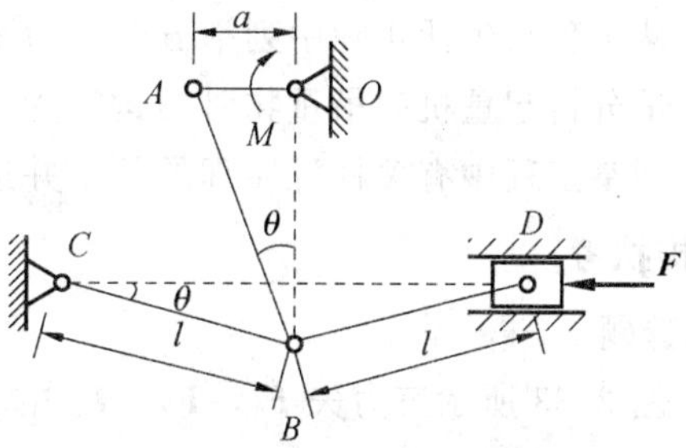


图 2.27　4 题图

5. 物体系统如图 2.28 所示，已知 $\boldsymbol{P}$、$\boldsymbol{Q}$，求平衡时夹角 $\alpha$ 及地面的约束力 $\boldsymbol{N}_D$。

6. 图 2.29 所示压路机碾子重 $W=20$ kN，半径 $r=60$ cm。求碾子刚能越过高 $h=8$ cm 的石块所需水平力 $\boldsymbol{F}$ 的最小值。

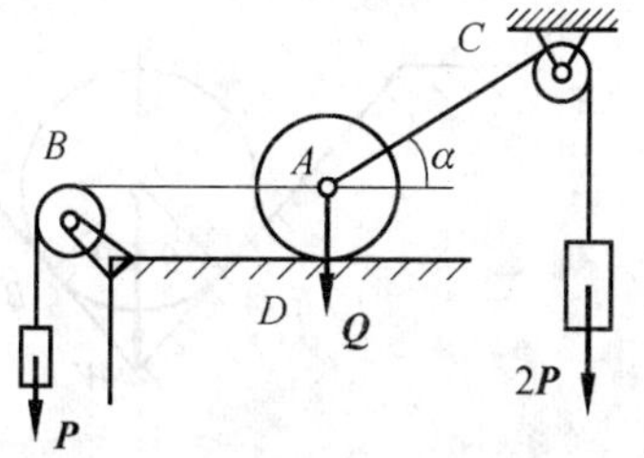


图 2.28　5 题图

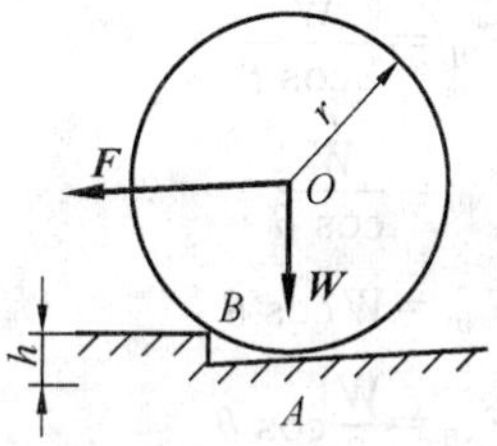


图 2.29　6 题图

7. 力偶矩为 $M$ 的力偶作用在直角折杆上。如果折杆约束方式如图 2.30 所示，不计杆重，求支座 $A$、$B$ 的约束反力。

8. 图 2.31 所示水平梁上作用两个力偶，其中一个力偶矩 $M_1=60$ kN · m，另一个 $M_2=40$ kN · m，已知 $AB=3.5$ m。求 $A$、$B$ 两点的约束反力。

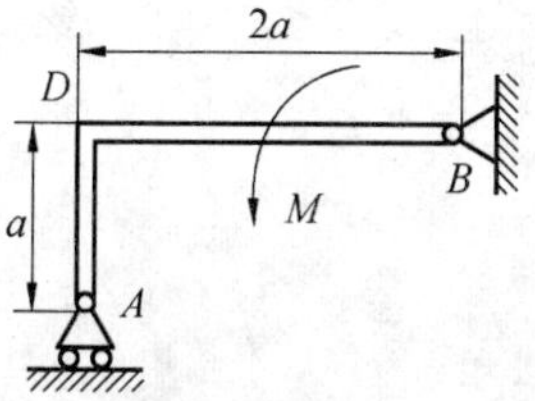


图 2.30　7 题图

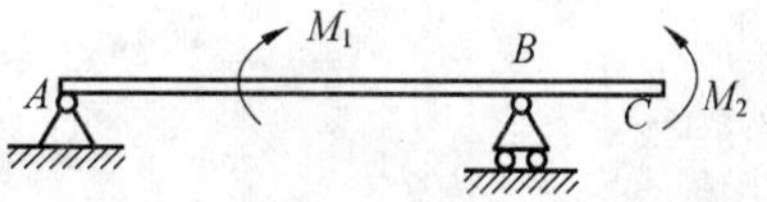


图 2.31　8 题图

9. 在图 2.32 所示结构件中，不考虑结构的自重，构件 $BC$ 上作用一力偶 $M$，其力偶矩 $M=1.5$ kN · m，已知 $a=300$ mm，试求支座 $A$、$C$ 的约束反力。

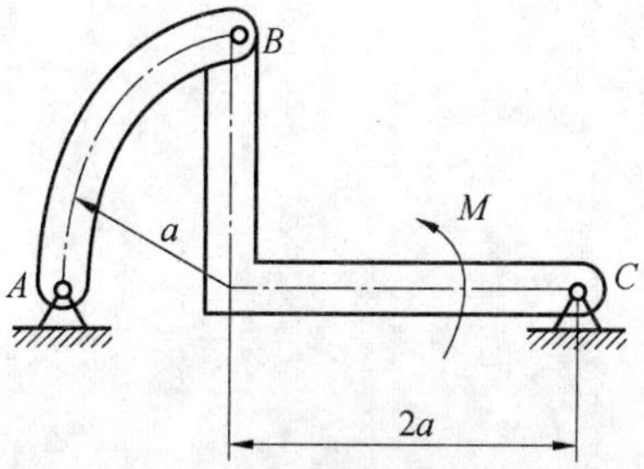


图 2.32　9 题图

## 工程模拟训练

1. 试分析机械加工中多孔钻床在工件上钻孔和攻丝时的力学原理。
2. 从工程与生活实际中列举五个三力平衡和多力平衡汇交的例子。
3. 试分析起重机起吊重物时吊钩的受力情况，考虑对吊索进行设计时要考虑的问题。
4. 列举工程中有关杠杆原理的例子并进行力矩计算。

## 链接执考

**单选题**

1. 图 2.33 所示三力矢 $\boldsymbol{F}_1$、$\boldsymbol{F}_2$、$\boldsymbol{F}_3$ 的关系是(　　)。

A. $\boldsymbol{F}_1+\boldsymbol{F}_2+\boldsymbol{F}_3=0$

B. $\boldsymbol{F}_3=\boldsymbol{F}_1+\boldsymbol{F}_2$

C. $\boldsymbol{F}_2=\boldsymbol{F}_1+\boldsymbol{F}_3$

D. $\boldsymbol{F}_1=\boldsymbol{F}_2+\boldsymbol{F}_3$

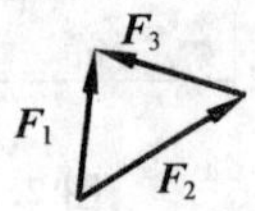


图 2.33　1 题图

2. 重 $\boldsymbol{W}$ 的圆球置于光滑的斜槽内，右侧斜面对球的约束力 $\boldsymbol{F}_{NB}$ 的大小为(　　)。

A. $F_{NB}=\dfrac{W}{2\cos\theta}$

B. $F_{NB}=\dfrac{W}{\cos\theta}$

C. $F_{NB}=W\cos\theta$

D. $F_{NB}=\dfrac{W}{2}\cos\theta$

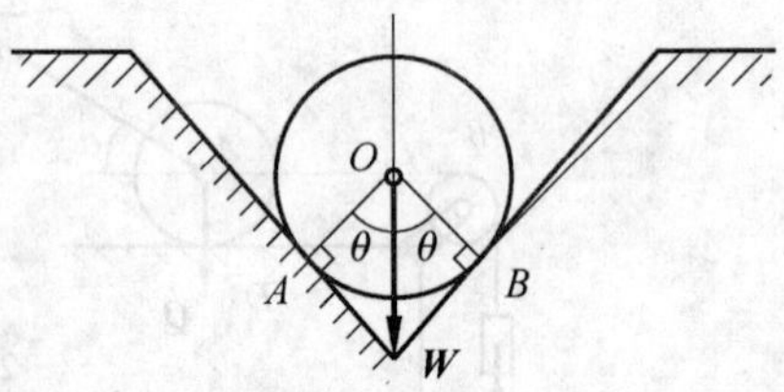


图 2.34　2 题图

# 模块 3 平面任意力系与摩擦

**【模块概述】**

本模块将在模块1、2的基础上，详述平面任意力系的简化和平衡问题，并介绍静定和超静定问题，平面桁架的概念及内力计算，摩擦的概念及平衡问题。

若所有力的作用线都在同一平面内，且它们既不相交于一点，又不平行，此力系称为平面任意力系。事实上工程中的多数问题都简化为平面任意力系问题来解决。所以，本章的内容是静力学的重点，在工程实践中有着重要的意义。

**【知识目标】**

1. 平面力系的简化和平衡；
2. 平面桁架；
3. 滑动摩擦；
4. 摩擦角与自锁现象。

**【能力目标】**

1. 理解力线平移、力系简化原理；
2. 掌握各类平面力系的简化方法和结果；
3. 能计算平面任意力系的主矢和主矩；
4. 了解滑动摩擦的概念和摩擦力的特征；
5. 能求解考虑摩擦时物体的平衡问题。

**【学习重点】**

力系的简化，力线平移定理、平衡方程、静定与静不定的概念，桁架的概念，考虑摩擦后的平衡问题。

**【课时建议】**

10～12课时

## 工程导入

在工程实际中经常会遇到平面任意力系的问题，有些结构所受的力系本不是平面任意力系，但可以简化为平面任意力系来处理。图 3.1（a）所示的屋架，可以忽略它与其他屋架之间的联系，单独分离出来，视为平面结构来考虑。屋架上的荷载及支座反力作用在屋架自身平面内，组成一平面任意力系，如图 3.1（b）所示。

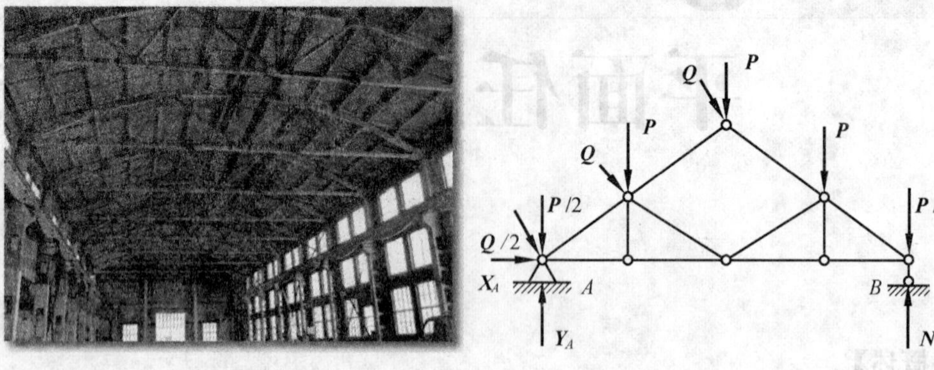


(a) (b)

**图 3.1 屋架**

对于水坝这样纵向尺寸较大的结构，在分析时常截取单位长度（图 3.2）的坝段来考虑，将坝段所受的力简化为作用于中央平面内的平面任意力系。事实上，工程中的多数问题都简化为平面任意力系问题来解决。

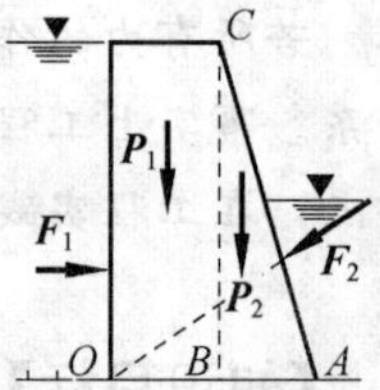


**图 3.2 水坝**

# 3.1 平面任意力系

## 3.1.1 力线平移定理

要研究一个力系的平衡，首先要研究它的简化。力系简化的理论基础是力线平移定理。同时，力线平移定理可将平面内任意力系转化为平面汇交力系和平面力偶系来研究。由力的可传性可知，力可以沿其作用线滑移到刚体上任意一点，而不改变力对刚体的作用效应。但当力平行于原来的作用线移动到刚体上任意一点时，力对刚体的作用效应便会改变，为了进行力系的简化，将力等效地平行移动，给出如下定理：

**定理** 作用在刚体上点 $A$ 的力 $\boldsymbol{F}$ 可以平行移动（简称平移）到任一点 $B$ 上，但必须同时附加一个力偶，此附加力偶的矩等于原来力 $\boldsymbol{F}$ 对新作用点 $B$ 的矩。

证明：设力 $\boldsymbol{F}$ 作用于刚体上 $A$ 点，如图 3.3（a）所示。为将力 $\boldsymbol{F}$ 等效地平行移动到刚体上任意一点，根据加减平衡力系公理，在 $B$ 点加上两个等值、反向的力 $\boldsymbol{F}'$ 和 $\boldsymbol{F}''$，并使 $\boldsymbol{F}'=\boldsymbol{F}''=\boldsymbol{F}$，如图 3.3（b）所示。显然，力 $\boldsymbol{F}$、$\boldsymbol{F}'$ 和 $\boldsymbol{F}''$ 组成的力系与原力 $\boldsymbol{F}$ 等效。由于在力系 $\boldsymbol{F}$、$\boldsymbol{F}'$ 和 $\boldsymbol{F}''$ 中，力 $\boldsymbol{F}$ 与力 $\boldsymbol{F}''$ 等值、反向且作用线平行，它们组成力偶（$\boldsymbol{F}$，$\boldsymbol{F}''$）。于是作用在 $B$ 点的力 $\boldsymbol{F}'$ 和力偶（$\boldsymbol{F}$，$\boldsymbol{F}''$）与原力 $\boldsymbol{F}$ 等效。即把作用于 $A$ 点的力 $\boldsymbol{F}$ 平行移动到任意一点 $B$，但同时附加了一个力偶，如图 3.3（c）所示。由图可见，附加力偶的力偶矩为

$$M=\pm Fd=M_B(\boldsymbol{F})$$

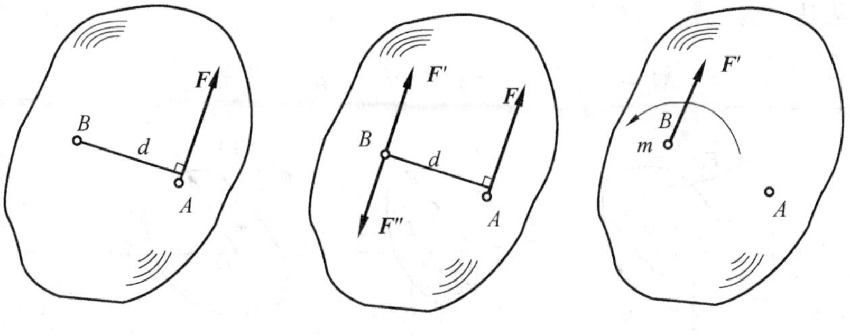


图 3.3 力线平移定理

力的平移定理表明，可以将一个力分解为一个力和一个力偶；反之，也可以将同一平面内一个力和一个力偶合成为一个力。应该注意，力的平移定理只适用于刚体，而不适用于变形体，并且只能在同一刚体上平行移动。

## 【知识拓展】

用力的平移定理可以解释生活或工作中常见到的一些力学现象。如打桌球时，职业球员用球杆击打母球（白球）时往往能控制母球的前进或后退，甚至能侧旋。这是因球员击打白球时，选择击打点偏离球心而使白球呈现不同的运动状态。由力的平移定理分析，即将擦击力平移到球心，可见，在球上同时作用有使之移动的力和使之转动的附加力偶。于是出现白球在撞击到球后，既可向上旋转而前进，又可向下旋转而后退。

## 3.1.2 平面任意力系的简化

### 1. 平面任意力系的简化

设刚体受到平面任意力系 $\boldsymbol{F}_1$、$\boldsymbol{F}_2$、…、$\boldsymbol{F}_n$ 的作用，在力系所在的平面内任取一点 $O$，称 $O$ 点为简化中心。应用力的平移定理，将力系中的各力依次分别平移至 $O$ 点，得到汇交于 $O$ 点的平面汇交力系 $\boldsymbol{F}'_1$、$\boldsymbol{F}'_2$、…、$\boldsymbol{F}'_n$，此外还应附加相应的力偶，构成附加力偶系 $M_1$、$M_2$、…、$M_n$。

平面汇交力系中各力的大小和方向分别与原力系中对应的各力相同，即

$$\boldsymbol{F}'_1=\boldsymbol{F}_1,\ \boldsymbol{F}'_2=\boldsymbol{F}_2,\ \cdots,\ \boldsymbol{F}'_n=\boldsymbol{F}_n$$

所得平面汇交力系可以合成为力的作用线通过简化中心 $O$ 的一个力 $\boldsymbol{F}'_R$，此力称为原来力系的主矢，即主矢等于力系中各力的矢量和，即

$$\boldsymbol{F}'_R=\boldsymbol{F}'_1+\boldsymbol{F}'_2+\cdots+\boldsymbol{F}'_n=\boldsymbol{F}_1+\boldsymbol{F}_2+\cdots+\boldsymbol{F}_n=\sum_{i=1}^{n}\boldsymbol{F}_i \tag{3.1}$$

平面力偶系 $M_1$、$M_2$、…、$M_n$ 可以合成一个力偶，其矩为 $M_O$，此力偶矩称为原来力系的主矩，即主矩等于力系中各力矢量对简化中心的矩的代数和，即

$$M_O=M_1+M_2+\cdots+M_n=\sum_{i=1}^{n}M_O(\boldsymbol{F}_i) \tag{3.2}$$

结论：平面任意力系向力系所在平面内任意点简化，得到一个力和一个力偶，如图 3.4 所示，此力称为原来力系的主矢，与简化中心的位置无关；此力偶矩称为原来力系的主矩，与简化中心的位置有关。

利用平面汇交力系和平面力偶系的合成方法，可求出力系的主矢和主矩。如图 3.4 所示，建立直角坐标系 $Oxy$，主矢的大小和方向余弦为

$$F'_R=\sqrt{\left(\sum F_x\right)^2+\left(\sum F_y\right)^2} \tag{3.3}$$

$$\cos(\boldsymbol{F}'_R\cdot\boldsymbol{i})=\frac{\sum F_x}{F'_R},\cos(\boldsymbol{F}'_R\cdot\boldsymbol{j})=\frac{\sum F_y}{F'_R} \tag{3.4}$$

主矩的解析表达式为

$$M_O=\sum_{i=1}^{n}M_O(\boldsymbol{F}_i)=\sum_{i=1}^{n}(x_iF_{yi}-y_iF_{xi}) \tag{3.5}$$

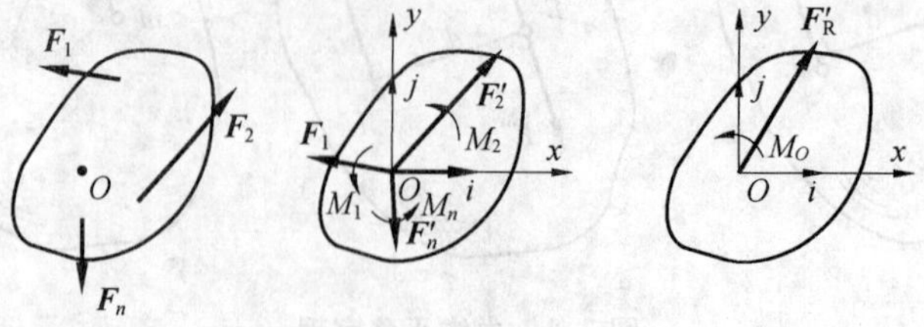

图 3.4 平面任意力系的简化

2. 平面任意力系的简化结果分析

平面任意力系向 $O$ 点简化，一般得一个力和一个力偶。可能出现以下四种情况：

①当 $\boldsymbol{F}'_R\neq 0$，$M_O=0$ 时，原力系简化为一个力，此时的主矢为原来力系的合力，合力的作用线通过简化中心。

②当 $\boldsymbol{F}'_R=0$，$M_O\neq 0$ 时，原力系简化为一力偶，此时该力偶就是原力系的合力偶，其力偶矩等于原力系的主矩。此时原力系的主矩与简化中心的位置无关。

③当 $\boldsymbol{F}'_R=0$，$M_O=0$ 时，原力系平衡。

④当 $\boldsymbol{F}'_R\neq 0$，$M_O\neq 0$ 时，由力的平移定理的逆定理，可将力 $\boldsymbol{F}'_R$ 和力偶矩为 $M_O$ 的力偶进一步合成为一合力 $\boldsymbol{F}_R$，将力偶矩为 $M_O$ 的力偶用两个力 $\boldsymbol{F}_R$ 与 $\boldsymbol{F}''_R$表示，并使 $\boldsymbol{F}'_R=\boldsymbol{F}_R=\boldsymbol{F}''_R$，$\boldsymbol{F}''_R$作用在点 $O$，$\boldsymbol{F}_R$ 作用在点 $O'$，$\boldsymbol{F}'_R$与 $\boldsymbol{F}''_R$组成一对平衡力，将其去掉后得到作用于 $O'$点的力 $\boldsymbol{F}_R$，与原力系等效。因此这个力 $\boldsymbol{F}_R$ 就是原力系的合力，如图 3.5 所示。显然 $\boldsymbol{F}'_R=\boldsymbol{F}_R$，而合力作用线到简化中心的距离为

$$d=\frac{M_O}{F'_R}$$

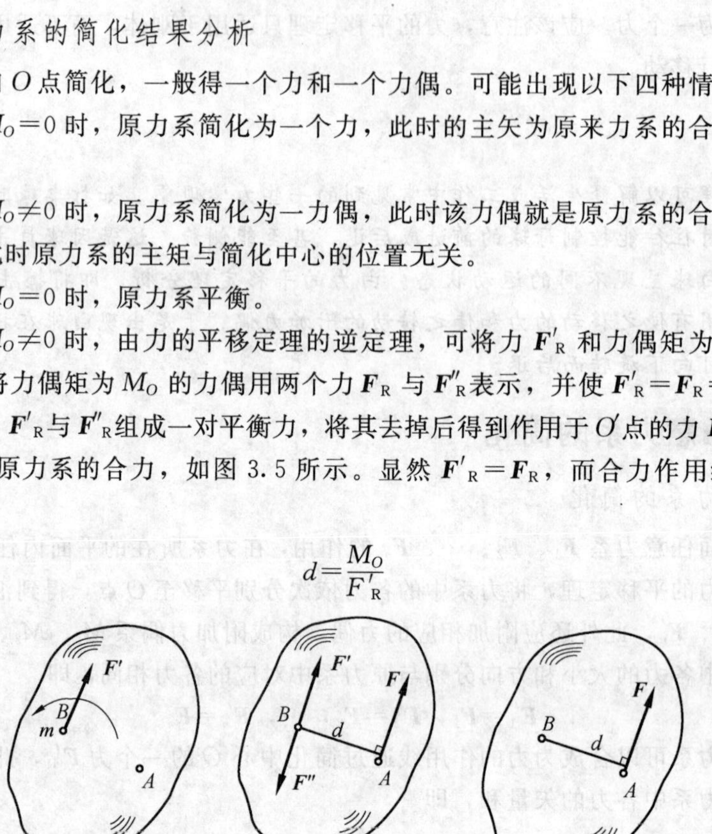

图 3.5 力的平移定理的逆定理

当 $M_O>0$ 时，顺着 $\boldsymbol{R}_O$ 的方向看，合力 $\boldsymbol{R}$ 在 $\boldsymbol{R}_O$ 的右边；当 $M_O<0$ 时，合力 $\boldsymbol{R}$ 在 $\boldsymbol{R}_O$ 的左边。

3. 合力矩定理

合力对 $O$ 点的矩为

$$M_O(F_R)=F_Rd=M_O=\sum_{i=1}^{n}M_O(\boldsymbol{F}_i) \tag{3.6}$$

**合力矩定理** 平面任意力系的合力对其作用面内任一点之矩等于力系中各力对同一点之矩的代数和。

## 3.1.3 平面任意力系的平衡

1. 平面任意力系

当平面任意力系的主矢和主矩都等于零时，作用在简化中心的汇交力系是平衡力系，附加的力偶系也是平衡力系，所以该平面任意力系一定是平衡力系。平面任意力系的充分与必要条件是：力系的主矢和主矩同时为零，即

$$\boldsymbol{F}'_{\mathrm{R}}=0,\ M_O=0 \tag{3.7}$$

用解析式表示为

$$\sum F_x=0, \sum F_y=0, \sum M_O(\boldsymbol{F}_i)=0 \tag{3.8}$$

式（3.8）为平面任意力系的平衡方程。平面任意力系平衡的充分与必要条件为：力系的主矢和主矩同时为零。

二矩式平衡方程的形式为

$$\sum M_A(\boldsymbol{F}_i)=0, \sum M_B(\boldsymbol{F}_i)=0 \tag{3.9}$$

其中，矩心 $A$、$B$ 两点的连线不能与 $x$ 轴垂直。

如果力系对点 $A$ 的主矩等于零，则这个力系不可能简化为一个力偶，但可能有两种情形：这个力系或者是简化为经过点 $A$ 的一个力，或者平衡。如果力系对另一点 $B$ 的主矩也同时为零，则这个力系或有一合力沿 $A$、$B$ 两点的连线，或者平衡，如果再加上 $F_x=0$，那么力系如有合力，则此合力必与 $x$ 轴垂直。式（3.9）的附加条件（$x$ 轴不得垂直连线 $AB$）完全排除了力系简化为一个合力的可能性，故所研究的力系必为平衡力系。

三矩式平衡方程的形式为

$$\sum M_A(\boldsymbol{F}_i)=0, \sum M_B(\boldsymbol{F}_i)=0, \sum M_C(\boldsymbol{F}_i)=0 \tag{3.10}$$

其中，$A$、$B$、$C$ 三点不能共线。

对于三矩式附加上条件后，式（3.10）是平面任意力系平衡的必要与充分条件。

平面任意力系有三种不同形式的平衡方程组，每种形式都只含有三个独立的方程式，都只能求解三个未知量。应用时可根据问题的具体情况，选择适当形式的平衡方程。

2. 平面特殊力系

平面汇交力系其实就是平面任意力系的一种特殊情况。其平衡方程可由平面任意力系的平衡方程导出。因每个力对汇交点之矩都等于零，即力矩方程自动满足，故独立的平衡方程只有两个，即

$$\begin{cases}\sum F_x=0\\ \sum F_y=0\end{cases} \text{或} \begin{cases}\sum F_x=0\\ \sum M_A=0\end{cases} \text{或} \begin{cases}\sum M_A=0\\ \sum M_B=0\end{cases} \tag{3.11}$$

在平面力偶系中，因每个力偶在任何一个坐标轴上的投影均等于零，即两个投影方程均自动满足，故独立的平衡方程只有一个，即

$$\sum M_O=0 \tag{3.12}$$

在平面平行力系（当力系中各力的作用线在同一平面内且相互平行，这样的力系称为平面平行力系）中，若所取直角坐标系 $Oxy$ 中的 $y$ 轴与该力系各力的作用线平行，则不论力系平衡与否，各力在 $x$ 轴上的投影恒为零。于是平面任意力系的后两个方程为平面平行力系的平衡方程。

$$\begin{cases}\sum F_y=0\\ \sum M_O=0\end{cases} \text{或} \begin{cases}\sum M_A=0\\ \sum M_B=0\end{cases} \tag{3.13}$$

其中，两个矩心 $A$、$B$ 的连线不能与各力的作用线平行。

平面平行力系有两个独立的平衡方程，可以求解两个未知量。

**例 3.1** 水平梁 $AB$，$A$ 端为固定铰支座，$B$ 端为水平面上的滚动支座，受力及几何尺寸如图 3.6（a）所示，试求 A、B 端的约束力。

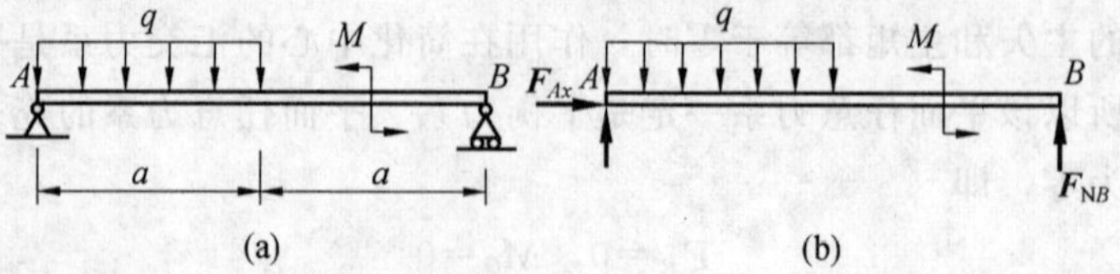


**图 3.6 水平梁**

**解** （1）选梁 $AB$ 为研究对象，作用在它上的主动力有：均布荷载 $q$，力偶矩 $M$；约束力为固定铰支座 $A$ 端的 $\boldsymbol{F}_{Ax}$、$\boldsymbol{F}_{Ay}$ 两个分力，滚动支座 $B$ 端的铅垂向上的法向力 $\boldsymbol{F}_{NB}$，如图 3.6（b）所示。

（2）建立坐标系，列平衡方程。

$$\sum M_A(\boldsymbol{F}) = 0, F_{NB} \cdot 2a + M - \frac{1}{2}qa^2 = 0 \tag{1}$$

$$\sum F_x = 0, F_{Ax} = 0 \tag{2}$$

$$\sum F_y = 0, F_{Ay} + F_{NB} - qa = 0 \tag{3}$$

由式（1）、式（2）、式（3）解得 A、B 端的约束力为

$$F_{NB} = -\frac{qa}{4}\ (\downarrow),\ F_{Ax} = 0,\ F_{Ay} = \frac{5qa}{4}\ (\uparrow)$$

负号说明原假设方向与实际方向相反。

**例 3.2** 如图 3.7（a）所示的刚架，已知：$q=3$ kN/m，$F=6\sqrt{2}$ kN，$M=10$ kN·m，不计刚架的自重，试求固定端 $A$ 的约束力。

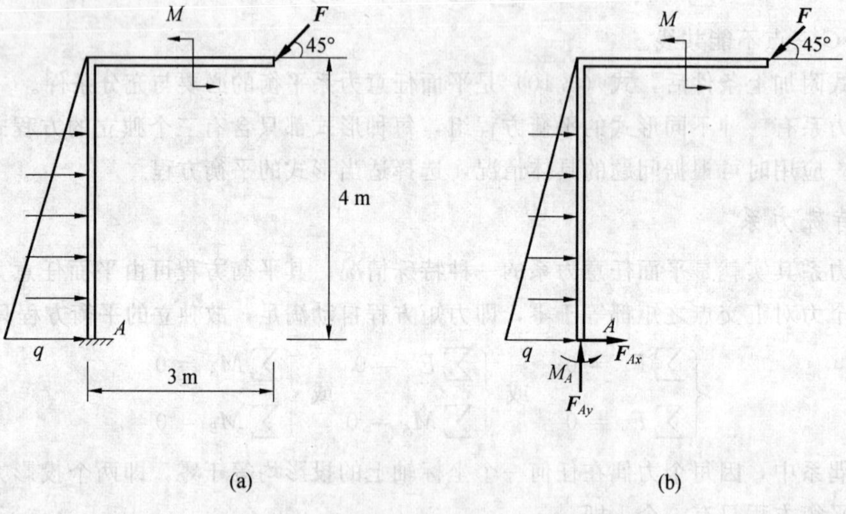


**图 3.7 刚架**

**解** （1）选刚架 $AB$ 为研究对象，作用在它上的主动力有：三角形荷载 $q$、集中荷载 $F$、力偶矩 $M$；约束力为固定端 $A$ 两个垂直分力 $\boldsymbol{F}_{Ax}$、$\boldsymbol{F}_{Ay}$ 和力偶矩 $M_A$，如图 3.7（b）所示。

（2）建立坐标系，列出平衡方程。

$$\sum M_A(\boldsymbol{F}) = 0, M_A - \frac{1}{2}q \times 4 \times \frac{1}{3} \times 4 - M - 3F\sin 45° + 4F\cos 45° = 0 \tag{1}$$

$$\sum F_x = 0, F_{Ax} + \frac{1}{2}q \times 4 - F\cos 45° = 0 \tag{2}$$

$$\sum F_y = 0, F_{Ay} - F\sin 45° = 0 \tag{3}$$

由式（1）、（2）、（3）解得固定端 $A$ 的约束力为

$$F_{Ax}=0,\ F_{Ay}=6\ \text{kN}\ (\uparrow),\ M_A=12\ \text{kN}\cdot\text{m}\ (\text{逆时针})$$

**技术提示**

关于平面任意力系的平衡问题求解，一般可按以下步骤进行：

（1）取研究对象，对其受力情况进行分析，正确地画出分离体的受力图。

（2）选择适当的坐标系或矩心。但要注意，在选择投影轴时，应当尽可能地使较多未知力与投影轴垂直或平行，以使各力的投影计算得以简化；在选择矩心时，应当尽可能地将未知力的交点作为矩心。总之，在列每种平衡方程时，应力求做到列一个平衡方程解一个未知量，以避免解联立方程。

（3）列平衡方程。

（4）解平衡方程，求出未知量。

（5）校核结果，检验正误。注意，若由平衡方程求出的未知量为负，则说明受力图中假设的该未知量的方向与其实际方向相反，但不必去改动受力图中假设的未知量的方向。

## 3.1.4 物体系统的平衡、静定和超静定问题

1. 物体系统的平衡

以上举例所讨论的都是单个物体的平衡问题。而工程实际中的结构一般是由几个构件通过一定的约束联系在一起的，称为物体系统。作用于物体系统上的力，可分为内力和外力两大类。系统外的物体作用于该物体系统的力，称为外力；系统内部各物体之间的相互作用力，称为内力。对于整个物体系统（图 3.8（a））来说，内力总是成对出现的，两两平衡，故无需考虑，如图 3.8（b）所示的铰 $C$ 处。而当取系统内某一部分为研究对象时，作用于系统上的内力变成了作用在该部分上的外力，必须在受力图中画出，如图 3.8（c）中铰 $C$ 处的 $\boldsymbol{F}_{Cx}$ 和 $\boldsymbol{F}_{Cy}$。

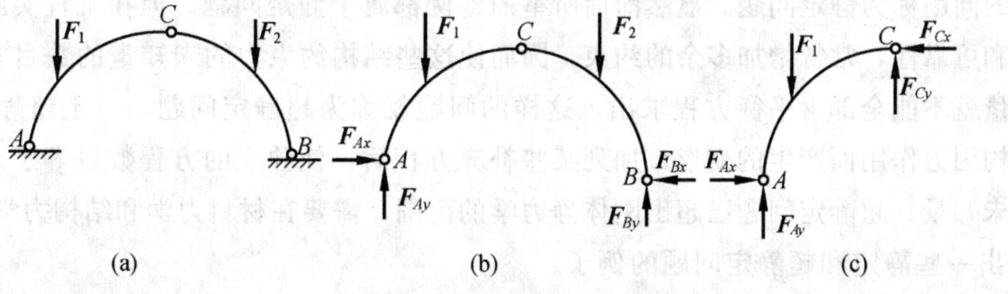


**图 3.8　三角拱**

**例 3.3**　水平组合梁由 $AB$、$BC$ 两部分组成，$A$ 处为固定端约束，$C$ 处为铰链连接，$B$ 端为滚动支座。已知：$F=10$ kN，$q=20$ kN/m，$M=10$ kN·m，几何尺寸如图 3.9（a）所示，试求 $A$、$C$ 处的约束力。

**解**　（1）选梁 $BC$ 为研究对象，作用在它上的主动力有：力偶 $M$ 和均布荷载 $q$；约束力为 $B$ 处的两个垂直分力 $\boldsymbol{F}_{Bx}$、$\boldsymbol{F}_{By}$，$C$ 处的法向力 $\boldsymbol{F}_{NC}$，如图 3.9（b）所示。列平衡方程为

$$\sum M_B(\boldsymbol{F})=0,\ 6F_{NC}+M-3q\times\left(3+\frac{3}{2}\right)=0 \qquad \text{(a)}$$

解得 $F_{NC}=43.33$ kN。

（2）选整体为研究对象，作用在它上的主动力有：集中力 $F$、力偶 $M$ 和均布荷载 $q$；约束力为固定端 $A$ 两个垂直分力 $\boldsymbol{F}_{Ax}$、$\boldsymbol{F}_{Ay}$ 和力偶矩 $M_A$，以及 $C$ 处的法向力 $\boldsymbol{F}_{NC}$，如图 3.9（c）所示。列平衡方程为

$$\sum M_A(\boldsymbol{F})=0, M_A-2F+10F_{NC}+M-3q\times\left(7+\frac{3}{2}\right)=0 \tag{1}$$

$$\sum F_x=0, F_{Ax}=0 \tag{2}$$

$$\sum F_y=0, F_{Ay}-F-3q+F_{NC}=0 \tag{3}$$

由式（1）、（2）、（3）解得 $A$、$C$ 端的约束力为

$$F_{Ax}=0,\ F_{By}=26.67\ \text{kN},\ M_A=86.7\ \text{kN}\cdot\text{m}$$

其方向如图 3.9 所示。

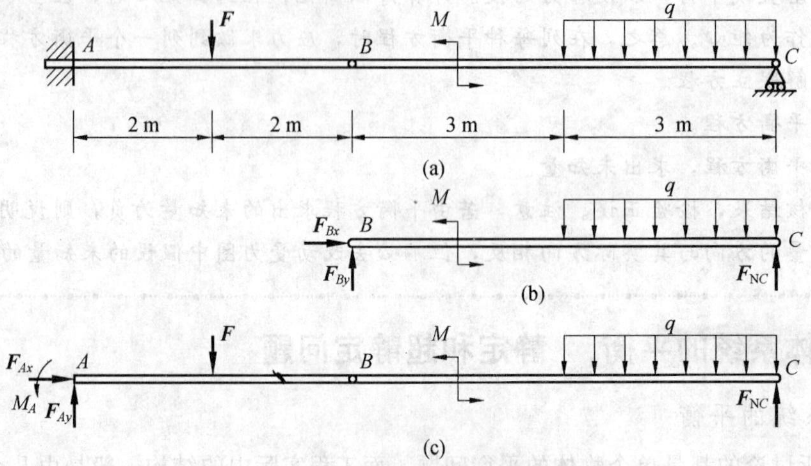


图 3.9　水平组合梁

2. 静定和超静定问题

物体系统平衡是静定问题时才能应用平衡方程求解。一般若系统由 $n$ 个物体组成，每个平面力系作用的物体，最多列出三个独立的平衡方程，而整个系统共有不超过 $3n$ 个独立的平衡方程。若系统中的未知力的数目等于或小于能列出的独立的平衡方程的数目时，则所有的未知数都能由平衡方程求出，这样的问题称为静定问题。显然前面所举的各例都属于静定问题。但在工程实际中，为了提高结构的刚度和可靠性，常常增加多余的约束，因而使这些结构约束力的未知量的数目多于平衡方程的数目，未知量就不能全部由平衡方程求出，这样的问题就称为超静定问题。对于超静定问题的求解，必须考虑结构因力作用而产生的变形，加列某些补充方程后，使独立的方程数目等于未知量数目，最后求出全部未知量。超静定问题已超出刚体静力学的范围，需要在材料力学和结构力学中研究。

下面举出一些静定和超静定问题的例子。

在图 3.10 所示的各图中，并没有给出结构的主动荷载形式，试问主动荷载会对结构的静定产生影响吗？

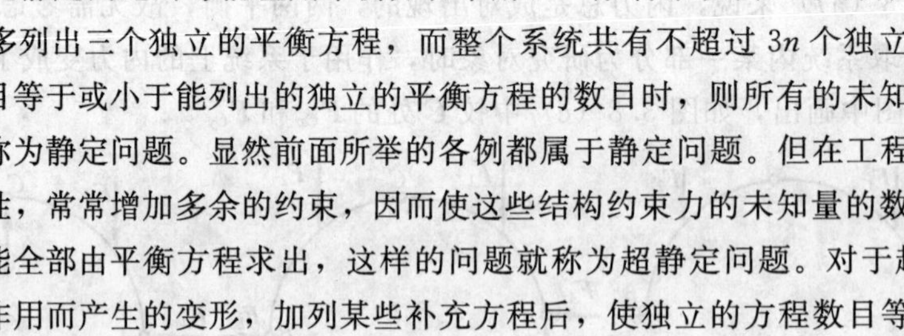

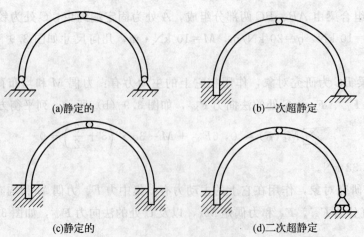

图 3.10　静定与超静定

## 3.1.5 平面桁架

1. 平面桁架的基本概念

桁架指由一些直杆彼此在两端用铰链连接而成的受力后几何形状不变的结构。桁架中杆件的铰链接头称为节点。

工程中，大跨度的厂房、展览馆、体育馆和桥梁等公共建筑，起重机、电视塔等结构物常采用桁架结构。桁架结构的优点是：杆件主要承受拉力或压力，可以充分发挥材料的性能，并节约材料，减轻结构自重。为了简化桁架的计算，工程实际中采用以下几个假设：

①各杆件两端均以光滑铰链连接。

②组成桁架的各杆件的轴线都是直线，并通过铰链中心。

③所有外力在桁架平面内，且作用于节点上。

④杆自重不计。如果需考虑时，也可将其等效加于两端节点上。

满足以上假设条件的桁架称为理想桁架。理想桁架中的各杆件都是二力杆，各杆件受力沿着杆件的轴向只受拉力和压力。但实际的桁架，会与上述假设有差别，如桁架的节点不是光滑铰接，杆件的中心线也不可能加工成绝对直线。但上述假设能够简化计算，而且所得的结果能够满足工程实际的需要。平面桁架按内力计算区分有超静定桁架和静定桁架（杆件的内力可用静力平衡方程全部求得的桁架）。本小节只研究静定桁架，如图 3.11、3.12 所示。图 3.11 所示桁架以三角形框架为基础，每增加一个节点需要增加两根杆件，这样构成的桁架又称平面简单桁架。容易用上节内容证明，平面简单桁架是静定的。

下面介绍两种计算桁架杆件内力的方法：节点法和截面法。

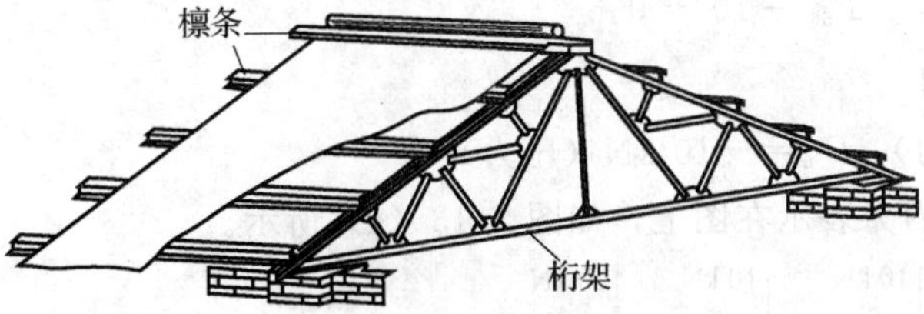


**图 3.11　平面桁架（1）**

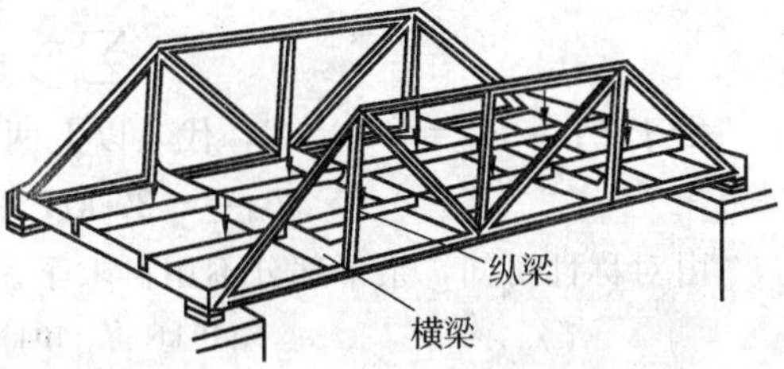


**图 3.12　平面桁架（2）**

2. 节点法

节点法是以桁架的节点作为研究对象，可得每个节点都受一个平面汇交力系的作用，则由已知力可求出全部未知的杆件内力。节点法适用于求解全部杆件内力的情况。

**例 3.4**　求平面桁架各杆的内力、受力及几何尺寸，如图 3.13 所示。

**解**　(1) 求平面桁架的支座约束力，受力如图 3.13 (a) 所示。列平衡方程为

$$\sum M_A(\boldsymbol{F}) = 0, 16F_{NB} - 1\times 10 - 2\times 10 - 3\times 10 - 4\times 10 = 0$$

$$\sum F_x = 0, F_{Ax} = 0$$

$$\sum F_y = 0, F_{Ay} + F_{NB} - 5\times 10 = 0$$

解得 $F_{Ay} = F_{NB} = 25$ kN。

(2) 求平面桁架各杆的内力。假设各杆的内力为拉力。

1 节点：受力如图 3.13 (b) 所示，列平衡方程为

$$\sum F_x = 0, F_{14} = 0$$

$$\sum F_y = 0, -F_{12} - 10 = 0$$

解得 $F_{14}=0$，$F_{12}=-10\ \text{kN}$（压力）。

2 节点：受力如图 3.13（c）所示，列平衡方程为

$$\sum F_x=0, F_{23}+F_{24}\cos 45^\circ=0$$

$$\sum F_y=0, F_{21}+F_{24}\sin 45^\circ+F_{Ay}=0$$

由于 $F_{21}=F_{12}=-10\ \text{kN}$，代入以上两式得

$$F_{24}=-15\sqrt{2}\ \text{kN}\ (\text{压力}),\ F_{23}=15\ \text{kN}\ (\text{拉力})$$

3 节点：受力如图 3.13（d）所示，列平衡方程为

$$\sum F_x=0, F_{36}-F_{32}=0$$

$$\sum F_y=0, F_{34}=0$$

由于 $F_{32}=F_{23}=15\ \text{kN}$，代入以上两式得

$$F_{32}=15\ \text{kN}\ (\text{拉力}),\ F_{34}=0$$

4 节点：受力如图 3.13（e）所示，列平衡方程为

$$\sum F_x=0, F_{45}+F_{46}\cos 45^\circ-F_{41}-F_{42}\cos 45^\circ=0$$

$$\sum F_y=0, -F_{43}-F_{46}\sin 45^\circ-F_{42}\sin 45^\circ-10=0$$

由于 $F_{41}=F_{14}=0$、$F_{42}=F_{24}=-15\sqrt{2}\ \text{kN}$、$F_{43}=F_{34}=0$，代入以上两式得

$$F_{45}=-20\text{kN}\ (\text{压力}),\ F_{46}=5\sqrt{2}\ \text{kN}\ (\text{拉力})$$

5 节点：受力如图 3.13（f）所示，列平衡方程为

$$\sum F_x=0, F_{58}-F_{54}=0$$

$$\sum F_y=0, -F_{56}-10=0$$

由于 $F_{54}=F_{45}=-20\ \text{kN}$，代入以上两式得

$$F_{58}=-20\ \text{kN}\ (\text{压力}),\ F_{56}=-10\ \text{kN}\ (\text{压力})$$

由对称性可知，余下部分不用再求了。将内力表示在图上，如图 3.13（g）所示。

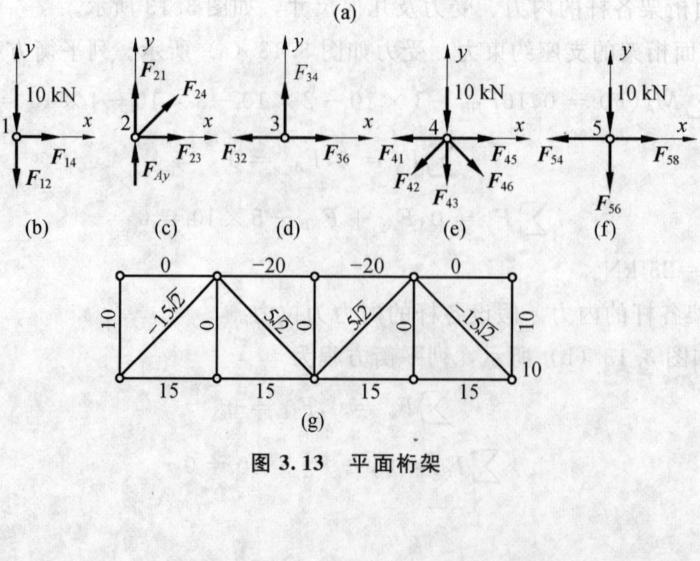

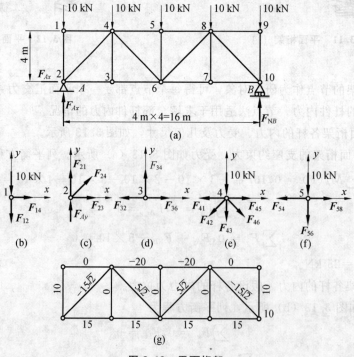

图 3.13　平面桁架

**技术提示**

由上面例子可见，桁架中存在内力为零的杆，我们通常将内力为零的杆称为零力杆。如果在进行内力计算之前根据节点平衡的一些特点，将桁架中零力杆找出来，便可以节省这部分计算工作量。下面给出一些特殊情况判断零力杆：

(1) 一个节点连着两个杆，当该节点无荷载作用时，这两个杆的内力均为零。

(2) 三个杆汇交的节点上，当该节点无荷载作用时，且其中两个杆在一条直线上，则第三个杆的内力为零，在一条直线上的两个杆内力大小相同，符号相同。

(3) 四个杆汇交的节点上无荷载作用时，且其中两个杆在一条直线上，另外两个杆在另一条直线上，则共线的两杆内力大小相同，符号相同。

3. 截面法

截面法指如果只要求计算桁架内某些指定杆件所受的内力，可以适当选取一截面，假想地把桁架截开，考虑其中任一部分的平衡，被截开杆件的内力成为该研究对象外力，可应用平面任意力系的平衡条件求出这些被截开杆件的内力。由于平面一般力系只有三个独立平衡方程，所以一般说来，被截杆件应不超出三个。

**例 3.5** 平面桁架受力及几何尺寸如图 3.14 (a) 所示，试求 1、2、3 杆的内力。

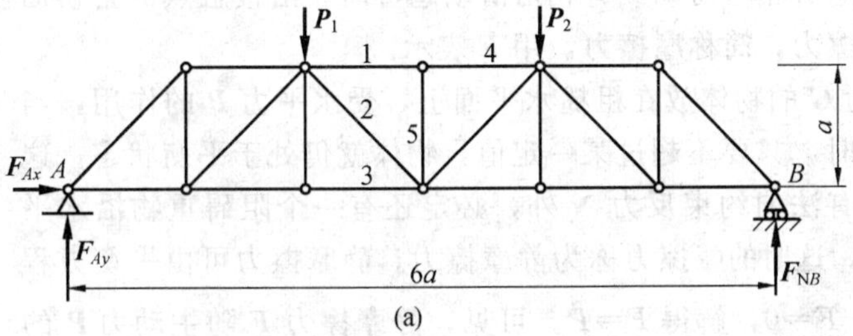

(a)

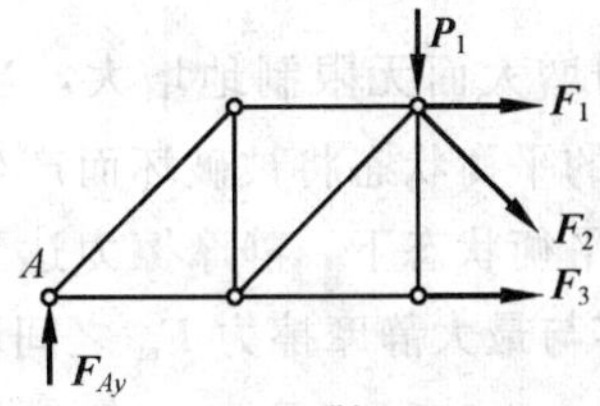

(b)

**图 3.14 平面桁架**

**解** (1) 求平面桁架的支座约束力，受力如图 3.14 (a) 所示。列平衡方程为

$$\sum M_A(\boldsymbol{F}) = 0, 6aF_{NB} - 2aP_1 - 4aP_2 = 0$$

$$\sum F_x = 0, F_{Ax} = 0$$

$$\sum F_y = 0, F_{Ay} + F_{NB} - P_1 - P_2 = 0$$

解得 $F_{NB} = \dfrac{P_1 + 2P_2}{3}$，$F_{Ay} = \dfrac{2P_1 + P_2}{3}$

(2) 求 1、2、3 杆的内力。假设将 1、2、3 杆截开，取其中一部分，如图 3.14 (b) 所示。列平衡方程为

$$\sum M_A(\boldsymbol{F}) = 0, -2aF_{Ay} + aF_3 = 0$$

$$\sum F_x = 0, F_1 + F_3 = 0$$

$$\sum F_y = 0, F_{Ay} - P_1 - F_2\cos 45° = 0$$

解得 $F_3 = \frac{4P_1 + 2P_2}{3}$，$F_1 = -\frac{4P_1 + 2P_2}{3}$，$F_2 = \frac{\sqrt{2}\ (P_2 - P_1)}{3}$

由此可见，采用截面法求内力时，如果矩心取得恰当，力矩平衡方程中往往仅含一个未知力，求解方便。另外，由于平面任意力系只有三个独立平衡方程，因此作假想截面时，一般每次最多只能截断三根杆件，如果截断的杆件多于三根时，它们的内力一般不能全部求出。

## 3.2 摩 擦

前面讨论的物体平衡问题中，物体间的接触面都假设是绝对光滑的。实际上这种情况是不存在的，两物体之间一般都有摩擦存在。只是在有些问题中，摩擦不是主要因素，可以忽略不计。但在有些问题中，如重力坝与挡土墙的滑动问题中，带轮与摩擦轮的转动等，摩擦是重要的甚至是决定性的因素，必须加以考虑。按照接触物体之间的相对运动形式，摩擦可分为滑动摩擦和滚动摩擦，本节只讨论滑动摩擦。当物体之间仅出现相对滑动趋势而尚未发生运动时的摩擦称为静滑动摩擦，简称静摩擦；对已发生相对滑动的物体间的摩擦称为滑动摩擦，简称动摩擦。

### 3.2.1 滑动摩擦力与滑动摩擦定律

当两物体接触面间有相对滑动或有相对滑动趋势时，沿接触点的公切面彼此作用着阻碍相对滑动的力，称为滑动摩擦力，简称摩擦力，用 $\boldsymbol{F}$ 表示。

图 3.15 为重力为 $\boldsymbol{G}$ 的物体放在粗糙水平面上，受水平力 $\boldsymbol{P}$ 的作用，当拉力 $\boldsymbol{P}$ 由零逐渐增大时，只要不超过某一定值，物体就仍处于平衡状态。这说明在接触面处除了有法向约束反力 $\boldsymbol{N}$ 外，必定还有一个阻碍重物沿水平方向滑动的摩擦力 $\boldsymbol{F}$，这时的摩擦力称为静摩擦力。静摩擦力可由平衡方程确定。$\sum F_x = 0$，$P - F = 0$，解得 $F = P$。可见，静摩擦力 $\boldsymbol{F}$ 随主动力 $\boldsymbol{P}$ 的变化而变化。

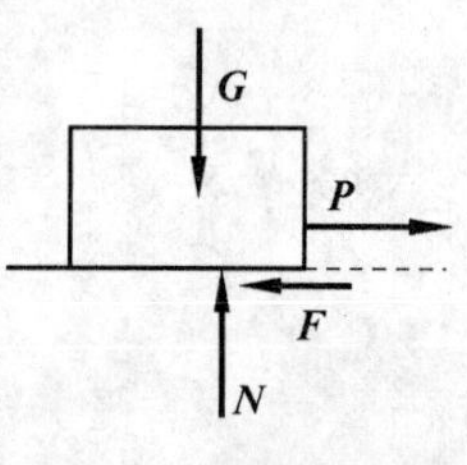

**图 3.15 滑动摩擦力**

但是静摩擦力 $\boldsymbol{F}$ 并不是随主动力的增大而无限制地增大，当水平力达到一定限度时，如果再继续增大，物体的平衡状态将被破坏而产生滑动。将物体即将滑动而未滑动的平衡状态称为临界平衡状态。在临界平衡状态下，静摩擦力达到最大值，称为最大静摩擦力，用 $\boldsymbol{F}_m$ 表示。所以静摩擦力的大小只能在零与最大静摩擦力 $\boldsymbol{F}_m$ 之间取值，即

$$0 \leqslant F \leqslant F_m$$

最大静摩擦力与许多因素有关。大量实验表明，最大静摩擦力的大小可用如下近似关系表示：最大静摩擦力的大小与接触面之间的正压力（法向反力）成正比，即

$$F_m = f \cdot N \tag{3.14}$$

式中，$f$ 是无量纲比例系数，称为静摩擦因数。这就是库仑摩擦定律。其大小与接触体的材料以及接触面状况（如粗糙度、湿度、温度等）有关。一般可在一些工程手册中查到。式（3.14）表示的关系只是近似的，对于一般的工程问题来说能够满足要求，但对于一些重要的工程，如采用上式必须通过现场测量与试验精确地测定静摩擦因数的值作为设计计算的依据。

物体间在相对滑动的摩擦力称为动摩擦力，用 $F'$ 表示。实验表明，动摩擦力的方向与接触物体间的相对运动方向相反，大小与两物体间的法向反力成正比，即

$$F' = f' \cdot N \tag{3.15}$$

式中，无量纲比例系数 $f'$ 称为动摩擦因数。这就是动滑动摩擦定律。它与两物体的相对速度有关，但由于它们的关系复杂，通常在一定速度范围内可以不考虑这些变化，而认为只与接触的材料以及接触面状况有关。

## 3.2.2 摩擦角及自锁现象

如图 3.16 所示，当物体有相对运动趋势时，支承面对物体法向反力 **N** 和摩擦力 **F** 这两个力的合力 **R**，称为全约束反力。全约束反力 **R** 与接触面公法线的夹角为 $\varphi$，如图 3.16（a）所示。显然，它随摩擦力的变化而变化。当静摩擦力达到最大值 $F_m$ 时，夹角 $\varphi$ 也达到最大值 $\varphi_m$，则称 $\varphi_m$ 为摩擦角，如图 3.16（b）所示。可见

$$\tan\varphi_m=\frac{F_m}{N}=\frac{fN}{N}=f \tag{3.16}$$

若过接触点在不同方向作出在临界平衡状态下的全约束反力的作用线，则这些直线将形成一个锥面，称为摩擦锥，如图 3.16（c）所示。

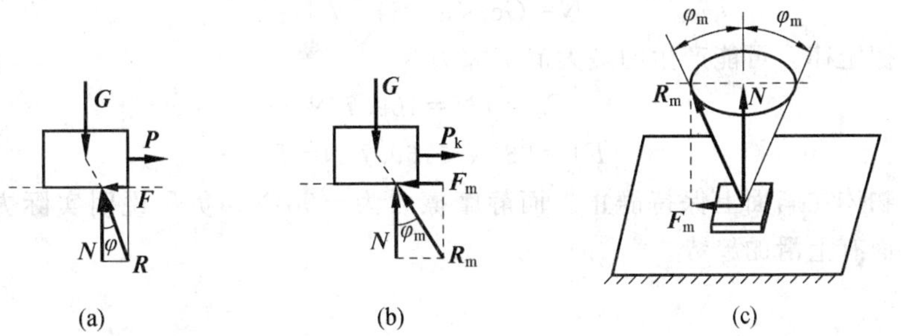


**图 3.16 摩擦角**

将作用在物体上的各主动力用合力 **Q** 表示，当物体处于平衡状态时，主动力合力 **Q** 与全约束反力 **R** 应共线、反向、等值，则有 $\alpha=\varphi$。

而物体平衡时，全约束反力作用线不可能超出摩擦锥，即 $\varphi\leqslant\varphi_m$，如图 3.17 所示。由此得

$$\alpha\leqslant\varphi_m \tag{3.17}$$

即作用于物体上的主动力的合力 **Q**，不论其大小如何，只要其作用线与接触面公法线间的夹角 $\alpha$ 不大于摩擦角 $\varphi_m$，物体就必须保持静止。这种现象称为自锁现象。

自锁现象在工程中有重要的应用。如千斤顶、压榨机，电工攀登电线杆时所用的套钩等都是利用自锁原理。

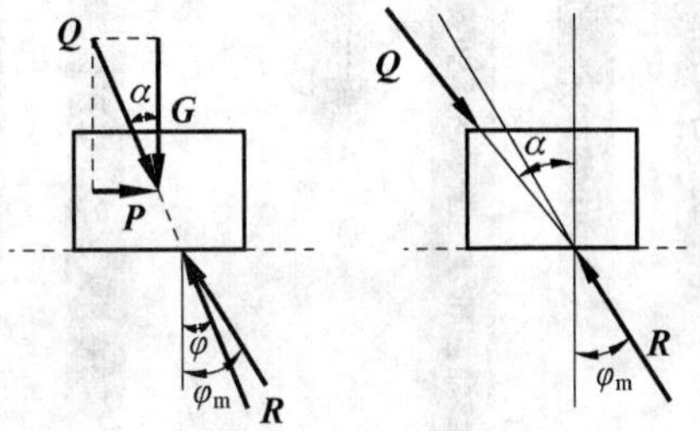


**图 3.17 自锁**

## 3.2.3 考虑摩擦的平衡问题

求解有摩擦时物体的平衡问题，其解题方法和步骤与不考虑摩擦时平衡问题基本相同。

**例 3.6** 物体重 $G=980$ N，放在一倾角 $\alpha=30°$ 的斜面上。已知接触面间的静摩擦因数 $f=0.20$。有一大小为 $Q=588$ N 的力沿斜面推物体，如图 3.18 所示，问物体在斜面上处于静止还是处于滑动状态？若静止，此时摩擦力多大？

**解** 可先假设物体处于静止状态，然后由平衡方程求出物体处于静止状态时所需的静摩擦力 **F**，并计算出可能产生的最大静摩擦力 $\boldsymbol{F}_m$，将两者进行比较，确定 **F** 力是否满足 $F\leqslant F_m$，从而断定物体是静止的还是滑动的。

设物体沿斜面有下滑的趋势。受力图及坐标系如图3.18所示。

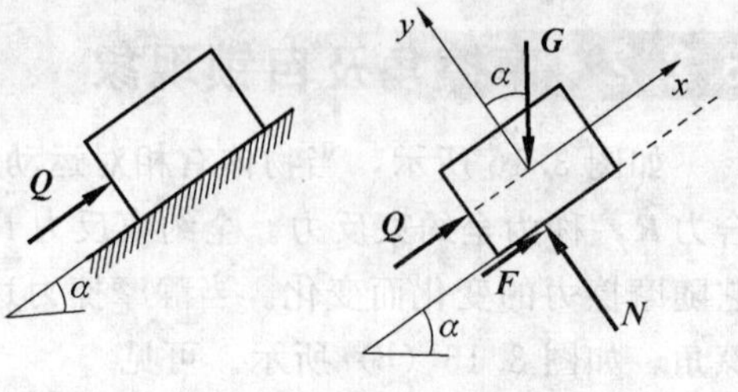


图3.18 受力图及坐标系

由

$$\sum F_x = 0, Q - G\sin\alpha + F = 0$$

解得

$$F = G\sin\alpha - Q = -98\ \text{N}$$

由

$$\sum F_y = 0, N - G\cos\alpha = 0$$

解得

$$N = G\cos\alpha = 848.7\ \text{N}$$

根据静定摩擦定律，可能产生的最大静摩擦力为

$$F_m = fN = 169.7\ \text{N}$$

$$|F| = 98\ \text{N} < 169.7\ \text{N} = F_m$$

结果说明：物体在斜面上保持静止。而静摩擦力为−98 N，负号说明实际方向与假设方向相反，故物体沿斜面有上滑的趋势。

## 【重点串联】

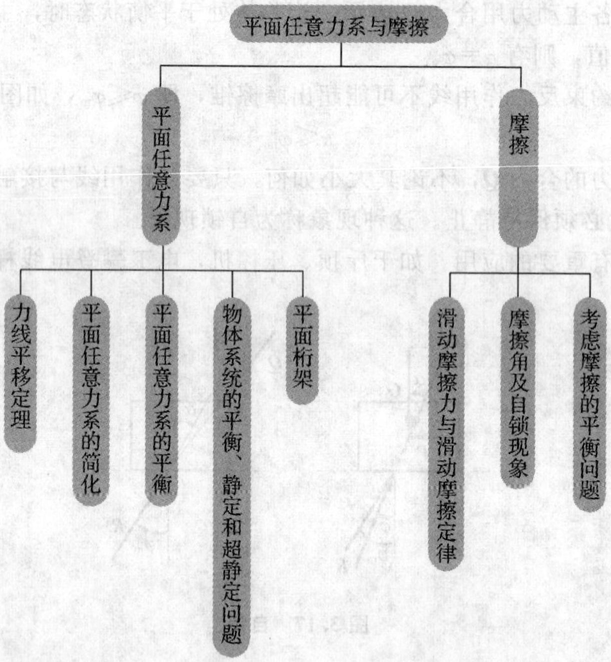

## 拓展与实训

### 职业能力训练

**一、填空题**

1. 力系简化的理论基础是____________________。

2. 平面任意力系独立的平衡方程数为____________。

3. 由 $n$ 个物体组成的物体系统共有不超过__________个独立的平衡方程。

4. 若系统中的未知力的数目等于或小于能列出的独立的平衡方程的数目时，则所有的未知数都能由平衡方程求出，这样的问题称为__________；反之则为__________。

5. 两种计算桁架杆件内力的方法为____________________。

**二、单选题**

1. 某平面任意力系向 $O$ 点简化，得到如图 3.19 所示的一个力 $\boldsymbol{R}'$ 和一个力偶矩为 $M_O$ 的力偶，则该力系的最后合成结果为（　　）。

A. 作用在 $O$ 点的一个合力

B. 合力偶

C. 作用在 $O$ 点左边某点的一个合力

D. 作用在 $O$ 点右边某点的一个合力

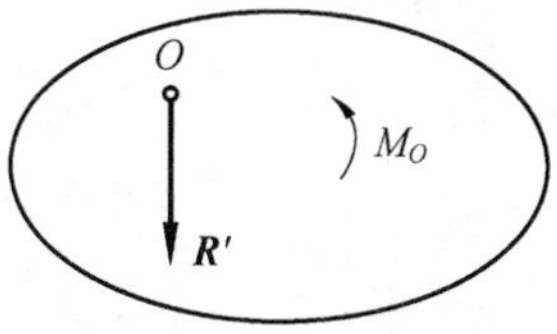


**图 3.19　1 题图**

2. 平面任意力系简化时若选取不同的简化中心，则（　　）。

A. 力系的主矢、主矩都会改变　B. 力系的主矢不会改变，主矩一般会改变

C. 力系的主矢会改变，主矩一般不改变　D. 力系的主矢、主矩都不会改变

**三、计算题**

1. 重 $W$，半径为 $r$ 的均匀圆球，用长为 $L$ 的软绳 $AB$ 及半径为 $R$ 的固定光滑圆柱面支承，如图 3.20 所示，$A$ 与圆柱面的距离为 $d$。求绳子的拉力 $F_T$ 及固定面对圆球的作用力 $F_N$。

2. 吊桥 $AB$ 长 $L$，重 $W_1$，重心在中心。$A$ 端由铰链支于地面，$B$ 端由绳拉住，绳绕过小滑轮 $C$ 挂重物（图 3.21），重量 $W_2$ 已知。重力作用线沿铅垂线 $AC$，$AC=AB$。问吊桥与铅垂线的交角 $\theta$ 为多大方能平衡，并求此时铰链 $A$ 对吊桥的约束力 $F_A$。

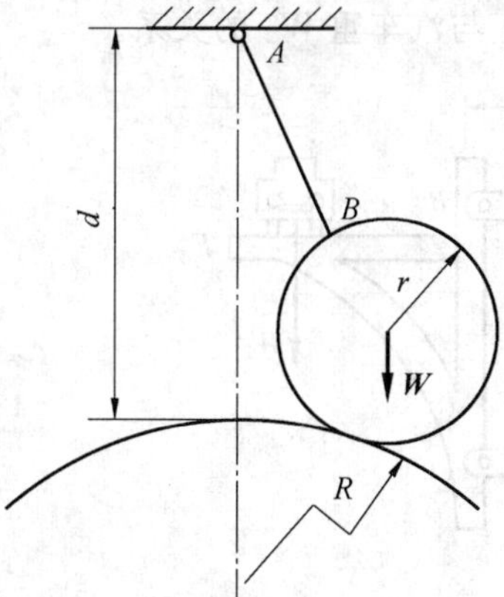


**图 3.20　1 题图**

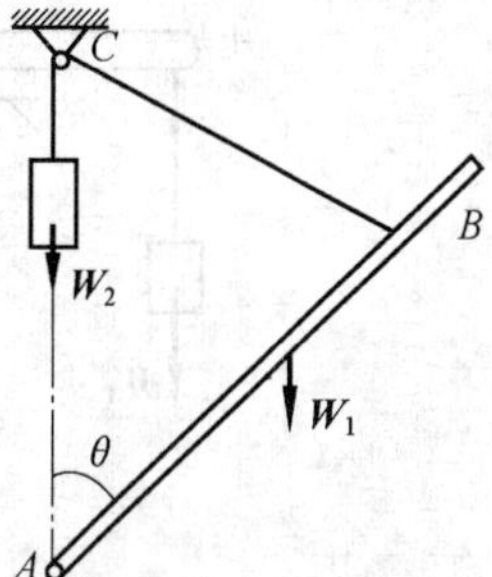


**图 3.21　2 题图**

3. 试求图示梁的支反力（图 3.22）。已知 $F=6$ kN。

4. 试求图示梁的支反力（图 3.23）。已知 $F=6$ kN，$q=2$ kN/m。

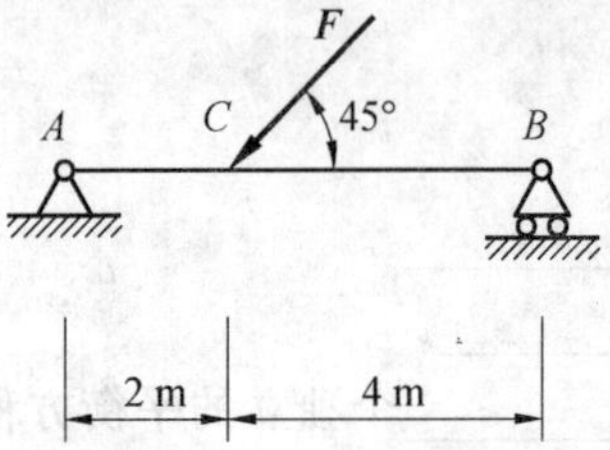


图 3.22　3 题图

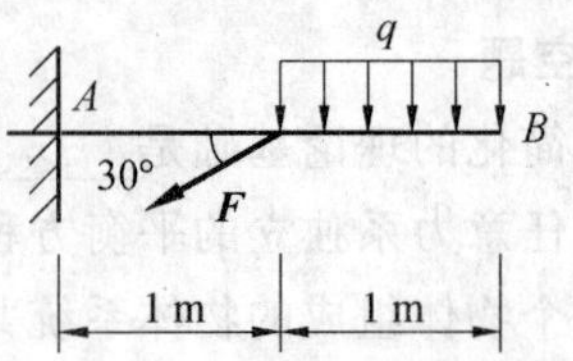


图 3.23　4 题图

5. 试求图示梁的支反力（图 3.24）。已知 $q=2$ kN/m，$M=2$ kN·m。

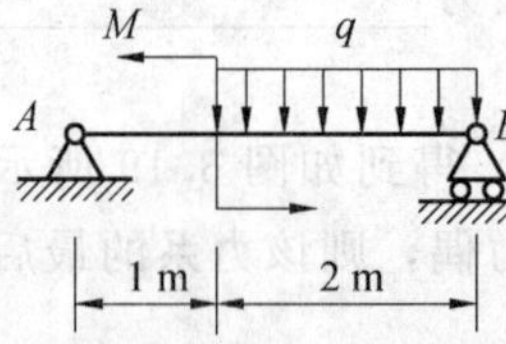


图 3.24　5 题图

6. 图 3.25 为三铰拱在左半部分受到均布荷载 $q$ 作用，$A$、$B$、$C$ 三点都是铰链。已知每个半拱重 $W=300$ kN，$a=16$ m，$e=4$ m，$q=10$ kN/m。求支座 $A$、$B$ 的约束力。

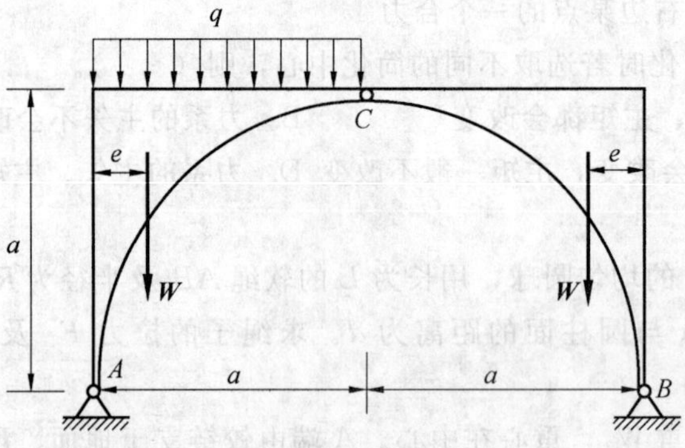


图 3.25　6 题图

7. 图 3.26 为汽车台秤简图，$BCF$ 为整体台面，杠杆 $AB$ 可绕轴 $O$ 转动，$B$、$C$、$D$ 均为铰链，杠杆处于水平位置。求平衡时砝码重 $W_1$ 与汽车重 $W_2$ 的关系。

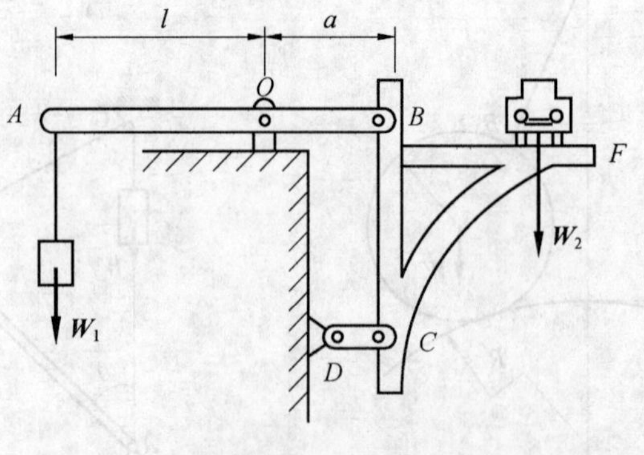


图 3.26　7 题图

8. 图 3.27 所示构架中，物体重 $W=1\ 200$ N，由细绳跨过滑轮 $E$ 而水平系于墙上，尺寸如图 3.27 所示，求支承 $A$ 和 $B$ 处的约束力及杆 $BC$ 的内力 $F_{BC}$。

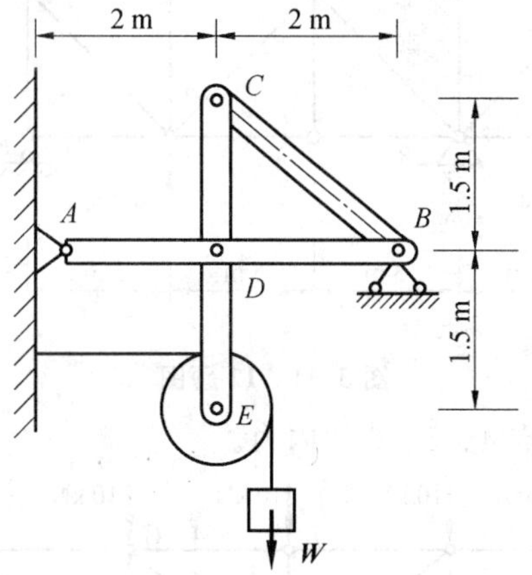


**图 3.27　8 题图**

9. 由 $AC$ 和 $CD$ 构成的组合梁通过铰链 $C$ 连接，其支座和荷载如图 3.28 所示。已知 $q=10$ kN/m，力偶矩 $M=40$ kN·m，不计梁重。求支座 $A$、$B$、$D$ 和铰链 $C$ 处所受的约束力。

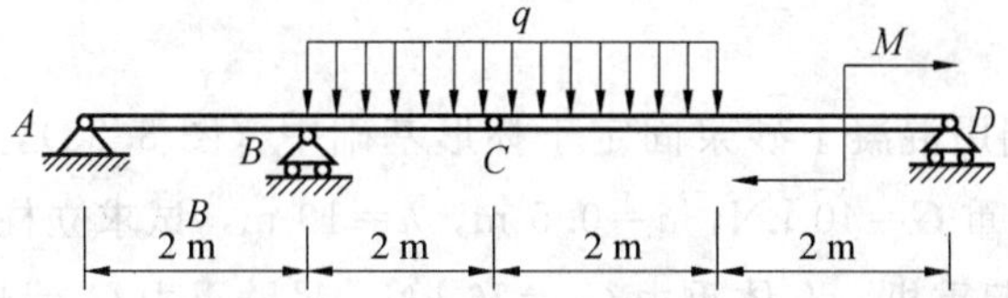


**图 3.28　9 题图**

10. 两物块 $A$ 和 $B$ 重叠地放在粗糙水平面上，物块 $A$ 的顶上作用一斜力 $F$，已知 $A$ 重100 N，$B$ 重 200 N；$A$ 与 $B$ 之间及物块 $B$ 与粗糙水平面间的摩擦因数均为 $f=0.2$。问当 $F=60$ N 时，是物块 $A$ 相对物块 $B$ 滑动呢？还是物块 $A$、$B$ 一起相对地面滑动呢？

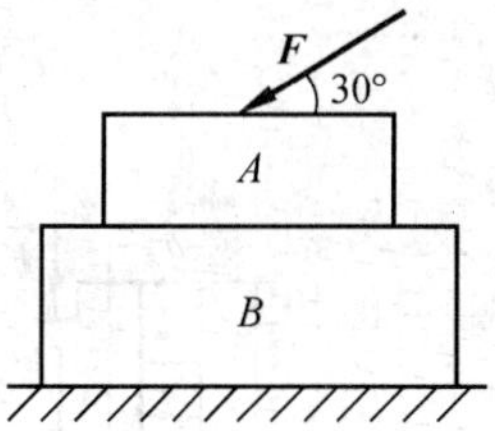


**图 3.29　10 题图**

11. 砖夹的宽度为 250 mm，杆件 $AGB$ 和 $GCED$ 在点 $G$ 铰接。砖重为 $\boldsymbol{W}$，提砖的合力 $\boldsymbol{F}$ 作用在砖夹的对称中心线上，尺寸如图 3.30 所示。如砖夹与砖之间的静摩擦因数 $f_s=0.5$，问 $d$ 应为多大才能将砖夹起（$d$ 是点 $G$ 到砖块上所受正压力作用线的距离）。

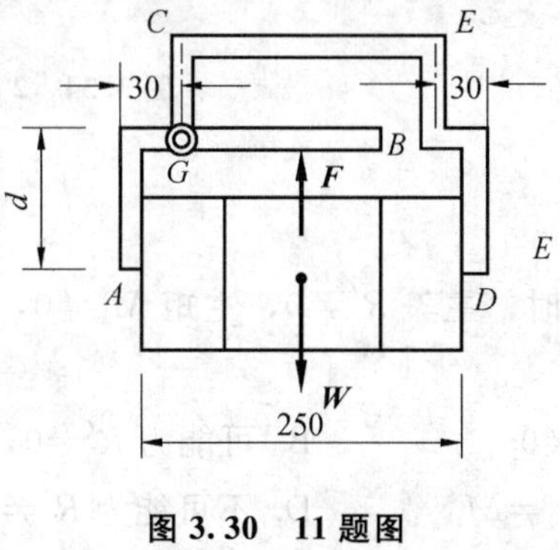


**图 3.30　11 题图**

12. 桁架的荷载和尺寸如图 3.31 所示。求杆 $BH$、$CD$ 和 $GD$ 的受力情况。

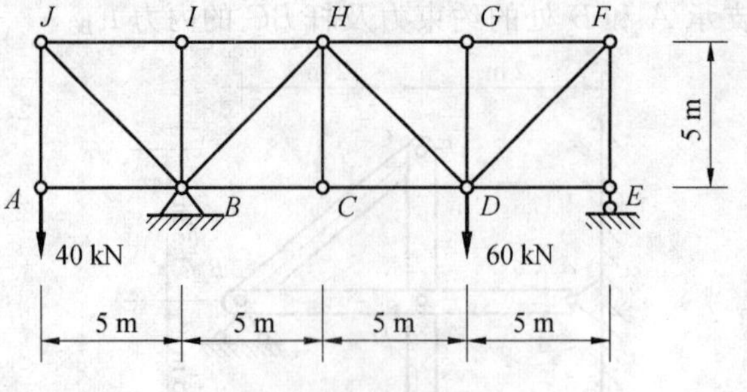


**图 3.31 12 题图**

13. 利用截面法求出杆节点 4、5、6 的内力。

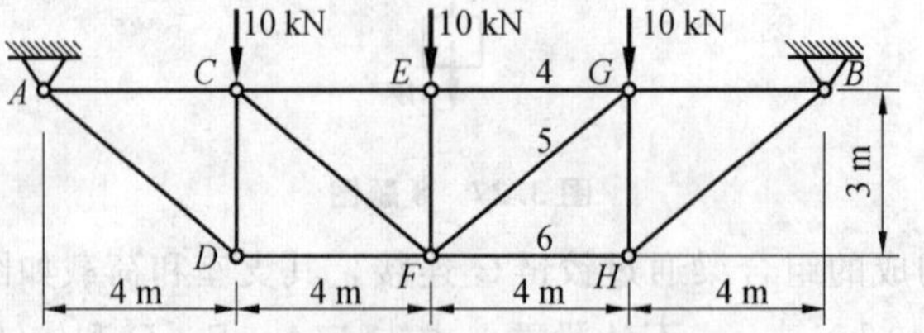


**图 3.32 13 题图**

## 工程模拟训练

1. 厂房立柱的一端用混凝土砂浆固定于杯形基础中（图 3.33），其上受力 $F=60$ kN，风荷载 $q=2$ kN/m，自重 $G=40$ kN，$a=0.5$ m，$h=10$ m，试求立柱 $A$ 端的约束反力。

2. 图 3.24 为汽车起重机，车体重力 $G_1=26$ kN，吊臂重力 $G_2=4.5$ kN，起重机旋转和固定部分重力 $G_3=31$ kN。设吊臂在起重机对称面内，试求汽车的最大起重量 $G$。

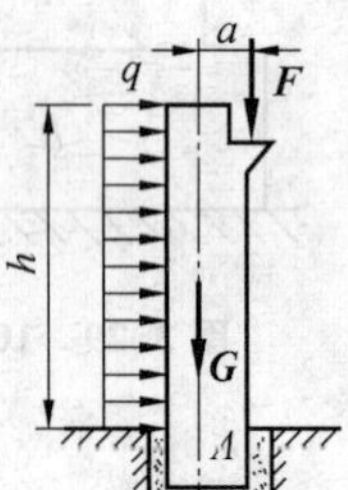


**图 3.33 1 题图**

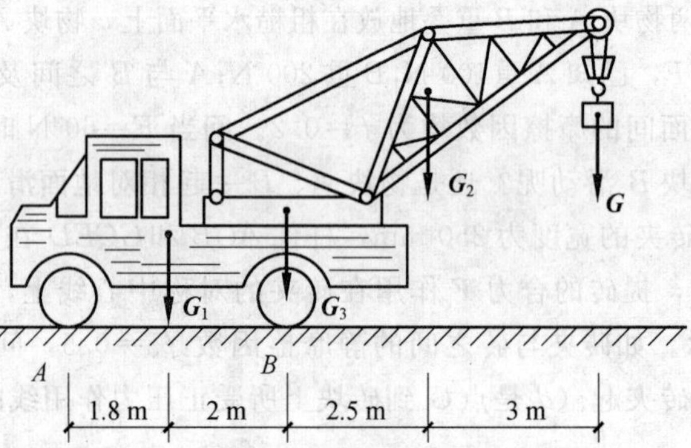


**图 3.34 2 题图**

## 链接执考

### 选择题

1. 一平面力系向点 1 简化时，主矢 $R'\neq 0$，主矩 $M_1\neq 0$，如将该力系向另一点 2 简化，主矢和主矩是（ ）。

   A. 可能为 $R'=0$，$M_2\neq 0$　　B. 可能为 $R'\neq 0$，$M_2=0$

   C. 不可能为 $R'\neq 0$，$M_2\neq M_1$　　D. 不可能为 $R'\neq 0$，$M_2\neq M_1$

2. 图 3.35 所示结构，固定端 $B$ 的反力为（　　）。

A. $X_B=25$ kN（向右），$Y_B=0$，$M_B=50$ kN·m（逆时针向）

B. $X_B=25$ kN（向左），$Y_B=0$，$M_B=50$ kN·m（逆时针向）

C. $X_B=25$ kN（向右），$Y_B=0$，$M_B=50$ kN·m（顺时针向）

D. $X_B=25$ kN（向左），$Y_B=0$，$M_B=50$ kN·m（顺时针向）

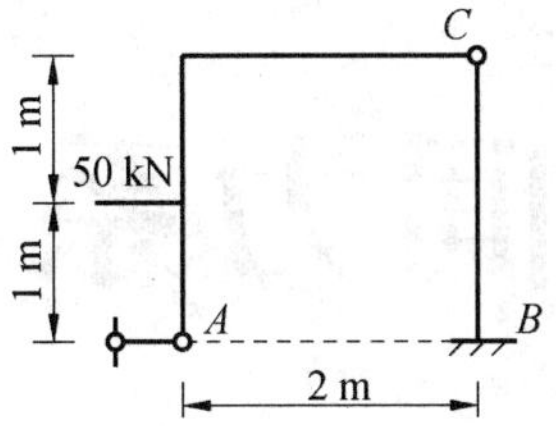


**图 3.35　2 题图**

3. 重 $P$ 的物块 $A$ 与重 $Q$ 的物块 $B$ 接触面间的摩擦角为 $\varphi_m$，物块 $B$ 置于水平光滑面上，如图 3.36 所示。如果要使该物体系处于静止，则物块 $A$ 的倾斜面与其铅直面之间的夹角 $\alpha$ 必须满足（　　）。

A. $\alpha\leqslant\varphi_m$　　B. $\alpha>\varphi_m$　　C. $\alpha<90°-\varphi_m$　　D. $\alpha\geqslant90°-\varphi_m$

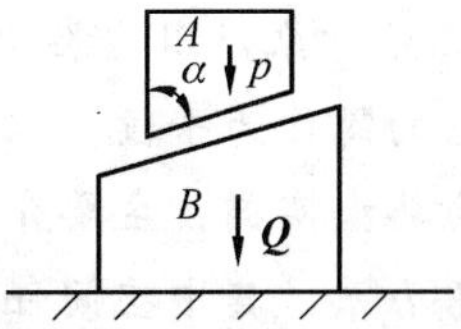


**图 3.36　3 题图**

# 模块 4

# 空间力系

**【模块概述】**

工程中常见物体所受各力的作用线并不都在同一平面内，而是空间分布的，如车床主轴、起重设备、高压输电线塔和飞机的起落架等结构；空间力系是在平面力系研究基础上由二维向三维的知识扩展，更接近于工程实际。

本模块以空间任意力系为基本研究对象，以力在坐标轴上的投影、力对点（轴）之矩、空间力偶矩为基础，以空间向任意点的简化为手段，以空间任意力系的平衡方程求解为基本方法，以平行力系中心及物体中心为典型实例，主要介绍空间力系，包括空间汇交力系、空间平行力系、空间力偶系和空间任意力系，其中空间任意力系是各种力系中最一般、最复杂的力系。

**【知识目标】**

1. 力在空间坐标轴上的投影及分解；
2. 力对点、对轴之矩；
3. 空间任意力系向任意点的简化与平衡方程；
4. 平行力系中心及物体重心。

**【能力目标】**

1. 能正确得到空间力在空间坐标上的投影分量；
2. 能求出力对点、对轴之矩，会运用合力矩定理；
3. 能正确列出平衡方程求解空间力系问题；
4. 能求解出平行力系中心，计算物体的重心。

**【学习重点】**

力在空间坐标系中投影方法、合力矩定理，空间任意力系平衡问题的求解，物体中心、重心的求解。

**【课时建议】**

4～6 课时

## 工程导入

图 4.1 是水上建筑施工中经常用到的桅杆式起重机，主要用于公路及跨江跨海大桥钢桁架、桥门架、桥面板的架设施工。大吨位固定吊臂式一般安装在特制的驳船上作为专属起升设备使用（起重船）。回转式主要由吊臂、三角架、回转机构、变幅机构、锚固系统、纵移机构、起升机构、梯子平台、电气系统、液压系统等构成，可在工作平台上从桥两岸对称架设或从钢桁架运输船的正面或侧面起吊，具备微调对位功能，吊钩的工作区域范围大，适应性强。不难发现桅杆顶部所受外力并非在同一平面内，而是一空间分布的空间力系，要正确设计此类机械的必要前提是了解空间力系的特点，正确计算出在最不利状态下构件的受力情况，而这正是模块所要分析、解决的问题，它更接近工程实际。

图 4.1 桅杆式起重机

# 4.1 空间力对点之矩和力对轴之矩

## 4.1.1 力在空间直角坐标轴上的投影及分解

1. 力在空间直角坐标轴上的投影

若已知力 $\boldsymbol{F}$ 与正交坐标系 $Oxyz$ 三轴间的夹角（图 4.2（a）），则可用直接投影法，即

$$F_x=\pm F\cdot\cos\alpha,\ F_y=\pm F\cdot\cos\beta,\ F_z=\pm F\cdot\cos\gamma \tag{4.1}$$

当力 $\boldsymbol{F}$ 与坐标轴 $Ox$、$Oy$ 间的夹角不易确定时，可把力 $\boldsymbol{F}$ 先投影到坐标平面 $Oxy$ 上，得到力 $\boldsymbol{F}_{xy}$，然后再把这个力投影到 $x$、$y$ 轴上，此为间接投影法。在图 4.2（b）中，已知 $\gamma$ 和 $\varphi$ 角，则力 $\boldsymbol{F}$ 在三个坐标轴上的投影分别为

$$\begin{cases}F_x=\pm F\cdot\sin\gamma\cdot\cos\varphi\\ F_y=\pm F\cdot\sin\gamma\cdot\sin\varphi\\ F_z=\pm F\cdot\cos\gamma\end{cases} \tag{4.2}$$

力在空间直角坐标轴上的投影也为代数量，其正负规定与力在平面坐标轴上的投影相同。

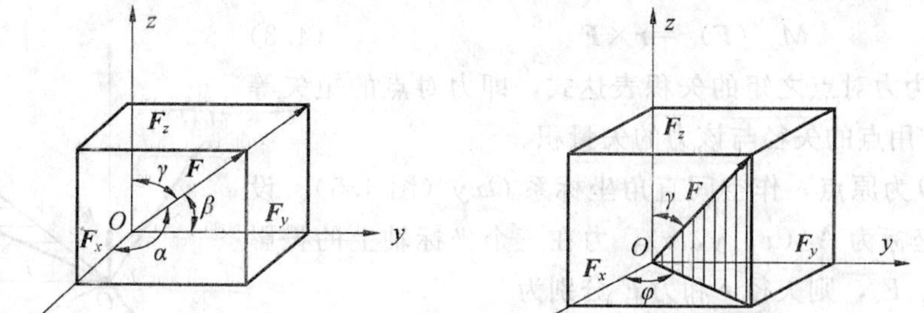


图 4.2 力在空间直角坐标轴上的投影

**例 4.1** 如图 4.3 所示的圆柱斜齿轮，其上受啮合力 $\boldsymbol{F}$ 的作用。已知斜齿轮的齿倾角（螺旋角）$\beta$ 和压力角 $\theta$，试求力 $\boldsymbol{F}$ 在 $x$、$y$、$z$ 轴上的投影。

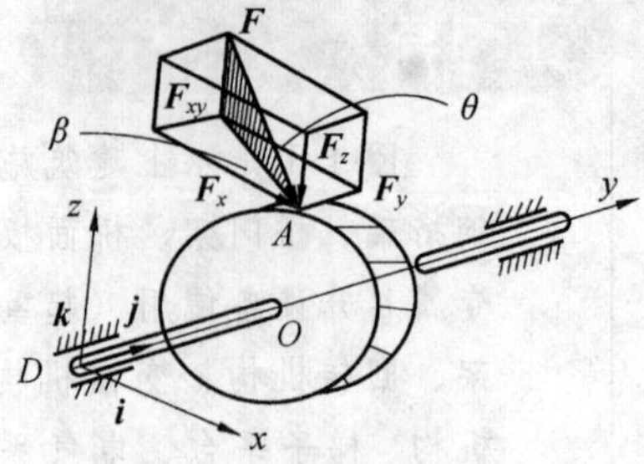


图 4.3 圆柱斜齿轮

**解** 先将力 $\boldsymbol{F}$ 向 $z$ 轴和 $Oxy$ 平面投影得

$$F_z=-F\cdot\sin\theta,\ F_{xy}=F\cdot\cos\theta$$

再将力 $\boldsymbol{F}_{xy}$ 向 $x$ 轴、$y$ 轴投影得

$$F_x=F_{xy}\cdot\cos\beta=F\cdot\cos\theta\cdot\cos\beta$$

$$F_y=-F_{xy}\cdot\sin\beta=-F\cdot\cos\theta\cdot\sin\beta$$

2. 力沿空间直角坐标轴分解

为了分析空间力对物体的作用，常需将其分解成三个相互垂直的分力。与平面力正交分解的方法一样，但空间力的分解需两次使用力的平行四边形法则。如图 4.4 所示，可先向沿 $z$ 轴和垂直于 $z$ 轴的方向分解得分力 $\boldsymbol{F}_z$ 和 $\boldsymbol{F}_{xy}$，再将力 $\boldsymbol{F}_{xy}$ 在 $Oxy$ 平面内分解为 $\boldsymbol{F}_x$、$\boldsymbol{F}_y$。这样便可得到力 $\boldsymbol{F}$ 沿空间直角坐标轴的三个分力 $\boldsymbol{F}_x$、$\boldsymbol{F}_y$、$\boldsymbol{F}_z$。不难看出，此三个正交分力的大小刚好是以力 $\boldsymbol{F}$ 为对角线，以三个坐标轴为棱边所作长方体三条相邻的棱长。这种正交分解，又称为力的长方体法则。

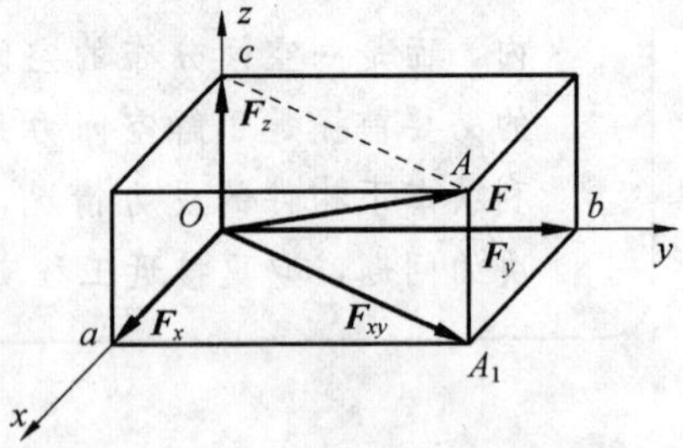


图 4.4 空间力分解

**技术提示**

与平面力系的情况类似，力 $\boldsymbol{F}$ 沿空间直角坐标轴分解所得分力 $\boldsymbol{F}_x$、$\boldsymbol{F}_y$、$\boldsymbol{F}_z$ 的大小，等于该力在相应轴上投影的绝对值。但应注意分力是矢量，投影是代数量。

## 4.1.2 力对点之矩——力矩矢

对于平面力系，用代数量表示力对点的矩足以概况它的全部要素。但是在空间情况下，不仅要考虑力矩的大小、转向，而且还要注意力与矩心所组成的平面（力矩作用面）的方位。方位不同，即使力矩大小一样，作用效果也将完全不同。这三个因素可以用力矩矢 $M_O$（$\boldsymbol{F}$）来描述。

其中矢量的模即 $|M_O(\boldsymbol{F})|=F\cdot h=2A_{\triangle OAB}$；矢量的方位和力矩作用面的法线方向相同；矢量的指向按右手螺旋法则来确定，如图 4.5 所示。

由图 4.5 易见，以 $\boldsymbol{r}$ 表示力作用点 $A$ 的矢径，则矢积 $\boldsymbol{r}\times\boldsymbol{F}$ 的模等于$\triangle OAB$ 面积的两倍，其方向与力矩矢一致。因此可得

$$M_O(\boldsymbol{F})=\boldsymbol{r}\times\boldsymbol{F} \tag{4.3}$$

式（4.3）为力对点之矩的矢积表达式，即力对点的矩矢等于矩心到该力作用点的矢径与该力的矢量积。

若以矩心 $O$ 为原点，作空间直角坐标系 $Oxy$（图 4.5）。设力作用点 $A$ 的坐标为 $A$（$x$，$y$，$z$），力在三个坐标轴上的投影分别为 $F_x$、$F_y$、$F_z$，则矢径 $\boldsymbol{r}$ 和力 $\boldsymbol{F}$ 分别为

$$\boldsymbol{r}=x\boldsymbol{i}+y\boldsymbol{j}+z\boldsymbol{k}$$

$$\boldsymbol{F}=F_x\boldsymbol{i}+F_y\boldsymbol{j}+F_Z\boldsymbol{k}$$

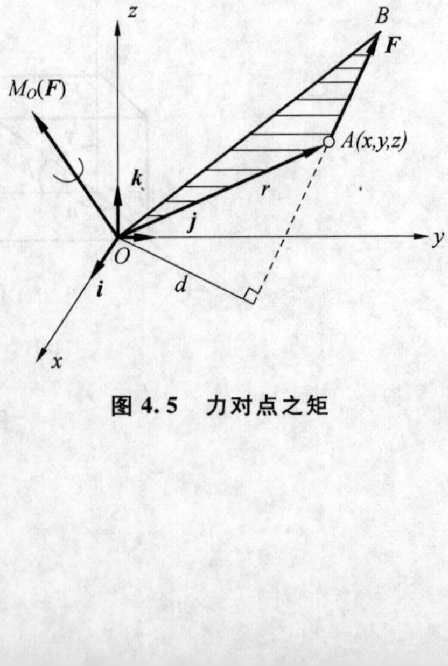


图 4.5 力对点之矩

将以上两式代入式（4.3），并采用行列式形式，得

$$M_O(\boldsymbol{F})=\boldsymbol{r}\times\boldsymbol{F}=\begin{vmatrix}\boldsymbol{i} & \boldsymbol{j} & \boldsymbol{k}\\ x & y & z\\ F_x & F_y & F_z\end{vmatrix}=(yF_z-zF_y)\boldsymbol{i}+(zF_x-xF_z)\boldsymbol{j}+(xF_y-yF_x)\boldsymbol{k} \quad (4.4)$$

由式（4.4）可知，单位矢量 $\boldsymbol{i}$、$\boldsymbol{j}$、$\boldsymbol{k}$ 前面的三个系数，应分别表示力矩矢 $M_O(\boldsymbol{F})$ 在三个坐标轴上的投影，即

$$\begin{cases}[M_O(\boldsymbol{F})]_x=yF_z-zF_y\\ [M_O(\boldsymbol{F})]_y=zF_x-xF_z\\ [M_O(\boldsymbol{F})]_z=xF_{zy}-yF\end{cases} \quad (4.5)$$

**技术提示**

由于力矩矢量 $M_O(\boldsymbol{F})$ 的大小和方向都与矩心 $O$ 的位置有关，故力矩矢的始端必须在矩心，不可任意挪动，这种矢量称为定位矢量。

## 4.1.3 力对轴之矩

1. 力对轴之矩的概念

工程中，经常遇到刚体绕定轴转动的情形，为了度量力对绕定轴转动刚体的作用效果，必须了解力对轴之矩的概念。

现计算作用在斜齿轮上的力 $\boldsymbol{F}$ 对 $z$ 轴的矩。可将力 $\boldsymbol{F}$ 分解为 $\boldsymbol{F}_z$ 与 $\boldsymbol{F}_{xy}$，其中分力 $\boldsymbol{F}_z$ 平行 $z$ 轴，不能使静止的齿轮转动，故它对 $z$ 轴之矩为零；只有垂直 $z$ 轴的分力 $\boldsymbol{F}_x$ 对 $z$ 轴有矩，等于力 $\boldsymbol{F}_x$ 对轮心 $c$ 的矩（图 4.6（a））。一般情况下，可先将空间一力 $\boldsymbol{F}$ 投影到垂直于 $z$ 轴的 $Oxy$ 平面内，得力 $\boldsymbol{F}_{xy}$；再将力 $\boldsymbol{F}_{xy}$ 对平面与轴的交点 $O$ 取矩（图 4.6（b））。以符号 $M_z(\boldsymbol{F})$ 表示力对 $z$ 轴的矩，即

$$M_z(\boldsymbol{F})=M_O(\boldsymbol{F}_{xy})=\pm F_{xy}\cdot h=\pm 2S_{\triangle OAB} \quad (4.6)$$

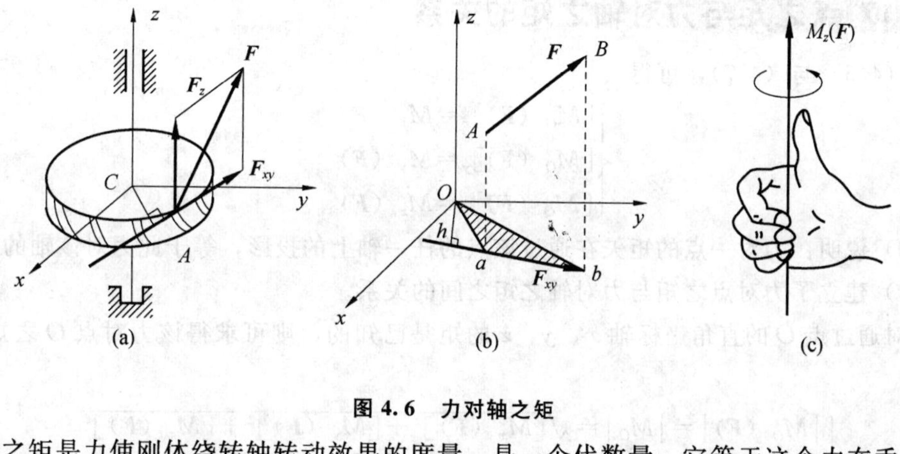


**图 4.6 力对轴之矩**

力对轴之矩是力使刚体绕转轴转动效果的度量，是一个代数量，它等于这个力在垂直于该轴的平面上的分力对这个平面与轴交点之矩。其正负号按下列方法确定：从 $z$ 轴正向看，物体绕该轴按逆时针转动为正；反之为负。也可按右手螺旋法则来判定其正负号：右手四指沿力的方向握过转轴，若大拇指指向与该轴的方向一致，力对轴之矩为正；反之为负。

**技术提示**

(1) 当力的作用线与轴平行（$F_{xy}=0$）或相交（即 $d=0$），即力与轴位于同一平面时，力对该轴之矩等于零。

(2) 当力沿其作用线移动时，它对轴之矩不变。

(3) 在平面力系中，力对力系所在平面内某点的矩，就是力对通过此点且与力系所在平面垂直的轴之矩。

力对轴之矩也可用解析式表示。设力 $\boldsymbol{F}$ 在三个坐标轴上的投影分别表示为 $\boldsymbol{F}_x$、$\boldsymbol{F}_y$、$\boldsymbol{F}_z$，力的作用点 $A$ 的坐标为 $A$（$x$，$y$，$z$），如图 4.7 所示。

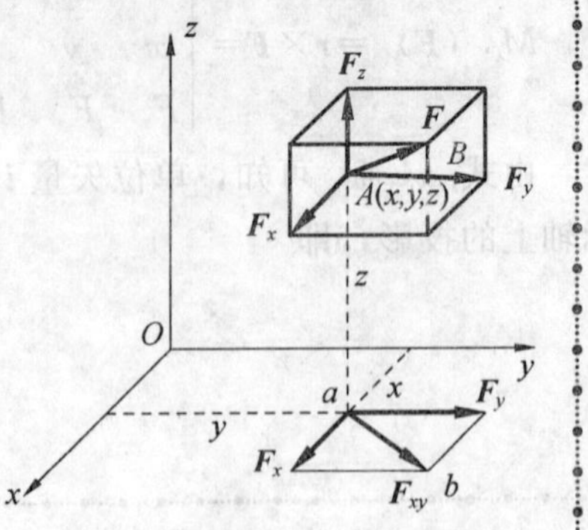


图 4.7　力对轴之矩解析式

根据式（4.6）可得

$$M_z(\boldsymbol{F})=M_O(\boldsymbol{F}_{xy})=M_O(\boldsymbol{F}_x)+M_O(\boldsymbol{F}_y)$$

即

$$M_z(\boldsymbol{F})=xF_y-yF_x$$

同理

$$\begin{cases}M_x(\boldsymbol{F})=yF_z-zF_y\\M_y(\boldsymbol{F})=zF_x-xF_z\\M_z(\boldsymbol{F})=xF_y-yF_x\end{cases}\qquad(4.7)$$

式（4.7）称为力对轴之矩的解析式。

2. 合力矩定理

设有一空间力系 $\boldsymbol{F}_1$、$\boldsymbol{F}_2$、$\boldsymbol{F}_3$、…、$\boldsymbol{F}_n$，可以证明，合力对某一轴之矩等于力系中各力系各分力对同一轴之矩的代数和，即

$$M_z(\boldsymbol{F}_\mathrm{R})=\sum M_z(\boldsymbol{F}_i)\qquad(4.8)$$

## 4.1.4 力对点之矩与力对轴之矩的关系

比较式（4.5）与（4.7），可得

$$\begin{cases}[M_O(\boldsymbol{F})]_x=M_x(\boldsymbol{F})\\ [M_O(\boldsymbol{F})]_y=M_y(\boldsymbol{F})\\ [M_O(\boldsymbol{F})]_z=M_z(\boldsymbol{F})\end{cases}\qquad(4.9)$$

式（4.9）说明：力对一点的矩矢在通过该点的任一轴上的投影，等于此力对该轴的矩。

式（4.9）建立了力对点之矩与力对轴之矩之间的关系。

如果力对通过点 $O$ 的直角坐标轴 $x$、$y$、$z$ 的矩是已知的，则可求得该力对点 $O$ 之矩的大小和方向余弦为

$$\begin{cases}|M_O(\boldsymbol{F})|=|M_O|=\sqrt{[M_x(\boldsymbol{F})]^2+[M_y(\boldsymbol{F})]^2+[M_z(\boldsymbol{F})]^2}\\ \cos(M_O,\boldsymbol{i})=\dfrac{M_x(\boldsymbol{F})}{M_O(\boldsymbol{F})}\\ \cos(M_O,\boldsymbol{j})=\dfrac{M_y(\boldsymbol{F})}{M_O(\boldsymbol{F})}\\ \cos(M_O,\boldsymbol{k})=\dfrac{M_z(\boldsymbol{F})}{M_O(\boldsymbol{F})}\end{cases}\qquad(4.10)$$

**例 4.2** 手柄 $ABCE$ 位于 $Axy$ 平面内，$AB=BC=l$，$CD=a$，$\boldsymbol{F}$ 与 $z$ 方向成 $\theta$ 角，且 $\boldsymbol{F}$ 位于与 $xOz$ 平行的平面内。求 $\boldsymbol{F}$ 对三轴的矩。

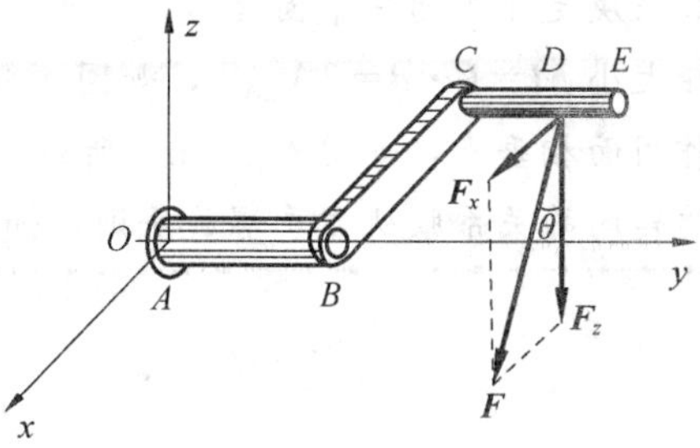


图 4.8 手柄

**解** (1) 力 $\boldsymbol{F}$ 分解为

$$F_x=F\cdot\sin\theta,\ F_y=0,\ F_z=-F\cdot\cos\theta$$

(2) 分别求出各轴之矩，即

$$x=-l,\ y=l+a,\ z=0$$

代入式 (4.7) 得

$$M_x(\boldsymbol{F})=yF_z-zF_y=(l+a)(-F\cdot\cos\theta)=-F\cdot(l+a)\cdot\cos\theta$$

$$M_y(\boldsymbol{F})=zF_x-xF_z=0-(-l)(-F\cdot\cos\theta)=-F\cdot l\cdot\cos\theta$$

$$M_z(\boldsymbol{F})=xF_y-yF_x=0-(l+a)(F\cdot\cos\theta)=-F\cdot(l+a)\cdot\sin\theta$$

本题也可直接按力对轴之矩的定义计算。

# 4.2 空间任意力系向已知点简化

## 4.2.1 空间力偶

### 1. 力偶矩矢

空间力偶对刚体的作用效应可用力偶矩矢来度量，即用力偶中的两个力对空间某点之矩的矢量和来度量。设有空间力偶 $(\boldsymbol{F},\boldsymbol{F}')$，其力偶臂为 $d$，如图 4.9 (a) 所示。力偶对空间任一点 $O$ 的矩矢为 $M_O(\boldsymbol{F},\boldsymbol{F}')$，则有

$$M_O(\boldsymbol{F},\boldsymbol{F}')=M_O(\boldsymbol{F})+M_O(\boldsymbol{F}')=\boldsymbol{r}_A\times\boldsymbol{F}+\boldsymbol{r}_B\times\boldsymbol{F}'$$

由于 $\boldsymbol{F}'=-\boldsymbol{F}$，故上式可改写为

$$M_O(\boldsymbol{F},\boldsymbol{F}')=\boldsymbol{r}_A\times\boldsymbol{F}+\boldsymbol{r}_B\times\boldsymbol{F}'=(\boldsymbol{r}_A-\boldsymbol{r}_B)\times\boldsymbol{F}=\boldsymbol{r}_{AB}\times\boldsymbol{F}$$

计算表明，力偶对空间任一点的矩矢与矩心无关，以记号 $M_O(\boldsymbol{F},\boldsymbol{F}')$ 或 $\boldsymbol{M}$ 表示力偶矩矢，则

$$\boldsymbol{M}=\boldsymbol{r}_{AB}\times\boldsymbol{F}\tag{4.11}$$

由于力偶矩矢 $\boldsymbol{M}$ 无须确定它的初端位置，这样的矢量称为自由矢量，如图 4.9 (b) 所示。

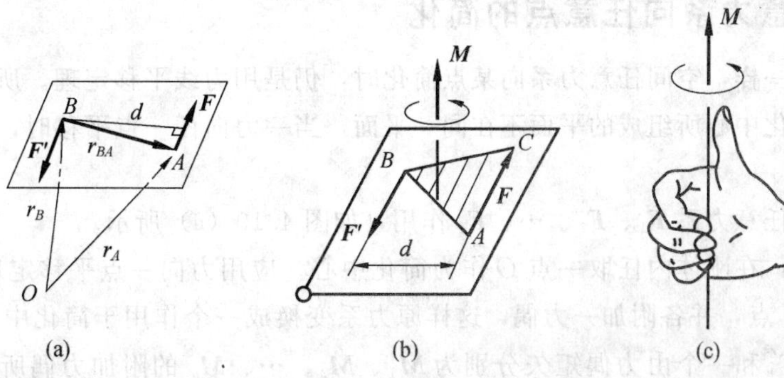


图 4.9 空间力偶

**技术提示**

空间力偶对刚体的作用效果决定于下列三个因素：

(1) 矢量的模，即力偶矩大小 $\boldsymbol{M}=\boldsymbol{F}\cdot\boldsymbol{d}=2A_{\triangle ABC}$，如图 4.9 (b) 所示。

(2) 矢量的方位与力偶作用面相垂直，如图 4.9 (b) 所示。

(3) 矢量的指向与力偶的转向的关系服从右手螺旋法则，如图 4.9 (c) 所示。

2. 空间力偶等效定理

由于空间力偶对刚体的作用效果完全由力偶矩来确定，而力偶矩矢是自由矢量，因此两个空间力偶不论作用在刚体的什么位置，也不论力的大小、方向及力偶臂的大小，只要力偶矩矢相等，就等效。这就是空间力偶等效定理，即作用在同一刚体上的两个空间力偶，如果其力偶矩矢相等，则它们彼此等效。

这一定理表明：空间力偶可以平移到与其作用面平行的任意平面上而不改变力偶对刚体的作用效果；也可以同时改变力与力偶臂的大小或将力偶在其作用面内任意移转，只要力偶矩矢的大小、方向不变，其作用效果就不变。可见，力偶矩矢是空间力偶作用效果的唯一度量。

3. 空间力偶系的合成

任意一个空间分布的力偶系可合成为一个合力偶，合力偶矩矢等于各分力偶矩矢的矢量和，即合力偶矩矢的解析表达式为

$$\boldsymbol{M}=\boldsymbol{M}_1+\boldsymbol{M}_2+\cdots+\boldsymbol{M}_n=\sum_{i=1}^{n}\boldsymbol{M}_i \tag{4.12}$$

合力偶矩矢的解析表达式为

$$M=M_x\cdot\boldsymbol{i}+M_y\cdot\boldsymbol{j}+M_z\cdot\boldsymbol{k} \tag{4.13}$$

将式 (4.12) 分别向 $x$ 轴、$y$ 轴、$z$ 轴投影，有

$$\begin{cases} M_x=M_{1x}+M_{2x}+\cdots+M_{nx}=\sum_{i=1}^{n}M_{ix} \\ M_y=M_{1y}+M_{2y}+\cdots+M_{ny}=\sum_{i=1}^{n}M_{iy} \\ M_z=M_{1z}+M_{2z}+\cdots+M_{nz}=\sum_{i=1}^{n}M_{iz} \end{cases} \tag{4.14}$$

即合力偶矩矢在工 $x$ 轴、$y$ 轴、$z$ 轴上投影等于各分力偶矩矢在相应轴上的投影的代数和（为便于书写，下标 $i$ 可略去）。

## 4.2.2 空间任意力系向任意点的简化

与平面任意力系一样，空间任意力系向某点简化时，仍是用力线平移定理。所不同的是，力系中各力的作用线与简化中心所组成的平面不在同一平面，当一力向任一点平移时，应把力与附加力偶矩用矢量表示。

设一刚体受空间任意力系 $\boldsymbol{F}_1$、$\boldsymbol{F}_2$、…、$\boldsymbol{F}_n$ 作用，如图 4.10 (a) 所示。

为了简化此力系，在刚体内任取一点 $O$ 作为简化中心。应用力向一点平移定理，依次将力 $\boldsymbol{F}$、$\boldsymbol{F}_2$、…、$\boldsymbol{F}_n$ 平移到 $O$ 点，并各附加一力偶，这样原力系变换成一个作用于简化中心 $O$ 的空间汇交力系 $\boldsymbol{F}'_1$、$\boldsymbol{F}'_2$、…、$\boldsymbol{F}'_n$ 和一个由力偶矩矢分别为 $\boldsymbol{M}_1$、$\boldsymbol{M}_2$、…、$\boldsymbol{M}_n$ 的附加力偶所组成的空间力偶系，其中

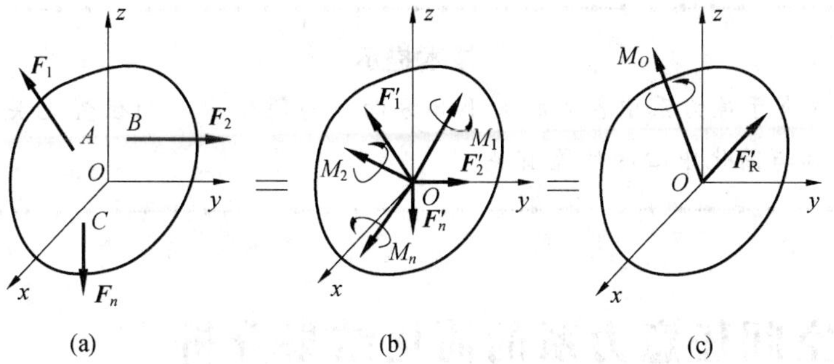


图 4.10　空间任意力系向任意点简化

$$\boldsymbol{F}_1=\boldsymbol{F}'_1,\ \boldsymbol{F}_2=\boldsymbol{F}'_2,\ \cdots,\ \boldsymbol{F}_n=\boldsymbol{F}'_n$$

$$\boldsymbol{M}_1=M_O(\boldsymbol{F}_1),\ \boldsymbol{M}_2=M_O(\boldsymbol{F}_{21}),\ \cdots,\ \boldsymbol{M}_n=M_O(\boldsymbol{F}_n)$$

空间汇交力系 $\boldsymbol{F}'_1$、$\boldsymbol{F}'_2$、…、$\boldsymbol{F}'_n$ 一般可合成为作用于 $O$ 点的一个力 $\boldsymbol{F}'_{RO}$，即

$$\boldsymbol{F}'_{RO}=\boldsymbol{F}'_1+\boldsymbol{F}'_2+\cdots+\boldsymbol{F}'_n=\sum\boldsymbol{F}'_i=\sum\boldsymbol{F}'_R \tag{4.15}$$

$\boldsymbol{F}'_R$ 称为原力系的主矢（主向量）。

$$F'_{Rx}=\sum F'_x,F'_{Ry}=\sum\boldsymbol{F}'_y,F'_{Rz}=\sum F'_z$$

由此可得主矢 $\boldsymbol{F}'_R$ 的大小为

$$F'_R=\sqrt{(F'_{Rx})^2+(F'_{Ry})^2+(F'_{Rz})^2}=\sqrt{(\sum F_x)^2+(\sum F_y)^2+(\sum F_z)^2} \tag{4.16}$$

方向余弦为

$$\cos\alpha=\frac{F'_{Rx}}{|F'_R|},\ \cos\beta=\frac{F'_{Ry}}{|F'_R|},\ \cos\gamma=\frac{F'_{Rz}}{|F'_R|}$$

式中，$\alpha$、$\beta$、$\gamma$ 分别表示 $F'_R$ 与 $x$ 轴、$y$ 轴、$z$ 轴正方向之间的夹角。

由力偶矩矢分别为 $\boldsymbol{M}'_1$、$\boldsymbol{M}'_2$、…、$\boldsymbol{M}'_n$ 组成的附加空间力偶系，一般可合成为一个合力偶（图 4.10（b））。这个合力偶的力偶矩矢等于附加分力偶矩矢的矢量和，即

$$\boldsymbol{M}_O=\sum M_i=M_O(\boldsymbol{F}_1)+M_O(\boldsymbol{F}_2)+\cdots M_O(\boldsymbol{F}_n)=\sum M_O(\boldsymbol{F}_i) \tag{4.17}$$

$\boldsymbol{M}_O$ 称为原力系对简化中心的主矩。

设 $M_{Ox}$、$M_{Oy}$、$M_{Oz}$ 分别表示主矩 $\boldsymbol{M}_O$ 在 $x$、$y$、$z$ 轴上的投影，则

$$M_{Ox}=\sum M_x(F_i)=\sum(y_i\cdot F_{iz}-z_i\cdot F_{iy})$$

$$M_{Oy}=\sum M_y(F_i)=\sum(z_i\cdot F_{ix}-x_i\cdot F_{iz})$$

$$M_{Oz}=\sum M_z(F_i)=\sum(x_i\cdot F_{iy}-y_i\cdot F_{ix})$$

$M_O$ 的大小为

$$M_O=\sqrt{M_{Ox}^2+M_{Oy}^2+M_{Oz}^2}=\sqrt{[\sum M_x(F_i)]^2+[\sum M_y(F_i)]^2+[\sum M_z(F_i)]^2} \tag{4.18}$$

方向余弦为

$$\cos\alpha=\frac{M_{Ox}}{|M_O|},\ \cos\beta=\frac{M_{Oy}}{|M_O|},\ \cos\gamma=\frac{M_{Oz}}{|M_O|}$$

综上所述，空间力系向任一点 $O$ 简化，可得一力和一力偶，这个力的大小和方向等于该力系的主矢，作用线通过简化中心 $O$；这个力偶的矩矢等于该力系对简化中心的主矩。

**技术提示**

主矢 $\boldsymbol{F}'_R$ 只取决于原力系中各力的大小和方向，与简化中心的位置无关；而主矩 $\boldsymbol{M}_O$ 的大小和方向一般都与简化中心的位置有关。

## 4.3 空间任意力系的简化结果分析

空间任意力系向一点简化可能出现下列四种情况：

(1) 主矢 $\boldsymbol{F}'_R=0$，主矩 $\boldsymbol{M}_O\neq0$，表明原力系的最后简化结果为一力偶，其力偶矩矢为 $\boldsymbol{M}_O$。显然，力偶与原力系等效，即原力系合成为一合力偶，这时合力偶矩矢等于原力系对简化中心的主矩。由于力偶矩矢与矩心位置无关，因此在这种情况下，主矩与简化中心的位置无关。

(2) 主矢 $\boldsymbol{F}'_R\neq0$，主矩 $\boldsymbol{M}_O=0$，这时原力系的简化结果为作用于简化中心的一个力 $\boldsymbol{F}_R$。这个力就是原力系的合力的作用线通过简化中心 $O$，其大小和方向等于原力系的主矢。

(3) 主矢 $\boldsymbol{F}'_R\neq0$，主矩 $\boldsymbol{M}_O\neq0$，这是空间力系简化结果的最一般情况，它还可以进一步简化。

①主矢与主矩都不为零，且主矢与主矩垂直，即 $\boldsymbol{F}'_R\perp\boldsymbol{M}_O$（图 4.11（a））。这时，力 $\boldsymbol{F}'_R$ 和力偶矩矢为 $\boldsymbol{M}_O$ 的力偶（$\boldsymbol{F}'_R$，$\boldsymbol{F}_R$）在同一平面内（图 4.11（b）），如平面力系简化结果那样，可将力 $\boldsymbol{F}'_R$ 与力偶（$\boldsymbol{F}''_R$，$\boldsymbol{F}_R$）进一步合成，得作用于点 $O'$ 的一个力 $\boldsymbol{F}_R$（图 4.11（c））。此力即为原力系的合力，其大小和方向等于原力系的主矢，即

$$\boldsymbol{F}_R=\sum\boldsymbol{F}_i$$

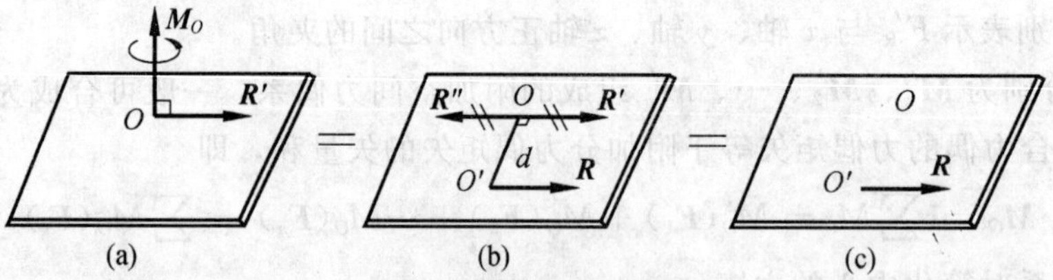


**图 4.11 空间力系简化**

其作用线离简化中心 O 的距离为

$$d=\frac{|M_O|}{F_R} \tag{4.19}$$

由图 4.11（b）可知，力偶（$\boldsymbol{F}'_R$，$\boldsymbol{F}_R$）的主矩 $\boldsymbol{M}_O$ 等于合力 $\boldsymbol{F}_R$ 对点 $O$ 的矩，即

$$M_O=M_O(\boldsymbol{F}_R)$$

又根据式（4.17），有

$$M_O=\sum M_O(\boldsymbol{F}_i)$$

故得关系式

$$M_O(\boldsymbol{F}_R)=\sum M_O(\boldsymbol{F}_i) \tag{4.20}$$

即空间任意力系的合力对于任一点的矩等于各分力对同一点的矩的矢量和。这就是空间任意力系的合力矩定理。

根据力对点的矩与力对轴的矩的关系，把式（4.20）投影到通过点 $O$ 的任一轴上，可得

$$M_z(\boldsymbol{F}_R)=\sum M_z(\boldsymbol{F}_i) \tag{4.21}$$

即空间任意力系的合力对于任一轴的矩等于各分力对同一轴的矩的代数和。

②主矢与主矩都不为零，且主矢与主矩平行，即 $\boldsymbol{F}'_R /\!/ \boldsymbol{M}_O$，这种结果称为力螺旋，如图 4.12 所示。所谓力螺旋就是由一力和一力偶组成的力系，其中力垂直于力偶的作用面。例如，钻孔时的钻头对工件的作用以及拧木螺钉时螺丝刀对螺钉的作用都是力螺旋。

力螺旋是由静力学的两个基本要素力和力偶组成的最简单的力系，不能再进一步合成。力偶的转向和力的指向符合右手螺旋规则的称为右螺旋（图 4.12（a）），否则称为左螺旋（图 4.12（b））。力螺旋的力作用线称为该力螺旋的中心轴。在上述情形下，中心轴通过简化中心。

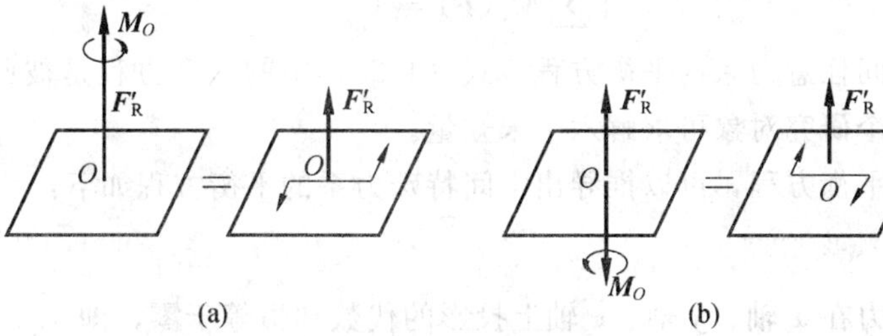


**图 4.12　力螺旋（1）**

③主矢与主矩都不为零，同时两者既不平行，又不垂直，如图 4.13（a）所示。此时可将 $\boldsymbol{M}_O$ 分解为两个分力偶 $\boldsymbol{M}''_O$ 和 $\boldsymbol{M}'_O$，它们分别垂直于 $\boldsymbol{F}'_R$ 和平行于 $\boldsymbol{F}'_R$ 如图 4.13（b）所示，则 $\boldsymbol{M}''_O$ 和 $\boldsymbol{F}'_R$ 可用作用于点 $O'$ 的力 $\boldsymbol{F}_R$ 来代替。由于力偶矩矢是自由矢量，故可将 $\boldsymbol{M}'_O$ 平行移动，使之与 $\boldsymbol{F}_R$ 共线。这样便得一力螺旋，其中心轴不在简化中心 $O$，而是通过另一点 $O'$，如图 4.13（c）所示。$O$、$O'$ 两点间的距离为

$$d=\frac{|M''_O|}{F'_R}=\frac{M_O \cdot \sin\alpha}{F'_R} \tag{4.22}$$

可见，一般情形下空间任意力系可合成为力螺旋。

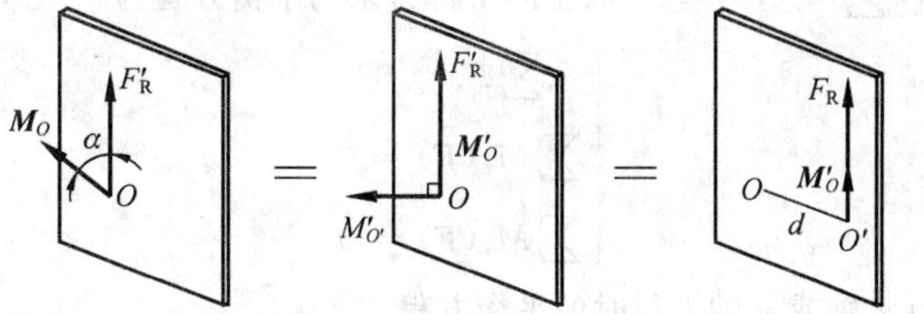


**图 4.13　力螺旋（2）**

(4) 主矢 $\boldsymbol{F}'_R=0$，主矩 $\boldsymbol{M}_O=0$，此时空间力系处于平衡状态，将在下节详细讨论。

# 4.4　空间任意力系的平衡方程及其应用

## 4.4.1　空间任意力系的平衡方程

空间任意力系向任意一点简化的结果可得一主矢 $\boldsymbol{F}'_R$ 和一主矩 $\boldsymbol{M}_O$。因此，要使力系平衡，则必须使主矢 $\boldsymbol{F}'_R$ 和主矩 $\boldsymbol{F}'_R$ 都等于零。若主矢 $\boldsymbol{F}'_R$ 等于零，表示作用于简化中心 $O$ 的空间汇交力系平衡；若主矩 $\boldsymbol{M}_O$ 等于零，表示空间力偶系也平衡。故空间任意力系平衡的必要和充分条件是：力系中各力在三个坐标轴上投影的代数和等于零，且各力对三个轴的矩的代数和也等于零，即

$$
\begin{cases}
\sum F_x = 0 \\
\sum F_y = 0 \\
\sum F_z = 0 \\
\sum M_x(\boldsymbol{F}) = 0 \\
\sum M_y(\boldsymbol{F}) = 0 \\
\sum M_z(\boldsymbol{F}) = 0
\end{cases}
\tag{4.23}
$$

式（4.23）称为空间任意力系的平衡方程。式（4.23）中的六个方程是彼此独立的，故求解空间任意力系问题时，每个研究对象可求解六个未知量。

由空间任意力系的平衡方程，可以推导出空间特殊力系的平衡方程如下：

1. 空间力偶系

因为空间力偶系各力在 $x$ 轴、$y$ 轴、$z$ 轴上投影的代数和恒等于零，即

$$\sum F_x = 0, \sum F_y = 0, \sum F_z = 0$$

故空间力偶系的平衡方程只有三个独立方程，即

$$
\begin{cases}
\sum M_x(\boldsymbol{F}) = 0 \\
\sum M_y(\boldsymbol{F}) = 0 \\
\sum M_z(\boldsymbol{F}) = 0
\end{cases}
\tag{4.24}
$$

2. 空间平行力系

设力系中各力的作用线平行 $Oz$ 轴。各力在 $Ox$、$Oy$ 轴上的投影和对 $Oz$ 轴之矩恒等于零，即 $\sum F_x \equiv 0, \sum F_y \equiv 0, \sum M_z(F) \equiv 0$，故空间平行力系的平衡方程为

$$
\begin{cases}
\sum F_z = 0 \\
\sum M_x(\boldsymbol{F}) = 0 \\
\sum M_y(\boldsymbol{F}) = 0
\end{cases}
\tag{4.25}
$$

同理，可得力系与 $x$ 轴或 $y$ 轴平行时的平衡方程。

3. 空间汇交力系

设各力交于 $x$ 轴、$y$ 轴、$z$ 轴的交点 $O$，则这些力对 $Ox$、$Oy$、$Oz$ 轴之矩恒等于零，即 $\sum M_x(\boldsymbol{F}) \equiv 0$，$\sum M_z(\boldsymbol{F}) \equiv 0$，$\sum M_z(\boldsymbol{F}) \equiv 0$，故空间汇交力系的平衡方程为

$$
\begin{cases}
\sum F_x = 0 \\
\sum F_y = 0 \\
\sum F_z = 0
\end{cases}
\tag{4.26}
$$

**技术提示**

求解空间力系的平衡问题时的解题步骤与平面力系相同。在应用平衡方程求解时，应尽可能灵活选择投影轴的方向和取矩轴的位置，使一个方程只含一个未知量，以简化解题过程。

## 4.4.2 空间约束

一般情况下，当刚体受到空间任意力系作用时，在每个约束中其约束力的未知量可能有 1～6 个。决定每种约束的约束力未知量个数的基本方法是：观察被约束物体在空间可能的六种独立的位移中（沿 $x$、$y$、$z$ 三轴的移动和绕此三轴的转动）有哪几种位移被约束所阻碍。阻碍移动的是约束力，阻碍转动的是约束力偶。现将几种常见的约束及其相应的约束力综合列表，见表 4.1。

**表 4.1 常见空间约束及其约束表示**

| 约束类型 | 简化符号 | 约束反力表示 |
|---|---|---|
| 球形铰链 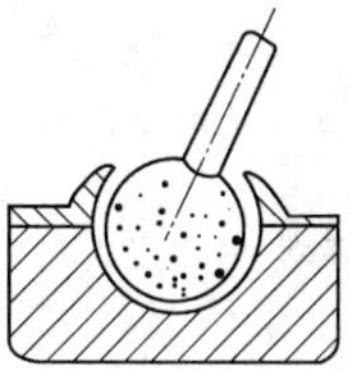 | 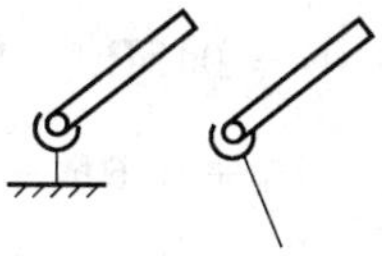 | 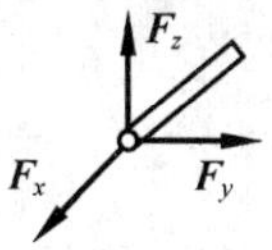  |
| 向心轴承 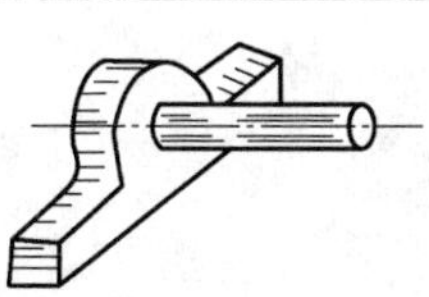 | 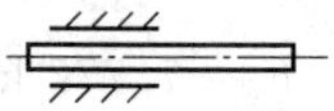 | 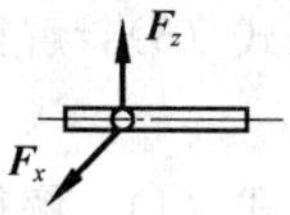  |
| 向心推力轴承 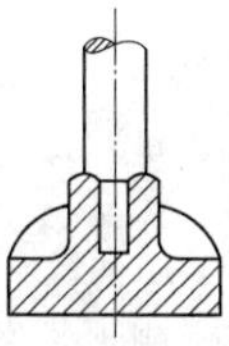 | 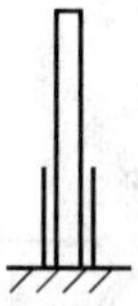 | 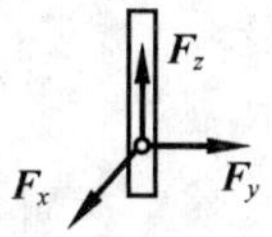  |
| 空间固定端 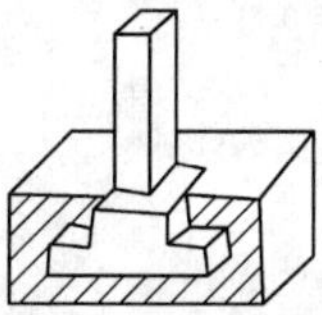 |  | 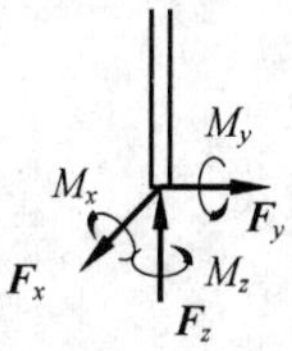  |

## 4.4.3 空间力系平衡方程的应用

**例 4.3** 三根杆 $AB$、$AC$、$AD$ 铰接于 $A$ 点，其下悬一重力为 $G$ 的物体（图 4.14）。$AB$ 与 $AC$ 互相垂直且长度相等，$\angle OAD=30°$，$B$、$C$、$D$ 处均为铰接。若 $G=1\ 000$ N，三根杆的重力不计，试求各杆所受的力。

**解** 因各杆的重力不计，所以都是二力杆。先假定各杆都受拉力。取铰链 $A$ 为研究对象。$A$ 点受三杆的拉力 $\boldsymbol{F}_B$、$\boldsymbol{F}_C$、$\boldsymbol{F}_D$ 及挂重物的绳子的拉力 $\boldsymbol{F}_T$ 的作用而平衡。取坐标系如图 4.14 所示，列出空间汇交力系的平衡方程为

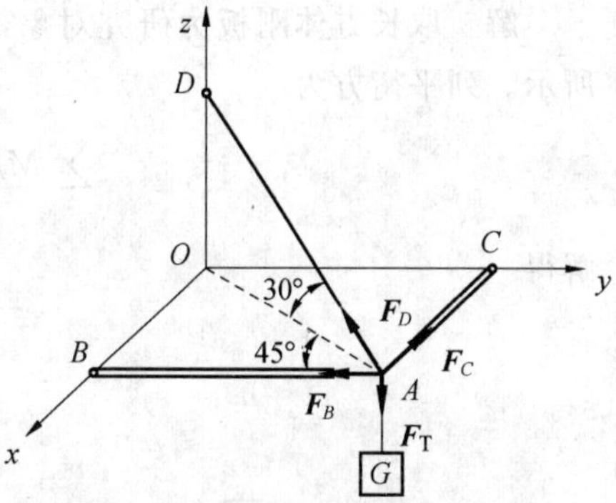

**图 4.14 三根杆**

$$\sum F_x = 0, -F_C - F_D \cdot \cos 30° \cdot \sin 45° = 0 \qquad (1)$$

$$\sum F_y = 0, -F_B - F_D \cdot \cos 30° \cdot \cos 45° = 0 \qquad (2)$$

$$\sum F_z = 0, F_D \cdot \sin 30° - F_T = 0 \qquad (3)$$

由于 $F_T=G$，由式（3）可求得

$$F_D=\frac{F_T}{\sin 30°}=2\ 000\ \text{N}$$

把 $F_D$ 的值代入式（1）、（2），可得

$$F_B = F_C = -1\ 225\ \text{N}$$

$F_B$ 和 $F_C$ 与均为负值，说明力的实际方向与假定的方向相反，即实际都是压力。

**例 4.4** 图 4.15 为三轮小车，自重 $P=8$ kN，作用于点 $E$，荷载 $P_1=10$ kN，作用于点 $C$。求小车静止时地面对车轮的反力。

**解** 以小车为研究对象，受力如图 4.15 所示。其中 $\boldsymbol{P}$ 和 $\boldsymbol{P}_1$ 是主动力，$\boldsymbol{F}_A$、$\boldsymbol{F}_B$ 和 $\boldsymbol{F}_D$ 为地面的约束反力，此五个力相互平行，组成空间平行力系。取坐标系 $Oxyz$，如图 4.15 所示，列出三个平衡方程为

$$\sum F_z = 0, -P - P + F_A + F_B + F_D = 0 \quad (1)$$

$$\sum M_x(\boldsymbol{F}) = 0, -0.2P_1 - 1.2P + 2F_D = 0 \quad (2)$$

$$\sum M_y(\boldsymbol{F}) = 0, 0.8P_1 + 0.6P - 0.6F_D - 1.2F_B = 0 \quad (3)$$

由式（2）解得

$$F_D = 5.8\ \text{kN}$$

代入式（3），解得

$$F_B = 7.777\ \text{kN}$$

代入式（1），解得

$$F_A = 4.423\ \text{kN}$$

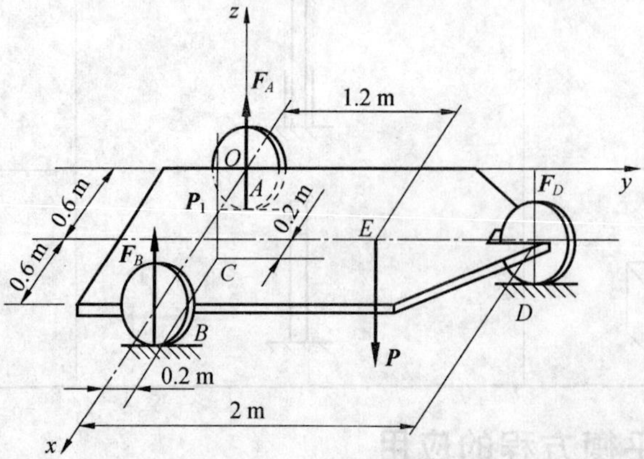


**图 4.15　三轮小车**

**例 4.5** 图 4.16 为均质长方板，由六根直杆支持于水平位置，直杆两端各用球铰链与板和地面连接。板重为 $P$，在 $A$ 点处作用一水平力 $F$，且 $F=2P$。求各杆所受的力。

**解** 取长方体刚板为研究对象，各支杆均为二力杆，设它们均受拉力。板的受力图如图 4.16 所示。列平衡方为

$$\sum M_{AB}(\boldsymbol{F}) = 0, -F_6 \cdot a - P \cdot \frac{a}{2} = 0 \quad (1)$$

解得

$$F_6 = -\frac{P}{2}\ (\text{压力})$$

$$\sum M_{AE}(\boldsymbol{F}) = 0, F_5 = 0 \quad (2)$$

$$\sum M_{AC}(\boldsymbol{F}) = 0,\ F_4 = 0 \quad (3)$$

$$\sum M_{EF}(\boldsymbol{F}) = 0, -P \cdot \frac{a}{2} - F_6 \cdot a - F_1 \cdot \frac{a}{\sqrt{a^2+b^2}} \cdot b = 0 \quad (4)$$

将 $F_6 = -\dfrac{P}{2}$ 代入式（4），得

$$F_1=0$$

$$\sum M_{FG}(\boldsymbol{F})=0,-P\cdot\frac{b}{2}+F\cdot b-F_2\cdot b=0 \tag{5}$$

得

$$F_2=1.5P$$

$$\sum M_{BC}(\boldsymbol{F})=0,-P\cdot\frac{b}{2}-F_2\cdot b-F_3\cdot\cos 45^\circ\cdot b=0 \tag{6}$$

得

$$F_3=-2\sqrt{2}P\ (\text{压力})$$

此例中用六个力矩方程求得六个杆的内力。一般的，力矩方程比较灵活，常可使一个方程只含一个未知量。当然也可以采用其他形式的平衡方程求解。如用 $\sum F_x=0$ 代替式（4），同样求得，$F_1=0$；又可用 $\sum F_y=0$ 代替式（6），同样求得 $F_3=-2\sqrt{2}P$。读者还可以使用其他方程求解。但无论怎样列方程，独立平衡方程的数目只有六个。空间任意力系平衡方程的基本形式为式（4.23），即三个投影方程和三个力矩方程，它们是相互独立的。其他不同形式的平衡方程还有很多组，但也只有六个独立方程，由于空间情况比较复杂，本书不再讨论其独立性条件。

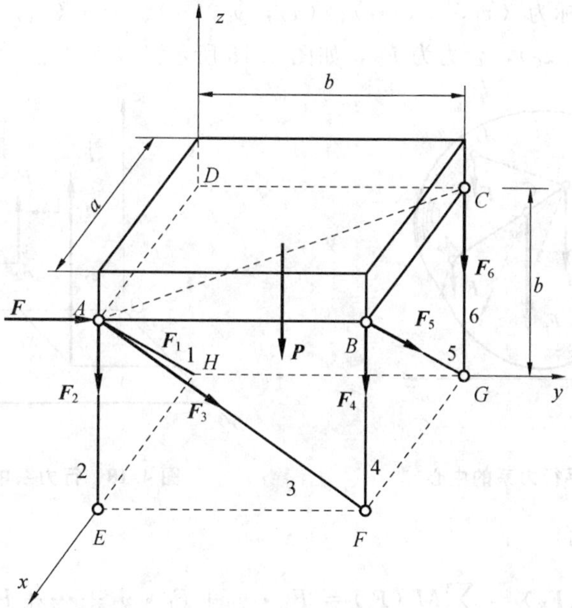


**图 4.16　均质长方板**

**技术提示**

空间任意力系有六个独立的平衡方程，可求解六个未知量，但其平衡方程并不局限于式（4.23）所示的形式；还有其他形式，如四力矩式、五力矩式和六力矩式。与平面任意力系一样，它们对投影和力矩轴有一定的限制条件。为使解题简便，每个方程中最好只包含一个未知量。因此，在选力投影轴时应尽量与其余未知量垂直，在选取力矩轴时应尽量与其余未知力平行或相交。投影轴不必相互垂直，取矩的轴也不必与投影轴重合，力矩方程的数目可取 3～6 个。

# 4.5 平行力系的中心及物体的重心与质心

## 4.5.1 平行力系的中心

平行力系合力的作用点称为平行力系的中心。设有三个同向平行力 $\boldsymbol{F}_1$、$\boldsymbol{F}_2$、$\boldsymbol{F}_3$ 分别作用于刚体上 $A_1$、$A_2$、$A_3$ 三点，如图 4.17 所示，求其合力 $\boldsymbol{F}_R$。

先将力 $\boldsymbol{F}_1$、$\boldsymbol{F}_2$ 相加得合力 $\boldsymbol{F}_R$，且 $\boldsymbol{F}_{R1}=\boldsymbol{F}_1+\boldsymbol{F}_2$，其作用线与 $A_1A_2$ 相交于点 $C_1$，且 $C_1A_1:C_1A_2=F_2:F_1$，再将 $\boldsymbol{F}_{R1}$ 与 $\boldsymbol{F}_3$ 相加得力 $\boldsymbol{F}_R$，且 $\boldsymbol{F}_R=\boldsymbol{F}_{R1}+\boldsymbol{F}_3=\boldsymbol{F}_1+\boldsymbol{F}_2+\boldsymbol{F}_3$，其作用线与 $C_1A$ 相交于点 $C$，且 $C_1C:CA_3=\boldsymbol{F}_3:\boldsymbol{F}_{R1}$。对于更多个力，可以次类推。

若将原力系各绕其作用点转过同一角度，使其仍互相平行，则合力仍与各力平行，且绕点 $C$ 转过相同角度。同理，合力 $\boldsymbol{F}_R$ 也绕点 $C$ 转过相同角度。这是由于 $C_1A_1:C_1A_2=F_2:F_1$ 的比例关系经转动后仍然成立，使得 $\boldsymbol{F}_{R1}$ 绕点 $C_1$ 转过相同的角度（图 4.17）。

由此可知，$C$ 点的位置仅与各平行力的大小和作用点的位置有关，与各平行力的方向无关。

设有同向平行力 $\boldsymbol{F}_1$、$\boldsymbol{F}_2$、…、$\boldsymbol{F}_n$ 分别作用于刚体上 $A_1$、$A_2$、…、$A_n$ 各点，任选坐标系 $Oxyz$，各力作用点的坐标为 $(x_1, y_1, z_1)$、$(x_2, y_2, z_2)$、…、$(x_n, y_n, z_n)$，设平行力系中心点 $C$ 的坐标为 $(x_C, y_C, z_C)$，合力为 $\boldsymbol{F}_R$，如图 4.18 所示。

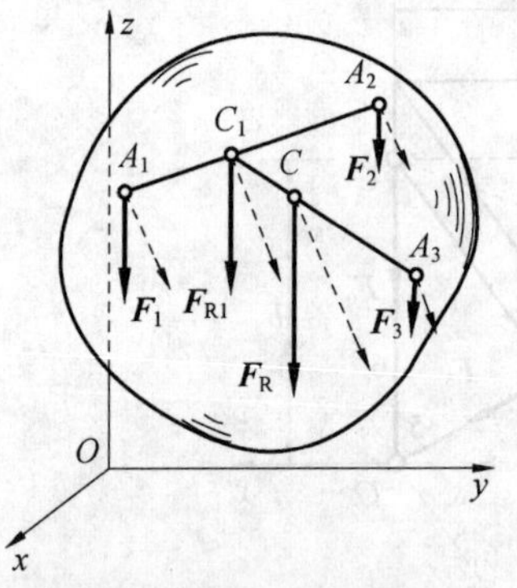

图 4.17 平行力系的中心

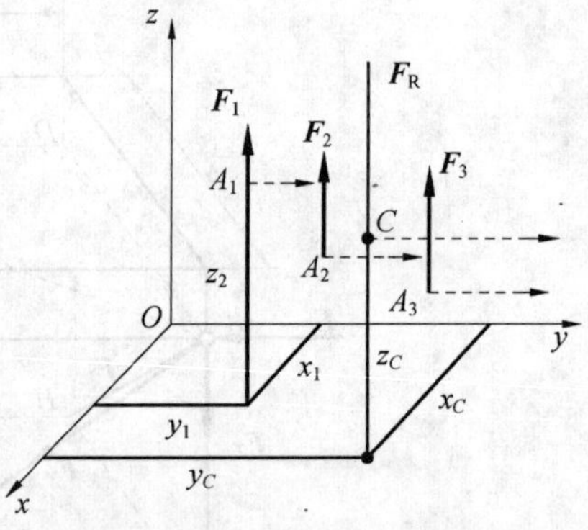

图 4.18 行力系中心的坐标

根据合力矩定理，有

$$M_x(\boldsymbol{F}_R)=\sum_{i=1}^{n}M_x(\boldsymbol{F}_i)=F_1\cdot y_1+F_2\cdot y_2+\cdots+F_n\cdot y_n$$

又

$$M_x(\boldsymbol{F}_R)=F_R\cdot y_C=(\sum F_i)\cdot y_C$$

故

$$y_C=\frac{\sum F_i\cdot y_i}{\sum F_i} \tag{4.27a}$$

同理，对 $y$ 轴取矩得

$$x_C=\frac{\sum F_i\cdot x_i}{\sum F_i} \tag{4.27b}$$

再将力系中各力绕其各自的作用点转过 90°与 $y$ 轴平行，再对 $z$ 轴取矩得

$$z_C=\frac{\sum F_i\cdot z_i}{\sum F_i} \tag{4.27c}$$

以上三式合起来就是平行力系中心的坐标公式。

**技术提示**

式（4.27）不仅适用于空间同向平行力系，也适用于主矢不等于零的空间反向平行力系，此时分子、分母为代数和。

## 4.5.2 重心和质心

1. 重心的概念

在工程实际中，常需计算物体的重心。例如，为了顺利吊装机械设备，就一定要知道其重心的位置；再如，水坝以及汽车行驶都涉及确定重心位置问题。

靠近地球的物体，微小部分上都要受到重力的作用。严格来说，这些力的作用线都汇交于一点，组成空间汇交力系；但由于所研究的物体远比地球小得多，且离地心很远，故可认为物体上各点重力的作用线是平行的，即这些重力组成一个空间平行力系。

如以 $\Delta V_i$ 表示物体上任一微小部分的体积，其重力以 $\boldsymbol{G}_i$ 表示，各微小部分的重力 $\boldsymbol{G}_1$、$\boldsymbol{G}_2$、…、$\boldsymbol{G}_n$ 组成一平行力系，其合力的大小为 $\boldsymbol{G}=\sum \boldsymbol{G}_i$，称为物体的重量。合力的作用线总是通过物体上一个确定的点 $C$，这个点 $C$ 称为物体的重心。

**技术提示**

形状不变的物体，其重心在该物体内的相对位置不变，与该物体在空间上的位置无关，即不论物体如何放置，其重力的作用线总是通过物体的重心。

2. 物体的重心坐标公式

在图 4.19 上取坐标系 $Oxyz$，使 $z$ 轴与重力平行，设每一小块的重力为 $\boldsymbol{G}$，其作用点为 $M_i$（$x_i$，$y_i$，$z_i$），则重力 $\boldsymbol{G}$ 为

$$\boldsymbol{G}=\sum \boldsymbol{G}_i$$

设物体重心坐标为 $C$（$x_i$，$y_i$，$z_i$），则

$$\begin{cases} x_C = \dfrac{\sum G_i \cdot x_i}{\sum G_i} \\ y_C = \dfrac{\sum G_i \cdot y_i}{\sum G_i} \\ z_C = \dfrac{\sum G_i \cdot z_i}{\sum G_i} \end{cases} \tag{4.28}$$

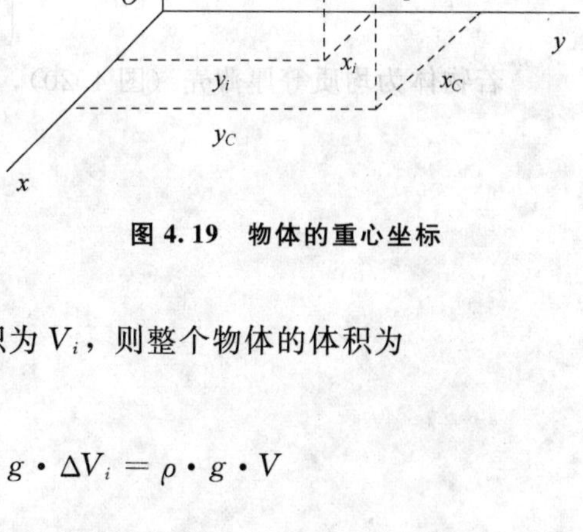

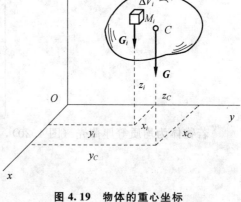

图 4.19 物体的重心坐标

如果物体是均质的，其密度为 $\rho$，任一微小部分的体积为 $V_i$，则整个物体的体积为

$$V=\sum V_i$$

且

$$G_i=\rho\cdot g\cdot \Delta V_i, G=\sum G_i=\sum \rho\cdot g\cdot \Delta V_i=\rho\cdot g\cdot V$$

将上式代入式（4.28），得

$$\begin{cases} x_C = \dfrac{\sum V_i \cdot x_i}{\sum V_i} \\ y_C = \dfrac{\sum V_i \cdot y_i}{\sum V_i} \\ z_C = \dfrac{\sum V_i \cdot Z_i}{\sum V_i} \end{cases} \tag{4.29}$$

显然物体分割的微小单元越多，则每个微小单元的体积越小，求得重心 $C$ 的位置就越准确。在极限情况下，均质物体重心的坐标公式可写成积分形式，即

$$\begin{cases} x_C = \dfrac{\iiint\limits_V x\,\mathrm{d}V}{V} \\ y_C = \dfrac{\iiint\limits_V y\,\mathrm{d}V}{V} \\ z_C = \dfrac{\iiint\limits_V z\,\mathrm{d}V}{V} \end{cases} \tag{4.30}$$

从式（4.29）、式（4.30）可以看出，均质物体的重心位置完全决定于物体的几何形状，与物体重量无关。由物体几何形状和尺寸所决定的物体几何中心，称为物体的形心。因此，均质物体的重心也就是该物体的几何形体的形心。

如果均质物体是等厚薄板，设面积为 $A$，厚度为 $\delta$，则薄板的总体积 $V=A\cdot\delta$，任一微小部分的体积 $V_i=A_i\cdot\delta$，若将薄板平面置于 $Oxy$ 平面内，将上述关系式代入式（4.29），并消去 $\delta$，可得均质等厚薄板的重心（形心）坐标公式为

$$\begin{cases} x_C = \dfrac{\sum A_i \cdot x_i}{\sum A_i} \\ y_C = \dfrac{\sum A_i \cdot y_i}{\sum A_i} \\ z_C = \dfrac{\sum A_i \cdot Z_i}{\sum A_i} \end{cases} \tag{4.31}$$

若物体为均质等厚薄壳（图 4.20），其表面积为 $A$，厚度远小于表面积，则其重心公式为

$$\begin{cases} x_C = \dfrac{\iint\limits_A x\,\mathrm{d}A}{A} \\ y_C = \dfrac{\iint\limits_A y\,\mathrm{d}A}{A} \\ z_C = \dfrac{\iint\limits_A z\,\mathrm{d}A}{A} \end{cases} \tag{4.32}$$

若物体是均质等截面细长线段，其截面尺寸比其长度小得多，如图 4.21 所示，则重心公式为

$$\begin{cases} x_C = \dfrac{\int_l x\,\mathrm{d}l}{l} \\ y_C = \dfrac{\int_l y\,\mathrm{d}l}{l} \\ z_C = \dfrac{\int_l z\,\mathrm{d}l}{l} \end{cases} \tag{4.33}$$

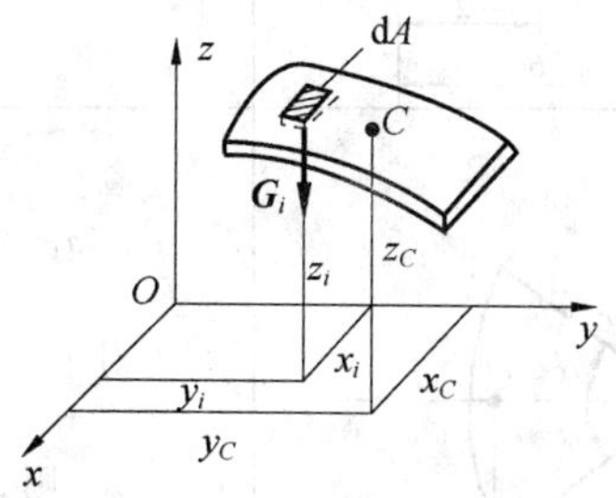


图 4.20　均质等厚薄壳

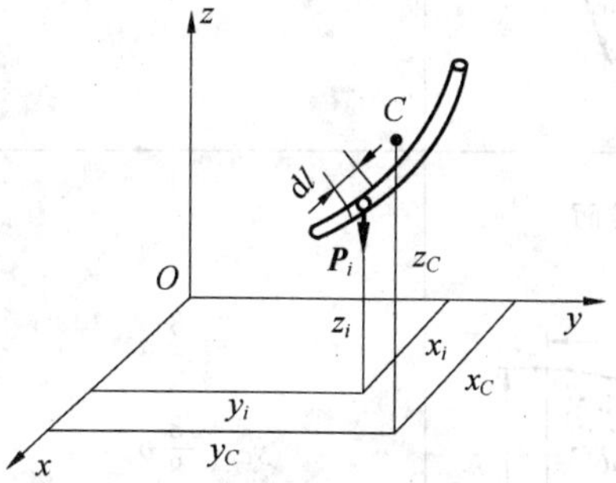


图 4.21　均质等截面细长线段

在重力场中，物体的重量 $G=m\cdot g$，由式（4.28）有

$$\begin{cases} x_C = \dfrac{(\sum m_i\cdot x_i)\cdot g}{(\sum m_i)\cdot g} = \dfrac{\sum m_i\cdot x_i}{\sum m_i} \\ y_C = \dfrac{(\sum m_i\cdot y_i)\cdot g}{(\sum m_i)\cdot g} = \dfrac{\sum m_i\cdot y_i}{\sum m_i} \\ z_C = \dfrac{(\sum m_i\cdot z_i)\cdot g}{(\sum m_i)\cdot g} = \dfrac{\sum m_i\cdot z_i}{\sum m_i} \end{cases} \tag{4.34a}$$

式（4.34（a））可写成矢量形式，表达为

$$\boldsymbol{r}_C = \frac{\sum m_i\cdot \boldsymbol{r}_i}{\sum m_i} = \frac{\sum m_i\cdot \boldsymbol{r}_i}{m} \tag{4.34b}$$

满足式（4.34）的几何点 $C$ 称为物体的质量中心（质心）。

**技术提示**

在重力场中，物体的质心即物体的重心，但两者的物理意义不同。质心表示质量的分布，重心只在重力场中有意义，而质心在非重力场中也有意义。

表 4.2 列出了简单形体的重心位置。

表 4.2　均质简单形体的重心

| 图形 | 重心坐标 | 图形 | 重心坐标 |
|---|---|---|---|
| 扇形<br>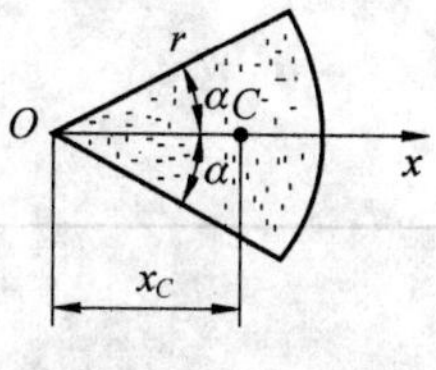 | $x_C=\dfrac{2}{3}\dfrac{r\cdot\sin\alpha}{\alpha}$<br>对于半圆 $\alpha=\dfrac{\pi}{2}$，<br>则 $x_C=\dfrac{4r}{3\pi}$ | 三角形<br>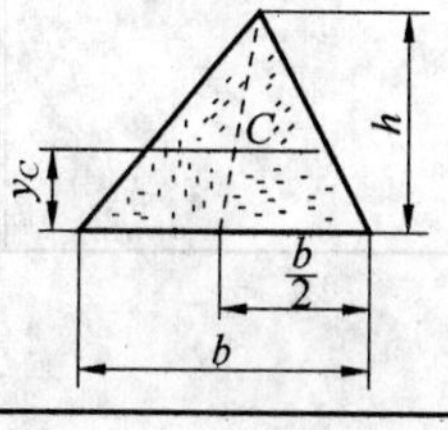 | 在中线的交点<br>$y_C=\dfrac{1}{3}h$ |

续表 4.2

| 图形 | 重心坐标 | 图形 | 重心坐标 |
| --- | --- | --- | --- |
| 部分圆环<br>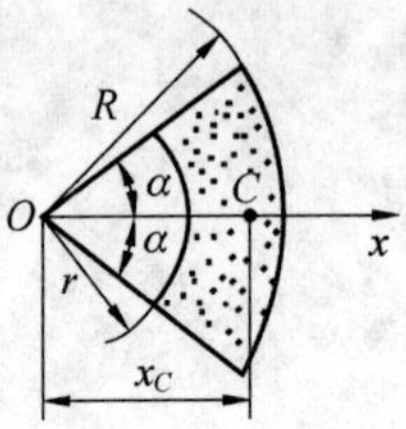 | $x_C=\frac{2}{3}\frac{(R^3-r^3)\cdot\sin\alpha}{(R^2-r^2)\cdot\alpha}$ | 梯形<br>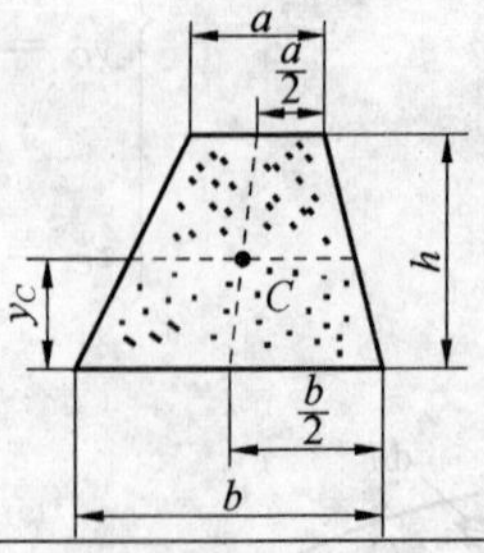 | $y_C=\frac{h(2a+b)}{3(a+b)}$ |
| 抛物线面<br>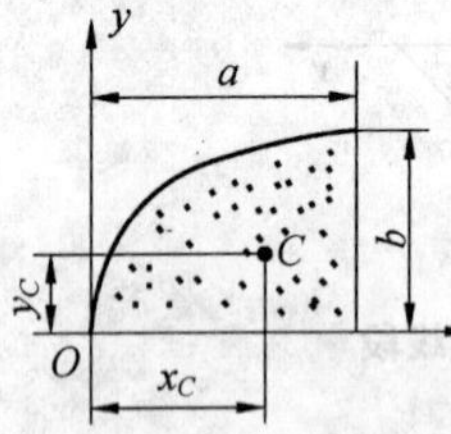 | $x_C=\frac{3}{5}a$<br>$y_C=\frac{3}{8}b$ | 圆弧<br>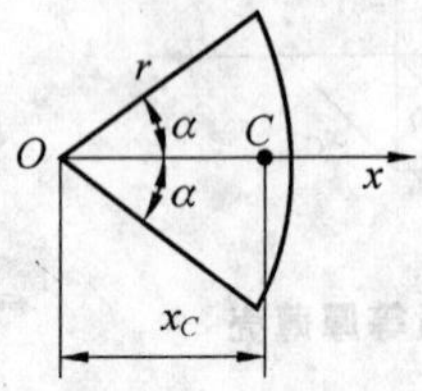 | $x_C=\frac{r\cdot\sin\alpha}{\alpha}$<br>对于半圆弧 $\alpha=\frac{\pi}{2}$<br>则 $x_C=\frac{2r}{\pi}$ |
| 抛物线面<br>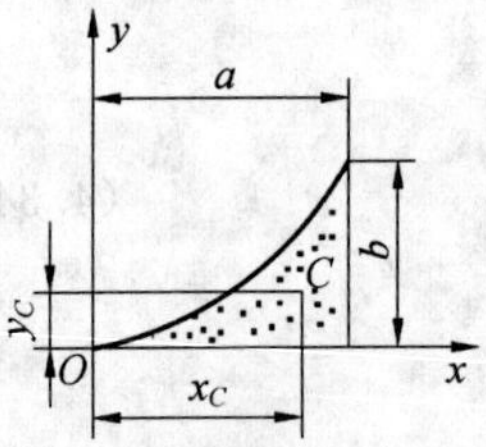 | $x_C=\frac{3}{4}a$<br>$y_C=\frac{3}{10}b$ | 弓形<br>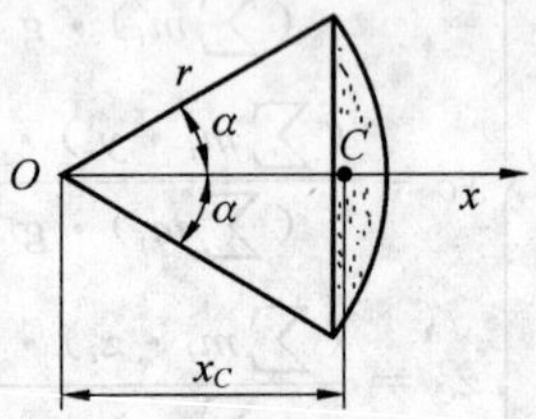 | $x_C=\frac{2}{3}\frac{r^3\cdot\sin^3\alpha}{A}$<br>$\left(A=\frac{r^3(2\alpha-\sin 2\alpha)}{2}\right)$ |
| 锥形筒体<br>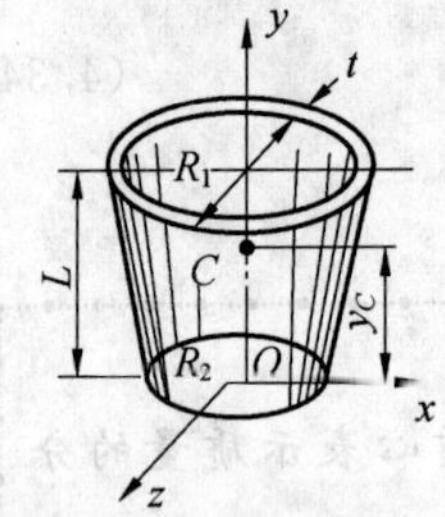 | $y_C=\frac{4R_1+2R_2-3t}{6(R_1+R_2-t)}L$ | 正圆锥体<br>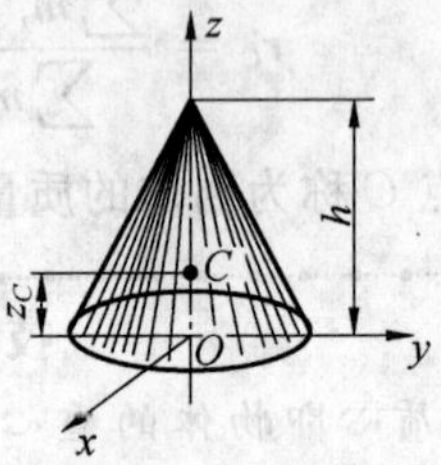 | $z_C=\frac{1}{4}h$ |
| 正角锥体<br>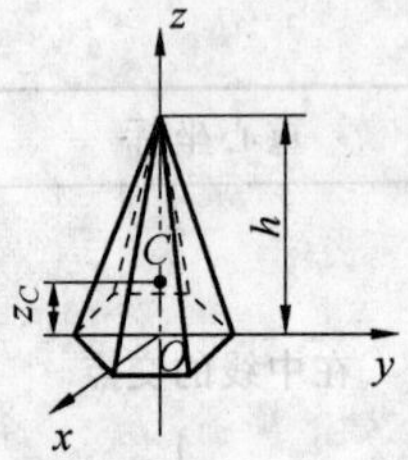 | $z_C=\frac{1}{4}h$ | 半球体<br>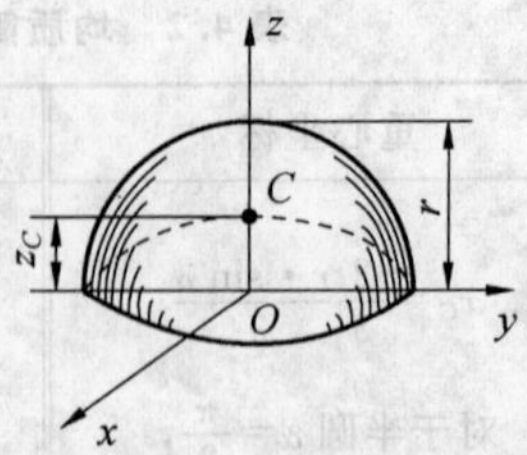 | $z_C=\frac{3}{8}r$ |

3. 用组合法求平面图形的形心

工程中还常用组合法求平面图形的形心。

(1) 分割法。

若一个均质物体由几个简单形状的物体组合而成，而这些物体的形心是已知的，那么整个物体的形心即可用式（4.31）求出。

**例 4.6** 试求 $Z$ 形截面重心的位置，其尺寸如图 4.22 所示。

**解** 取坐标轴如图 4.22 所示，将该图形分割为三个矩形（如用 $ac$ 和 $cd$ 两线分割）。以 $C_1$、$C_2$、$C_3$ 表示这些矩形的形心，而以 $A_1$、$A_2$、$A_3$ 表示它们的面积。以（$x_1$，$y_1$）、（$x_2$，$y_2$）、（$x_3$，$y_3$）分别表示 $C_1$、$C_2$、$C_3$ 的坐标，由图 4.22 得

$$x_1=-15\ \text{mm},\ y_1=45\ \text{mm},\ A_1=300\ \text{mm}^2$$

$$x_2=5\ \text{mm},\ y_2=30\ \text{mm},\ A_2=400\ \text{mm}^2$$

$$x_3=15\ \text{mm},\ y_3=5\ \text{mm},\ A_3=300\ \text{mm}^2$$

由式（4.31）求得该截面形心的坐标 $x_C$、$y_C$ 分别为

$$x_C=\frac{A_1\cdot x_1+A_2\cdot x_2+A_3\cdot x_3}{A_1+A_2+A_3}=2\ \text{mm}$$

$$y_C=\frac{A_1\cdot y_1+A_2\cdot y_2+A_3\cdot y_3}{A_1+A_2+A_3}=27\ \text{mm}$$

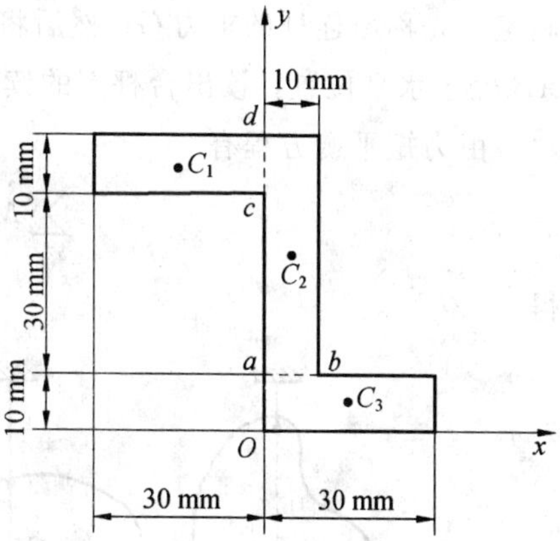


**图 4.22 z 形截面**

(2) 负面积法（负体积法）。

若在物体或薄板内切去一部分（如有空穴或孔的物体），则这类物体的形心仍可应用与分割法相同的公式来求得，只是切去部分的体积或面积应取负值。

**例 4.7** 试求图 4.23 所示平面图形的形心。已知：$R=100$ mm，$r=17$ mm，$b=13$ mm。

**解** 将偏心块看成是由三部分组成，即半径为 $R$ 的半圆 $S_1$，半径为 $r+b$ 的半圆 $S_2$ 和半径为 $r$ 的小圆 $S_3$。因 $S_3$ 是切去的部分，所以面积应取负值。今使坐标原点与圆心重合，且偏心块的对称轴为 $y$ 轴，则有 $x_C=0$。设 $y_1$、$y_2$、$y_3$ 分别是 $S_1$、$S_2$、$S_3$ 重心的坐标，容易得

$$y_1=\frac{4R}{3\pi}=\frac{400}{3\pi}$$

$$y_2=\frac{-4\ (r+b)}{3\pi}=-\frac{40}{\pi}$$

$$y_3=0$$

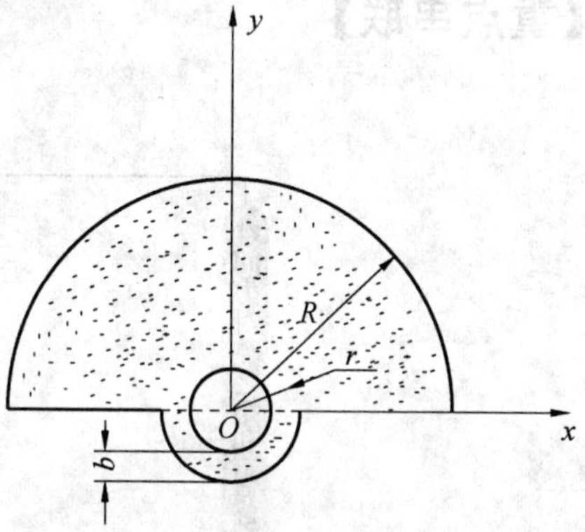


**图 4.23 偏心块**

于是，偏心块重心的坐标为

$$y_C=\frac{S_1\times y_1+S_2\times y_2+S_3\times y_3}{S_1+S_2+s_2}=\frac{\frac{\pi}{2}\times 100^2\times\frac{400}{3\pi}+\frac{\pi}{2}\times\ (17+13)^2\times\left(\frac{-40}{\pi}\right)-17^2\pi\times 0}{\frac{\pi}{2}\times 100^2\times\frac{400}{3\pi}+\frac{\pi}{2}\times\ (17+13)^2+\ (-17^2\pi)}\approx 40.01\ \text{mm}$$

4. 实验法求物体的重心

对于形状不规则的物体，或者不便于用公式计算其重心的物体，工程上常用实验方法测定其重心位置。常用的实验法有悬挂法和称重法两种。

(1) 悬挂法。

如果需要求薄板或具有对称面的薄零件的重心，可将薄板（或用等厚均质板按零件的截面形状

剪成一平面图形）用细绳悬挂起来，然后过悬挂点 $A$ 在板上画一铅垂线 $AA$，由二力平衡原理知，物体重心必在 $AA$ 线上。换一个悬挂点再悬挂一次，再过悬挂点 $B$ 画铅垂线 $BB$，则重心也必在 $BB$ 上。$AA$ 与 $BB$ 的交点就是重心（图 4.24）。

（2）称重法。

对某些形状复杂或体积较大的物体常用称重法确定重心位置。连杆设其前后是对称的，则重心必在其对称面内，即在连杆中心线 $AB$ 上（图 4.25）。至于在 $AB$ 线上的确切位置，可用下面方法确定：先称出连杆的重力 $G$；然后将连杆的一端 $B$ 放在台秤上，另一端 $A$ 搁在水平面上，使中心线 $AB$ 处于水平位置，读出台秤上的读数 $G_1$，并量出 $AB$ 间的距离。

由力矩平衡方程有

$$\sum M_A(\boldsymbol{F}) = 0, G_1 \cdot l - G \cdot x_C = 0$$

得

$$x_C = \frac{G_1}{G} l$$

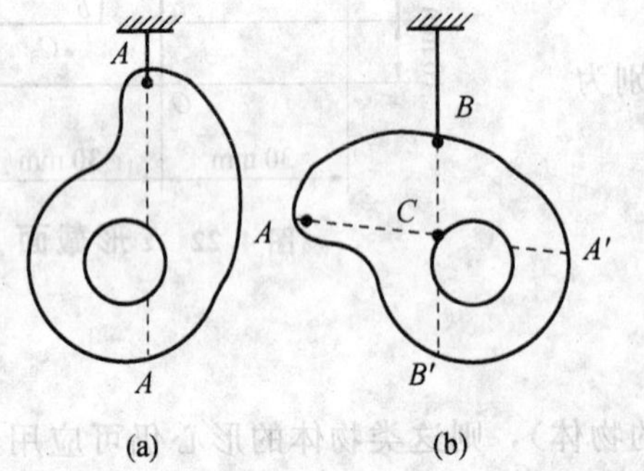

图 4.24　悬挂法

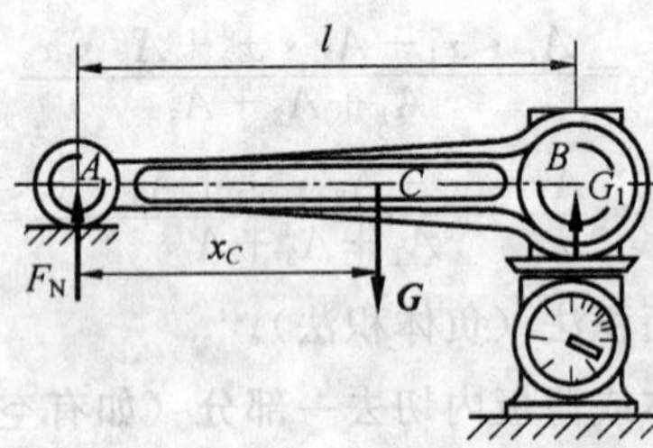

图 4.25　称重法

## 【重点串联】

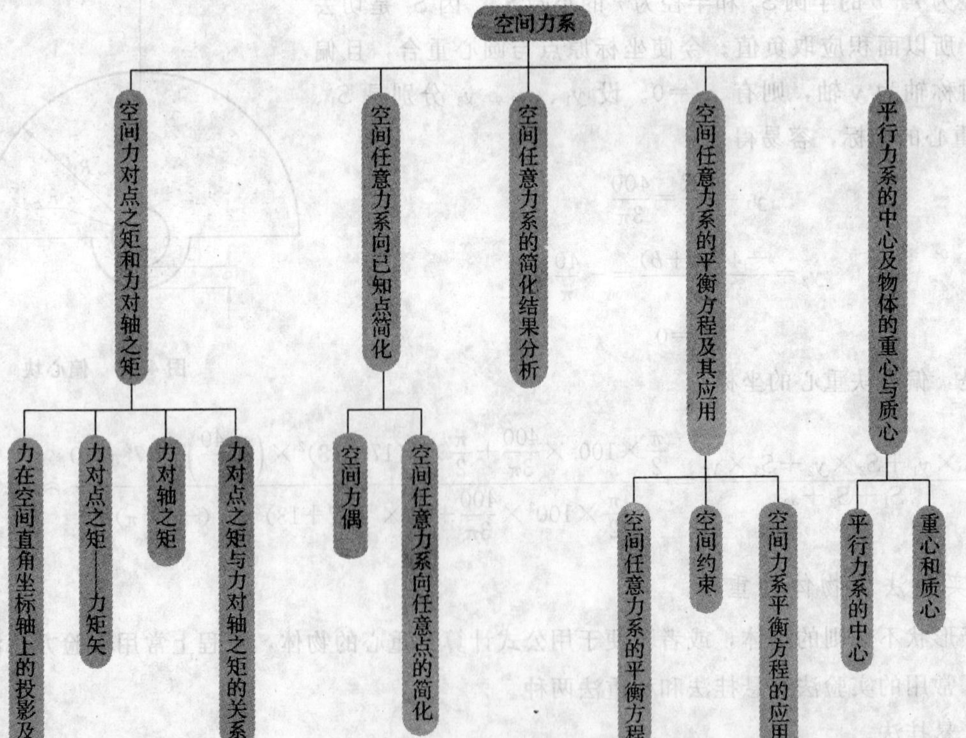

## 拓展与实训

### 职业能力训练

**一、填空题**

1. 若一空间力系中各力的作用线平行于某一固定平面，则此力系有________个独立的平衡方程。

2. 已知力 $\boldsymbol{F}$ 的大小和它与 $x$ 轴、$y$ 轴的夹角，________求得它在 $z$ 轴上的投影。

3. 物体的重心________一定在物体形体上。

4. 某一空间力系对不共线的三个点的主矩都等于零，则此力系________一定平衡。

5. 一个一般空间力系平衡问题能求得________未知量。

**二、单选题**

1. 空间汇交力系可以列出（　　）个独立的平衡方程。

A. 2　　B. 3　　C. 4　　D. 6

2. 空间任意力系可以列出（　　）个独立的平衡方程。

A. 2　　B. 3　　C. 4　　D. 6

3. 空间平行力系可以列出（　　）个独立的平衡方程。

A. 2　　B. 3　　C. 4　　D. 6

4. 均质物体的（　　）就是几何中心，即形心。

A. 重心　　B. 矩心　　C. 质心　　D. 垂心

**三、计算题**

1. 已知：$F_1=3$ kN，$F_2=2$ kN，$F_3=1$ kN。$F_1$ 处于由边长为 3、4、5 的正六面体的前棱边，$F_2$ 在此六面体顶面的对角线上，$F_3$ 则处于正六面体的斜对角线上（图 4.26）。计算 $F_1$、$F_2$、$F_3$ 三力分别在 $x$ 轴、$y$ 轴、$z$ 轴上的投影。

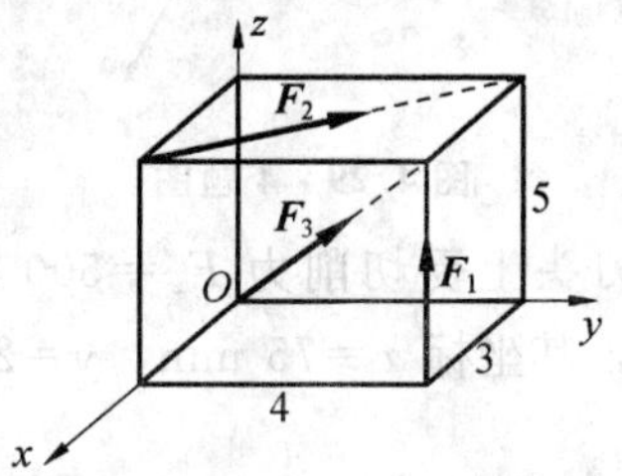


**图 4.26　1 题图**

2. 如图 4.27 所示，$F_1$、$F_2$、$F_3$、$F_4$、$F_5$、$\alpha_1$、$\alpha_2$、$\alpha_3$、$\alpha_4$、$\alpha_5$、$\varphi_1$、$\varphi_2$、$\varphi_3$、$\varphi_4$、$\varphi_5$ 均为已知。计算 $F_1$、$F_2$、$F_3$、$F_4$、$F_5$ 五个力分别在 $x$ 轴、$y$ 轴、$z$ 轴上的投影。

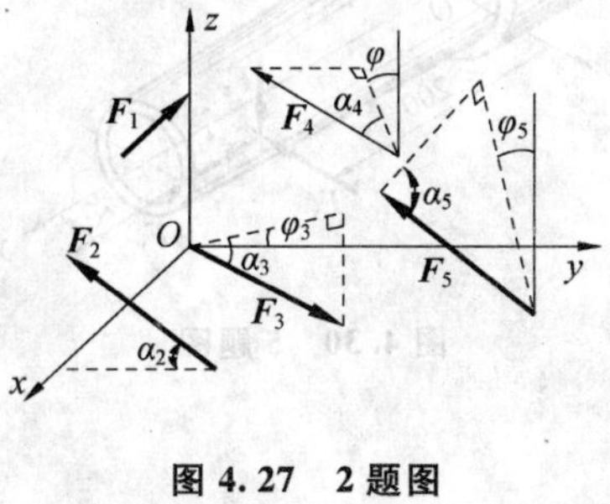


**图 4.27　2 题图**

3. 如图 4.28 所示，水平轮上 $A$ 点作用一力 $\boldsymbol{F}$，力 $\boldsymbol{F}$ 位于 $A$ 处的切平面内，并与过 $A$ 点的切线成 60°角，$OA$ 与 $y$ 轴的平行线成 45°夹角，已知 $F=1\ 000$ N，$h=r=1$ m。试求力 $F$ 对各轴之矩。

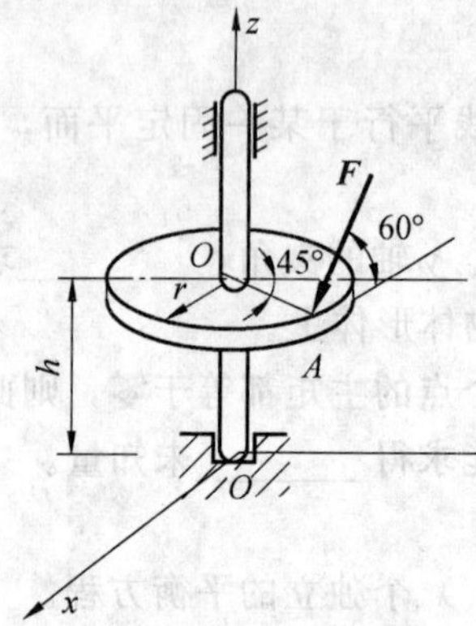


图 4.28　3 题图

4. 如图 4.29 所示，空间构架由三根杆件组成，在 $D$ 端用球铰链连接，$A$、$B$ 和 $C$ 端也用球铰链固定在水平地板上。今在 $D$ 端挂一重物 $P=10$ kN，若各杆自重不计，求各杆的内力。

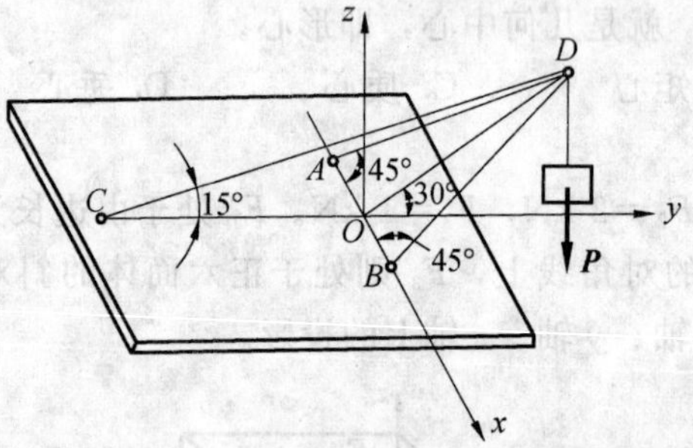


图 4.29　4 题图

5. 如图 4.30 所示，镗刀杆刀头上受切削力 $F_z=500$ N，径向力 $F_x=150$ N，轴向力 $F_y=75$ N,刀尖位于 $Oxy$ 平面内，其坐标 $x=75$ mm，$y=200$ mm。若工件重量不计，试求被切削工件左端 $O$ 处的约束力。

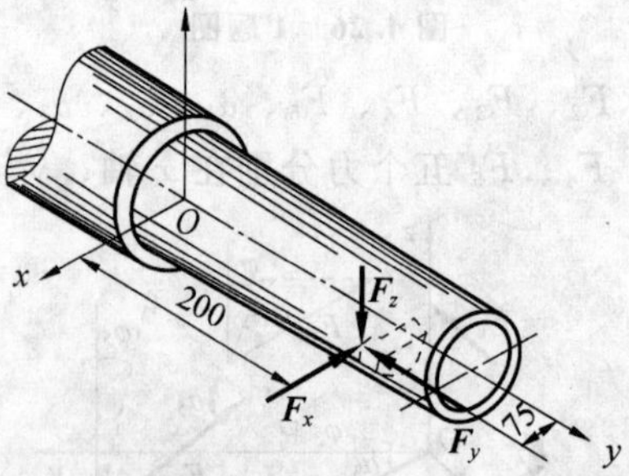


图 4.30　5 题图

6. 如图 4.31 所示，电动机以转矩 $M$ 通过链条传动将重物 $W$ 等速提起，链条与水平线成 30°角（直线 $O_1x_1$ 平行于直线 $Ax$）。已知：$x=100$ mm，$R=200$ mm，$W=10$ kN，链条主动边（下边）的拉力为从动边拉力的两倍。若轴及轮重不计，求支座 $A$ 和 $B$ 的约束力以及链条的拉力。

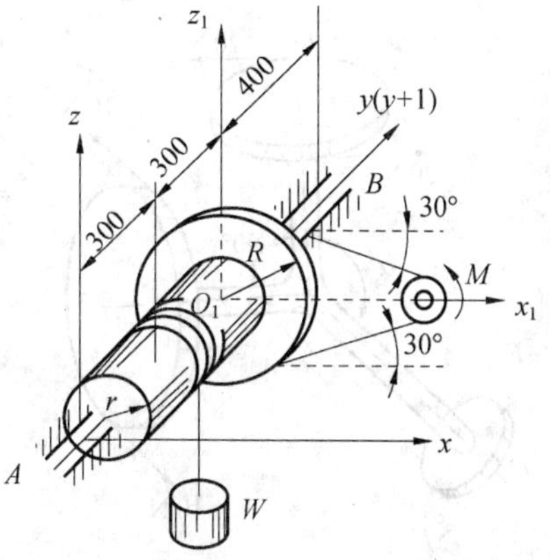


**图 4.31　6 题图**

7. 使水涡轮转动的力偶矩为 $M_z=1\ 200$ N·m。在锥齿轮 $B$ 处受到的力分解为三个分力：切向力 $\boldsymbol{F}_t$，轴向力 $\boldsymbol{F}_a$ 和径向力 $\boldsymbol{F}_r$。这些力的比例为 $F_t : F_a : F_r = 1 : 0.32 : 0.17$。已知水涡轮连同轴和锥齿轮的总重为 $G=12$ kN，其作用线沿轴 $Cz$，锥齿轮的平均半径 $OB=0.6$ m，其余尺寸如图 4.32 所示。求止推轴承 $C$ 和轴承 $A$ 的约束力。

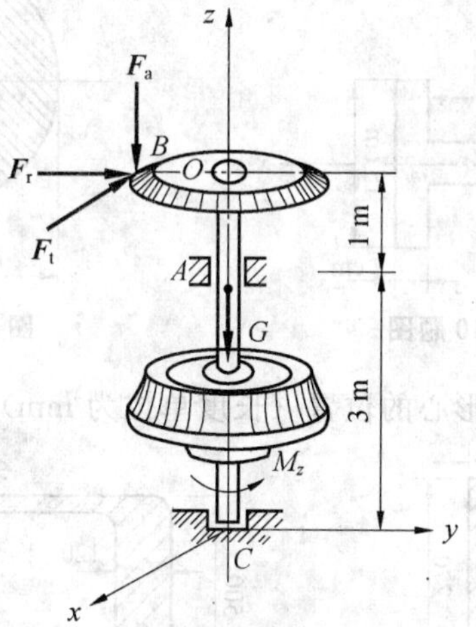


**图 4.32　7 题图**

8. 如图 4.33 所示，水平轴上装有两个凸轮，凸轮上分别作用已知力 $F_1=80$ N 和未知力 $F$。若轴处于平衡状态，试求力 $F$ 的大小和轴承的反力。

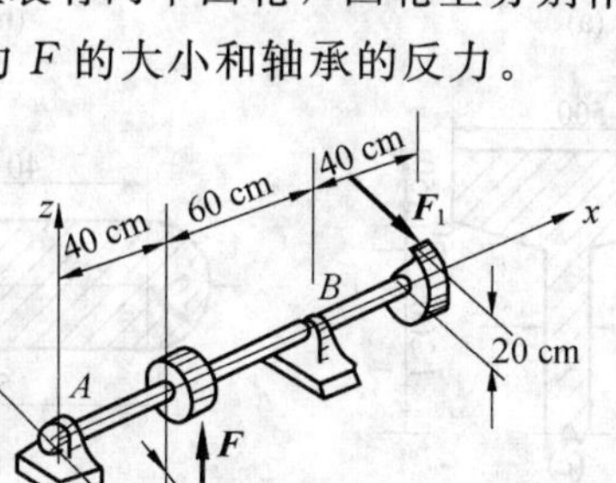


**图 4.33　8 题图**

9. 如图 4.34 所示，三圆盘 $A$、$B$、$C$ 的半径分别为 15 cm、10 cm、5 cm，三根轴 $OA$、$OB$、$OC$ 在同一平面内，$\angle AOB$ 为直角，三个圆盘上分别受三个力偶作用，求使物体平衡所需的力 $\boldsymbol{F}$ 和 $\alpha$ 角。

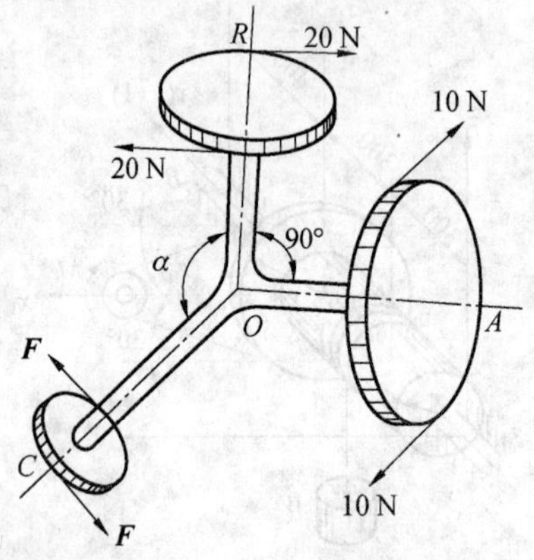


图 4.34　9 题图

10. 试求图 3.35 所示工字钢截面的形心。

11. 在半径为 $R$ 的圆面积内挖一半径为 $r$ 的圆孔，如图 4.36 所示，求剩余面积的形心。

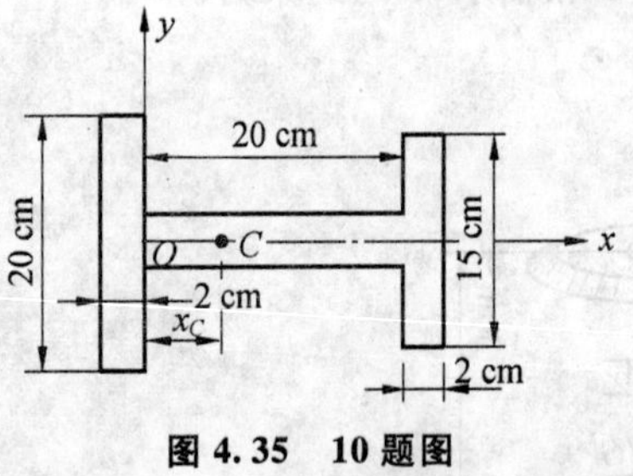


图 4.35　10 题图

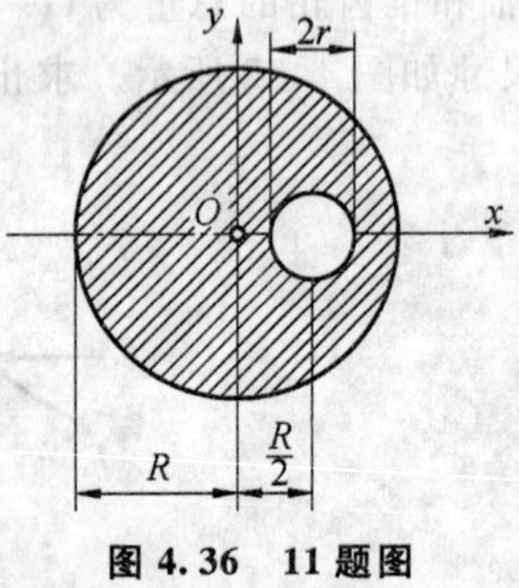


图 4.36　11 题图

12. 求图 4.37 所示各图形形心的位置（长度单位为 mm）。

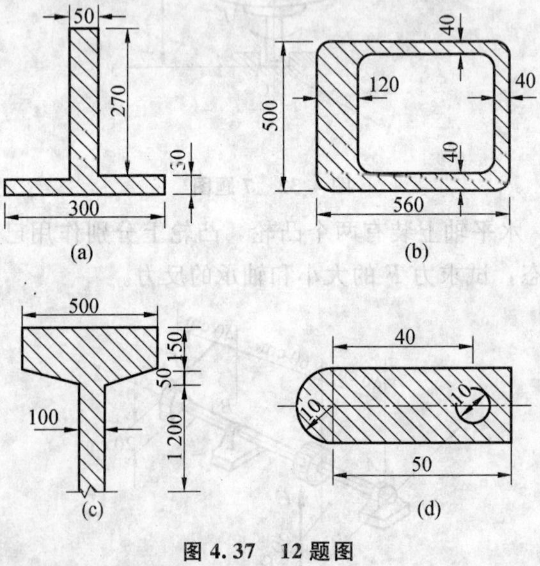


图 4.37　12 题图

## 工程模拟训练

1. 分析本模块导入中桅杆式起重机在荷载一定时，支撑杆与垂直方向的夹角大小对牵引绳拉力大小的影响。

2. 针对实际建筑工程列举 2～3 个空间受力体。

## 链接执考

### 一、选择题

1. 沿长方体三个互不相交且互不平行的棱边分别作用有力 $\boldsymbol{P}_1$、$\boldsymbol{P}_2$、$\boldsymbol{P}_3$，它们的大小均为 $\boldsymbol{P}$，长方体尺寸分别为 $a$、$b$、$c$，当图 4.38 所示力系 $\boldsymbol{P}_1$、$\boldsymbol{P}_2$、$\boldsymbol{P}_3$ 能简化为一合力时，长方体尺寸 $a$、$b$、$c$ 间的关系为（　　）。

A. $a=b-c$　　　　B. $a=c-b$

C. $a=b+c$　　　　D. $a=0.5(b+c)$

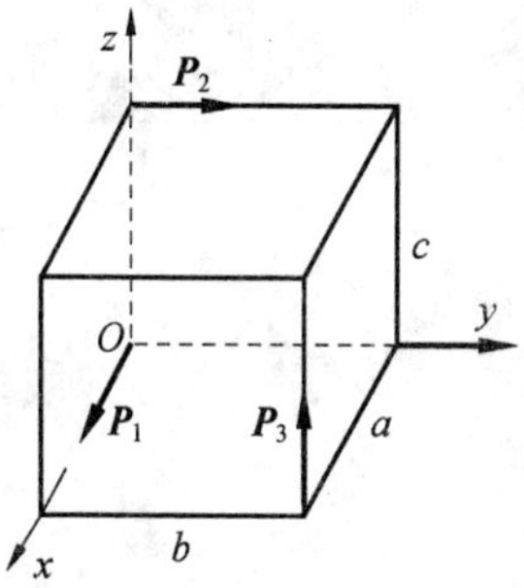


图 4.38　1 题图

2. 匀质薄板如图 4.39 所示，尺寸 $a=8$ cm，$b=2$ cm，$y$ 轴为薄板对称轴，则薄板重心坐标（　　）。

A. $y_C=0.2$ cm　　B. $y_C=0.3$ cm　　C. $y_C=0.4$ cm　　D. $y_C=0.5$ cm

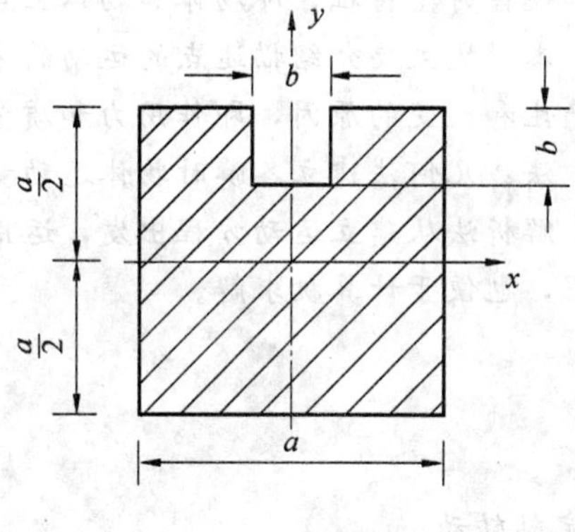


图 4.39　2 题图

### 二、计算题

1. 重量为 $P=12$ kN 的矩形板水平放置，重心 $C$ 如图 4.40 所示，求铅垂绳索 $AA'$ 的拉力。

2. 安装在墙壁上的吊架由三根两端铰接的直杆构成，如图 4.41 所示，$AB$ 和 $AC$ 两杆在同一水平面内，已知 $\alpha=45°$，$\beta=60°$，$P=10$ kN，求 $AD$ 杆所受力的大小。

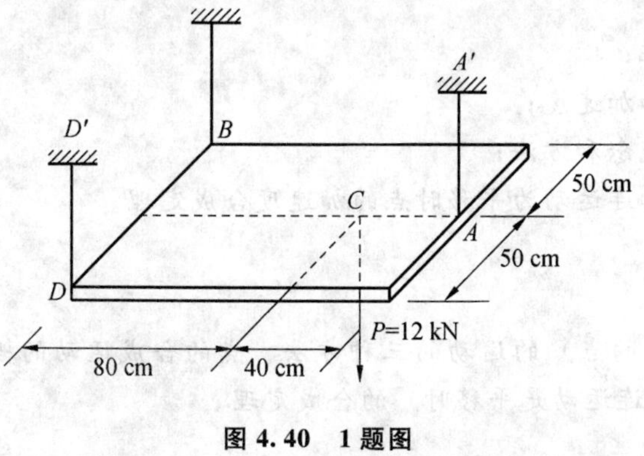


图 4.40　1 题图

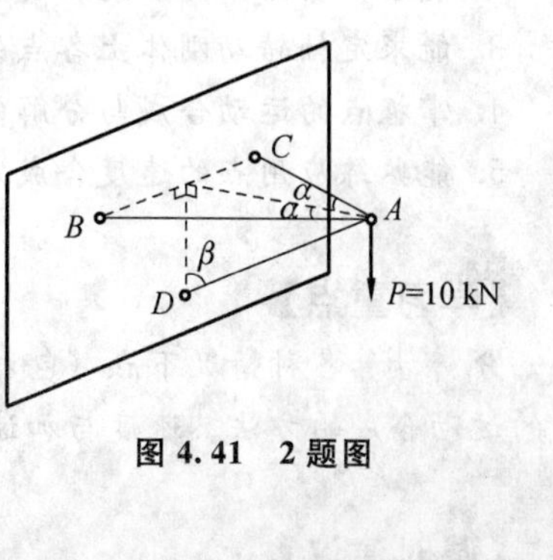


图 4.41　2 题图

# 模块 5

# 点的运动

## 【模块概述】

本模块是以点的运动状态的描述为主线，以点和刚体为抽象模型，从几何学角度来研究运动物体的运动状态、特征和规律时空特征，即物体和物体上点的运动的轨迹、速度、加速度以及它们之间的相互关系。本模块主要介绍描述点的运动的方法、刚体的简单运动以及点的运动合成，而不涉及运动产生和改变的原因，即作用力和质量。

运动学有如下两种研究方法：几何法建立各瞬时物体运动量的几何关系，直观形象，便于分析特定瞬时的运动性质；解析法从建立运动方程出发，运用微积分获得各运动量的解析表达式，显示运动的时间历程，也便于计算机求解。

## 【知识目标】

1. 点的运动及描述方法；
2. 刚体的平移及刚体绕定轴转动；
3. 转动刚体内各点的速度、加速度；
4. 点的合成运动；
5. 点的速度合成定理及牵连运动为平动时点的加速度合成定理。

## 【能力目标】

1. 了解描述点运动的三种方法；
2. 能理解刚体平移和定轴转动的特征；
3. 能求定轴转动刚体上各点的速度和加速度；
4. 掌握点的运动合成与分解的基本概念和方法；
5. 能熟练应用点的速度合成定理及牵连运动为平移时点的加速度合成定理。

## 【学习重点】

分析计算各种情况下点（包括刚体上的点）的运动的三种方法、点的合成运动的概念、点的运动合成的方法、速度与加速度（牵连运动是平移时）的合成定理。

## 【课时建议】

10～14 课时

## 工程导入

如图 5.1 所示，打桩机的重锤从距桩帽 $h=5$ m 的高处自由下落，桩锤做何种运动？几秒后桩锤与桩帽接触，这时落锤的速度是多少？

如图 5.2 所示，运动着的汽车，车厢做何种运动？若车轮沿直线滚动，在地面上观察轮边缘上点 $M$ 的运动轨迹是旋轮线，但车厢上观察是一个圆，为什么？

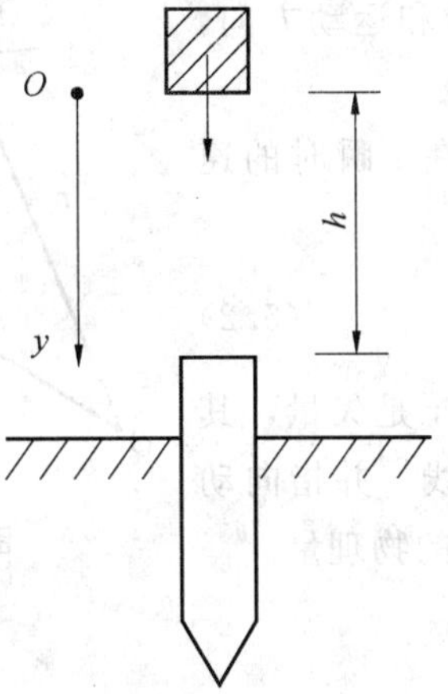


**图 5.1　打桩机**

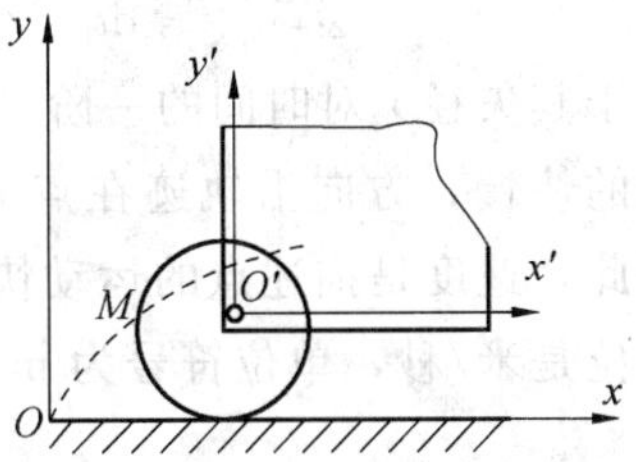


**图 5.2　运动的汽车**

通过上面的例子你能说出刚体有哪些运动形式吗？各自有什么特点？运动状态的描述需要有哪些条件？可以用哪些运动量来表示？

# 5.1　点的运动和刚体的基本运动

本模块以点和刚体作为研究对象，用矢量法、直角坐标法和自然坐标法来研究点相对于某参考系的几何位置随时间的变化规律，包括点的运动方程、运动轨迹、速度和加速度。

## 5.1.1　点的运动的描述方法

1. 用矢量法研究点的运动

用矢量表示动点在参考系中的位置、速度和加速度随时间变化规律的方法称为矢量法。

(1) 运动方程。

研究点的运动，首先需要选择合适的参考系，然后需要确定运动过程中点的空间位置随时间变化的规律。在给定参考系中，描述点的空间位置随时间变化规律的数学表达式称为点的运动方程。

为了确定动点 $M$ 在任一瞬时的位置，看在参考体上选一固定点 $O$ 作为坐标的原点，由点 $O$ 向动点 $M$ 作矢径 $\boldsymbol{r}$，如图 5.3 所示，当动点 $M$ 运动时，矢径 $\boldsymbol{r}$ 大小和方向随时间的变化而变化，矢径 $\boldsymbol{r}$ 是时间的单值连续函数，即

$$\boldsymbol{r}=\boldsymbol{r}(t) \tag{5.1}$$

式 (5.1) 称为点的矢量形式的运动方程，它表明点的空间位置随时间变化的规律。

当动点 $M$ 运动时，矢径 $\boldsymbol{r}$ 端点在空间所描出的曲线称为动点的运动轨迹或矢径端迹。

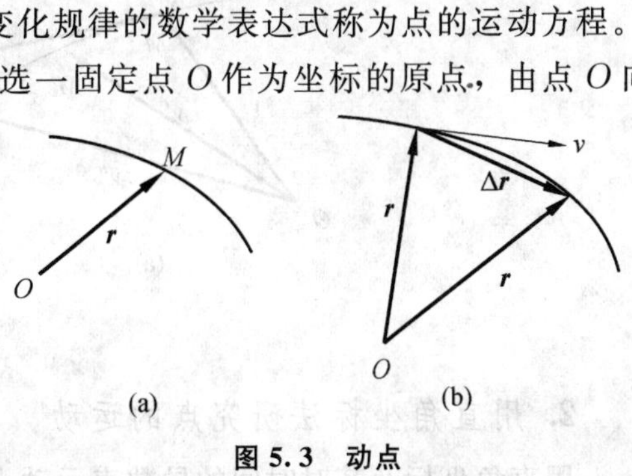


**图 5.3　动点**

(2) 速度。

如图 5.4 所示，设在 $t$ 瞬时，动点 $M$ 位于 $A$ 点，矢径为 $\boldsymbol{r}$，经过时间间隔 $\Delta t$ 后的 $t+\Delta t$ 瞬时，动点 $M$ 位于 $B$ 点，矢径为 $\boldsymbol{r}'$，则矢径的变化为 $\Delta\boldsymbol{r}=\boldsymbol{r}'-\boldsymbol{r}$，称为动点 $M$ 经过时间间隔 $\Delta t$ 的位移，动点 $M$ 经过时间间隔 $\Delta t$ 的平均速度，用 $\boldsymbol{v}^*$ 表示，即

$$\boldsymbol{v}^*=\frac{\Delta\boldsymbol{r}}{\Delta t}$$

平均速度 $\boldsymbol{v}^*$ 用来表示动点在 $\Delta t$ 内平均运动的快慢和运动方向，$\boldsymbol{v}^*$ 与 $\Delta\boldsymbol{r}$ 同向。

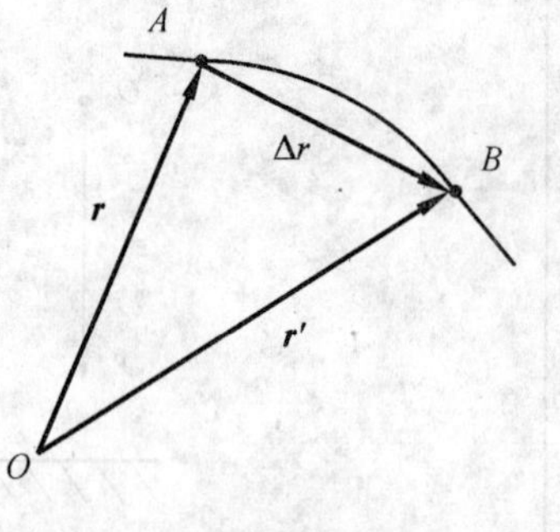

图 5.4 速度

当 $\Delta t$ 趋近于零时，平均速度 $\boldsymbol{v}^*$ 的极限称为动点在 $t$ 瞬时的速度，即

$$\boldsymbol{v}=\lim_{\Delta t\to 0}\boldsymbol{v}^*=\frac{\mathrm{d}\boldsymbol{r}}{\mathrm{d}t} \tag{5.2}$$

动点的速度等于其矢径 $\boldsymbol{r}$ 对时间的一阶导数。速度 $\boldsymbol{v}$ 是矢量，其大小表示动点运动的快慢，方向沿轨迹在点 $M$ 处的切线，并指向动点前进的一方。因此，速度是描述点的运动快慢和方向的物理量。

速度的国际单位是米/秒，单位符号为 m/s 。

(3) 加速度。

当点运动时，其速度 $\boldsymbol{v}$ 一般将随时间变化而变化。点的速度矢对时间的变化率称为加速度。点的加速度是描述点的速度大小和方向变化的物理量，即

$$\boldsymbol{a}=\lim_{\Delta t\to 0}\boldsymbol{a}^*=\frac{\mathrm{d}\boldsymbol{v}}{\mathrm{d}t}=\frac{\mathrm{d}^2\boldsymbol{r}}{\mathrm{d}t^2} \tag{5.3}$$

式中，$\boldsymbol{a}^*$ 为动点的平均加速度；$\boldsymbol{a}$ 为动点在 $t$ 瞬时的加速度。

点的加速度等于该点的速度对时间的一阶导数，也等于动点的矢径对时间的二阶导数。

有时为了方便书写采用简写方法，即一阶导数用字母上方加“·”，二阶导数用字母上方加“..”表示，即上面的物理量记为

$$\boldsymbol{v}=\dot{\boldsymbol{r}},\ \boldsymbol{a}=\dot{\boldsymbol{v}}=\ddot{\boldsymbol{r}}$$

如在空间任意取一点 $O$，把动点 $\boldsymbol{M}$ 在连续不同瞬时的速度矢 $\boldsymbol{v}$、$\boldsymbol{v}'$、$\boldsymbol{v}''$等都平行地移到点 $O$，连接各矢量的端点 $M$、$M'$、$M''$ …，就构成了矢量 $\boldsymbol{v}$ 端点的连续曲线，称为速度矢端曲线，如图 5.5 (a) 所示。

加速度是矢量，其大小表示速度的变化快慢，其方向沿速度矢端迹的切线，如图 5.5 (a) 所示，恒指向轨迹曲线凹的一侧，如图 5.5 (b) 所示。

在国际单位制中，加速度单位为米/秒² (m/s²)。

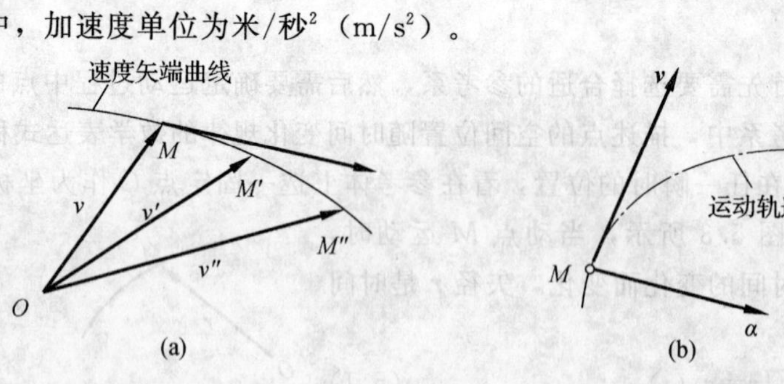

图 5.5 加速度

2. 用直角坐标法研究点的运动

用直角坐标及其对时间的导数表示动点在参考系中的位置、速度和加速度随时间变化规律的方法称为直角坐标法。直角坐标法是常用的方法，特别是当点的运动轨迹未知时。

(1) 运动方程。

以参考体上某固定点 $O$ 为原点建立直角坐标系 $Oxyz$，则动点 $M$ 的位置可用其直角坐标 $x$、$y$、$z$ 表示，如图 5.6 所示。当动点 $M$ 运动时，坐标 $x$、$y$、$z$ 是时间 $t$ 的单值连续函数，即有

$$\begin{cases} x=x(t) \\ y=y(t) \\ z=z(t) \end{cases} \tag{5.4}$$

式（5.5）称为点的直角坐标形式的运动方程。根据式（5.5），给定时间 $t$，则可求出动点 $M$ 在该瞬时的空间位置，连接动点各瞬时的空间位置，即可得该动点的运动轨迹。因此式（5.5）又称为点的轨迹的参数方程。

由式（5.5）的三个方程中的前两式和后两式分别消去时间参数 $t$，可得母线分别平行于 $z$ 轴和 $x$ 轴的两个曲面方程，即

$$\begin{cases} F_1(x, y)=0 \\ F_2(x, y)=0 \end{cases} \tag{5.5}$$

此两曲面的交线即为动点的轨迹曲线，如图 5.7 所示。式（5.5）称为动点 $M$ 的轨迹方程。

由于动点的空间位置既可用矢径 $\boldsymbol{r}$ 表示，也可用直角坐标表示。当矢径的原点和直角坐标系的原点重合时，矢径 $\boldsymbol{r}$ 可用沿直角坐标轴的分解式表示，即

$$\boldsymbol{r}=x\boldsymbol{i}+y\boldsymbol{j}+z\boldsymbol{k} \tag{5.6}$$

式中，$\boldsymbol{i}$、$\boldsymbol{j}$、$\boldsymbol{k}$ 分别是沿直角坐标系 $x$ 轴、$y$ 轴、$z$ 轴正向的单位矢量。

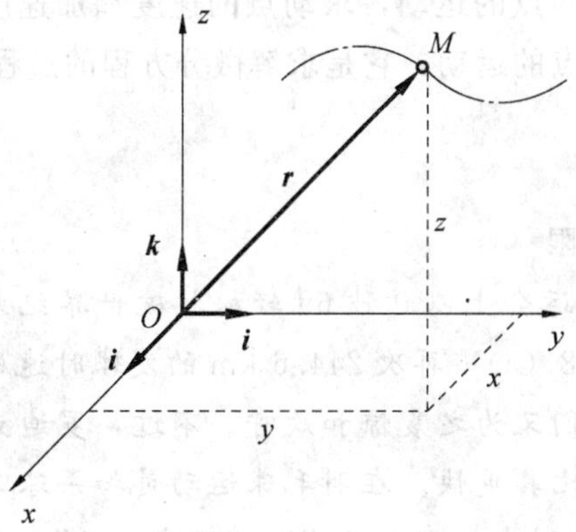


图 5.6 动点

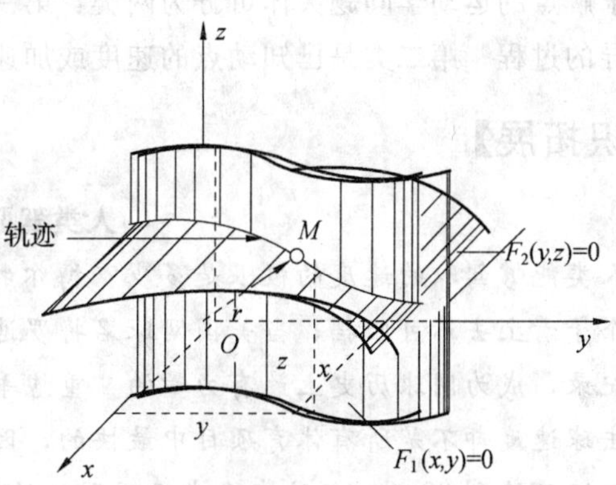


图 5.7 轨迹方程

(2) 速度。

由于直角坐标系是固定的，所以 $\boldsymbol{i}$、$\boldsymbol{j}$、$\boldsymbol{k}$ 是大小、方向均不随时间变化的常矢量，将式（5.6）两端对时间 $t$ 求一阶导数，得

$$\boldsymbol{v}=\dot{x}\boldsymbol{i}+\dot{y}\boldsymbol{j}+\dot{z}\boldsymbol{k} \tag{5.7}$$

速度的解析形式为

$$\boldsymbol{v}=v_x\boldsymbol{i}+v_y\boldsymbol{j}+v_z\boldsymbol{k} \tag{5.8}$$

比较式（5.7）和式（5.8）得速度在直角坐标轴上的投影为

$$v_x=\frac{\mathrm{d}x}{\mathrm{d}t}=\dot{x},\quad v_y=\frac{\mathrm{d}y}{\mathrm{d}t}=\dot{y},\quad v_z=\frac{\mathrm{d}z}{\mathrm{d}t}=\dot{z} \tag{5.9}$$

因此，速度在直角坐标轴上的投影等于动点所对应的坐标对时间的一阶导数。

若已知速度投影，则速度的大小和方向为

$$v=\sqrt{v_x^2+v_y^2+v_z^2}$$

$$\cos(\boldsymbol{v}, \boldsymbol{i})=\frac{v_x}{v}\quad \cos(\boldsymbol{v}, \boldsymbol{j})=\frac{v_y}{v}\quad \cos(\boldsymbol{v}, \boldsymbol{k})=\frac{v_z}{v} \tag{5.10}$$

(3) 加速度。

将式 (5.8) 两端对时间 $t$ 求一阶导数，得

$$\boldsymbol{a}=\frac{\mathrm{d}\boldsymbol{v}}{\mathrm{d}t}=\dot{v}_x\boldsymbol{i}+\dot{v}_y\boldsymbol{j}+\dot{v}_z\boldsymbol{k} \tag{5.11}$$

加速度的解析形式为

$$\boldsymbol{a}=a_x\boldsymbol{i}+a_y\boldsymbol{j}+a_z\boldsymbol{k} \tag{5.12}$$

则加速度在直角坐标轴上的投影为

$$a_x=\frac{\mathrm{d}v_x}{\mathrm{d}t}=\dot{v}_x=\ddot{x}\,(t),\ a_y=\frac{\mathrm{d}v_y}{\mathrm{d}t}=\dot{v}_y=\ddot{y}\,(t),\ a_z=\frac{\mathrm{d}v_z}{\mathrm{d}t}=\dot{v}_z=\ddot{z}\,(t) \tag{5.13}$$

加速度在直角坐标轴上的投影等于速度在同一坐标轴上的投影对时间的一阶导数，也等于动点所对应的坐标对时间的二阶导数。

若已知加速度投影，则加速度的大小和方向为

$$a=\sqrt{a_x^2+a_y^2+a_z^2}$$

$$\cos\,(\boldsymbol{a},\ \boldsymbol{i})\ =\frac{a_x}{a},\ \cos\,(\boldsymbol{a},\ \boldsymbol{j})\ =\frac{a_y}{a},\ \cos\,(\boldsymbol{a},\ \boldsymbol{k})\ =\frac{a_z}{a} \tag{5.14}$$

上面是从动点做空间曲线运动来研究的，若点做平面曲线运动，只需以曲线所在平面为 $Oxy$ 坐标面，此时 $z$、$\dot{z}$、$\ddot{z}$ 都恒为零；若点做直线运动，只需以该直线作为 $Ox$ 轴，此时 $y$、$\dot{y}$、$\ddot{y}$ 和 $z$、$\dot{z}$、$\ddot{z}$ 都恒为零。

求解点的运动学问题大体可分为两类：第一类是已知动点的运动，求动点的速度和加速度，它是求导的过程；第二类是已知动点的速度或加速度，求动点的运动，它是求解微分方程的过程。

## 【知识拓展】

### 人类驾驭速度的极限

人类能够驾驭的速度的极限是多少？博尔特在北京奥运会上以 9 秒 69 轻松打破世界纪录，这个大个子看上去不可阻挡；当美国网球名将罗迪克（图 5.8 (a)）再次 244.6 km 的发球时速刷新了世界纪录，成为网球历史上最有力量的“重炮手”时，人们又为之震惊和欢呼。不过，罗迪克所创造的击球速度却不是所有体育项目中最快的，因为羽毛球比其更快。在羽毛球运动员扣杀球时，其最高时速可达到 320 km，这在人类运用器械的体育项目类别中，可以堪称是“速度之王”，并且这个数据和完全依靠于器械的 F1 赛车（图 5.8 (b)）相比也是毫不逊色的，因为全力追求速度的 F1 赛车的最高时速也只是刚刚超越 350 km。和羽毛球一样，乒乓球的时速也高得惊人，由于乒乓球拍材料的不断改进，选手们扣杀时球的时速可以达到 170 km，这相当于一辆高速行驶中的小轿车

(a) (b)

图 5.8 网球与汽车

的速度。速度是竞技体育水平的一种体现，每个项目都根据自身的特点拥有不同数值的速度，每名选手也因为各自身体素质差异而创造出不同的速度值。例如排球，欧美一些实力强劲的男子排球选手，其发球的最快时速已经超越 130 km，高尔夫球和冰球的击球时速也高达 150 km 以上。

抛开体育运动，人们印象中地面上速度最快的应该是磁悬浮列车。2012 年，日本在一次磁悬浮列车载人运动试验中，创造了时速 580 km 的列车载人运行新的世界纪录，而上海的磁悬浮列车时速则为 430 km。不过，目前世界上最快的飞行物则是来自美国的高超音速飞机，其最高时速可以达到惊人的 8 000 km。

**例 5.1** 曲柄连杆机构如图 5.9 所示，设曲柄 $OA$ 长为 $r$，绕 $O$ 轴匀速转动，曲柄与 $x$ 轴的夹角为 $\varphi=\omega t$，$t$ 为时间（单位为 s），连杆 $AB$ 长为 $l$，滑块 $B$ 在水平的滑道上运动，试求滑块 $B$ 的运动方程、速度和加速度。

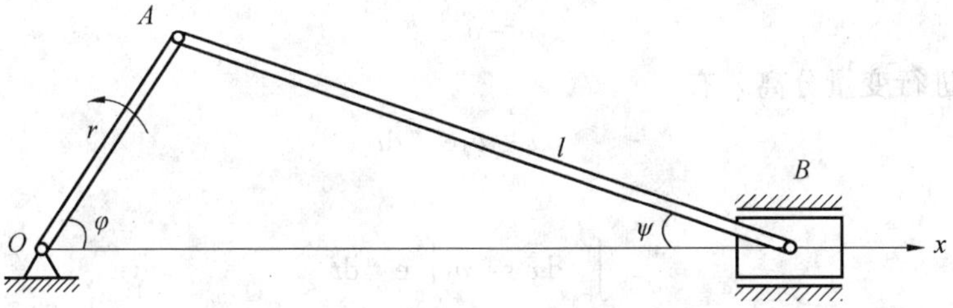


**图 5.9 曲柄连杆机构**

**解** 建立直角坐标系 $Oxy$，滑块 $B$ 的运动方程为

$$x=r\cos\varphi+l\cos\psi \tag{1}$$

其中由几何关系得

$$r\sin\varphi=l\sin\psi$$

则有

$$\cos\psi=\sqrt{1-\sin^2\psi}=\sqrt{1-\left(\frac{r}{l}\sin\varphi\right)^2} \tag{2}$$

将式（2）代入式（1），则滑块 $B$ 的运动方程为

$$x=r\cos\varphi+l\sqrt{1-\left(\frac{r}{l}\sin\varphi\right)^2} \tag{3}$$

对式（2）求导，得滑块 $B$ 的速度和加速度，即

$$v=\dot{x}=-r\omega\sin\omega t-\frac{r^2\omega\sin 2\omega t}{2l\sqrt{1-\left(\frac{r}{l}\sin\omega t\right)^2}}$$

$$a=\dot{v}=-r\omega^2\cos\omega t-\frac{r^2\omega^2\left\{4\cos 2\omega t\left[1-\left(\frac{r}{l}\sin\omega t\right)^2\right]+\frac{r^2}{l^2}\sin^2 2\omega t\right\}}{4l\left[1-\left(\frac{r}{l}\sin\omega t\right)^2\right]^{\frac{3}{2}}}$$

**例 5.2** 图 5.10 所示为液压减震器简图，当液压减震器工作时，其活塞 $M$ 在套筒内做直线的往复运动，设活塞 $M$ 的加速度为 $a=-kv$，$v$ 为活塞 $M$ 的速度，$k$ 为常数，初速度为 $v_0$，试求活塞 $M$ 的速度和运动方程。

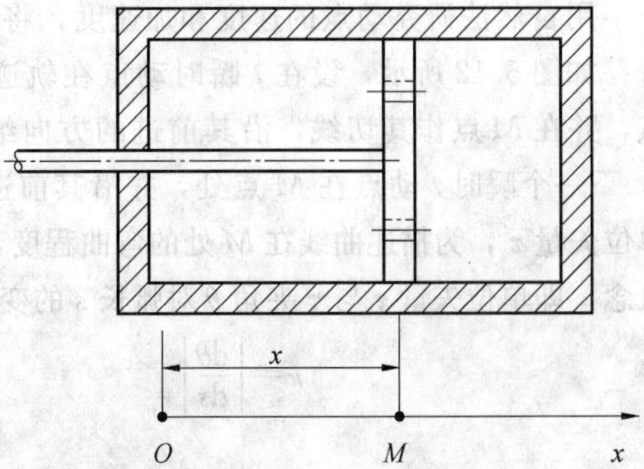


**图 5.10 液压减震器**

**解** 因活塞 $M$ 做直线的往复运动，因此建立 $x$ 轴表示活塞 $M$ 的运动规律，如图 5.10 所示。活塞 $M$ 的速度、加速度与 $x$ 坐标的关系为

$$a=\dot{v}=\ddot{x}\ (t)$$

将上式代入已知条件，则有

$$-kv=\frac{dv}{dt} \tag{1}$$

将式（1）进行变量分离，并积分，有

$$-k\int_0^t dt=\int_{v_0}^{v}\frac{dv}{v}$$

得

$$-kt=\ln\frac{v}{v_0}$$

活塞 $M$ 的速度为

$$v=v_0 e^{-kt} \tag{2}$$

再对式（2）进行变量分离，有

$$dx=v_0 e^{-kt}dt$$

积分得

$$\int_{x_0}^{x}dx=v_0\int_0^t e^{-kt}dt$$

活塞 $M$ 的运动方程为

$$x=x_0+\frac{v_0}{k}\ (1-e^{-kt}) \tag{3}$$

3. 用自然法研究点的运动

利用点的运动轨迹建立弧坐标及自然轴系，并用它们来描述和分析点的运动的方法称为自然法。自然法主要适用于当动点运动的轨迹为已知时的情况。

（1）点的运动方程。

设动点 $M$ 的轨迹为如图 5.11 所示的已知曲线，为了确定动点 $M$ 在轨迹上的位置，在轨迹曲线上任意选择一个点 $O$，称为弧坐标原点，并自行规定 $O$ 点的某一侧为正向，另一侧为负向，则动点 $M$ 在某瞬时的位置，可用从原点 $O$ 沿轨迹且带正负号的弧长 $s$ 来确定，则将弧长 $s$ 称为动点 $M$ 在轨迹上的弧坐标。

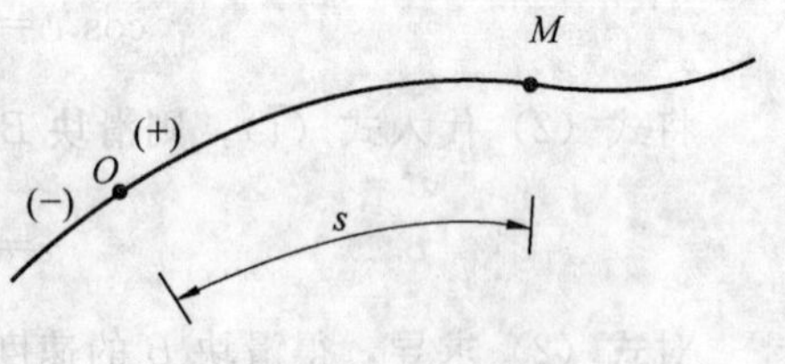

图 5.11　自然坐标

当动点运动时，弧坐标 $s$ 随时间发生变化，即弧坐标 $s$ 是时间 $t$ 的单值连续函数，即

$$s=s\ (t) \tag{5.15}$$

式（5.15）描述了动点 $M$ 在已知轨迹上的位置随时间 $t$ 的变化规律，称为点的弧坐标形式的运动方程。

（2）自然轴系。

用自然法研究动点的速度和加速度，将采用自然轴系。

如图 5.12 所示，设在 $t$ 瞬时动点在轨迹曲线上的 $M$ 点，并在 $M$ 点作其切线，沿其前进的方向给出单位矢量 $\boldsymbol{\tau}$，下一个瞬时 $t'$ 动点在 $M'$ 点处，并沿其前进的方向给出单位矢量 $\boldsymbol{\tau}'$，为描述曲线在 $M$ 处的弯曲程度，引入曲率的概念，即单位矢量 $\boldsymbol{\tau}$ 与 $\boldsymbol{\tau}'$ 夹角 $\theta$ 对弧长 $s$ 的变化率，$\kappa$ 表示

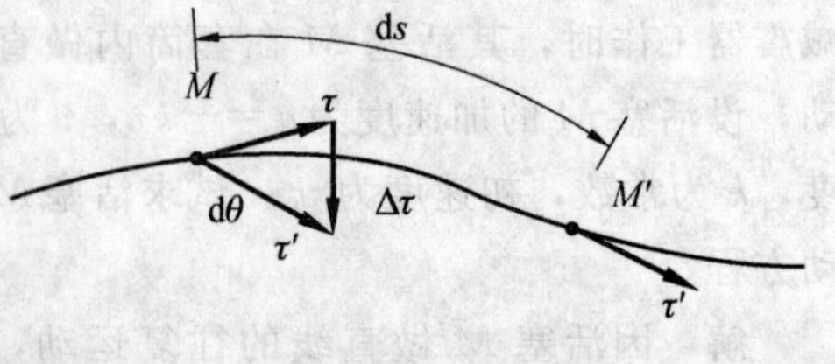

图 5.12　曲率

$$\kappa=\left|\frac{d\theta}{ds}\right|$$

$M$ 处的曲率半径为

$$\rho=\frac{1}{\kappa} \tag{5.16}$$

如图 5.13 所示，在动点的轨迹曲线上任取相邻两点 $M$ 和 $M'$，分别过 $M$ 点和 $M'$ 在点作轨迹的切线单位矢量 $\boldsymbol{\tau}$ 和 $\boldsymbol{\tau}'$。过 $M$ 点处作单位矢量 $\boldsymbol{\tau}'$ 的平行线 $MA$，单位矢量 $\boldsymbol{\tau}$ 与 $MA$ 构成一个平面 $P$，当时间间隔 $\Delta t$ 趋于零时，即 $M'$ 点逐渐趋近于 $M$ 点时，$MA$ 靠近单位矢量 $\boldsymbol{\tau}$，平面 $P$ 趋于极限平面 $P_0$，此平面称为密切平面，过 $M$ 点作密切平面的垂直平面 $N$，$N$ 称为 $M$ 点的法平面。在密切平面与法平面的交线，取其单位矢量 $\boldsymbol{n}$，并恒指向轨迹曲线的曲率中心一侧，$n$ 称为 $M$ 点的主法线。按右手系生成 $M$ 点处的次法线 $b$，使得 $\boldsymbol{b}=\boldsymbol{\tau}\times\boldsymbol{n}$。因而曲线在点 $M$ 处的切线、主法线和次法线构成一个以点 $M$ 为坐标原点，并跟随点 $M$ 一起运动的正交轴系，称为曲线在点 $M$ 的自然轴系，这三个轴称为自然轴。应当注意，随着点 $M$ 在轨迹上运动，$\boldsymbol{b}$、$\boldsymbol{\tau}$、$\boldsymbol{n}$ 的大小虽然不变，但其方向在不断变动，故自然轴系 $\boldsymbol{b}$、$\boldsymbol{\tau}$、$\boldsymbol{n}$ 为动坐标系。这一点与前面的固定直角坐标系有很大区别。

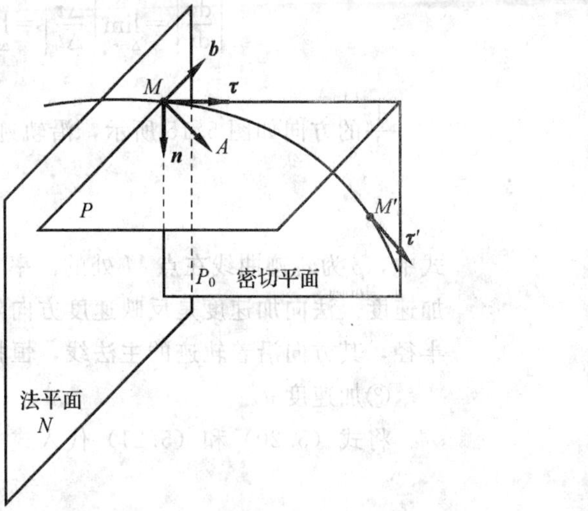

**图 5.13 主法线、次法线**

(3) 速度。

设动点 $M$ 沿已知轨迹曲线运动，由矢量法知动点的速度大小为

$$|\boldsymbol{v}|=\left|\frac{\mathrm{d}\boldsymbol{r}}{\mathrm{d}t}\right|=\lim_{\Delta t\to 0}\left|\frac{\Delta \boldsymbol{r}}{\Delta t}\right|=\lim_{\Delta t\to 0}\left|\frac{\Delta \boldsymbol{r}\,\Delta s}{\Delta s\,\Delta t}\right|=\lim_{\Delta s\to 0}\left|\frac{\Delta \boldsymbol{r}}{\Delta s}\right|\lim_{\Delta t\to 0}\left|\frac{\Delta s}{\Delta t}\right|=|\boldsymbol{v}| \tag{5.17}$$

如图 5.14 所示，其中 $\lim\limits_{\Delta s\to 0}\left|\frac{\Delta \boldsymbol{r}}{\Delta s}\right|=1$，$\lim\limits_{\Delta t\to 0}\frac{\Delta s}{\Delta t}=v$，$v$ 定义为速度代数量，当动点沿轨迹曲线的正向运动时，即 $\Delta s>0, v>0$，反之 $\Delta s<0$，$v<0$。

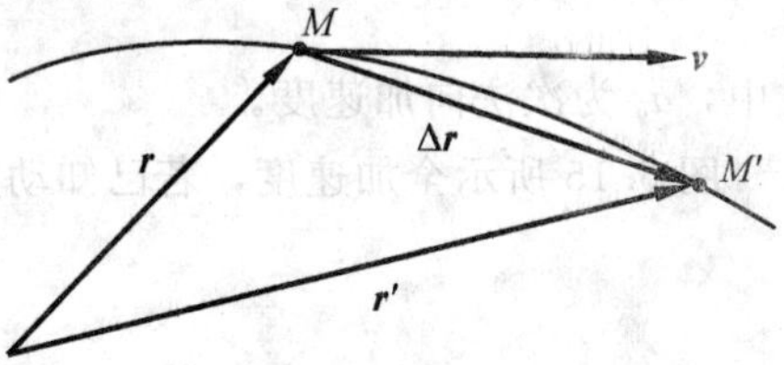

**图 5.14 速度**

动点速度方向沿轨迹曲线切线，并指向前进一侧，即点的速度的矢量表示

$$\boldsymbol{v}=v\boldsymbol{\tau}=\frac{\mathrm{d}s}{\mathrm{d}t}\boldsymbol{\tau} \tag{5.18}$$

$\boldsymbol{\tau}$ 沿轨迹曲线切线的单位矢量，恒指向 $\Delta s>0$ 的方向。

(4) 点的加速度。

由矢量法知动点的加速度为

$$\boldsymbol{a}=\frac{\mathrm{d}\boldsymbol{v}}{\mathrm{d}t}=\frac{\mathrm{d}}{\mathrm{d}t}(v\boldsymbol{\tau})=\frac{\mathrm{d}v}{\mathrm{d}t}\boldsymbol{\tau}+v\frac{\mathrm{d}\boldsymbol{\tau}}{\mathrm{d}t} \tag{5.19}$$

由式 (5.19) 加速度应分两项，一项表示速度大小对时间变化率，用 $\boldsymbol{a}_\tau$ 表示称为切向加速度；另一项表示速度方向对时间的变化率，用 $\boldsymbol{a}_n$ 表示称为法向加速度。下面分别求它们的大小和方向。

①切向加速度 $\boldsymbol{a}_\tau$。

令

$$\boldsymbol{a}_\tau=\frac{\mathrm{d}v}{\mathrm{d}t}\boldsymbol{\tau}=\dot{v}\boldsymbol{\tau}=\ddot{s}\boldsymbol{\tau}=a_\tau\boldsymbol{\tau} \tag{5.20}$$

由式 (5.20) 可知，$\boldsymbol{a}_\tau$ 是沿轨迹切线的矢量，因此称为切向加速度。切向加速度是反映速度大小随时间变化快慢的物理量。

②法向加速度 $\boldsymbol{a}_n$。

令 $a_n = v\dfrac{\mathrm{d}\boldsymbol{\tau}}{\mathrm{d}t}$，则有

$$\left|\frac{\mathrm{d}\boldsymbol{\tau}}{\mathrm{d}t}\right| = \lim_{\Delta t\to 0}\left|\frac{\Delta\boldsymbol{\tau}}{\Delta t}\right| = \lim_{\Delta t\to 0}\frac{2\times 1\times \sin\dfrac{\Delta\theta}{2}}{\Delta t} = \lim_{\Delta\theta\to 0}\frac{\sin\dfrac{\Delta\theta}{2}}{\dfrac{\Delta\theta}{2}}\lim_{\Delta s\to 0}\frac{\Delta\theta}{\Delta s}\lim_{\Delta t\to 0}\frac{\Delta s}{\Delta t} = \frac{v}{\rho}$$

$\dfrac{\mathrm{d}\boldsymbol{\tau}}{\mathrm{d}t}$的方向如图 5.15 所示，沿轨迹曲线的主法线，恒指向曲率中心一侧。所以

$$\boldsymbol{a_n} = v\frac{\mathrm{d}\boldsymbol{\tau}}{\mathrm{d}t} = \frac{v^2}{\rho}\boldsymbol{n} = a_n\boldsymbol{n} \tag{5.21}$$

式中，$\rho$ 为轨迹曲线在点 $M$ 处的曲率半径，显然，$\boldsymbol{a}_n$ 的方向与主法线轴正向一致，故 $\boldsymbol{a}_n$ 称为法向加速度。法向加速度是反映速度方向随时间变化快慢的物理量，它的大小等于速度的平方除以曲率半径，其方向沿着轨迹的主法线，恒指向曲率中心。

③加速度 $\boldsymbol{a}$。

将式（5.20）和（5.21）代入式（5.19），得加速度 $\boldsymbol{a}$ 的表达式

$$\boldsymbol{a} = a_\tau\boldsymbol{\tau} + a_n n \tag{5.22}$$

其中，$a_\tau = \dfrac{\mathrm{d}v}{\mathrm{d}t} = \dfrac{\mathrm{d}^2 s}{\mathrm{d}t^2}$（或$=\dot{v}=\ddot{s}$），$a_n = \dfrac{v^2}{\rho}$。

若将动点的加速度 $\boldsymbol{a}$ 向自然坐标系 $\boldsymbol{b}$、$\boldsymbol{\tau}$、$\boldsymbol{n}$ 上投影，则有

$$\begin{cases} a_\tau = \dfrac{\mathrm{d}v}{\mathrm{d}t} = \dfrac{\mathrm{d}^2 s}{\mathrm{d}t^2} \\ a_n = \dfrac{v^2}{\rho} \\ a_b = 0 \end{cases} \tag{5.23}$$

式中，$a_b$ 为次法向加速度。

图 5.15 所示全加速度，若已知动点的切向加速度 $\boldsymbol{a}_\tau$ 和法向速度 $\boldsymbol{a}_n$，则动点的全加速度大小为

$$a = \sqrt{a_\tau^2 + a_n^2}$$

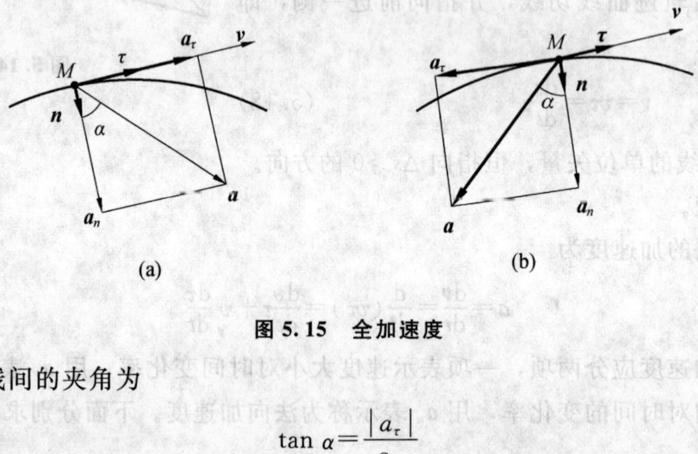

**图 5.15　全加速度**

全加速度与法线间的夹角为

$$\tan\alpha = \frac{|a_\tau|}{a_n} \tag{5.24}$$

（5）几种常见的运动。

匀变速曲线运动：切向加速度为

$$a_\tau = \frac{\mathrm{d}v}{\mathrm{d}t} = \frac{\mathrm{d}^2 s}{\mathrm{d}t^2} = \text{恒量}$$

速度为

$$v = v_0 + a_\tau t$$

位移为

$$s=s_0+v_0t+\frac{1}{2}a_\tau t^2$$

若将前两式消去时间 $t$，得

$$v^2=v_0^2+2a_\tau (s\ s_0)$$

法向加速度为

$$a_n=\frac{v^2}{\rho}$$

匀速曲线运动：速度为

$$v=\text{恒量}$$

切向加速度为

$$a_\tau=0$$

积分可得

$$s=s_0+v_0t$$

全加速度为

$$a=a_n=\frac{v^2}{\rho}$$

直线运动：曲率半径为

$$\rho\to\infty$$

法向加速度为

$$a_n=0$$

全加速度为

$$a=a_\tau$$

**例 5.3** 已知：固定圆形轨道半径为 $R$，摆杆 $AB$ 绕 $A$ 点转动，带动圆环沿圆轨道运动，转角 $\varphi=\omega t$，当 $t=0$ 时，$\varphi=0$。试用自然法写出 $M$ 点的运动方程，并求速度和加速度。

**解** 取动点 $M$ 的起点为弧坐标原点。$M$ 点的运动方程为

$$s=2\varphi R=2\omega tR=2R\omega t$$

速度大小为

$$v=\frac{ds}{dt}=2R\omega$$

方向：沿轨迹切线，斜向上。

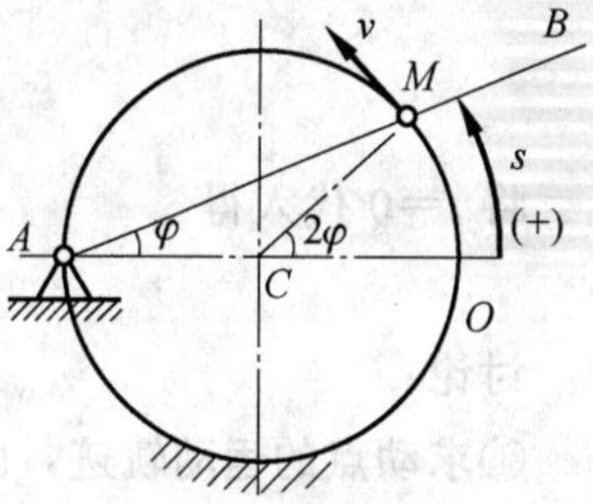


图 5.16 例 5.3 题图

切向加速度为

$$a_\tau=\frac{dv}{dt}=0$$

与半径方向垂直。

法向加速度为

$$a_n=\frac{v^2}{\rho}=\frac{4R^2\omega^2}{R}=4R\omega^2$$

指向大圆中心。

全加速度为

$$\boldsymbol{a}=\boldsymbol{a}_\tau+\boldsymbol{a}_n=\ \boldsymbol{a}_n$$

大小为 $4R\omega^2$，指向大圆中心。

**例 5.4** 已知动点的运动方程为 $x=50t\text{m}$，$y=500-5t^2\text{m}$，求：①动点的运动轨迹；②当 $t=0$ 时，动点的切向、法向加速度和轨迹的曲率半径。

**解** ①动点的运动轨迹。

由运动方程中消去时间 $t$，即得动点的轨迹方程为

$$x^2=250\,000-500y\text{（一抛物线）}$$

由题意得，当 $t=0$ 时，$x=0$，$y=500$ m，即运动开始时，点 $A$ 在（0，500）处。当 $t$ 从零增加时，$x$ 值增加而 $y$ 值减小，故动点仅在如图 5.17 中实线所示半抛物线上运动。

所以，该动点的轨迹应为半抛物线为

$$x^2=250\,000-500y\ (x\geqslant 0)$$

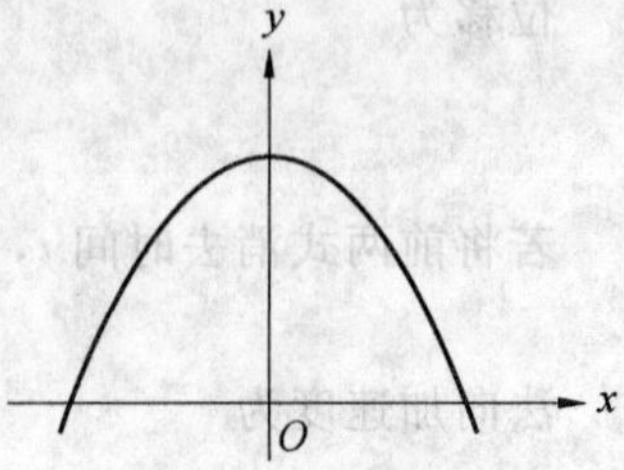


图 5.17　例 5.4 题图

②求 $t=0$ 时，动点的切向、法向加速度和轨迹的曲率为

由动点运动方程求导得

$$v_x=\frac{\mathrm{d}x}{\mathrm{d}t}=50 \tag{1}$$

$$v_y=\frac{\mathrm{d}y}{\mathrm{d}t}=-10t \tag{2}$$

故动点的速度为

$$v=\sqrt{v_x^2+v_y^2}=10\sqrt{25+t^2} \tag{3}$$

又由式（1）、（2）对 $t$ 求导得

$$a_x=\frac{\mathrm{d}v_x}{\mathrm{d}t}=0,\quad a_y=\frac{\mathrm{d}v_y}{\mathrm{d}t}=-10$$

故动点的加速度为

$$a=\sqrt{a_x^2+a_y^2}=10\ \mathrm{m/s^2}$$

而 $a_\tau=\dfrac{\mathrm{d}v}{\mathrm{d}t}=\dfrac{10t}{\sqrt{25+t^2}}$，故

$$a_n=\sqrt{a^2-a_\tau^2}=\frac{50}{\sqrt{25+t^2}}$$

曲率半径为

$$\rho=\frac{v^2}{a_n}=2\ (25+t^2)^{\frac{3}{2}}$$

将 $t=0$ 代入得

$$a_\tau=0,\quad a_n=10\ \mathrm{m/s^2},\quad \rho=250\ \mathrm{m}$$

**讨论：**

①求动点的运动轨迹，由运动方程消去时间 $t$ 后，应注意再做进一步分析，得出轨迹的确切结论。

②本题有助于读者熟悉直角坐标法表示的动点运动方程、轨迹、速度、加速度之间的关系；熟悉切向加速度、法向加速度、速度、曲率半径之间的关系。

**例 5.5**　列车沿半径为 $R=800$ m 的圆弧轨道做匀加速运动（图 5.18）。如果初速度为零，经过2 min后，速度达到 54 km/h。求起点和终点的加速度。

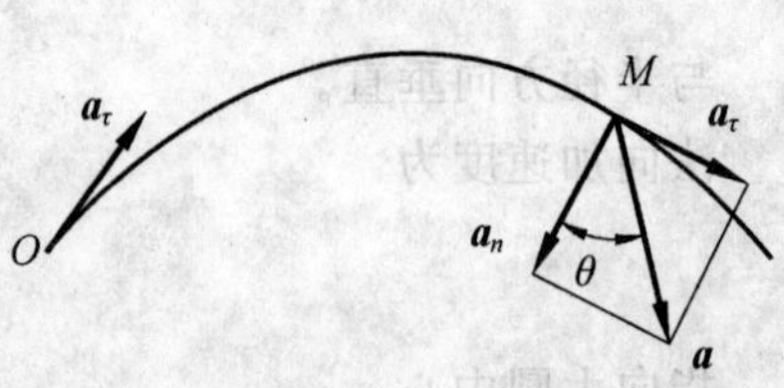


图 5.18

**解**　由于列车沿圆弧轨道做匀加速运动，切向加速度 $a_\tau$ 等于恒量，即

$$\frac{\mathrm{d}v}{\mathrm{d}t}=a_\tau=\text{常量}$$

积分一次，得

$$\int_0^v \mathrm{d}v=\int_0^t a_\tau \mathrm{d}t$$

可得

$$v=a_\tau t$$

当 $t=2$ min=120 s 时，$v=54$ km/h=15 m/s，代入上式，得

$$a_\tau=\frac{15}{120}=0.125\ \mathrm{m/s^2}$$

在起点，$v=0$，因此法向加速度等于零，列车只有切向加速度，即 $a_\tau=0.125\ \mathrm{m/s^2}$。

在终点时速度不等于零，既有切向加速度，又有法向加速度，而 $a_\tau=0.125\ \mathrm{m/s^2}$。

$$a_n=\frac{v^2}{R}=\frac{15^2}{800}=0.281\ \mathrm{m/s^2}$$

终点的全加速度大小为

$$a=\sqrt{a_\tau^2+a_n^2}=0.308\ \mathrm{m/s^2}$$

终点的全加速度与法向的夹角 $\theta$ 为

$$\tan\theta=\frac{a_\tau}{a_n}=0.443$$

故

$$\theta=23°54'$$

**技术提示**

在许多实际工程问题中，有的刚体不能简化为点的运动，如气缸内活塞的运动、曲柄的转动等。这些运动形式可归结为刚体的运动。刚体是由无数点组成的，一般来说，各点的运动都不相同，但是同一刚体上的各点的运动之间又彼此有联系。因此研究刚体的运动就是要研究刚体及刚体上各点运动之间的关系。

## 5.1.2 刚体的平移及其运动特征

在工程实际中，如气缸内活塞的运动、打桩机上桩锤的运动等，其共同的运动特点是在运动过程中，刚体上任意直线段始终与它初始位置相平行，刚体的这种运动称为平行移动，简称平移。如图 5.19 所示，摆式筛沙机的筛子 $AB$ 在运动过程中始终与它初始位置相平行，因此筛子 $AB$ 做平移运动；运动机车车轮的平行推杆 $AB$ 的运动也是如此，推杆 $AB$ 也做平移运动。

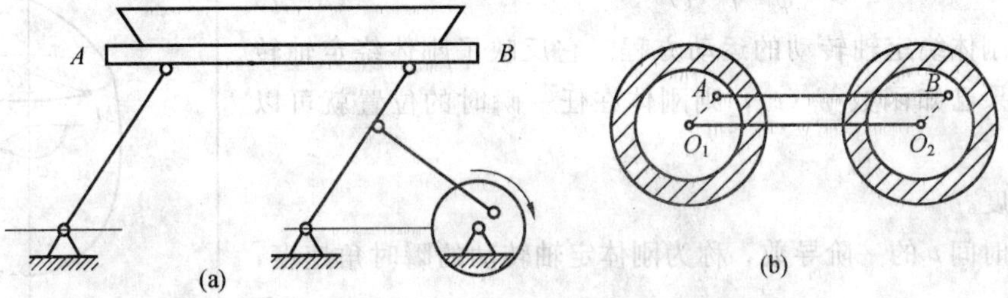


图 5.19 摆式筛沙机

设刚体做平移运动，如图 5.20 所示，在刚体内任选两点 $A$、$B$，令点 $A$ 的矢径为 $\boldsymbol{r}_A$，点 $B$ 的矢径为 $\boldsymbol{r}_B$，则两条矢端曲线就是两点的轨迹。

由图 5.20 可知

$$\boldsymbol{r}_A=\boldsymbol{r}_B+\boldsymbol{r}_{AB}$$

当刚体平移时，线段 $AB$ 的长度和方向都不改变，故 $\boldsymbol{r}_{AB}$ 为恒矢量，若将 $A$ 点的轨迹平移一段距离 $AB$，就能与 $B$ 点的轨迹完全重合，即 $A$、$B$ 两点的轨迹形状相同。

将上式对时间 $t$ 求导，得

$$\boldsymbol{v}_A=\boldsymbol{v}_B \tag{5.25}$$

$$\boldsymbol{a}_A=\boldsymbol{a}_B \tag{5.26}$$

点 $A$ 和点 $B$ 是任意选取的，因此可得结论：平移刚体上各点的轨迹形状相同；在同一瞬时平移刚体上各点的速度相等，各点的加速度相等。

因此，刚体的平行移动可以转化为一点（如质心）的运动来研究，即可以用点的运动学来研究。

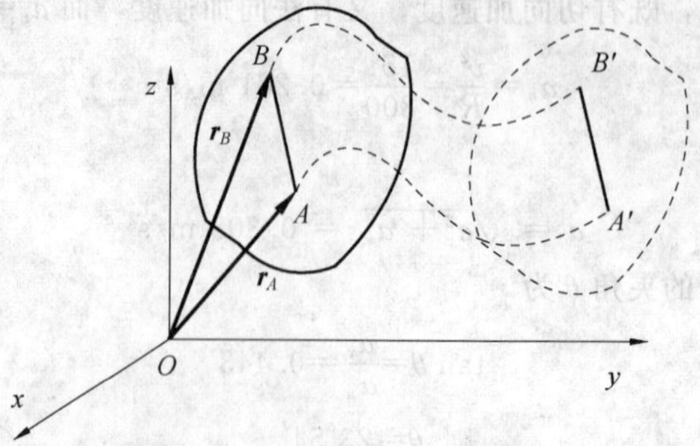


**图 5.20　刚体做平移运动**

## 5.1.3 刚体绕定轴的转动

工程实际中绕固定轴转动的物体很多，如飞轮、电动机的转子、卷扬机的鼓轮、齿轮等均绕定轴转动。这些刚体的运动特点是：在运动过程中，刚体上（或其延展部分）有一条直线始终保持不动（图 5.21 所示 $z$ 轴），刚体的这种运动称为刚体绕定轴转动，简称转动。转动刚体不动的直线称为刚体的转轴。可见，刚体定轴转动时，各点在垂直于转轴的平面内绕转轴做圆周运动。

(1) 运动方程。

如图 5.21 所示，选定参考坐标轴 $Oz$，设 $z$ 轴与刚体的转轴重合，通过 $z$ 轴作一个不动的平面 $P_0$（称为静平面），再作一个与刚体一起转动的平面 $P$（称为动平面），当刚体转动到瞬时 $t$，两个平面间的夹角为 $\varphi$，$\varphi$ 称为刚体的转角，用来描述转动刚体的代数量，其单位为弧度（rad），其正负号一般情况下可按照右手螺旋法则确定。当刚体转动时，转角 $\varphi$ 随时间 $t$ 变化，它是时间 $t$ 的单值连续函数，即

$$\varphi=f(t) \tag{5.27}$$

上式称为刚体绕定轴转动的运动方程。它反映了刚体绕定轴转动的规律。如果已知函数 $f(t)$，则刚体在任一瞬时的位置就可以确定。

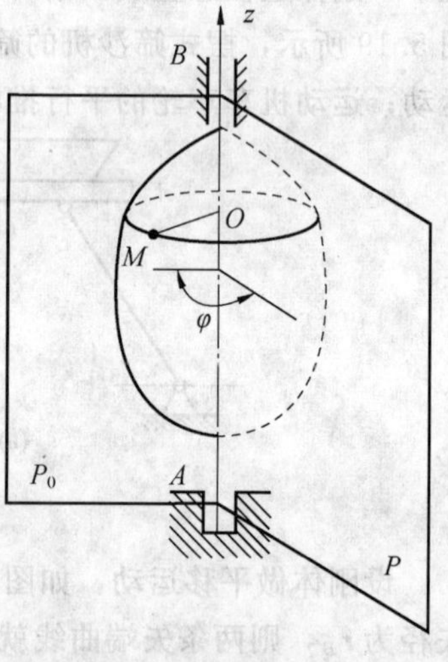


**图 5.21　刚体定轴转动**

(2) 角速度。

转角 $\varphi$ 对时间 $t$ 的一阶导数，称为刚体定轴转动的瞬时角速度，用 $\omega$ 表示，即

$$\omega=\frac{d\varphi}{dt} \tag{5.28}$$

角速度是描述刚体在瞬时 $t$ 转动快慢的物理量，单位为弧度/秒（rad/s），它是代数量。当转角的变化 $\Delta\varphi>0$，$\omega>0$；$\Delta\varphi<0$，$\omega<0$。

角速度是代数量，从 $z$ 轴正方向向负方向看，刚体逆时针转动时，角速度取正值，反之取负值。

(3) 角加速度。

角速度一般随时间变化而变化，为了描述角速度变化的快慢，我们引入角加速度的概念。瞬时角加速度是角速度 $\omega$ 对时间 $t$ 的导数，用 $\alpha$ 表示为

$$\alpha=\frac{d\omega}{dt}=\frac{d^2\varphi}{dt^2} \tag{5.29}$$

其单位为弧度/秒$^2$（rad/s$^2$），是代数量。当 $\alpha$ 与 $\omega$ 同号时，刚体做加速转动；当 $\alpha$ 与 $\omega$ 异号时，刚体做减速转动。

工程中常用转速表示转动刚体的转动快慢，即每分钟转过的圈数，用 $n$ 表示，单位为转/分（r/min），角速度与转速的关系是

$$\omega=\frac{2\pi n}{60}=\frac{n\pi}{30} \tag{5.30}$$

下面讨论两种特殊情况：

①若刚体的角速度不变，即 $\omega=$常量，刚体将处于匀速转动状态，则

$$\varphi=\varphi_0+\omega t \tag{5.31}$$

其中，$\varphi_0$ 是 $t=0$ 时转角的值。

②若刚体的角加速度不变，即 $\alpha=$常量，刚体将处于匀变速转动状态，则

$$\omega=\omega_0+\alpha t \tag{5.32}$$

$$\varphi=\varphi_0+\omega_0 t+\frac{1}{2}\alpha t \tag{5.33}$$

注意，转动刚体的运动微分关系与点的运动微分关系有着相似之处；匀变速转动时，刚体的角速度、转角和时间之间的关系与点在匀变速运动时的速度、位置坐标和时间之间的关系也有着相似之处。

## 5.1.4 定轴转动刚体内各点的速度和加速度

1. 刚体内各点的速度和加速度

前面研究了整个刚体的转动规律、速度及角速度，但在实际工程中，常常需要知道刚体转动时刚体内某个或某些点的运动情况。下面就研究定轴转动刚体内各点的速度和加速度。

刚体做定轴转动时，刚体上任意一点均做圆周运动，圆心在轴线上，圆周所在平面与轴线垂直，半径等于该点到转轴的距离。故在刚体上任选一点 $M$，设它到转轴的距离为 $R$，如图 5.22（a）所示，由于 运动轨迹已知，可用自然法来研究。当刚体转过 $\varphi$ 角时，点 $M$ 的弧坐标为

$$s=R\varphi \tag{5.34}$$

将式（5.34）对 $t$ 求一阶导数，得

$$\frac{ds}{dt}=R\frac{d\varphi}{dt}$$

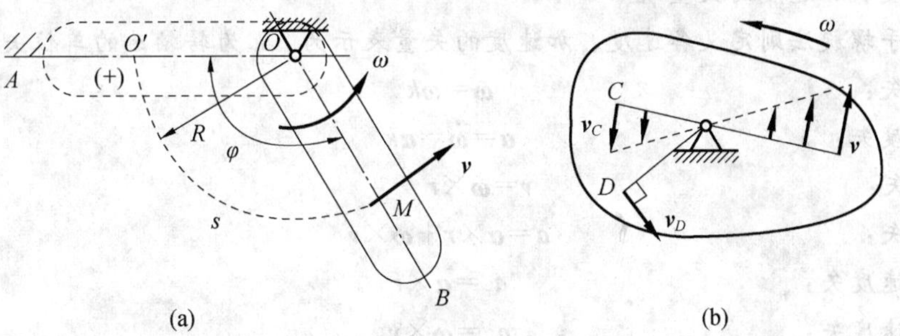


图 5.22 速度分布

而 $\omega=\frac{d\varphi}{dt}$，$v=\frac{ds}{dt}$，故上式可写成

$$v=R\omega \tag{5.35}$$

即转动刚体上某瞬时任一点的速度大小，等于该瞬时刚体的角速度与该点到轴线垂直距离的乘积，方向沿圆周切线指向转动的一方，即垂直于半径，指向与 $\omega$ 转向一致。用一垂直于轴线的平面

横截刚体，得一截面。根据上述结论，在该截面上的任一条通过轴心的直线上，各点的速度呈线性规律分布，如图 5.22（b）所示。若将速度矢量的端点连成直线，该直线通过轴心。

定轴转动刚体上任意一点均做圆周运动，故其加速度应包括法向加速度和切向加速度。将式（5.35）对时间 $t$ 求导得点 $M$ 的切向加速度为

$$a_\tau = R\alpha \tag{5.36}$$

即转动刚体上某瞬时任一点的切向加速度大小，等于该瞬时刚体的角加速度与该点到轴线垂直距离的乘积，方向沿圆周切线指向转动角速度变化的一方，即垂直于半径，指向由 $\alpha$ 转向决定。

而其法向加速度为

$$a_n = \frac{v^2}{R} = \frac{(R\omega)^2}{R} = R\omega^2 \tag{5.37}$$

即转动刚体上某瞬时任一点的法向加速度大小，等于该瞬时刚体的角速度的平方与该点到轴线垂直距离的乘积，方向与速度垂直并指向转动轴。

因此，刚体上任一点的全加速度（图 5.23（a））为

$$a = \sqrt{a_\tau^2 + a_n^2} = \sqrt{(R\alpha)^2 + (R\omega^2)^2} = R\sqrt{\alpha^2 + \omega^4} \tag{5.38}$$

要确定加速度 $\boldsymbol{a}$ 的方向，只需求出 $\boldsymbol{a}$ 与半径所称的夹角 $\theta$ 即可。从各矢量的三角关系式得

$$\tan\theta = \frac{|a_\tau|}{a_n} = \frac{|\alpha|}{\omega^2} \tag{5.39}$$

其加速度分布如图 5.23（b）所示。

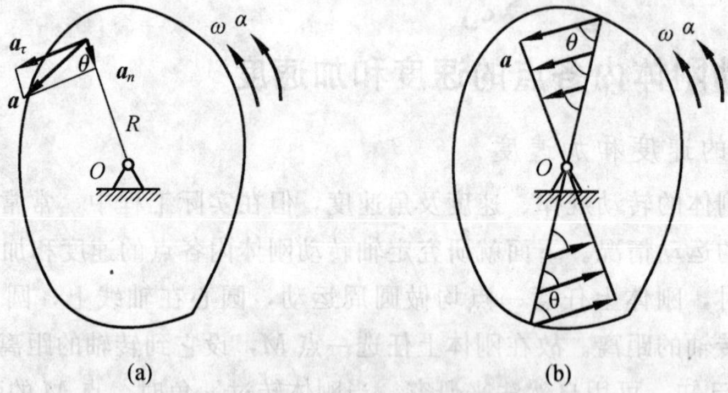


**图 5.23 加速度分布**

**技术提示**

点的速度和加速度的矢量表示如下：

按照右手螺旋法则定义各速度、加速度的矢量表示为（$\boldsymbol{k}$ 为转轴 $z$ 的单位矢量）：

角速度矢： $\boldsymbol{\omega} = \omega\boldsymbol{k}$

角加速度矢： $\boldsymbol{\alpha} = \dot{\boldsymbol{\omega}} = \alpha\boldsymbol{k}$

速度 $\boldsymbol{v}$ 矢： $\boldsymbol{v} = \boldsymbol{\omega} \times \boldsymbol{r}$

加速度矢： $\boldsymbol{a} = \boldsymbol{\alpha} \times \boldsymbol{r} + \boldsymbol{\omega} \times \boldsymbol{v}$

切向加速度矢： $\boldsymbol{a}_\tau = \boldsymbol{\alpha} \times \boldsymbol{r}$

法向加速度矢： $\boldsymbol{a}_n = \boldsymbol{\omega} \times \boldsymbol{v}$

由式（5.35）～（5.38）可对定轴转动刚体内各点的速度和加速度作出以下结论：

在同一瞬时，转动刚体上各点的速度 $v$ 和加速度 $a$ 的大小均与到转轴的垂直距离 $R$ 成正比；在同一瞬时，各点速度 $v$ 的方向垂直于到转轴的距离 $R$，各点加速度 $a$ 的方向与到转轴的垂直距离 $R$ 的夹角 $\theta$ 都相等。

**例 5.6** 图 5.24 所示轮 $O$ 做匀速转动，已知：轮直径为 $d$，每分钟转数为 $n$，求轮缘各点的速度和加速度。

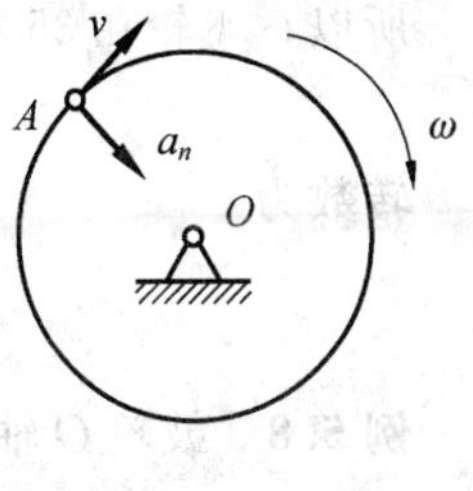


图 5.24 例 5.6 题图

**解** $v=r\omega=\dfrac{d}{2}\cdot\dfrac{2n\pi}{60}=\dfrac{n\pi d}{60}$

$a_\tau=0$

$a_n=R\omega^2=\dfrac{d}{2}\cdot\left(\dfrac{2\pi n}{60}\right)^2=\dfrac{n^2\pi^2 d}{1\ 800}a_n=R\omega^2=\dfrac{d}{2}\left(\dfrac{2\pi n}{60}\right)^2=\dfrac{\pi^2 n^2 d}{1\ 800}$

**例 5.7** 已知某瞬时，飞轮转动角速度 $\omega_1=800$ rad/s，为顺时针转向，其角加速度 $\alpha=42$ rad/s$^2$，方向为逆时针转向。求：①当飞轮的角速度减为 $\omega_2=400$ rad/s 时所需的时间 $t_1$；②当飞轮改变转动方向时所需的时间 $t_2$；③由题述瞬时计起，在 35 s 时间内，飞轮转过的转数 $N$。

**解** 因为该瞬时飞轮转动的角速度 $\omega$ 与角加速度 $\alpha$ 方向相反，所以有

$$\frac{d\omega}{dt}=-\alpha=-4t$$

求积分，得

$$\int_{\omega_0}^{\omega}d\omega=-\int_0^t 4t\,dt$$

$$\omega=\omega_0-2t^2$$

①将 $\omega_0=\omega_1=800$ rad/s，$\omega=\omega_2=400$ rad/s 代入上式，求得飞轮角速度减为 400 rad/s 时所需的时间为

$$t_1=\sqrt{\frac{\omega_1-\omega_2}{2}}=\sqrt{\frac{800-400}{2}}=10\sqrt{2}\ \text{s}$$

②因为飞轮改变转向时，角速度为 0，所以可得飞轮改变转向时所需的时间为

$$t_2=\sqrt{\frac{\omega_1-0}{2}}=20\ \text{s}$$

③设飞轮在 35 s 内转过的转角为 $\varphi$，由上述结果可知，在 35 s 的时间内，飞轮转向发生了变化，所以应分段计算转角 $\varphi$。

前 20 s 时间内，飞轮做顺时针的减速转动，设转过的转角为 $\varphi_1$，则由

$$\frac{d^2\varphi}{dt^2}=\frac{d\omega}{dt}=-\alpha=-4t$$

积分得

$$\varphi=\varphi_0+\omega_0 t-\frac{2}{3}t^3$$

将 $\varphi_0=0$，$\omega_0=800$，$t=20s$ 代入上式求得

$$\varphi_1=800\times20-\frac{2}{3}\times20^3=10\ 666.67\ \text{rad}$$

后 15 s 时间内，飞轮由静止开始做逆时针的加速转动，设转过的转角为 $\varphi_2$，则由

$$\frac{d^2\varphi}{dt^2}=\alpha=4t$$

积分得

$$\varphi=\varphi_0+\omega_0 t+\frac{2}{3}t^3$$

将 $\varphi_0=0$，$\omega_0=0$，$t=15$ s 代入上式，得

$$\varphi_2=\frac{2}{3}\times15^3=2\ 250\ \text{rad}$$

所以，飞轮在 35 s 时间内转过的转角为

$$\varphi=\varphi_1+\varphi_2=12\ 916.67\ \text{rad}$$

转数为

$$N=\frac{\varphi}{2\pi}=2\ 055.75\ \text{r}$$

**例 5.8** 鼓轮 $O$ 轴转动，其半径为 $R=0.2m$，转动方程为 $\varphi=-t^2+4t$，如图 5.25 所示。绳索缠绕在鼓轮上，绳索的另一端悬挂重物 $A$，试求当 $t=1s$ 时，轮缘上的点 $B$ 和重物 $A$ 的速度和加速度。

**解** 由转动角速度定义式可得，鼓轮转动的角速度为

$$\omega=\frac{d\varphi}{dt}=-2t+4$$

由转动角加速度定义式可得，鼓轮绕 $O$ 轴转动的角加速度为

$$\alpha=\frac{d\omega}{dt}=-2\ \text{rad/s}^2$$

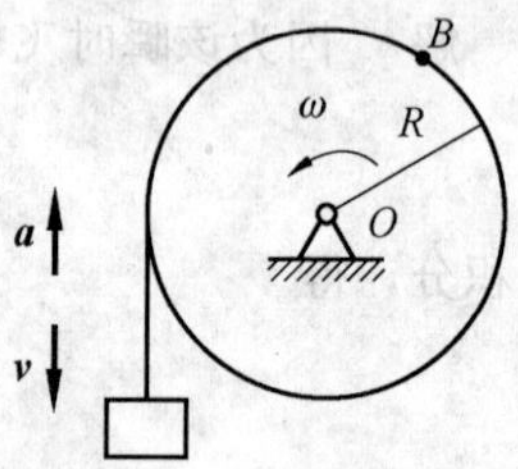

**图 5.25　例 5.8 题图**

(1) 当 $t=1$ s 时，点 $B$ 的速度和加速度为

$$v_B=R\omega=0.2\times 2=0.4\ \text{m/s}$$

方向垂直 $R$ 指向角速度方向。

切向加速度为

$$a_{\tau B}=R\alpha=0.2\times(-2)=-0.4\ \text{m/s}^2$$

法向加速度为

$$a_{nB}=R\omega^2=0.2\times 2^2=0.8\ \text{m/s}^2$$

全向加速度为

$$a_B=\sqrt{a_{\tau B}^2+a_{nB}^2}=\sqrt{0.4^2+0.8^2}=0.894\ 4\ \text{m/s}^2$$

全向加速度与法线间的夹角为

$$\tan\theta=\frac{|a_\tau|}{a_n}=\frac{|\alpha|}{\omega^2}=\frac{|-2|}{2^2}=0.5$$

其中 $\theta=26.57°$。

(2) 重物 $A$ 的速度和加速度。

重物 $A$ 的速度为

$$v_A=v_B=0.4\ \text{m/s}$$

方向铅垂向下。

重物 $A$ 的加速度为

$$a_A=a_{\tau M}=-0.4\ \text{m/s}^2$$

与速度方向相反，做减速运动。

2. 轮系传动比

工程中常利用轮系传动来提高或降低机械的转速，最常见的有齿轮系、带轮系。

(1) 齿轮传动。

在机械中常用齿轮作为传动部件，如变速箱，是由多组齿轮构成的，起到增速和减速的作用。以一对啮合的圆柱齿轮为例，图 5.26 (a) 所示为外啮合齿轮传动，而图 5.26 (b) 所示为内啮合齿轮传动。两齿轮啮合圆的接触点，没有相对滑动。

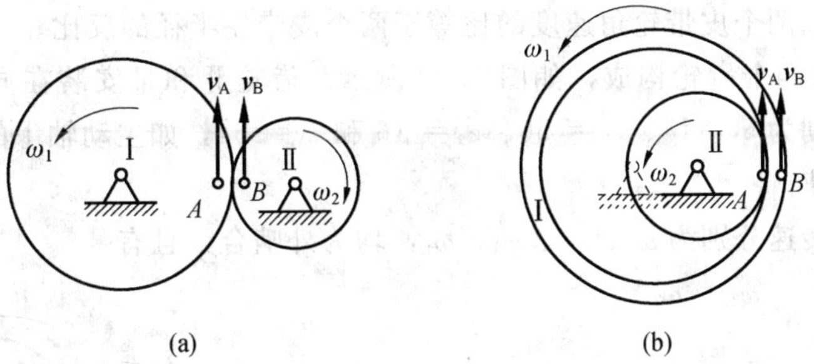


图 5.26 齿轮传动

在齿轮相互啮合处其速度应相等。如图 5.26 中的主动轮Ⅰ和从动轮Ⅱ，设其角速度分别为 $\omega_1$、$\omega_2$，齿轮的半径分别为和 $r_1$ 和 $r_2$，则 $v_A = v_B$，即有

$$\omega_1 r_1 = \omega_2 r_2$$

因此，定义齿轮的传动比 $i_{12}$ 等于主动轮的角速度与从动轮角速度的比。由上式可写出

$$i_{12} = \frac{\omega_1}{\omega_2} = \frac{r_2}{r_1} \tag{5.40}$$

由于齿轮在啮合时齿距相等，而齿距等于齿轮节圆周长与齿轮齿数的比。若设齿轮齿数分别为 $z_1$、$z_2$，则有

$$\frac{2\pi r_1}{z_1} = \frac{2\pi r_2}{z_2} \tag{5.41}$$

将式 (5.41) 代入式 (5.40)，得

$$i_{12} = \frac{\omega_1}{\omega_2} = \frac{r_2}{r_1} = \frac{z_2}{z_1} \tag{5.42}$$

即齿轮传递时，两个齿轮角速度的比值等于两个齿轮半径的反比，或等于两个齿轮齿数的反比。而且，式 (5.40) 定义的传动比是两个角速度大小的比值，与转动方向无关，故此式也适用于圆锥齿轮传动、摩擦轮传动等。

以某些场合为例，区分轮系中各轮的转动方向，规定内啮合为正号，外啮合为负号，从而传动比可写为

$$i_{12} = \frac{\omega_1}{\omega_2} = \pm\frac{r_2}{r_1} = \pm\frac{z_2}{z_1}$$

(2) 带轮传动。

在机械中还有皮带轮传动，如图 5.27 所示。如不考虑皮带的厚度，并假设皮带与轮无相对滑动，

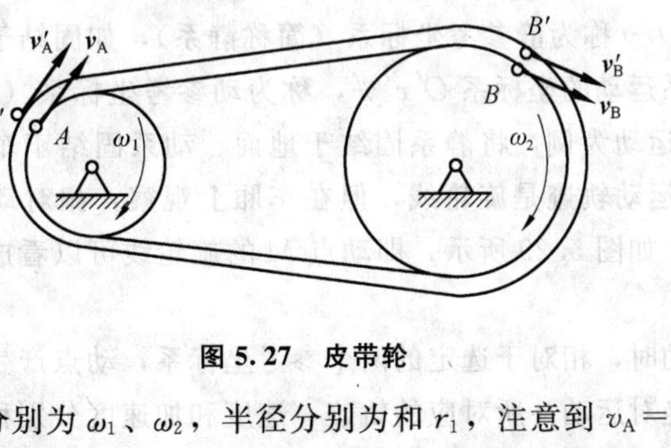


图 5.27 皮带轮

设轮Ⅰ和轮Ⅱ的角速度分别为 $\omega_1$、$\omega_2$，半径分别为和 $r_1$，注意到 $v_A = v_B = v'_A = v'_B$，则

$$\omega_1 r_1 = \omega_2 r_2 \tag{5.43}$$

皮带轮的传动比 $i_{12}$ 为

$$i_{12} = \frac{\omega_1}{\omega_2} = \frac{r_2}{r_1} \tag{5.44}$$

即皮带轮传动时，两个皮带轮角速度的比等于两个皮带轮半径的反比。

**例 5.9** 变速箱由四个齿轮构成，如图 5.28 所示。齿轮Ⅱ和Ⅲ安装在同一轴上，与轴一起运动，各齿轮的齿数分别为 $z_1=18$、$z_2=56$、$z_3=16$ 和 $z_4=64$，如主动轴Ⅰ的转速 $\omega_1=40\pi$ rad/s，试计算从动轮Ⅳ的转速。

**解** 设四个轮的转速分别为 $\omega_1$、$\omega_2$、$\omega_3$、$\omega_4$，均为外啮合，且有

$$\omega_2=\omega_2$$

$$i_{12}=\frac{\omega_1}{\omega_2}=\frac{z_2}{z_1}$$

$$i_{34}=\frac{\omega_3}{\omega_4}=\frac{z_4}{z_3}$$

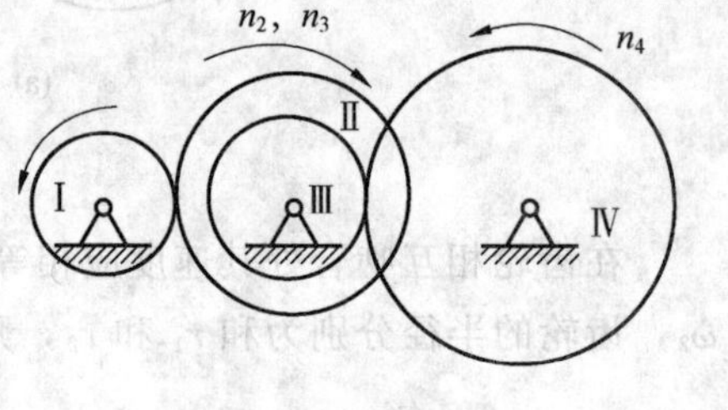

**图 5.28 变速箱**

将两式相乘，可得轮系传动比为

$$i_{14}=\frac{\omega_1}{\omega_4}=\frac{z_2 z_4}{z_1 z_3}$$

解得从动轮Ⅳ的转数 $\omega_4$ 为

$$\omega_4=\omega_1\frac{z_1 z_3}{z_2 z_4}=40\pi\times\frac{18\times16}{56\times64}=3.2\pi\ \text{rad/s}$$

# 5.2 点的复合运动

前面我们分析的点或刚体的运动，都是相对一个固结在地面或是其他不动的物体（参考系）的运动，可称为简单运动。物体相对不同参考系的运动是不相同的。当所研究的物体相对于不同参考系运动时，这种运动可称为复杂运动或合成运动。在工程和实际生活中物体相对于不同参考系运动的例子很多，例如在行驶的车辆中观察雨滴的运动时，如果在地面上观察（无风力等干扰的情况下），雨滴沿铅垂方向下落，而坐在行驶的车辆中观察时，可发现雨滴在车窗上留下的痕迹沿一倾斜的角度。由此说明，物体相对不同参考系的运动是不相同的，本节主要研究物体相对于不同参考系运动（主要是两个参考系）的各运动量如运动方程、速度、加速度之间的几何关系。

## 5.2.1 绝对运动、相对运动和牵连运动

1. 基本概念

由之前的分析已知，通过不同参考系观察同一物体的运动，结果是不同的，它们之间存在运动的合成和分解的关系。为研究方便起见，将研究的物体看成是动点，动点相对于两个坐标系运动，其中静止不动的坐标系 $Oxy$ 称为静参考坐标系（简称静系），如固结于地面上的坐标系；另一个坐标系是相对静参考坐标系运动的坐标系 $O'x'y'$，称为动参考坐标系（简称动系）。以沿直线轨道滚动的车轮轮缘上点 $M$ 的运动为例，将静系固结于地面、动系固结于车厢上，则在地面上观察轮边缘上点 $M$ 相对于静系的运动轨迹是旋轮线，但在车厢上观察，相对动系的轨迹是一个圆，而动系相对于静系做直线平移，如图 5.29 所示，即动点 $M$ 的旋轮线可以看成圆的运动和车厢平移运动的合成。

在研究点的合成运动时，相对于选定的两个参考坐标系，动点产生了三种运动：动点相对于静系的运动，称为动点的绝对运动。所对应的轨迹、速度和加速度分别称为绝对运动轨迹、绝对速度 $\boldsymbol{v}_a$、绝对加速度 $\boldsymbol{a}_a$，如上例中 $M$ 点的绝对轨迹为旋轮线；动点相对于动系的运动，称为动点的相对运动。所对应的轨迹、速度和加速度分别称为相对运动轨迹、相对速度 $\boldsymbol{v}_r$、相对加速度 $\boldsymbol{a}_r$，如上例中 $M$ 点的相对轨迹为圆；动系相对于静系的运动，称为动点的牵连运动。动系上与动点重合的点称为动点的牵连点，牵连点所对应的轨迹、速度和加速度分别称为牵连运动轨迹、牵连速度 $\boldsymbol{v}_e$、牵

连加速度 $a_e$，如上例中车厢做平移，故 $M$ 点的牵连点的牵连轨迹为水平直线。

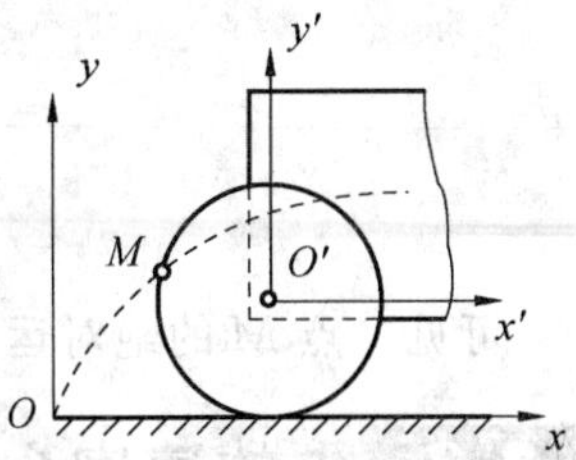

图 5.29 车厢

必须指出：动点的绝对运动、相对运动是指一个点的运动；而牵连运动则是指动坐标系的运动，即与动坐标系固结的物体的运动。

一般来说，绝对运动可看成是运动的合成，相对运动和牵连运动看成是运动的分解，合成与分解是研究点的合成运动的两个方面，切不可孤立看待，需要互相联系。

2. 运动方程和轨迹

设 $M$ 为动点，在 $Oxy$ 平面内运动，$Oxy$ 为静系，$O'x'y'$ 为动系，如图 5.30 所示，$M$ 点的绝对运动方程为

$$x=x(t),\ y=y(t)$$

$M$ 点的相对运动方程为

$$x'=x'(t),\ y'=y'(t)$$

牵连运动（动系相对于静系）的运动方程为

$$x_{O'}=x_{O'}(t),\ y_{O'}=y_{O'}(t),\ \varphi=\varphi(t)$$

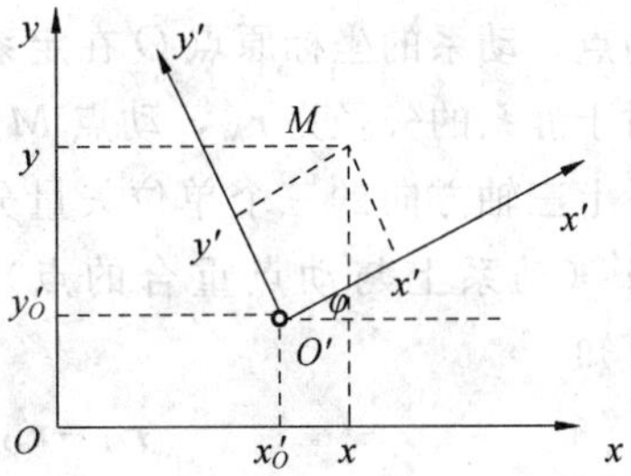

图 5.30

由图 5.30 得三者间的坐标变换关系为

$$\begin{cases}x=x'_O+x'\cos\varphi-y'\sin\varphi\\ y=y'_O+x'\sin\varphi+y'\cos\varphi\end{cases}\qquad(5.45)$$

另外，若将点的绝对运动方程和相对运动方程分别消去 $t$，还可得绝对运动轨迹和相对运动轨迹。

**例 5.10** 半径为 $r$ 的轮子沿直线轨道无滑动地滚动，如图 5.31 所示，已知轮心 $C$ 的速度为 $v_C$，试求轮缘上的点 $M$ 的绝对运动方程和相对轮心 $C$ 的运动方程和牵连运动方程。

**解** 建立静系 $Oxy$ 如图 5.31 所示，设初始时设轮缘上的点 $M$ 位于 $y$ 轴上 $M_O$ 处。$MH$ 间弧长与 $C$ 点经过位移即 $x$ 相等，故在图示瞬时，点 $M$ 和轮心 $C$ 的连线与 $CH$ 之间夹角为

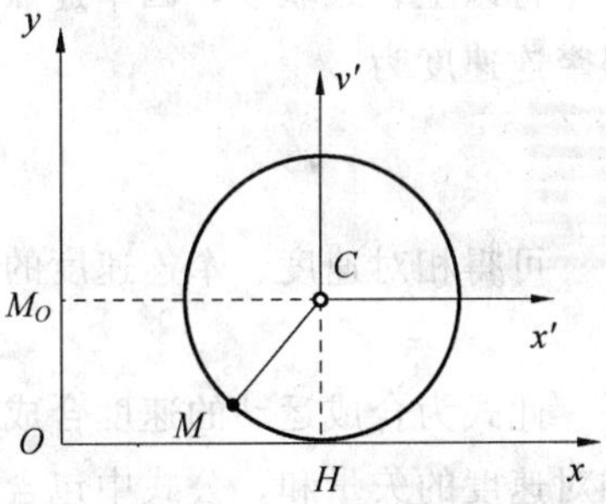

图 5.31 例 5.10 题图

$$\varphi_1=\frac{v_Ct}{r}$$

在轮心 $C$ 建立动系 $Cx'y'$，点 $M$ 的相对运动方程为

$$\begin{cases}x'=-r\sin\varphi_1=-r\sin\dfrac{v_Ct}{r}\\ y'=-r\cos\varphi_1=-r\cos\dfrac{v_Ct}{r}\end{cases}$$

点 $M$ 的相对运动轨迹方程为

$$x'^2+y'^2=r^2$$

由式（2）知点 $M$ 的相对运动轨迹为圆。

牵连运动为动系 $Cx'y'$ 相对于定系 $Oxy$ 的运动，其牵连运动方程为

$$\begin{cases}x_C=v_Ct\\ y_C=r\\ \varphi=0\end{cases}$$

其中，由于动系做平移运动，因此动系坐标轴 $x'$ 与定系坐标轴 $x$ 的夹角 $\varphi=0$。

点 $M$ 的绝对运动方程为

$$\begin{cases} x=v_C t-r\sin\varphi_1=v_C t-r\sin\dfrac{v_C t}{r} \\ y=r-r\cos\varphi_1=r-r\cos\dfrac{v_c t}{r} \end{cases}$$

可见，点 $M$ 的绝对运动轨迹为旋轮线。

## 5.2.2 点的速度合成定理

利用矢量法可以研究点的合成运动，下面首先研究点的相对速度、牵连速度、绝对速度三者之间的关系。

如图 5.32 所示，设 $Oxy$ 为静系，$O'x'y'$ 为动系，$M$ 为动点。动系的坐标原点 $O'$ 在定系中的矢径为 $\boldsymbol{r}_{O'}$，动点 $M$ 相对于静系的矢径为 $\boldsymbol{r}_M$，动点 $M$ 相对于动系的矢径为 $\boldsymbol{r}'$，动系上三轴方向的三个单位矢量分别为 $\boldsymbol{i}'$、$\boldsymbol{j}'$、$\boldsymbol{k}'$，牵连点为 $M'$（动系上与动点重合的点）相对于静系的矢径为 $\boldsymbol{r}_{M'}$，可知

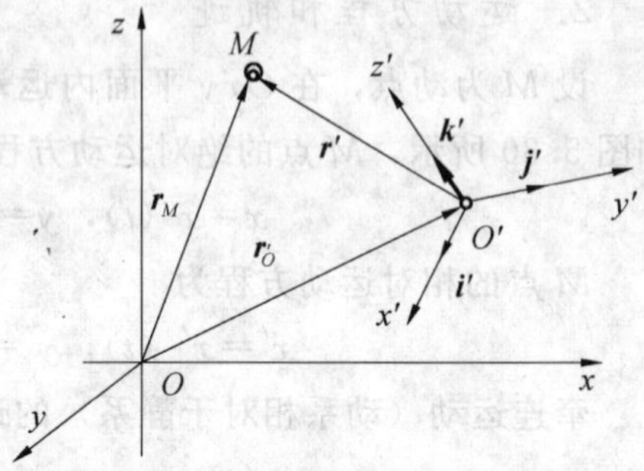


图 5.32　点的合成运动

$$\boldsymbol{r}_M=\boldsymbol{r}'_O+\boldsymbol{r}'$$

$$\boldsymbol{r}'=x'\boldsymbol{i}'+y'\boldsymbol{j}'+z'\boldsymbol{k}'$$

注意到 $\boldsymbol{r}_M=\boldsymbol{r}_{M'}$，故，动点 $M$ 的绝对速度为

$$\boldsymbol{v}_a=\frac{\mathrm{d}\boldsymbol{r}_M}{\mathrm{d}t} \tag{5.46}$$

动点 $M$ 的相对速度为

$$\boldsymbol{v}_r=\frac{\mathrm{d}\boldsymbol{r}'}{\mathrm{d}t}=\dot{x}'\boldsymbol{i}'+\dot{y}'\boldsymbol{j}'+\dot{z}'\boldsymbol{k}' \tag{5.47}$$

将以上各式联立，因牵连点 $M'$ 是动系上的一个确定点，因此 $M'$ 的三个坐标 $x'$、$y'$、$z'$ 是常量，得牵连速度为

$$\boldsymbol{v}_e=\frac{\mathrm{d}\boldsymbol{r}_{M'}}{\mathrm{d}t}=\dot{\boldsymbol{r}}'_O+x'\dot{\boldsymbol{i}}'+y'\dot{\boldsymbol{j}}'+z'\dot{\boldsymbol{k}}' \tag{5.48}$$

可得相对速度、牵连速度的绝对速度三者之间的关系为

$$\boldsymbol{v}_a=\boldsymbol{v}_e+\boldsymbol{v}_r \tag{5.49}$$

此式为合成运动的速度合成定理，该式表明：动点的绝对速度等于同一瞬时该点的牵连速度与相对速度的矢量和。公式中包含有绝对速度 $\boldsymbol{v}_a$、牵连速度 $\boldsymbol{v}_e$、和相对速度 $\boldsymbol{v}_r$ 的大小和方向共六个未知量，如果知道其中任意四个未知量，则另两个量可求。

注意，速度合成定理适用于任何形式的牵连运动，应用时一定要先做速度平行四边形，并注意三个速度之间的关系，$\boldsymbol{v}_a$ 一定是平行四边形的对角线。

**例 5.11**　汽车以速度 $v_1$ 沿直线行驶，雨滴 $M$ 以 $v_2$ 铅垂下落，试求雨滴相对于车的速度。

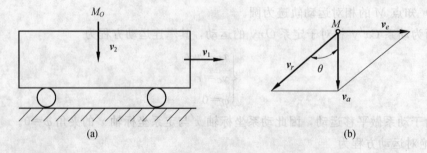

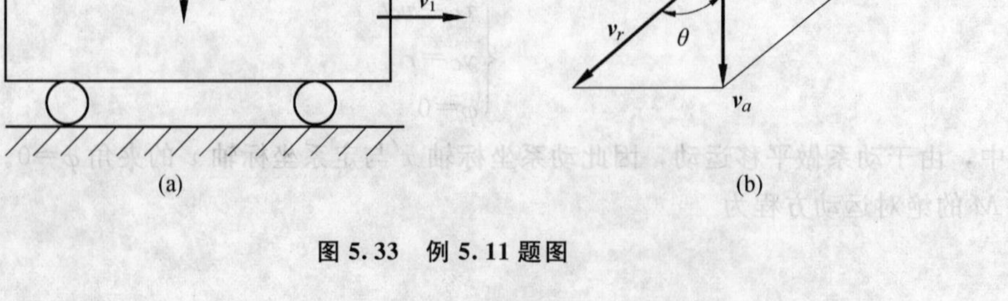


图 5.33　例 5.11 题图

解　①分析三种运动。

动点：雨滴 $M$ 点；静系：固结在地面上；动系：固结在汽车上，如图 5.33（a）所示。

②速度分析。

绝对速度为 $v_a=v_2$，汽车的速度为牵连速度（牵连点的速度），即 $v_e=v_1$，作速度的平行四边形，如图 5.33（b）所示，只需将速度 $\boldsymbol{v}_a$ 和 $\boldsymbol{v}_e$ 矢量的端点连线便可确定雨滴相对于汽车的速度 $\boldsymbol{v}_r$。故

$$v_r=\sqrt{v_a^2+v_e^2}=\sqrt{v_2^2+v_1^2}$$

雨滴相对于汽车的速度 $v_r$ 与铅垂线的夹角为

$$\tan\theta=\frac{v_1}{v_2}$$

**例 5.12**　如图 5.34 所示机构中，曲柄 $O'A$ 长 12 cm，当 $OA$ 绕轴 $O$ 以匀角速度 $\omega=7$ rad/s 转动时，滑套 $A$ 带动杆 $O_1B$ 绕轴 $O_1$ 转动，已知：$OO_1=20$ cm，求：当 $\angle O_1OA=90°$时，杆 $O_1B$ 的角速度。

**解**　①动点：$A$（滑套上）；动系：在曲柄 $O_1B$ 上；静系：在机构的基座上。其中，绝对运动：滑套 $A$ 绕轴 $O$ 的运动；相对运动：在动坐标系中滑套 $A$ 相对于曲柄的运动；牵连运动：杆 $O_1B$ 绕轴 $O_1$ 的转动。

②速度分析：根据速度合成定理进行分析，具体见表 5.1。

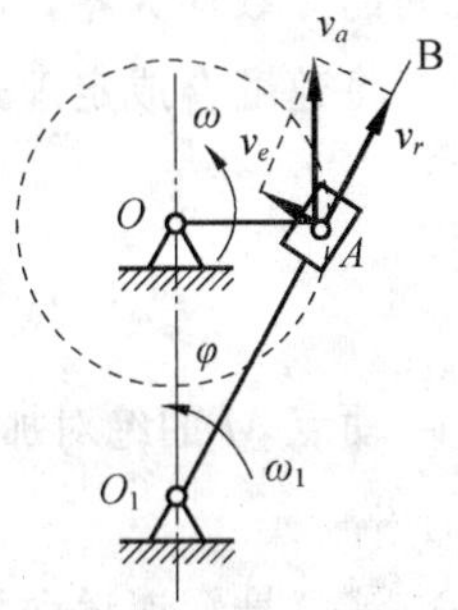


**图 5.34　曲柄摇杆**

**表 5.1　分析过程**

| | $v_a$ | = | $v_e$ | + | $v_r$ |
|---|---|---|---|---|---|
| 大小 | $OA\cdot\omega$ | | ? | | ? |
| 方向 | 垂直于 $OA$ | | 垂直于杆 $O_1B$ | | 沿 $O_1B$ |

作如图 5.34 所示矢量平行四边形，可得牵连速度

$$v_e=v_a\sin\varphi=\frac{(OA)^2}{O_1A}\omega$$

③再取 $O_1B$ 杆为研究对象，定轴转动的 $O_1B$ 杆与点 $A$ 相重合的点的速度求出后，即可求出 $O_1B$ 杆的角速度为

$$\omega=\frac{v_r}{O_1A}=\frac{(OA)^2}{(O_1A)^2}\omega=\frac{12^2\times7}{12^2+20^2}=1.85\ \text{rad/s}$$

**技术提示**

动点动系选择的原则：

(1) 三种速度有三个大小和三个方向，共六个要素，必须已知其中四个要素，才能求出剩余的两个要素。因此只要正确地画出上面三种速度的平行四边形，即可求出剩余的两个要素。

(2) 一般不能将动点和动系选在同一个参考体上。

(3) 动点相对于动系的运动应容易判断，否则各轨迹的判断易产生混乱。

(4) 若无特殊说明，定系可选在地面或机架上。

(5) 动系的运动是任意的运动，可以是平移、转动或者是较为复杂运动。

## 5.2.3 牵连运动为平移时点的加速度合成

在图 5.32 中，$Oxyz$ 为静系，$o'x'y'z'$ 为动系，设动系做平移。在静系中，动点 $M$ 的绝对对速度为

$$\boldsymbol{v}_a=\frac{\mathrm{d}\boldsymbol{r}}{\mathrm{d}t},\ \boldsymbol{a}_a=\frac{\mathrm{d}\boldsymbol{v}_a}{\mathrm{d}t}=\frac{\mathrm{d}^2\boldsymbol{r}}{\mathrm{d}t^2}$$

动点 $M$ 的相对速度为

$$\boldsymbol{v}_r=\frac{\mathrm{d}\boldsymbol{r}'}{\mathrm{d}t}=\dot{x}'\boldsymbol{i}'+\dot{y}'\boldsymbol{j}'+\dot{z}'\boldsymbol{k}'$$

相对加速度为

$$\boldsymbol{a}_r=\frac{\mathrm{d}\boldsymbol{v}_r}{\mathrm{d}t}=\ddot{x}'\boldsymbol{i}'+\ddot{y}'\boldsymbol{j}'+\ddot{z}'\boldsymbol{k}'$$

其中，$\boldsymbol{i}'$、$\boldsymbol{j}'$、$\boldsymbol{k}'$为动系坐标 $x'$、$y'$、$z'$的单位矢量，由于动系做平移，故 $\boldsymbol{i}'$、$\boldsymbol{j}'$、$\boldsymbol{k}'$为常矢量，对时间的导数均为零，$\boldsymbol{v}_e=\boldsymbol{v}'_O$。

将速度合成定理式（5.49）对时间求导，得

$$\frac{\mathrm{d}\boldsymbol{v}_a}{\mathrm{d}t}=\frac{\mathrm{d}\boldsymbol{v}_e}{\mathrm{d}t}+\frac{\mathrm{d}\boldsymbol{v}_r}{\mathrm{d}t}=\frac{\mathrm{d}\boldsymbol{v}_{O'}}{\mathrm{d}t}+\frac{\mathrm{d}}{\mathrm{d}t}\ (\dot{x}'\boldsymbol{i}'+\dot{y}'\boldsymbol{j}'+\dot{z}'\boldsymbol{k}')\ =$$

$$\boldsymbol{a}_{o'}+\ddot{x}'\boldsymbol{i}'+\ddot{y}'\boldsymbol{j}'+\ddot{z}'\boldsymbol{k}'=\boldsymbol{a}_e+\boldsymbol{a}_r$$

动点 $M$ 的绝对加速度为

$$\boldsymbol{a}_a=\boldsymbol{a}_e+\boldsymbol{a}_r \tag{5.50}$$

这就是牵连运动为平移时点的加速度合成定理。该定理表明：动系平移时，动点的绝对加速度等于其牵连加速度和相对加速度的矢量和。

在一般情形下，动点的三种轨迹为曲线时，$\boldsymbol{a}_a$、$\boldsymbol{a}_e$、$\boldsymbol{a}_r$ 均可分解为切向和法向两个分量。三个法向分量的大小均由速度确定；其中的三个加速度切向分量大小可由式（5.50）的投影方程求解。平面矢量方程可列两个独立投影方程，求解两个未知量。

**例 5.13** 曲柄 $OA$ 绕固定轴 $O$ 转动，丁字形杆 $BC$ 沿水平方向往复平移。铰接在曲柄端 $A$ 的滑块，可在丁字形杆的铅直槽 $DE$ 内滑动，如图 5.35 所示。设曲柄以角速度 $\omega$ 做匀速转动，$OA=r$，试求图示瞬时，杆 $BC$ 的速度和加速度。

**解** 因为 $BC$ 杆做平移，其上各点加速度相同。如将动系固定于 $BC$，则牵连加速度即为 $BC$ 杆的加速度。

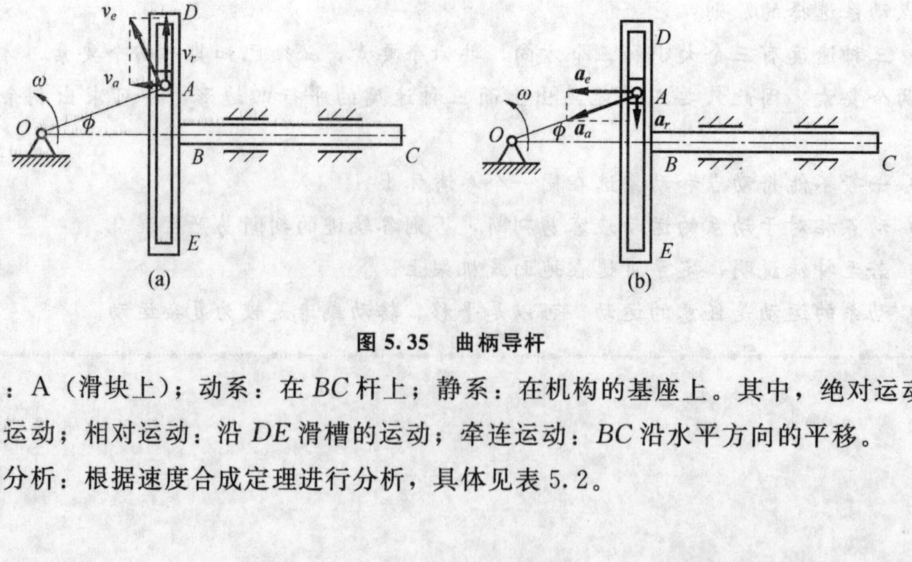


**图 5.35 曲柄导杆**

①动点：A（滑块上）；动系：在 $BC$ 杆上；静系：在机构的基座上。其中，绝对运动：以 $O$ 为圆心的圆周运动；相对运动：沿 $DE$ 滑槽的运动；牵连运动：$BC$ 沿水平方向的平移。

②速度分析：根据速度合成定理进行分析，具体见表 5.2。

表 5.2 分析过程

| | $v_a$ | = | $v_e$ | + | $v_r$ |
|---|---|---|---|---|---|
| 大小 | $r\omega$ | | ? | | ? |
| 方向 | 垂直于 $AO$ | | 水平 | | 沿 $DE$ |

由图 5.35（a）可知

$$v_e = v_a \sin\varphi = r\omega\sin\varphi$$

$$v_{BC} = v_e = r\omega\sin\varphi，方向水平向左。$$

因牵连运动为平移，$a_C=0$，故 $a_a=a_e+a_r$，又因曲柄做匀速转动，所以 $A$ 点的绝对加速度只有法向分量。

③加速度分析：画加速度矢量图进行分析，具体见表 5.3。

表 5.3 分析过程

| | $a_a$ | = | $a_e$ | + | $a_r$ |
|---|---|---|---|---|---|
| 大小 | $r\omega^2$ | | ? | | ? |
| 方向 | 沿 $AO$ 指向 $O$ | | 水平 | | 沿 $DE$ |

由图 5.35（b）可知

$$a_e = a_a\cos\varphi = r\omega^2\cos\varphi$$

$$a_{BC} = a_e = r\omega^2\cos\varphi$$

方向：水平向左。

**例 5.14** 图 5.36 所示铰接四边形机构中，$O_1A=O_2B=r$，又 $O_1O_2=AB$，杆 $O_1A$ 以等角速度 $\omega$ 绕 $O$ 轴顺时针转向转动。杆 $AB$ 上有一套筒 $C$，此筒与 $CD$ 杆相铰接。机构的各部件都在同一铅直面内。求当 $\theta=60°$ 时，杆 $CD$ 的速度和加速度。

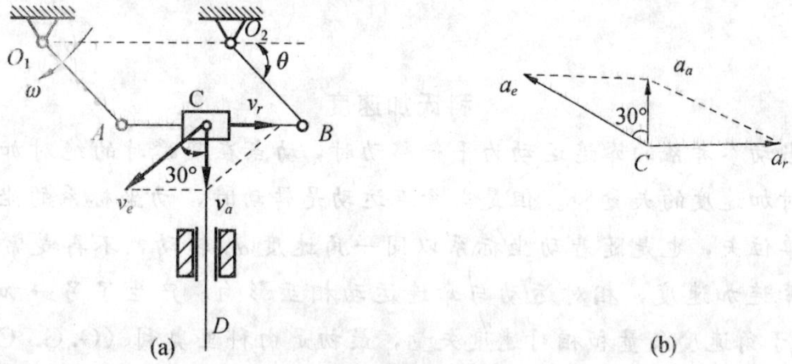


**图 5.36 例 5.14 题图**

**解** 因为 $AB$ 杆做曲线平移，其上各点加速度相同。如将动系固定于 $AB$，则牵连加速度即为 $BC$ 杆的加速度。

①动点：$A$（滑块上）；动系：在 $AB$ 杆上；静系：在地面上。其中，绝对运动：沿 CD 直线运动；相对运动；沿 $AB$ 杆的运动；牵连运动：$O_1A$ 或 $O_2B$ 的定轴转动。

②速度分析：根据速度合成定理进行分析，具体见表 5.4。

表 5.4 分析过程

| | $\boldsymbol{v}_a$ | = | $\boldsymbol{v}_e$ | + | $\boldsymbol{v}_r$ |
|---|---|---|---|---|---|
| 大小 | ? | | $r\omega$ | | ? |
| 方向 | 沿 $CD$ | | 垂直于 $O_1A$ | | 沿 $AB$ |

由图 5.36（a）可知

$$v_a=v_e\sin 30^\circ=\frac{1}{2}v_e=\frac{1}{2}r\omega\text{（沿 }CD\text{ 向下）}$$

此即为 $CD$ 杆的速度。

因牵连运动为平移，$a_C=0$ 故 $\boldsymbol{a}_a=\boldsymbol{a}_e+\boldsymbol{a}_r$，又因曲柄做匀速转动，所以 $A$ 点的牵连加速度只有法向分量。

③加速度分析：由加速度合成定理画加速度矢量图求解。具体分析见表 5.5。

表 5.5 分析过程

| | $\boldsymbol{a}_a$ | = | $\boldsymbol{a}_e$ | + | $\boldsymbol{a}_r$ |
|---|---|---|---|---|---|
| 大小 | ? | | $r\omega^2$ | | ? |
| 方向 | 沿 $CD$ | | 沿 $AO_1$ 指向 $O_1$ | | 沿 $AB$ |

如图 5.36（b）作加速度三角形得

$$a_a=a_e^n\cos 30^\circ=\frac{\sqrt{3}}{2}r\omega^2\text{（沿 }CD\text{ 向下）}$$

此即为 $CD$ 杆的加速度。

当牵连运动为其他运动，如定轴转动时，动系坐标轴的三个单位矢量为 $\boldsymbol{i}'$、$\boldsymbol{j}'$、$\boldsymbol{k}'$，在静系 $Oxy$ 中是变矢量，式（5.50）不再成立，将会同时产生另一加速度，即科氏加速度，本书中不做详细讨论，读者可自行学习。

## 【知识拓展】

### 科氏加速度

我们已证明：当动参考系的牵连运动为平行移动时，动点在某瞬时的绝对加速度等于该瞬时它的牵连加速度与相对加速度的矢量和。但是当牵连运动是转动时，动坐标系的坐标轴的方向将发生改变，各轴方向的单位矢，也是随着动坐标系以同一角速度 $\omega_e$ 转动，不再是常矢量，动系原点的加速度就不再等于牵连加速度，相对运动与牵连运动相互影响，产生了另一加速度分量 $a_C$，$a_C=2\omega\times v_r$，其方向垂直于角速度矢量和相对速度矢量，最初是由科里奥利（G. G. Coriolis）于 1832 年在研究水轮机转动时提出的，因而得名科里奥利加速度，简称科氏加速度。于是此时的加速度合成定理可改写为：当牵连运动为转动时，动点在某瞬时的绝对加速度等于该瞬时它的牵连加速度、相对加速度与科氏加速度的矢量和。即

$$\boldsymbol{a}_a=\boldsymbol{a}_e+\boldsymbol{a}_r+\boldsymbol{a}_C$$

若将动系的转动角速度 $\omega_e$ 按右手螺旋法则以矢量表示（图 5.37），则

$$|\boldsymbol{a}_C|=2\omega_e v_r\sin\theta$$

方向垂直于 $\omega_e$ 和 $v_r$ 所在平面，指向按右手法则确定。

当 $\omega_e /\!/ v_r$ 时（$\theta=0^\circ$或 $180^\circ$），$a_C=0$

当 $\omega_e \perp v_r$ 时（$\theta=90^\circ$），$a_C=2\omega_e v_r$

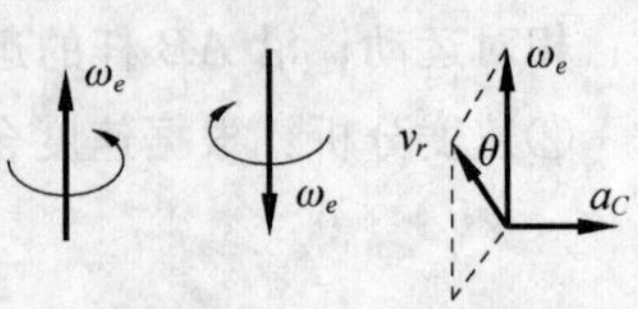

图 5.37 科氏加速度

当牵连运动为平移时，$\omega_e=0$，因此 $a_C=0$，所以 $a_a=a_e+a_r$。

## 【重点串联】

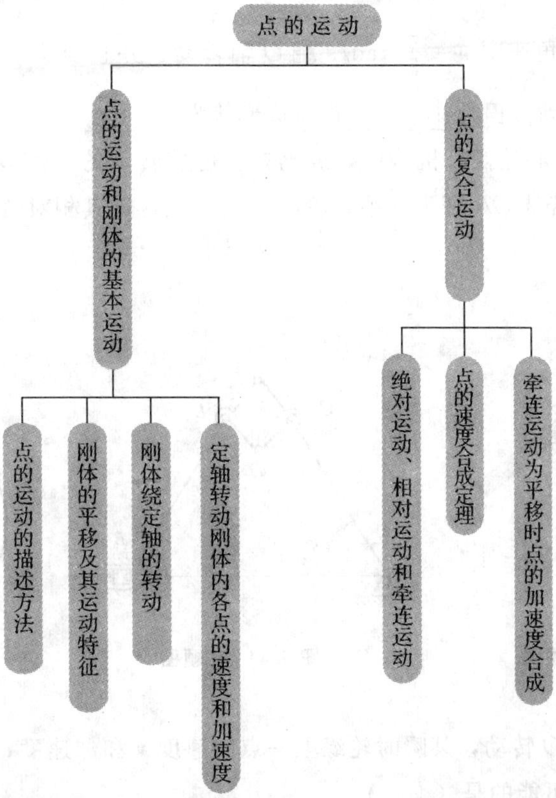


## 拓展与实训

### 职业能力训练

**一、填空题**

1. 做曲线运动的点，其切向加速度表示速度的________的变化。

2. 如图 5.38 所示的直角刚杆 $AOB$，$AO=2$ m，$BO=3$ m，已知某瞬时 $A$ 点的速度 $V_A=6$ m/s；而 $B$ 点的加速度 $\boldsymbol{a}$ 与 $BO$ 成 60°角。则该瞬时刚杆的角速度 $\omega=$________rad/s，角加速度 $\alpha=$________rad/s²。

3. 图 5.39 中轮Ⅰ的角速度是 $\omega_1$，则轮Ⅲ的角速度 $\omega_3=$________；转向为________。

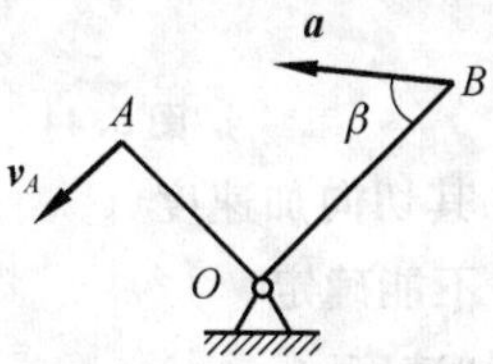


**图 5.38　2 题图**

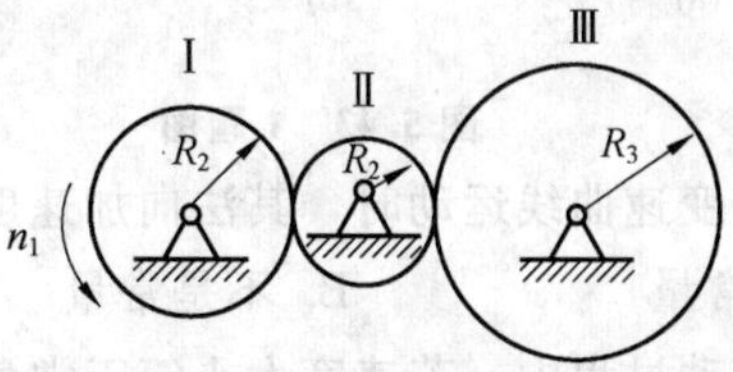


**图 5.39　3 题图**

4. 已知直角 T 字杆某瞬时以角速度 $\omega$、角加速度 $\alpha$ 在图平面内绕 $O$ 转动，则 $C$ 点的速度为________；加速度为________（方向均应在图 5.40 上表示）。

5. 图 5.41 所示曲线规尺的各杆，长为 $OA=AB=200$ mm，$CD=DE=AC=AE=50$ mm。如杆 $OA$ 以等角速度 $\omega=\frac{\pi}{5}$ rad/s 绕 $O$ 轴转动，并且当运动开始时，杆 $OA$ 水平向右。则尺上点 $D$ 的运动方程为________，轨迹形状为________。

6. 图 5.42 所示偏心轮摆杆机构中，若已知偏心轮转动的角速度、半径、$OC=e$，在计算 $AB$ 杆的速度时，若选 $OA$ 杆为动系，轮心 $C$ 为动点，则其相对轨迹为________；牵连点轨迹为________。

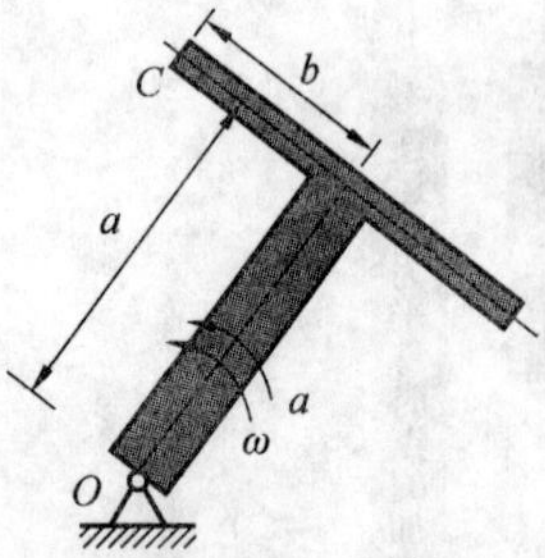


**图 5.40　4 题图**

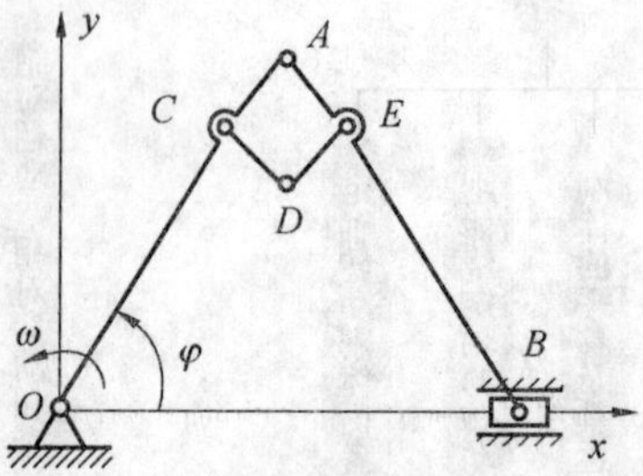


**图 5.41　5 题图**

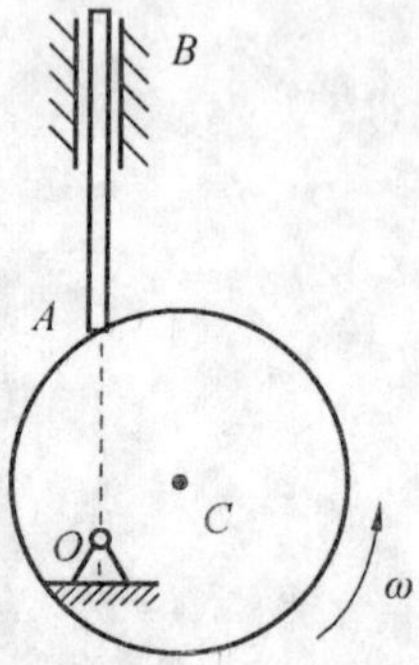


**图 5.42　6 题图**

**二、单选题**

1. 圆轮绕固定轴 $O$ 转动，某瞬时轮缘上一点的速度 $\boldsymbol{v}$ 和加速度 $\boldsymbol{a}$ 如图 5.43 所示，试问下列情况是不可能的是（　　）。

A. (a)、(b) 的运动是不可能的　　B. (a)、(c) 的运动是不可能的

C. (b)、(c) 的运动是不可能的　　D. 均不可能

2. 已知正方形板 $ABCD$ 做定轴转动，转轴垂直于板面，$A$ 点的速度、加速度、方向如图 5.44 所示。则正方形板转动的角速度的大小为（　　）。

A. 1 rad/s　　B. $\sqrt{2}$ rad/s　　C. 3 rad/s　　D. 无法确定

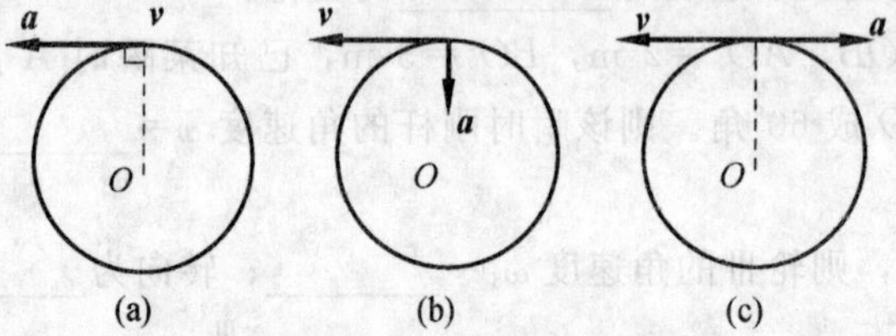


**图 5.43　1 题图**

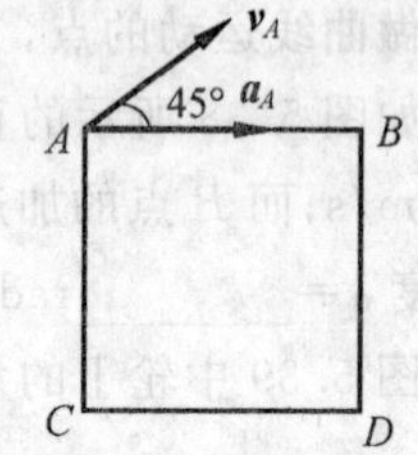


**图 5.44　2 题图**

3. 点做匀变速曲线运动时，其法向加速度（　　），其切向加速度（　　）。

A. 是常量　　B. 不是常量　　C. 不能确定

4. 点在运动过程中，若速度大小等于常量，则切向加速度（　　）。

A. 等于常数　　B. 不等于零，也不等于常数

C. 等于零　　D. 无法判断

5. 圆盘做定轴转动，轮缘上一点 $M$ 的加速度 $\boldsymbol{a}$ 分别有图 5.45 所示三种情况。则在该三种情况下，圆盘的角速度 $\omega$ 等于零的是（　　），角加速度 $\alpha$ 等于零的是（　　）。

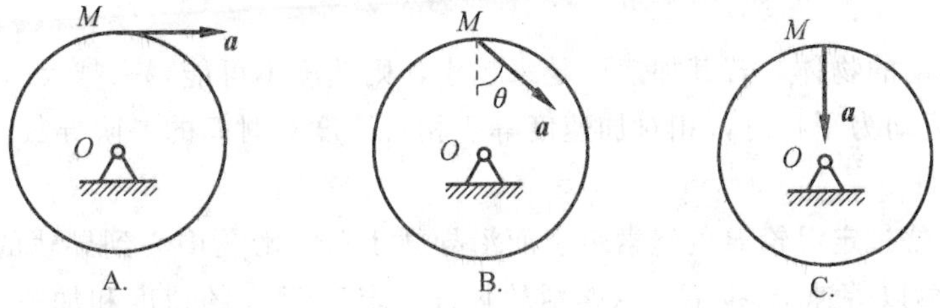


图 5.45　5 题图

6. 在点的合成运动问题中，当牵连运动为平移时（　　）。

A. 不一定会有科氏加速度　　B. 一定没有科氏加速度

C. 一定会有科氏加速度　　D. 无法判断

7. 长 $L$ 的直杆 $OA$，以角速度 $\omega$ 绕 $O$ 轴转动，杆的 $A$ 端铰接一个半径为 $r$ 的圆盘，圆盘相对于直杆以角速度 $\omega_r$ 绕 $A$ 轴转动。今以圆盘边缘上的一点 $M$ 为动点，$OA$ 为动坐标，当 $AM \perp OA$ 时，点 $M$ 的相对速度为（　　）。

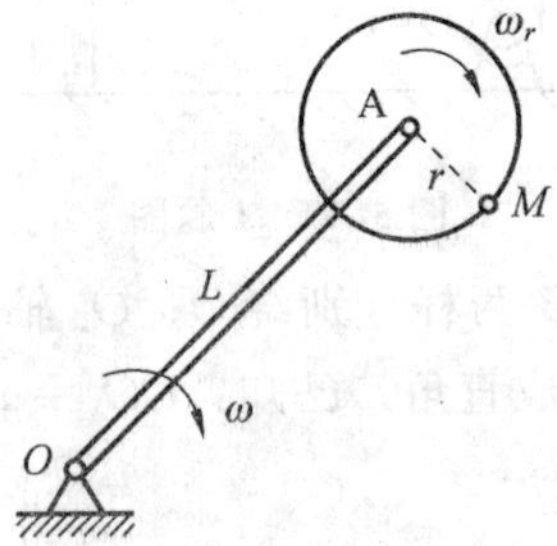


图 5.46　7 题图

A. $v_r = L\omega_r$，方向沿 $AM$

B. $v_r = r\ (\omega_r - \omega)$，方向垂直 $AM$，指向左下方

C. $v_r = r\ (L^2 + r^2)^{1/2}\omega_r$，方向垂直 $OM$，指向右下方

D. $v_r = r\omega_r$，方向垂直 $AM$，指向在左下方

8. 在点的合成运动中，加速度合成定理 $a_a = a_e + a_r$ 的适用范围是（　　）。

A. 对牵连运动为任何运动均适用　　B. 适用于牵连运动为平移和定轴转动

C. 只适用于牵连运动为平移　　D. 适用于牵连运动为定轴转动

**三、判断题**

1. 在刚体运动过程中，若其上有一条直线始终平行于它的初始位置，则这种刚体的运动就是平移。

2. 定轴转动刚体上与转动轴平行的任一直线上的各点加速度的大小相等，但方向不同。

3. 刚体做平移时，其上各点的轨迹可以是直线，可以是平面曲线，也可以是空间曲线。

4. 刚体做定轴转动时，垂直于转动轴的同一直线上的各点，不但速度的方向相同，而且其加速度的方向也相同。

5. 两个做定轴转动的刚体，若其角加速度始终相等，则其转动方程相同。

6. 刚体平移时，若刚体上任一点的运动已知，则其他各点的运动随之确定。

7. 点在运动过程中，若速度大小等于常量，则加速度不一定等于零。

8. 动点 $M$ 沿其轨迹运动，若始终有速度方向与加速度方向垂直，则速度的大小必等于常量。

9. 做加速运动的物体，若其加速度越来越小，则速度不可能越来越大。

10. 当牵连运动为平移时，相对加速度等于相对速度对时间的一阶导数。

**四、计算题**

1. 套管 $A$ 由绕过定滑轮 $B$ 的绳索牵引而沿导轨上升，滑轮中心到导轨的距离为 $l$，如图 5.47 所示。设绳索以等速 $v_0$ 拉下，忽略滑轮尺寸。求套管 $A$ 的速度和加速度与距离 $x$ 的关系式。

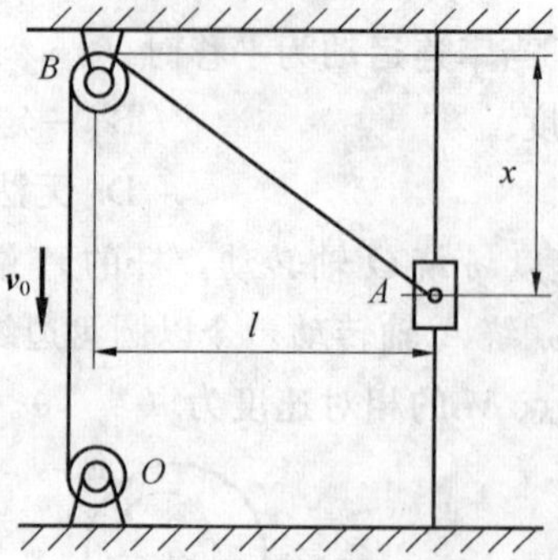


**图 5.47　1 题图**

2. 如图 5.48 所示，$OA$ 和 $O_1B$ 两杆分别绕 $O$、$O_1$ 轴转动，用十字形滑块 $D$ 将两杆连接。在运动过程中，两杆保持相交成直角。已知：$OO_1=a$；$\varphi=kt$，其中 $k$ 为常数。求滑块 $D$ 的速度和相对 $OA$ 的速度。

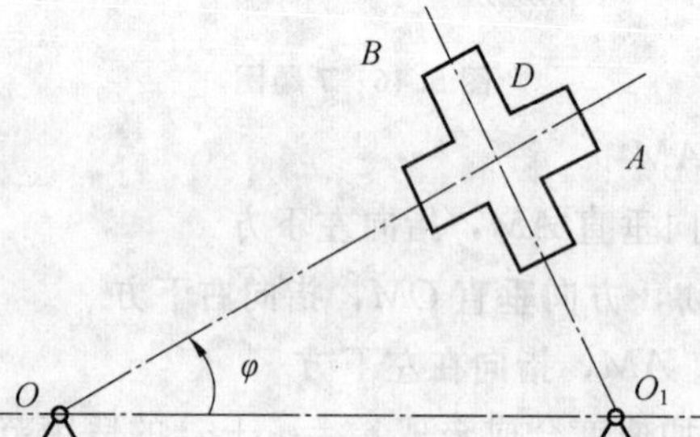


**图 5.48　2 题图**

3. 凸轮以匀角速度 $\omega$ 绕 $O$ 轴转动，杆 $AB$ 的 $A$ 端放在凸轮上。图 5.49 所示瞬时 $AB$ 杆处于水平位置，$OA$ 为铅直。试求该瞬时 $AB$ 杆的角速度的大小及转向。

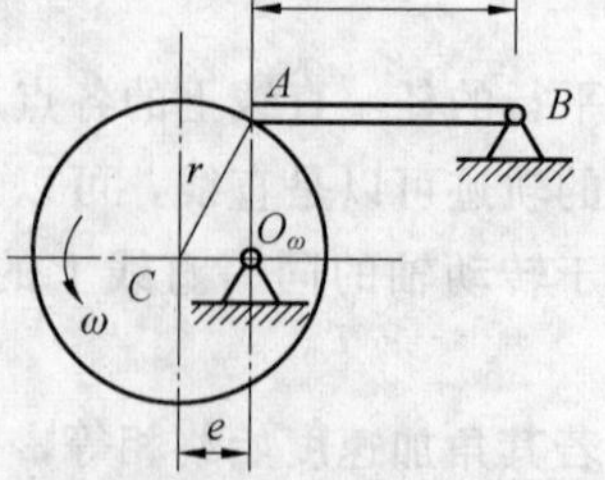


**图 5.49　3 题图**

4. 曲柄 $CE$ 在图示瞬时以 $\omega_0$ 绕轴 $E$ 转动，并带动直角曲杆 $ABD$ 在图 5.50 所示平面内运动。若 $d$ 为已知，试求曲杆 $ABD$ 的角速度。

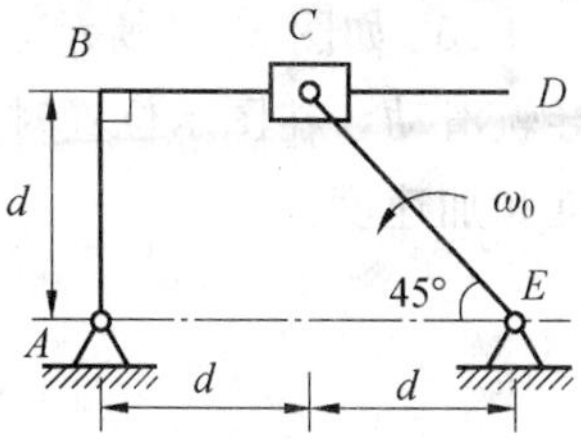

图 5.50　4 题图

5. 图 5.51 所示机构中，刚杆 $AB$ 用两条平行钢索平行吊起。钢索长 $l$，当杆 $AB$ 摆动时，钢索的摆动规律为 $\varphi=\varphi_0\sin\dfrac{\pi}{4}t$。试求当 $t=1$ s 时，杆 $AB$ 中点 $M$ 的速度和加速度。

6. 图 5.52 所示直角曲杆 $OBC$ 绕 $O$ 轴转动，使套在其上的小环 $P$ 沿固定直杆 $OA$ 滑动。已知：$OB=0.1$ m，曲杆的角速度 $\omega=0.5$ rad/s，求当 $\varphi=60°$ 时，小环 $P$ 的速度。

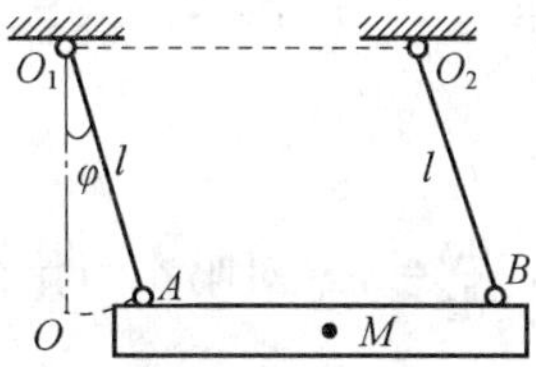

图 5.51　5 题图

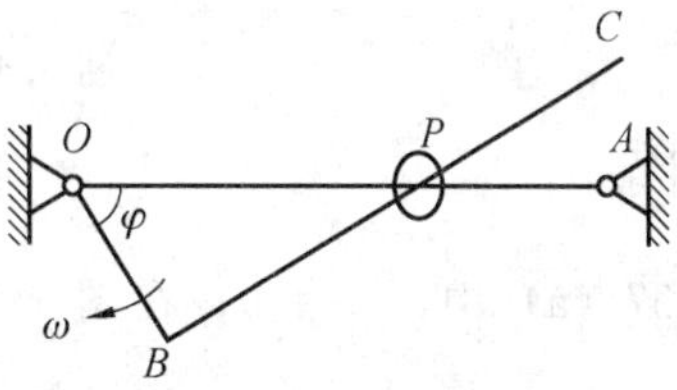

图 5.52　6 题图

7. 若半径 $r=400$ mm 的半圆形凸轮 $A$，水平向右做匀加速运动，$a_A=0.1$ m/s$^2$，推动 $BC$ 杆沿 $\varphi=30°$的滑槽。在图 5.53 所示位置时，$\theta=60°$，$v_A=0.2$ m/s。试求该瞬时 $BC$ 杆的速度及加速度。

8. 如图 5.54 所示，曲柄 $OA=0.4$ m，以匀角速度 $\omega=0.5$ rad/s 绕 $O$ 轴逆时针转动，在曲柄 $OA$ 作用下，板 $BC$ 在铅直方向滑动，求 $\theta=30°$时，板 $BC$ 的速度和加速度。

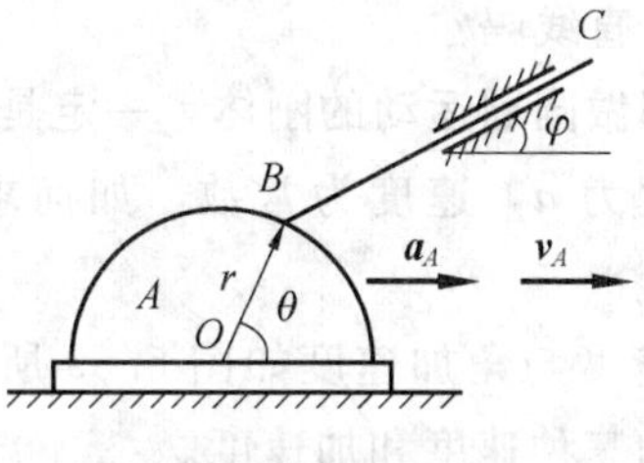

图 5.53　7 题图

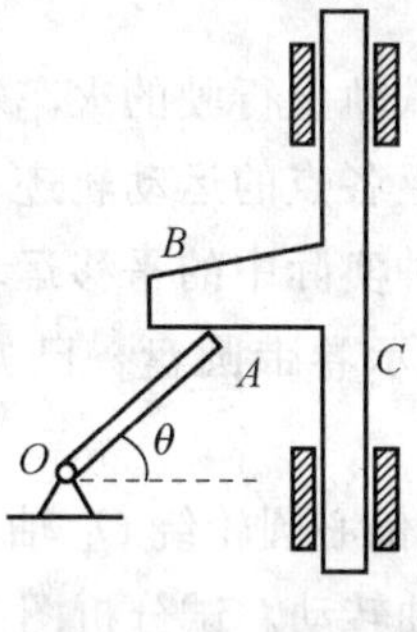

图 5.54　8 题图

9. 曲柄滑道机构如图 5.55 所示，曲柄长 $r$，倾角 $\theta=60°$。在图示瞬时，$\varphi=60°$，曲柄的角速度为 $\omega$，角加速度为 $\alpha$。试求此时滑道 $BCDE$ 的速度和加速度。

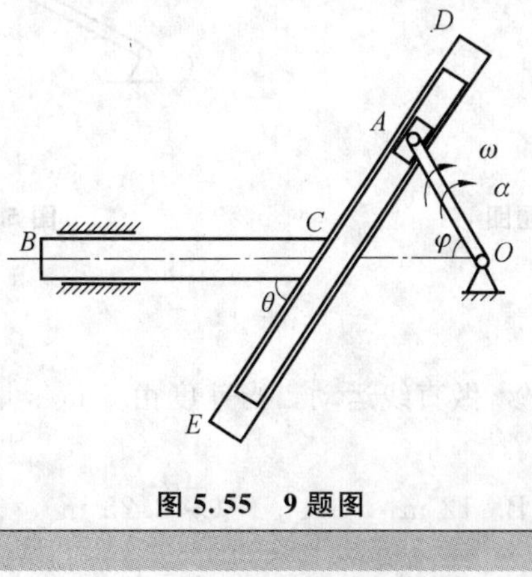

图 5.55　9 题图

10. 如图 5.56 所示，半径为 $r$ 的半圆形凸轮沿水平向左移动，从而推动顶杆 $AB$ 沿铅直导轨滑动，在图示位置时，$\varphi=60°$，凸轮具有速度 $v$ 和加速度 $a$，试求该瞬时顶杆 $AB$ 的速度和加速度。

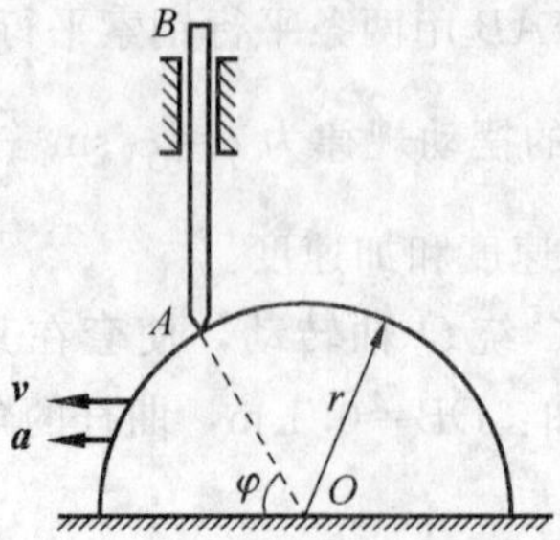


图 5.56　10 题图

## 工程模拟训练

1. 在图 5.57（a）中，$\frac{dx}{dt}=u$；在图 5.57（b）中，$\frac{d\varphi}{dt}=\omega$，对吗？为什么？

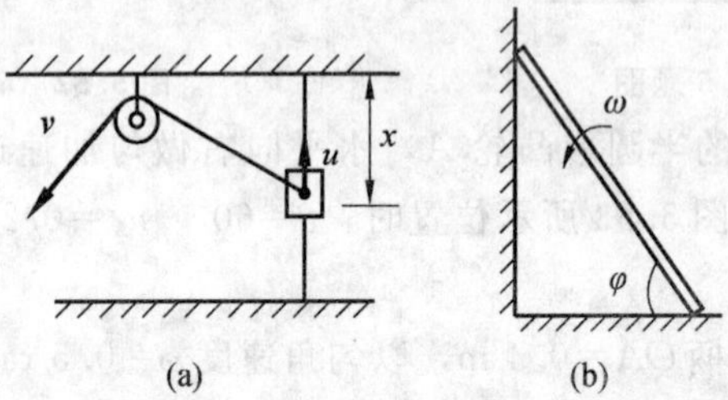


图 5.57　1 题图

2. 水平曲线铁轨上行驶的火车箱是否是平移运动？

3. 平移刚体上各点的运动轨迹一定是平行直线吗？

4. 试列举几种实际中的平移运动。各点都做圆周运动的刚体，一定是做定轴转动吗？

5. 图 5.58 所示卷带圆盘，已知胶带厚度为 $a$，速度为常数，如何求圆盘转动的角加速度？

6. 图 5.59 中偏心圆轮绕 $O_1$ 轴转动，角速度与角加速度如图 5.59 所示，$OA$ 杆搁置于轮缘上，并绕 $O$ 轴转动。试分析图中动点 $C$ 的三种速度和加速度。

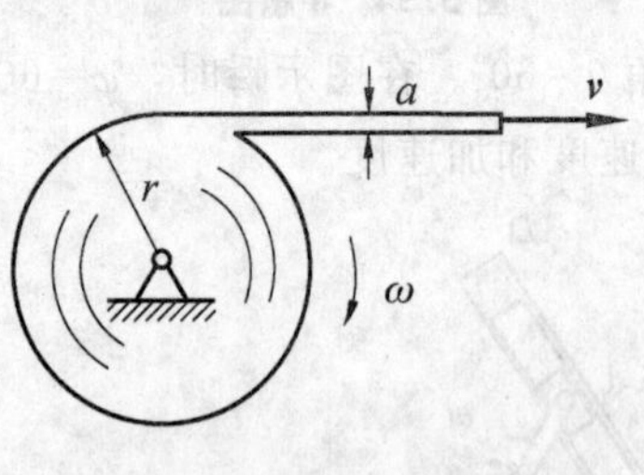


图 5.58　5 题图

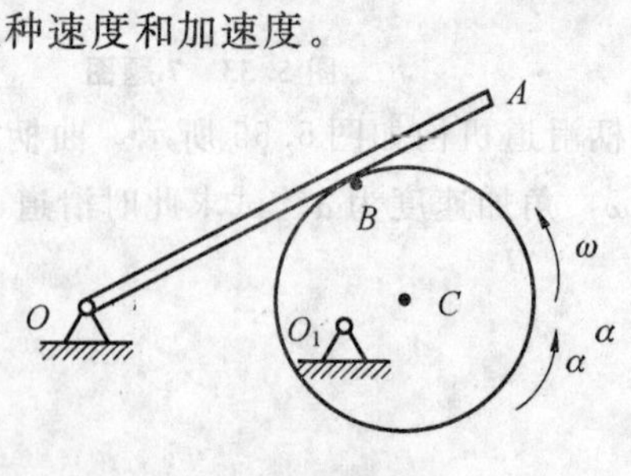


图 5.59　6 题图

## 链接执考

### 一、单选题

1. 动点以常加速度 2 m/s$^2$ 做直线运动，当速度由 5 m/s 增加到 8 m/s 时，则点运动的路程为（　　）。

A. 7.5 m　　B. 12 m　　C. 2.25 m　　D. 9.75 m

2. 物体做定轴转动的运动方程为 $\varphi=4t-3t^2$（$\varphi$ 以 rad 计，$t$ 以 s 计）。此物体内，转动半径 $r=0.5$ m 的一点，在 $t_0=0$ 时的速度和法向加速度的大小为（　　）。

A. 2 m/s，8 m/s²　　B. 2 m/s，8.54 m/s²

C. 0 m/s，8 m/s²　　D. 2 m/s，8.54 m/s²

3. 当点运动时，若位置矢的大小保持不变，方向可变，则其运动轨迹为（　　）。

A. 直线　　B. 圆周　　C. 任意曲线　　D. 不能确定

4. 刚体做平动时，某瞬时体内各点的速度和加速度（　　）。

A. 体内各点速度不相同，加速度相同　　B. 体内各点速度相同，加速度不相同

C. 体内各点速度相同，加速度相同　　D. 体内各点速度不相同，加速度不相同

5. 点做曲线运动，则下列情形中，做加速运动的是（　　）。

A. $a_\tau>0$　　B. $v>0$，$a_n>0$　　C. $a_\tau<0$　　D. $v<0$，$a_\tau<0$

6. 绳子的一端绕在滑轮上，另一端与置于水平面上的物块 $B$ 相连，如图 5.60 所示，若物块 $B$ 的运动方程为 $x=kt^2$，其中 $k$ 为常数，轮子半径为 $R$，则轮缘上 $A$ 点的加速度的大小为（　　）。

A. $2k$

B. $\left(\frac{4k^2t^2}{R}\right)^{\frac{1}{2}}$

C. $\left(\frac{4k^2+16k^4t^4}{R^2}\right)^{\frac{1}{2}}$

D. $\frac{2k+4k^2t^2}{R}$

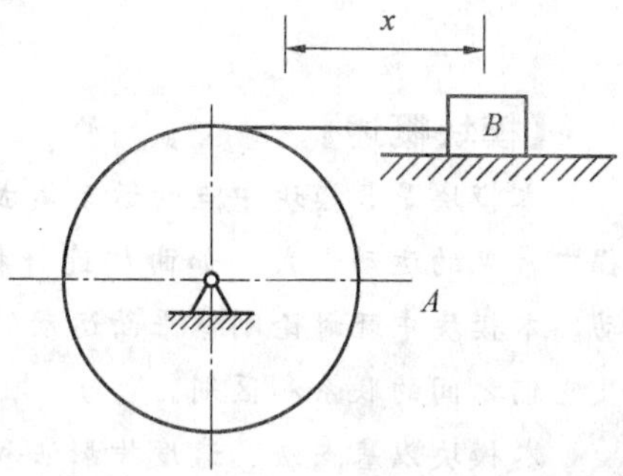


图 5.60　6 题图

7. 已知点做直线运动，其运动方程为 $x=12-t^2$（$x$ 以 cm 计，$t$ 以 s 计），则点在前 3 s 内走过的路程为（　　）。

A. 27 cm　　B. 15 cm　　C. 12 cm　　D. 30 cm

8. 在点的合成运动中，加速度合成定理 $a_a=a_e+a_r$ 的适用范围是（　　）。

A. 对牵连运动为任何运动均适用　　B. 适用于牵连运动为平动和定轴转动

C. 只适用于牵连运动为平动　　D. 适用于牵连运动为定轴转动

# 模块 6

# 刚体的平面运动

**【模块概述】**

本模块是5模块中点的运动集成，是对刚体基本运动的综合运用。刚体的平面运动是工程中常见的运动形式，如曲柄连杆机构、气缸活塞机构、传动减速机构、振动机构等的运动。本模块中既讨论刚体平面运动的整体运动描述与性质，又讨论刚体上各点的运动性质以及它们之间的联系和区别。

本模块以基点法、速度投影法和速度瞬心法为核心，以工程实例为依托，展开刚体平面运动的叙述。

**【知识目标】**

1. 刚体平面运动的概念；
2. 刚体平面运动的分解；
3. 基点法；
4. 速度投影法；
5. 速度瞬心法。

**【能力目标】**

1. 熟悉刚体平面运动的特点；
2. 熟练应用基点法、瞬心法和速度投影法求解有关速度问题；
3. 熟练应用基点法求解有关加速度问题；
4. 对常见平面机构能熟练地进行速度和加速度分析。

**【学习重点】**

刚体平面运动的概念及分解、基点法、速度投影法、速度瞬心法。

**【课时建议】**

6～8课时

工程导入

图 6.1 为工程上常见的行星轮系，该系统是一种齿轮传动机构，行星轮系主要由行星轮、中心轮及行星架组成，其中行星轮的个数通常为 2～6个。该轮系具有结构紧凑、体积小、质量小、承载能力大、传递功率范围及传动范围大、运行噪声小、效率高及寿命长等优点。行星轮系在国防、冶金、起重运输、矿山、化工、轻纺、建筑工业等部门的机械设备中得到越来越广泛的应用。行星轮系中行星轮的运动具有什么样的性质，如何分析其运动规律，本模块将系统解决这些问题。

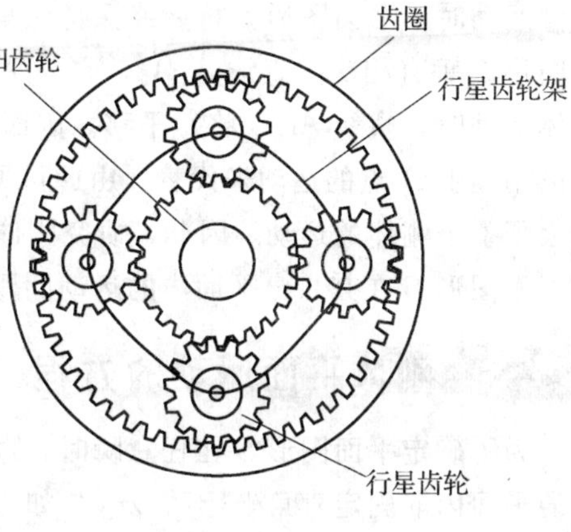


图 6.1 行星轮系

# 6.1 刚体平面运动概述和运动分析

## 6.1.1 刚体平面运动的特征

观察图 6.2 所示的四连杆机构中连杆 $AB$ 的运动、行星轮系中行星轮的运动以及车轮沿直线轨道的滚动等，这些刚体的运动既不是平移，也不是定轴转动，而是同时包含有平动和定轴转动这两种基本运动。但这些运动具有一个共同的特点，是在运动过程中，刚体上任意点与某一固定平面的距离始终保持不变，刚体的这种运动称为平面运动。

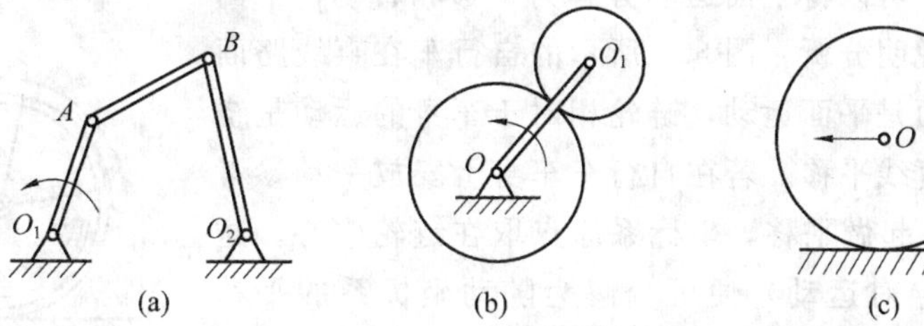


图 6.2 四连杆、行星轮及车轮

**技术提示**

在实际问题中，任何物体在力的作用下或多或少都会产生变形，如果物体变形不大或变形对所研究的问题没有实质影响，则可将物体视为刚体。图中所示物体的变形对研究问题无实质影响，故可以看作是刚体。刚体平面运动时，其上各点的运动轨迹各不相同，但都在平行于某一固定的平面内。

## 6.1.2 刚体平面运动的简化

由定义可知，刚体内与固定平面平行的任意两个刚性平面的运动状况完全相同，因此刚体内与固定平面平行的任意一个刚性平面的运动代表了整个刚体的运动，因此研究刚体的平面运动只需研究其上的一个平面图形即可。

当刚体做平面运动时，作平面$L$平行于固定平面$L_0$，并与刚体相交，截出一平面图形$S$，如图 6.3 所示。根据刚体平面运动的特点，刚体运动时，平面图形$S$将始终保持在自身平面$L$中运动。若取与平面图形$S$垂直相交的直线$A_1A_2$，它与平面图形$S$的交点为$A$，则当刚体运动时，直线$A_1A_2$将做平移。因而，直线上各点的运动都相同，可以用其上$A$点的运动来代替。由此可见，平面图形上各点的运动就代表了整个刚体的运动。因此，研究刚体平面运动的问题就归结为研究平面图形$S$在其自身平面内的运动问题。

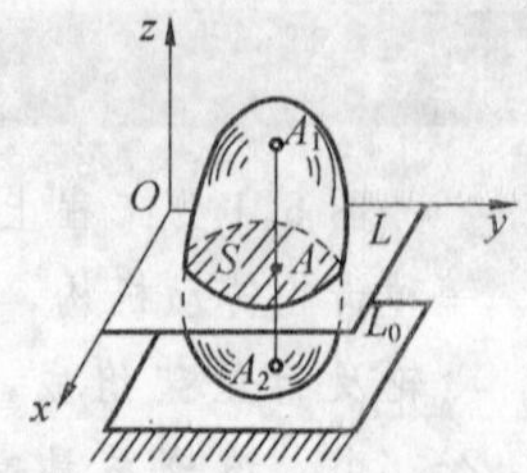

图 6.3　刚体平面运动的简化

## 6.1.3　刚体平面运动的方程

为了确定平面图形$S$在任意瞬时$t$的位置，只需确定图形内任一线段$AB$的位置。在图形$S$所在的平面内取固定直角坐标系$Oxy$，如图 6.4 所示，则线段$AB$的位置可由$A$点的坐标$x_A$、$y_A$和线段$AB$与$x$轴之间的夹角$\varphi$来表示。当图形$S$在自身平面内运动时，线段$AB$随图形一起运动，故$x_A$、$y_A$和$\varphi$应是时间的函数，即有

$$x_A=x_A(t),\ y_A=y_A(t),\ \varphi=\varphi(t) \tag{6.1}$$

式（6.1）称为刚体的平面运动方程。如果已知图形的平面运动方程，就能确定图形在任一瞬时的位置。

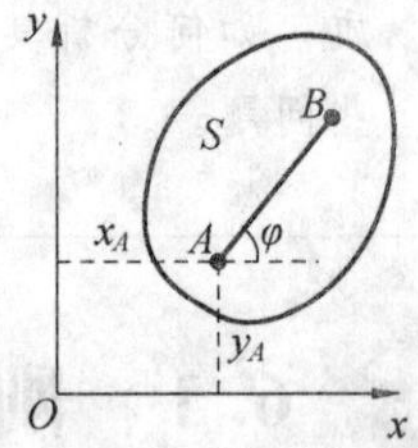

图 6.4　刚体平面图形

## 6.1.4　刚体平面运动的分解

由刚体的平面运动方程可以看到，如果图形中的$A$点固定不动，则刚体将做定轴转动；如果线段$AB$的方位不变（即$\varphi$为常数），则刚体将做平移。由此可见，平面图形的运动可以看成是刚体平移和转动的合成运动。

为了说明平面运动，可以将平面运动分解为平移和转动，下面以自行车的链轮为例来说明分析。图 6.5 所示的自行车在直线路面行驶时，链轮相对于地面是平面运动，链轮相对于车身的运动是绕$A$轴的转动，车身又做直线平移。若在自行车车身上安放一动参考系$Ax'y'$，让它随车身一起做平移，坐标系原点取在链轮中心。这样，链轮的平面运动（绝对运动）便可分解为随动坐标系的平移（牵连运动）和相对动坐标系的转动（相对运动）。

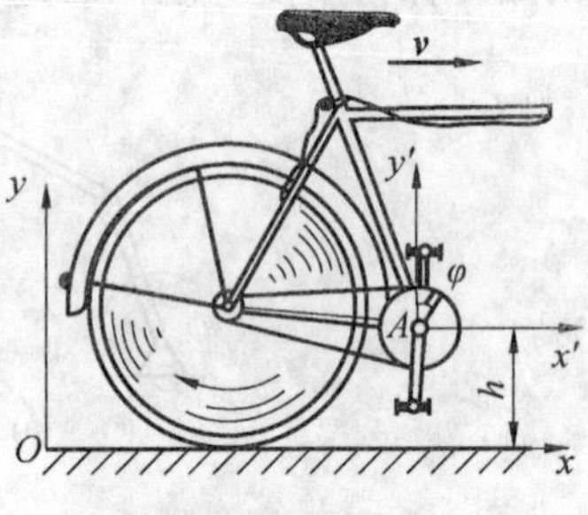

图 6.5　自行车

这种方法适用于研究任何平面图形的运动。若在平面图形上任取的$A$点处，假设安放一个平移坐标系$Ax'y'$，当图形运动时，令平移坐标系的两轴始终分别平行于定坐标轴$Ox$和$Oy$。通常将这一动坐标系的原点$A$称为基点。平面图形的平面运动便可分解为随基点$A$的平移（牵连运动）和绕基点$A$的转动（相对运动）。

从平面运动分解的角度看，基点选取是任意的。在具体求解实际问题时，常取图形内运动已知的点作为基点。这样的点可能不止一个。下面分析选取基点不同对平面运动分解的影响。

设在时间间隔$\Delta t$内，平面图形由位置Ⅰ运动到位置Ⅱ，相应地，图形内任取的线段从$AB$运动到$A_1B_1$，如图 6.6 所示。图形的这一位移，可分别以$A$和$B$为基点来进行研究。如取$A$点为基点，则这一位移可分解为：线段$AB$随$A$点平行移动到位置$A_1B'_1$，再绕$A_1$点由位置$A_1B'_1$转动$\Delta\varphi$角到达位置$A_1B_1$；如取$B$点为基点，这一位移可分解为：线段$AB$随$B$点平行移动到位置$A'_1B_1$，再绕$B_1$点由位置$A'_1B_1$转动$\Delta\varphi'$角到达位置$A_1B_1$。当

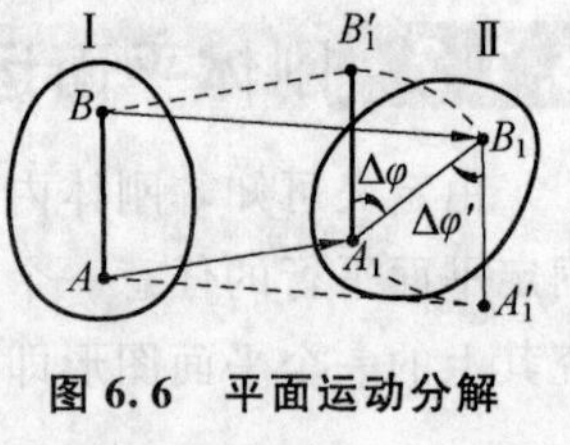

图 6.6　平面运动分解

然，实际上平移和转动两者是同时进行的。

由图 6.6 可知，取不同的基点，平移部分一般来说是不同的（$AA_1 \neq BB_1$），其速度和加速度也不相同。因此，平面运动分解为平移和转动时，其平移部分与基点的选取有关。对于转动部分，由图 6.6 可知，绕不同基点转动的角位移 $\Delta\varphi$ 和 $\Delta\varphi'$ 的大小及转向总是相同的，即总有 $\Delta\varphi = \Delta\varphi'$。

由

$$\omega = \frac{d\varphi}{dt}, \ \omega' = \frac{d\varphi'}{dt} \tag{6.2}$$

以及

$$\alpha = \frac{d\omega}{dt}, \ \alpha' = \frac{d\omega'}{dt} \tag{6.3}$$

可得

$$\omega = \omega', \ \alpha = \alpha' \tag{6.4}$$

因此，平面运动分解的转动部分与基点的选取无关。

**技术提示**

以后凡涉及平面图形相对转动的角速度和角加速度时，不必指明基点，而只说是平面图形的角速度和角加速度即可。

## 6.2 平面图形上各点的速度分析

平面图形上各点的速度分析方法有基点法、投影法、瞬心法。下面介绍这三种方法的具体内容。

### 6.2.1 基点法

任何平面图形的运动都可视为随同基点的平移和绕基点转动的合成运动。随着平面图形运动的分解与合成，图形上任一点的运动也相应地分解与合成。应用点的合成运动的方法，便可求出图形上任一点的速度。

如图 6.7 所示，设某一瞬时图形上 $A$ 点的速度 $\boldsymbol{v}_A$ 已知，图形的角速度为 $\omega$。若选 $A$ 点为基点，则根据点的速度合成定理，图形上任一点 $B$ 的绝对速度为

$$\boldsymbol{v}_a = \boldsymbol{v}_e + \boldsymbol{v}_r \tag{6.5}$$

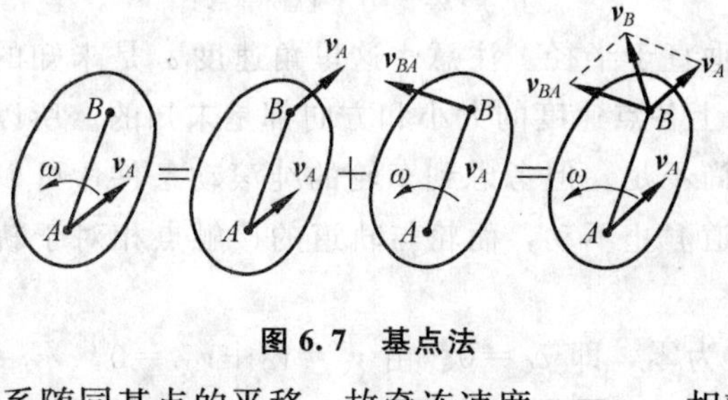


**图 6.7 基点法**

由于牵连运动为动坐标系随同基点的平移，故牵连速度 $\boldsymbol{v}_e = \boldsymbol{v}_A$。相对运动为图形绕基点 $A$ 的转动，即图形上各点以基点 $A$ 为中心做圆周运动，故相对速度为以线段 $AB$ 为半径绕 $A$ 点做圆周运动时的速度，记为 $\boldsymbol{v}_{BA}$，其大小为 $v_{BA} = AB\omega$，方向垂直于线段 $AB$，指向与图形的转动方向相一致。因此 $B$ 点的速度可表示为

$$\boldsymbol{v}_B = \boldsymbol{v}_A + \boldsymbol{v}_{BA} \tag{6.6}$$

即平面图形内任一点的速度等于基点速度与该点绕基点转动速度的矢量和。基于该结论计算平面图形内任一点速度的方法称为基点法。

在应用时，应该注意到式（6.6）是一个矢量表达式，各矢量均有大小和方向两个要素，式中共有六个要素。由于相对速度 $\boldsymbol{v}_{BA}$ 的方向总是已知的，它垂直于线段 $AB$。因此要使问题可解，还应知道另外三个要素，方可求解剩余的两个要素。特别是若已知或求得平面图形角速度，以点 $A$ 为基点，用式（6.6）可求出图形上任意点的速度。此外，应用式（6.6）作速度平行四边形时，必须注意 $\boldsymbol{v}_B$ 应为速度平行四边形的对角线。

**技术提示**

基点法是求解平面运动图形上各点速度与加速度的基本方法，若已知平面图形上基点的速度与加速度，以及平面图形的角速度与角加速度，则平面图形上各点的速度与加速度均可求得。

**例 6.1** 曲柄滑块机构如图 6.8 所示。曲柄 $OA=20$ cm，绕 $O$ 轴以等角速度 $\omega_0=10$ rad/s 转动，连杆 $AB=100$ cm。当曲柄与连杆相互垂直并与水平线间各成 $\alpha=45°$和 $\beta=45°$时，求滑块 $B$ 的速度和 $AB$ 杆的角速度。

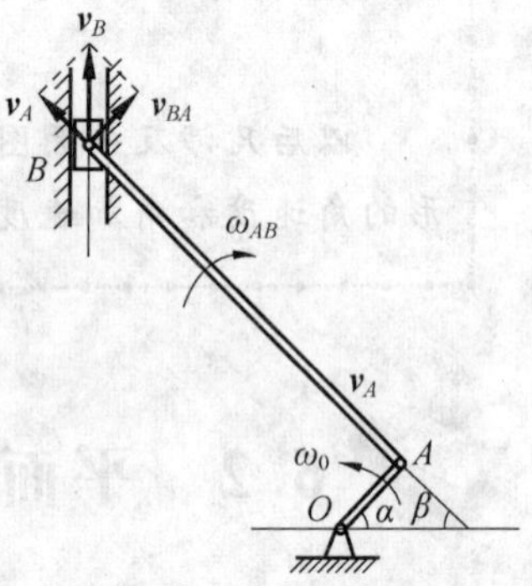


**图 6.8　曲柄滑块**

**解**　曲柄 $OA$ 做定轴转动，连杆 $AB$ 做平面运动，滑块 $B$ 做平移。$A$ 点做圆周运动，$B$ 点做直线运动。以 $A$ 点为基点，研究 $AB$ 杆的运动。由式（6.6），有

$$\boldsymbol{v}_B=\boldsymbol{v}_A+\boldsymbol{v}_{BA}$$

其中基点速度已知，$v_A=OA\omega_0=2$ m/s，方向垂直于 $OA$；$\boldsymbol{v}_B$ 和 $\boldsymbol{v}_{BA}$ 的方向均已知，大小待求。作出 $B$ 点的速度平行四边形，由图中几何关系可得

$$v_B=v_A/\cos\alpha=2/\cos 45°=2\sqrt{2}\ \text{m/s},\quad v_{BA}=v_A=2\ \text{m/s}$$

故

$$\omega_{BA}=v_{BA}/AB=2\ \text{rad/s}$$

由相对速度 $\boldsymbol{v}_{BA}$ 的指向及其相对于 $A$ 的位置，可以判明角速度 $\omega_{BA}$ 的转向为顺时针方向。

**例 6.2** 如图 6.9 所示，半径为 $R$ 的车轮沿直线轨道做纯滚动（没有相对滑动的滚动）。已知轮心以匀速 $\boldsymbol{v}_O$ 前进。求轮缘上 $A$、$B$、$C$、$D$ 各点的速度。

**解**　轮做平面运动，轮心运动已知，故以轮心为基点进行求解。由式（6.6）可知，轮缘上任意一点 $M$ 的速度可表示为

$$\boldsymbol{v}_M=\boldsymbol{v}_O+\boldsymbol{v}_{MO}$$

$\boldsymbol{v}_{MO}$ 的大小为 $R\omega$，方向垂直于半径。注意，这里角速度 $\omega$ 是未知的，故 $\boldsymbol{v}_{MO}$ 的大小仍属未知。而轮缘上各点速度的大小和方向都是未知的。所以直接求解轮缘上各点的速度条件尚不足。但考虑到车轮的纯滚动条件，可以设法先求得车轮角速度。由于轨道静止不动，而轮与轨道的接触点相对于轨道没有滑动。

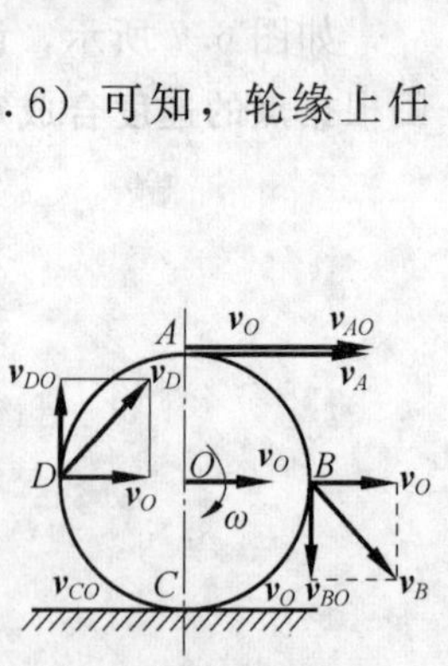


**图 6.9　车轮**

因此轮上 $C$ 点的速度应为零，即 $v_C=0$。由 $\boldsymbol{v}_C=\boldsymbol{v}_O+\boldsymbol{v}_{CO}=0$，$\boldsymbol{v}_{CO}=R\omega$，因此

$$\omega=\frac{v_{CO}}{R}=\frac{v_O}{R}$$

如图 6.9 所示，$\omega$ 为顺时针转向。当 $\omega$ 求得后，各点相对于基点的速度即可求。作 $A$、$B$、$D$ 点速度平行四边形，由几何关系可得各点速度为

$$v_A = 2v_O, \quad v_B = \sqrt{2}\, v_O, \quad v_D = \sqrt{2}\, v_O$$

各点的速度方向如图 6.9 所示。

**例 6.3** 平面四连杆机构如图 6.10 所示。曲柄 $OA$ 以匀角速度 $\omega_0$ 绕 $O$ 轴转动，在图 6.10 所示位置，点 $O_1$ 与 $OA$ 在水平线上，点 $O$ 与 $BC$ 在铅直线上。已知 $OA = O_1O = r$，$BC = 2r$，$\angle OAB = 45°$，求点 $C$ 的速度。

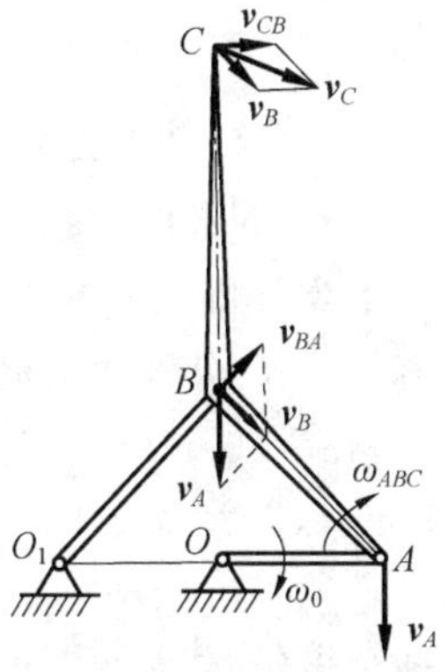

图 6.10 平面四连杆

**解** $OA$ 杆和 $O_1B$ 杆定轴转动，曲柄 $ABC$ 平面运动，其上 $A$ 点和 $B$ 点的运动轨迹为圆周曲线，$C$ 点的轨迹是一条未知的复杂平面曲线。研究曲杆 $ABC$ 的运动，若以 $A$ 点为基点，由式（6.6），$C$ 点的速度为

$$\boldsymbol{v}_C = \boldsymbol{v}_A + \boldsymbol{v}_{CA}$$

式中 $\boldsymbol{v}_A$ 已知，大小为 $v_A = \omega_0 r$，方向垂直于 $OA$ 杆，$v_C$ 的大小和方向均未知。$v_{CA}$ 的方向垂直于 $AC$ 连线，大小为 $\boldsymbol{v}_{CA} = \omega_{ABC} AC$。因此上式中有三个未知量，要使问题可解，必须先求曲杆 $ABC$ 的角速度。为此，以 $A$ 点为基点，研究 $B$ 点的速度，有

$$\boldsymbol{v}_B = \boldsymbol{v}_A + \boldsymbol{v}_{BA}$$

式中 $\boldsymbol{v}_A$ 大小、方向已知，$\boldsymbol{v}_B$ 和 $\boldsymbol{v}_{BA}$ 的方向均已知，大小待求。作速度平行四边形如图所示，由图 6.10 中几何关系得

$$v_{BA} = v_B = v_A \cos 45° = \frac{\sqrt{2}}{2}\omega_0 r$$

曲杆 $ABC$ 的角速度为

$$\omega_{ABC} = \frac{v_{BA}}{AB} = \frac{v_{BA}}{\sqrt{2}\, r} = \frac{1}{2}\omega_0$$

其方向如图 6.10 所示。求得 $\omega_{ABC}$ 后，可以选取 $A$ 点（或 $B$ 点）为基点，求 $C$ 点的速度。为了计算方便，取 $B$ 为基点，$C$ 点的速度为

$$\boldsymbol{v}_C = \boldsymbol{v}_B + \boldsymbol{v}_{CB}$$

其中 $\boldsymbol{v}_B = \dfrac{\sqrt{2}\,\omega_0 r}{2}$，$\boldsymbol{v}_{CB} = \omega_{ABC} BC = \omega_0 r$。作速度平行四边形如图 6.10 所示，于是

$$v_C = \sqrt{v_B^2 + v_{CB}^2 + 2 v_B v_{CB} \cos 45°} = \frac{\sqrt{2}}{2}\omega_0 r$$

$\boldsymbol{v}_C$ 与水平线间的夹角为

$$\beta = \arcsin \frac{v_B \sin 135°}{v_C} = 18°26'$$

## 6.2.2 投影法

在某些情况下求平面图形上各点的速度，采用投影法更为方便。投影法的基础是如下的速度投影定理：在任一瞬时，平面图形上任意两点的速度在这两点连线上的投影相等。

事实上，在平面图形上任取 $A$ 和 $B$ 两点，它们的速度分别为 $v_A$ 和 $v_B$。则两点的速度满足式（6.6），将该式在线段 $AB$ 方向上投影，得

$$[v_B]_{AB} = [v_A]_{AB} + [v_{BA}]_{AB} \tag{6.7}$$

注意到 $v_{AB}$ 恒垂直于线段 $AB$，因此有 $[v_{BA}]_{AB} = 0$。故

$$[v_B]_{AB} = [v_A]_{AB} \tag{6.8}$$

前述速度投影定理得证。速度投影定理反映了刚体上任意两点间的距离保持不变的特性，它不仅适用刚体做平面运动，也适用刚体做其他任何运动。

应用速度投影定理计算平面图形内任一点速度的方法称为投影法。使用投影法求速度时，必须

知道该点的速度大小或方向和图形内另一点的速度（大小和方向）。仅用投影法无法求解平面图形的角速度。

**例 6.4** 用投影法求例 6.1 中所示曲柄连杆机构在 $\beta=45°$ 时滑块 $B$ 的速度。

**解** 因 $AB$ 杆上 $A$ 点的速度已知，$B$ 点的速度方向已知，可用投影法。应用式（6.8）有

$$v_A=v_B\sin\beta$$

故

$$v_B=\frac{v_A}{\sin 45°}=2\sqrt{2}\ \text{m/s}$$

$v_B$ 的方向铅垂向上。

**例 6.5** 如图 6.11 所示平面连杆滑块机构中，$A$、$B$、$O_2$ 和 $O_1$、$C$ 分别在两水平线上，$O_1$、$A$ 和 $O_2$、$C$ 分别在两铅垂线上。$\alpha=30°$，$\beta=45°$，$O_2C=10$ cm。已知滑块 $A$ 的速度 $v_A=8$ cm/s，方向水平向左。求摆杆 $O_2C$ 的角速度。

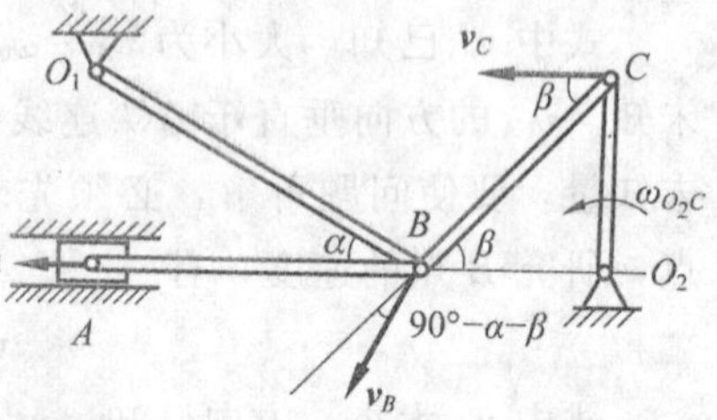

**图 6.11 平面连杆滑块机构**

**解** 机构中 $O_1B$ 和 $O_2C$ 杆定轴转动，$AB$ 和 $BC$ 杆平面运动，滑块 $A$ 平移。当滑块 $A$ 以已知速度 $v_A$ 向左滑动时，机构中的 $B$ 点和 $C$ 点的速度如图 6.11 所示。对于 $AB$ 杆和 $BC$ 杆分别应用式（6.8），得

$$v_A=v_B\cos(90°-\alpha),\quad v_B\cos(90°-\alpha-\beta)=v_C\cos\beta$$

解得

$$v_C=\frac{v_A}{\sin\alpha}\frac{\sin(\alpha+\beta)}{\cos\beta}=\frac{8}{\sin 30°}\frac{\sin(45°+30°)}{\cos 45°}=21.85\ \text{cm/s}$$

故 $O_2C$ 杆的角速度为

$$\omega_{O_2C}=\frac{v_C}{O_2C}=2.19\ \text{rad/s}$$

其转向为逆时针方向。

## 6.2.3 瞬心法

1. 瞬时速度中心

由于平面图形上任一点的速度等于基点速度与绕基点转动速度的矢量和，若在给定瞬时，平面图形上存在着瞬时速度等于零的点，那么选该点为基点时，求解其他各点的速度就会变得十分方便。可以证明：任意瞬时平面运动图形上都存在速度为零的点。

事实上，任取平面图形上一点 $A$，若在某瞬时 $v_A=0$，则该点便是速度为零的点。若 $v_A\neq 0$，过 $A$ 点作直线垂直于速度 $\boldsymbol{v}_A$，则该直线上各点相对于 $A$ 点的速度都垂直于该直线。设平面图形的角速度为 $\omega$，在图 6.12 所示角速度转向情形下，$A$ 点下侧直线上各点相对于 $A$ 点的速度与 $\boldsymbol{v}_A$ 同向，$A$ 点上侧各点相对于 $A$ 点的速度与 $v_A$ 反向。因此，自 $A$ 点沿直线向上量取长度 $AC=v_A/\omega$，可定出一点 $C$。可以证明，$C$ 点的瞬时速度等于零。为此，取 $A$ 点为基点来计算点 $C$ 速度，得 $\boldsymbol{v}_C=\boldsymbol{v}_A+\boldsymbol{v}_{CA}$。因 $\boldsymbol{v}_C\perp\boldsymbol{v}_A$，$\boldsymbol{v}_{CA}\perp AC$，且 $\boldsymbol{v}_{CA}$ 的大小为 $v_{CA}=AC\omega=v_A$，但方向与 $\boldsymbol{v}_{CA}$ 相反。故 $v_C=v_A-v_{CA}=0$。即点 $C$ 是在该瞬时速度为零的点。由以上分析可知，若平面图形不是在给定瞬时静止（$v_A=0$ 且 $\omega=0$），则瞬时速度为零的点是唯一的。在给定瞬时平面图形上速度为零的点称为该平面图形的瞬时速度中心，简称瞬心。

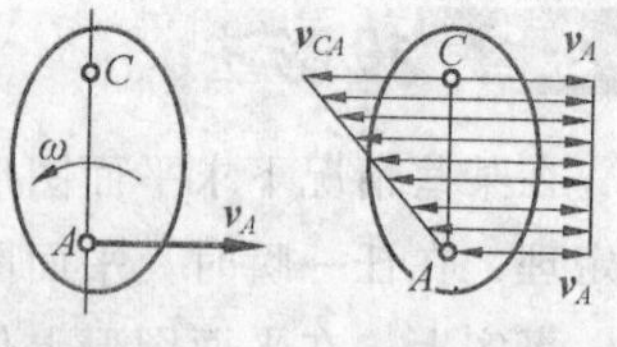

**图 6.12 瞬时速度中心**

2. 平面图形内各点的速度及其分析

取平面图形的瞬心 $C$ 为基点，则该图形内任一点 $M$ 的速度为 $\boldsymbol{v}_M=\boldsymbol{v}_C+\boldsymbol{v}_{MC}=\boldsymbol{v}_{MC}$。故平面图形

内任意一点的速度就等于该点绕速度瞬心的转动速度。其大小等于该点到速度瞬心的距离乘以图形的角速度，即

$$v_M = CM\omega \tag{6.9}$$

其方向与 $CM$ 相垂直并指向图形转动的一方。平面图形内各点速度的分布如图 6.13 所示。它与图形绕定轴转动时各点速度的分布情况类似。因此，每一瞬时，平面图形的运动可看成是绕速度瞬心的瞬时转动。

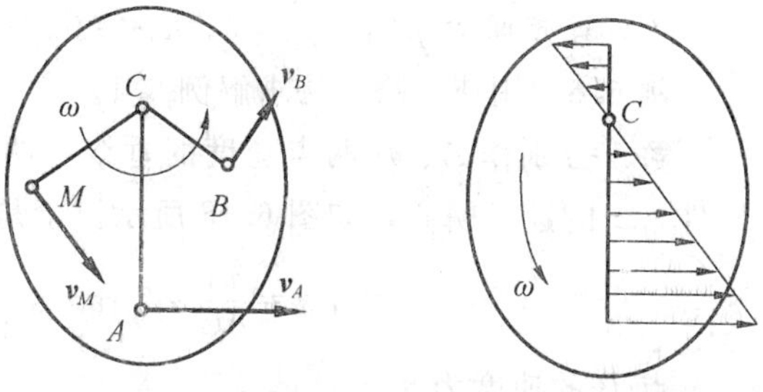

图 6.13　速度分布

必须说明，尽管平面图形上各点速度在某瞬时绕瞬心的分布与绕定轴转动时的分布类似，但它们之间有着本质的区别。绕定轴转动时，转动中心是一个固定不动的点，而速度瞬心的位置是随时间而变化的，不同的瞬时，平面图形具有不同的速度瞬心。故速度瞬心又称为平面图形的瞬时转动中心。

3. 速度瞬心位置的确定

利用瞬心计算平面图形上各点速度的方法称为瞬心法。应用该法的关键是确定速度瞬心的位置。下面说明几种可以确定速度瞬心位置的情形。

①平面图形沿一固定面做无滑动的滚动。如图 6.14 所示，图形与固定面的接触点 $C$ 的绝对速度等于零，故 $C$ 点就是图形在该瞬时的速度瞬心。

②已知某瞬时平面图形上任意两点的速度方向，且两速度彼此不平行。如图 6.15 所示，由于图形的运动可以看成是绕速度瞬心做瞬时转动，故过 $A$、$B$ 两点分别作 $v_A$ 和 $v_B$ 的垂线，其交点 $C$ 即是图形的速度瞬心。

③已知某瞬时平面图形上两点速度的大小，其方向均与两点的连线垂直。如图 6.16 所示，根据图形的速度分布规律，则两点连线与两速度矢端连线的交点即为速度瞬心。

④已知某瞬时平面图形上两点速度相互平行但不垂直于两点连线，或者垂直于连线但大小相等。如图 6.17（a）和（b）所示，这时速度瞬心在无穷远处。图形的角速度 $\omega=0$，各点的瞬时速度彼此相等，即平面图形做瞬时平移。但应注意，该瞬时图形上各点的加速度并不相等。因此瞬时平移与刚体平移是有本质上的区别。

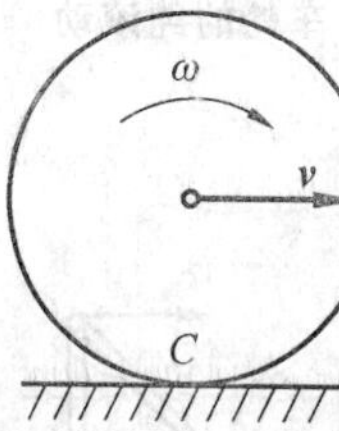

图 6.14　纯滚动

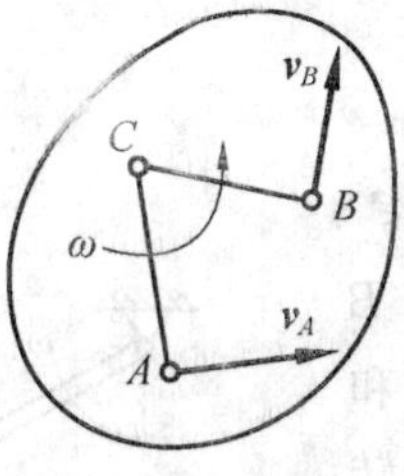

图 6.15　转动

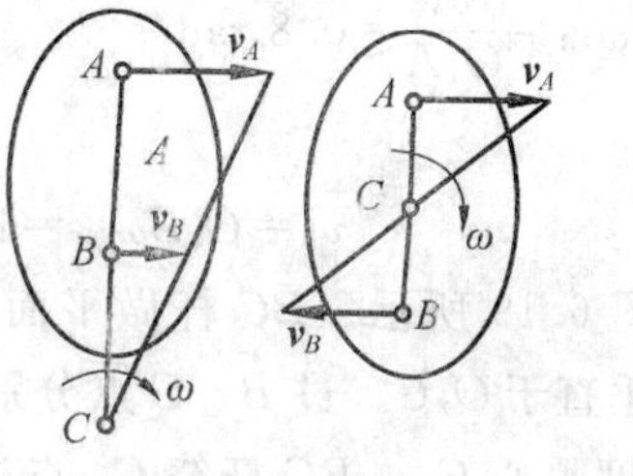

图 6.16　转动

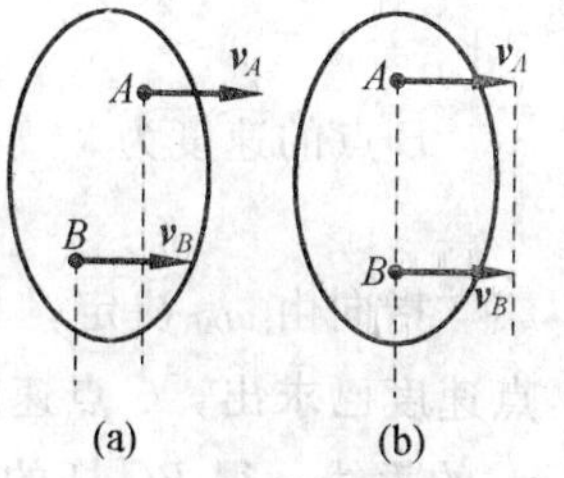

图 6.17　平移

**技术提示**

瞬心法是求解平面运动图形上各点速度较为简捷的方法，关键是将该瞬时的速度瞬心确定后，再将角速度求出，则各点速度可按“定轴转动”分布情况求得，要注意速度瞬心是对一个平面运动刚体而言的。

## 【知识拓展】

**速度瞬心和加速度瞬心的区别**

平面运动的刚体，在某一瞬时存在而且唯一存在速度瞬心和加速度瞬心，但速度瞬心和加速度

瞬心一般不重合，且在不同瞬时，速度瞬心和加速度瞬心为不同点。

平面运动的刚体速度瞬心和加速度瞬心的区别：

(1) 速度瞬心 $p$：$v_p=0$，$a_p\neq0$。

(2) 速度瞬心 $p^*$：$v_{p^*}\neq0$，$a_{p^*}=0$。

**例 6.6** 用速度瞬心法求解例 6.1。

**解** 分别作 $A$、$B$ 两点速度的垂线，两条直线的交点 $C$ 就是构件 $AB$ 的速度瞬心，如图 6.18 所示。于是 $AB$ 杆的角速度为

$$\omega_{AB}=\frac{v_A}{AC}=2\ \text{rad/s}$$

点 $B$ 的速度为

$$v_B=BC\omega_{AB}=2\sqrt{2}\ \text{m/s}$$

与例 6.1 求得的结果完全相同。

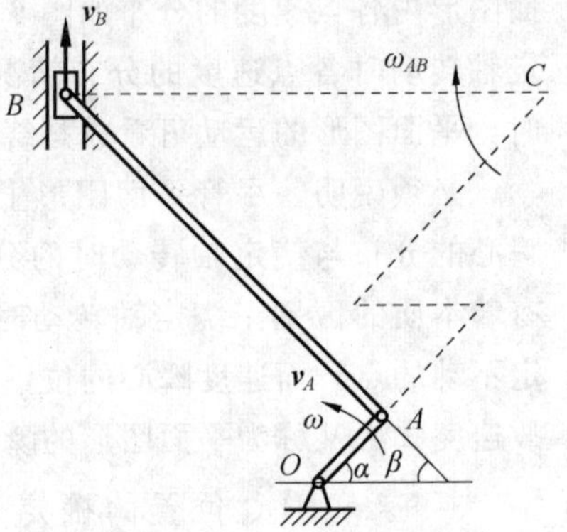

**图 6.18 曲柄连杆**

**例 6.7** 用瞬心法求解例 6.2。

**解** 由于车轮沿轨道做无滑动的滚动，因此车轮上与轨道的接触点就是此时车轮的速度瞬心。车轮的纯滚动可以看成是绕瞬心的瞬时转动，故可由轮心的速度 $v_O$，求得车轮的角速度为

$$\omega=\frac{v_O}{OC}=\frac{v_O}{R}$$

$\omega$ 为顺时针转向。轮上其他各点速度大小为

$$v_A=AC\omega=2v_O,\ v_B=BC\omega=\sqrt{2}\,v_O,\ v_D=DC\omega=\sqrt{2}\,v_O$$

方向如图所示。

**例 6.8** 用瞬心法求例 6.5 中平面连杆滑块机构的连杆 $BC$ 和摆杆 $O_2C$ 的角速度。

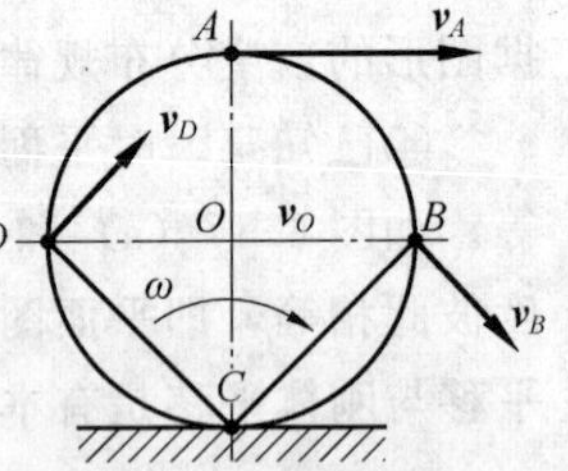

**图 6.19 车轮的纯滚动**

**解** 杆 $AB$ 做平面运动，$A$ 点速度 $\boldsymbol{v}_A$ 已知，$B$ 点速度 $\boldsymbol{v}_B$ 垂直于 $O_1B$。过 $A$、$B$ 分别作速度 $\boldsymbol{v}_A$ 和 $\boldsymbol{v}_B$ 的垂线交于 $O_1$ 点，则 $O_1$ 点为 $AB$ 杆的速度瞬心。$AB$ 杆绕 $O_1$ 点顺时针转动，角速度大小为

$$\omega_{AB}=\frac{v_A}{O_1A}=0.8\ \text{rad/s}$$

$B$ 点的速度为

$$v_B=O_1B\omega_{AB}=16\ \text{cm/s}$$

指向由 $\omega_{AB}$ 决定，如图 6.19 所示。$BC$ 杆做平面运动。$B$ 点速度已求出，$C$ 点速度垂直于 $O_2C$。过 $B$、$C$ 点分别作 $\boldsymbol{v}_B$ 和 $\boldsymbol{v}_C$ 的垂线，得 $BC$ 杆的速度瞬心 $C_2$。$BC$ 杆绕 $C_2$ 点逆时针转动，角速度为

$$\omega_{BC}=\frac{v_B}{BC_2}=1.38\ \text{rad/s}$$

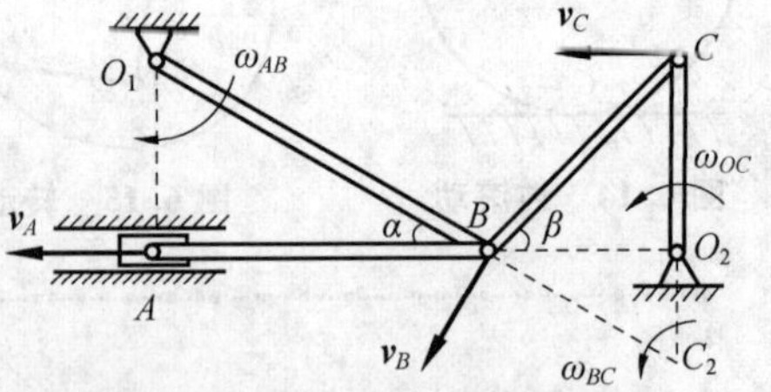

**图 6.20 平面连杆滑块机构**

$C$ 点的速度为

$$v_C=(C_2O_2+O_2C)\ \omega_{BC}=21.85\ \text{cm/s}$$

指向由 $\omega_{BC}$ 决定，如图 6.20 所示。$O_2C$ 杆绕 $O_2$ 做定轴转动，角速度为

$$\omega_{O_2C}=\frac{v_C}{O_2C}=2.19\ \text{rad/s}$$

逆时针方向转动。由本题可见：机构的运动都是通过各构件的连接点来传递的。每一瞬时，不同的平面图形各有自己的速度瞬心和角速度，一定要加以区分。

## 6.3 平面运动刚体上各点的加速度分析

由于平面运动可以看成是随同基点的平移与绕基点的相对转动的合成运动，于是图形上任一点的加速度可以由加速度合成定理求出。设已知某瞬时图形内 $A$ 点的加速度为 $\boldsymbol{a}_A$，图形的角速度为 $\omega$，角加速度为 $\alpha$，如图 6.21 所示。以 $A$ 点为基点，分析图形上任意一点 $B$ 的加速度 $\boldsymbol{\alpha}_B$。因为牵连运动为动坐标系随同基点的平移，故牵连加速度 $\boldsymbol{\alpha}_e=\boldsymbol{\alpha}_A$。相对运动是点 $B$ 绕基点 $A$ 的转动，故相对加速度 $\boldsymbol{a}_r=\boldsymbol{a}_{BA}$，其中 $\boldsymbol{\alpha}_{BA}$ 是点 $B$ 绕基点 $A$ 的转动加速度。

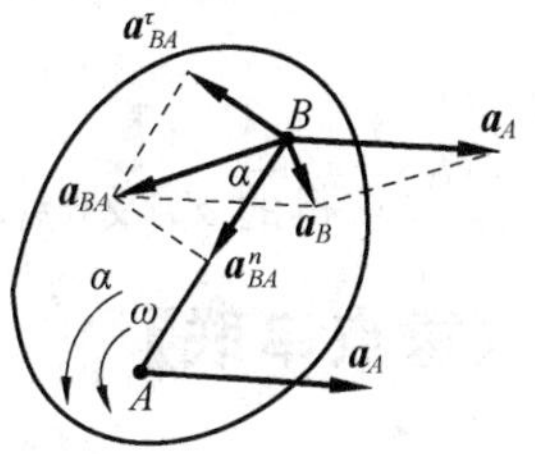


图 6.21 加速度分析

$$\boldsymbol{\alpha}_B=\boldsymbol{\alpha}_A+\boldsymbol{\alpha}_{BA} \tag{6.10}$$

由于 $B$ 点绕基点 $A$ 转动的加速度包括切向加速度 $\boldsymbol{a}^\tau_{BA}$ 和法向加速度 $\boldsymbol{a}^n_{BA}$，故式（6.10）可写作

$$\boldsymbol{a}_B=\boldsymbol{a}_A+\boldsymbol{a}^\tau_{BA}+\boldsymbol{a}^n_{BA} \tag{6.11}$$

即平面图形上任意一点的加速度，等于基点的加速度与该点绕基点转动的切向加速度和法向加速度的矢量和。

当基点 $A$ 和所求点 $B$ 均做曲线运动时，它们的加速度也应分解为切向加速度和法向加速度的矢量和，此时式（6.11）可写为

$$\boldsymbol{a}_B=\boldsymbol{a}_A+\boldsymbol{a}^\tau_{BA}+\boldsymbol{a}^n_{BA} \tag{6.12}$$

在式（6.12）中，相对切向加速度 $\boldsymbol{a}^\tau_{BA}$ 与点 $A$、$B$ 连线方向垂直，相对法向加速度 $\boldsymbol{a}^n_{BA}$ 沿点 $A$、$B$ 连线方向从 $B$ 指向 $A$。

在应用式（6.11）或（6.12）计算平面图形上各点的加速度时，只能求解矢量表达式中的两个要素。因此在解题时，要注意分析所求问题是否可解。当问题可解时，将式（6.11）或（6.12）在平面直角坐标系上投影，即可由两个代数方程联立求得所需的未知量。

**例 6.9** 为曲柄滑块机构如图 6.22 所示。已知曲柄 $OA=r$，以匀角速度 $\omega$ 转动，连杆 $AB=\sqrt{3}r$。求当 $\varphi=60°$时，滑块 $B$ 加速度和连杆 $AB$ 的角加速度。

**解** $OA$ 杆做定轴匀速转动，$AB$ 杆做平面运动。先研究 $AB$ 杆，用瞬心法求 $AB$ 杆的角速度。由 $v_A$ 和 $v_B$ 方向可确定 $AB$ 杆的瞬心 $C$，由 $A$ 点的速度可求得 $AB$ 杆的角速度为

$$\boldsymbol{\omega}_{AB}=\frac{\boldsymbol{v}_A}{AC}=\frac{r\omega}{3r}=\frac{\omega}{3}$$

转向如图 6.22 所示。再求滑块 $B$ 的加速度和连杆 $AB$ 的角加速度。以 $A$ 点为基点，分析 $B$ 点的加速度。由式（6.11），有

$$\boldsymbol{a}_B=\boldsymbol{a}_A+\boldsymbol{a}^\tau_{BA}+\boldsymbol{a}^n_{BA} \tag{1}$$

分析各项加速度的大小和方向：$\boldsymbol{a}_B$ 的方向水平，设指向左，大小未知；$\boldsymbol{a}_A=r\omega^2$，指向 $O$ 点（因匀速转动，只有法向加速度）；$\boldsymbol{a}^\tau_{BA}$ 的方向垂直于 $AB$，设 $\boldsymbol{\alpha}_{AB}$ 为逆时针转向，则 $\boldsymbol{a}^\tau_{BA}$ 指向如图的方向，其大小未知；$\boldsymbol{a}^n_{BA}$ 由 $B$ 点指向 $A$ 点，大小为 $\boldsymbol{a}^n_{BA}=AB\omega^2_{AB}=\dfrac{\sqrt{3}r\omega^2}{9}$。$B$ 点的加速度图如图 6.22 所示。

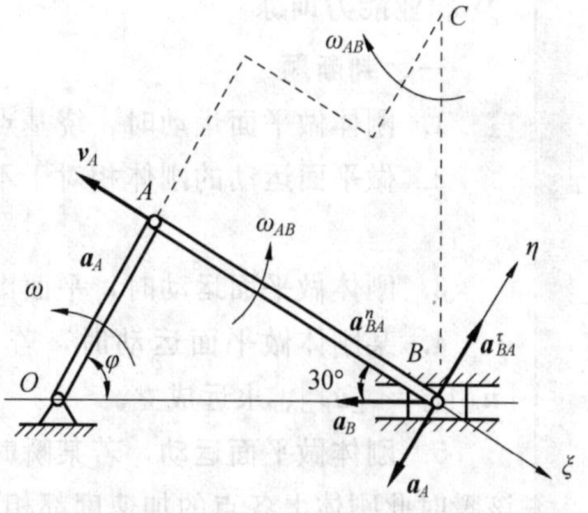


图 6.22 曲柄滑块机构

由于式（1）中只有两个要素未知，故可由投影法求得未知量。分别将式（1）向 $\xi$ 和 $\eta$ 轴投影，得

$$-a_B\cos 30°=0+0-a^n_{BA}，\quad -a_B\sin 30°=-a_B+a^\tau_{BA}+0$$

解得

$$a_B=\frac{a_{BA}^{n}}{\cos 30^\circ}=\frac{\sqrt{3}}{9}r\omega^2\ \frac{2}{\sqrt{3}}=\frac{2}{9}r\omega^2,\quad a_{BA}^{\tau}=a_A-a_B\sin 30^\circ=r\omega^2-\frac{2}{9}r\omega^2\ \frac{1}{2}=\frac{8}{9}r\omega^2$$

由 $a_{BA}^{\tau}=AB\alpha_{AB}$，解得

$$\alpha_{AB}=\frac{a_{BA}^{\tau}}{AB}=\frac{8r\omega^2}{9\sqrt{3}\,r}=\frac{8\sqrt{3}}{27}\omega^2$$

求得的 $a_B$ 及 $a_{BA}^{\tau}$ 均为正值，说明它们的实际指向与假设的指向相同，如图 6.22 所示。

## 【重点串联】

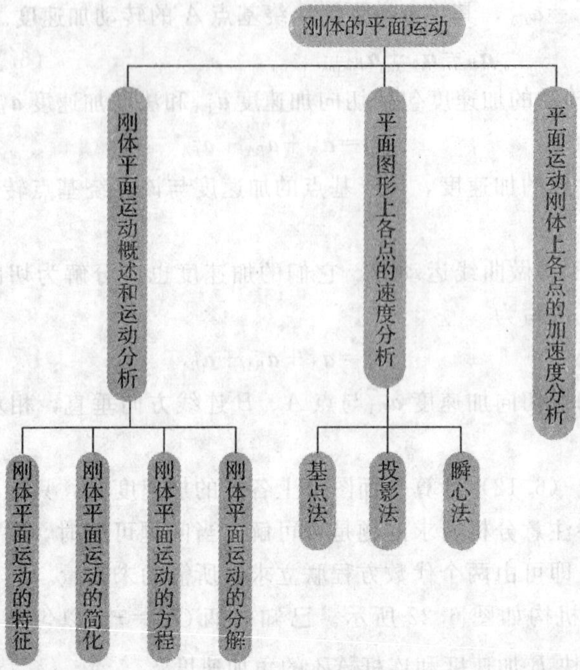


## 拓展与实训

### 职业能力训练

**一、判断题**

1. 刚体做平面运动时，绕基点转动的角速度和角加速度与基点的选取无关。（ ）

2. 做平面运动的刚体相对于不同基点的平动坐标系有相同的角速度与角加速度。（ ）

3. 刚体做平面运动时，平面图形内两点的速度在任意轴上的投影相等。（ ）

4. 某刚体做平面运动时，若 $A$ 和 $B$ 是其平面图形上的任意两点，则速度投影定理 $[\boldsymbol{u}_A]_{AB}=[\boldsymbol{u}_B]_{AB}$ 永远成立。（ ）

5. 刚体做平面运动，若某瞬时其平面图形上有两点的加速度的大小和方向均相同，则该瞬时此刚体上各点的加速度都相同。（ ）

6. 圆轮沿直线轨道做纯滚动，只要轮心做匀速运动，则轮缘上任意一点的加速度的方向均指向轮心。（ ）

7. 刚体平行移动一定是刚体平面运动的一个特例。（ ）

## 二、填空题

1. 指出图 6.23 示机构中各构件做何种运动，轮 $A$（只滚不滑）做________；杆 $BC$ 做________；杆 $CD$ 做________；杆 $DE$ 做________。并在图上画出做平面运动的构件及在图示瞬时的速度瞬心。

2. 图 6.24 所示，半径为 $r$ 的圆盘，以匀角速度 $\omega$ 沿直线做纯滚动，则其速度瞬心的加速度的大小等于________。

3. 小球 $M$ 沿产径为 $R$ 的圆环以匀速 $v_r$ 运动。圆环沿直线以匀角速 $\omega$ 顺时针方向做纯滚动。取圆环为动参考系，则小球运动到图 6.25 所示位置瞬时：①牵连速度的大小为________；②牵连加度的大小为________。

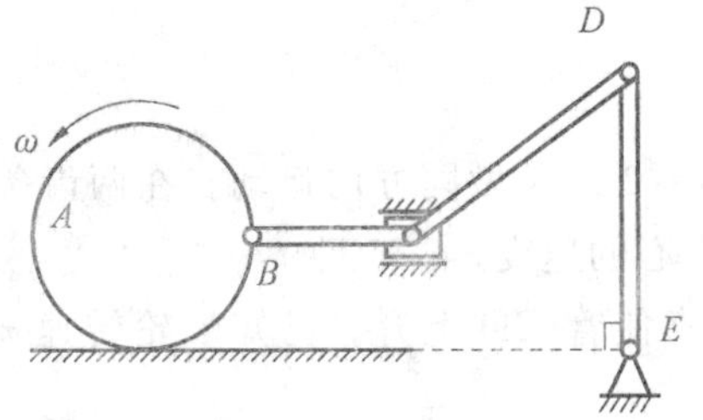


图 6.23　1 题图

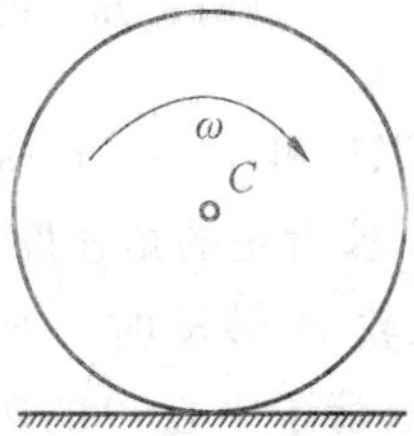


图 6.24　2 题图

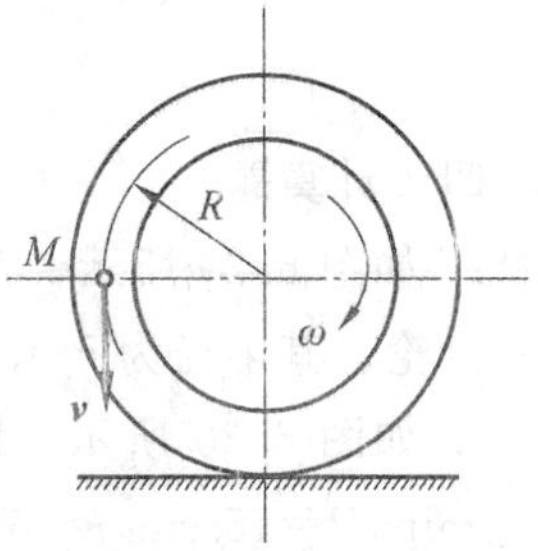


图 6.25　3 题图

## 三、选择题

1. 在图 6.26 内啮合行星齿轮转动系中，齿轮Ⅱ固定不动。已知齿轮Ⅰ和Ⅱ的半径各为 $r_1$ 和 $r_2$，曲柄 $OA$ 以匀角速度 $\omega_0$ 逆时针转动，则齿轮Ⅰ对曲柄 $OA$ 的相对角速度 $\omega_{1r}$ 应为（　　）。

A. $\omega_{1r}=\left(\dfrac{r_2}{r_1}\right)\omega_0$（逆时针）

B. $\omega_{1r}=\left(\dfrac{r_2}{r_1}\right)\omega_0$（顺时针）

C. $\omega_{1r}=\left[\dfrac{(r_2+r_1)}{r_1}\right]\omega_0$（逆时针）

D. $\omega_{1r}=\left[\dfrac{(r_2+r_1)}{r_1}\right]\omega_0$（顺时针）

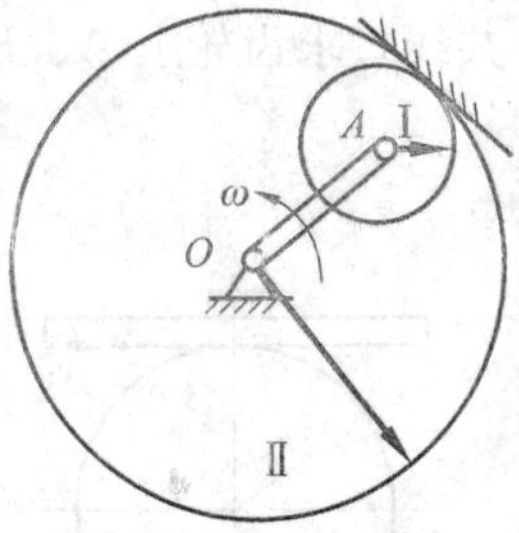


图 6.26　1 题图

2. 一正方形平面图形在其自身平面内运动，若其顶点 $A$、$B$、$C$、$D$ 的速度方向如图 6.27 所示，则图（a）的运动是（　　）的，图（b）的运动是（　　）的。

A. 可能　　B. 不可能　　C. 不确定

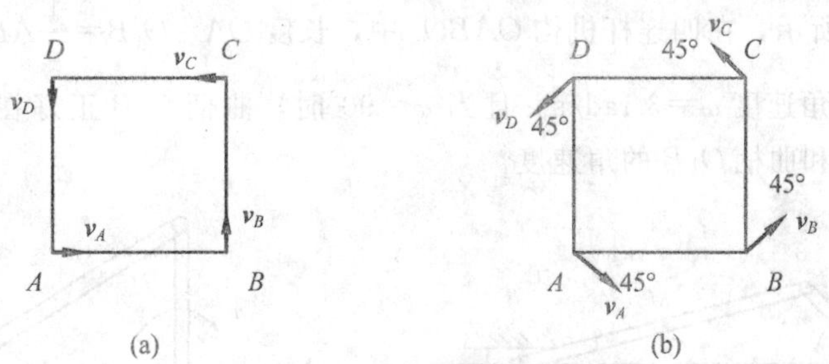


图 6.27　2 题图

3. 图 6.28 所示机构中，$O_1A=O_2B$。若以 $\omega_1$、$\varepsilon_1$ 与 $\omega_2$、$\varepsilon_2$ 分别表示 $O_1A$ 杆与 $O_2B$ 杆的角速度和角加速度的大小，则当 $O_1A/\!/O_2B$ 时，有（　　）。

A. $\omega_1=\omega_2$，$\varepsilon_1=\varepsilon_2$　　　　B. $\omega_1\neq\omega_2$，$\varepsilon_1=\varepsilon_2$

C. $\omega_1=\omega_2$，$\varepsilon_1\neq\varepsilon_2$　　　　D. $\omega_1\neq\omega_2$，$\varepsilon_1\neq\varepsilon_2$

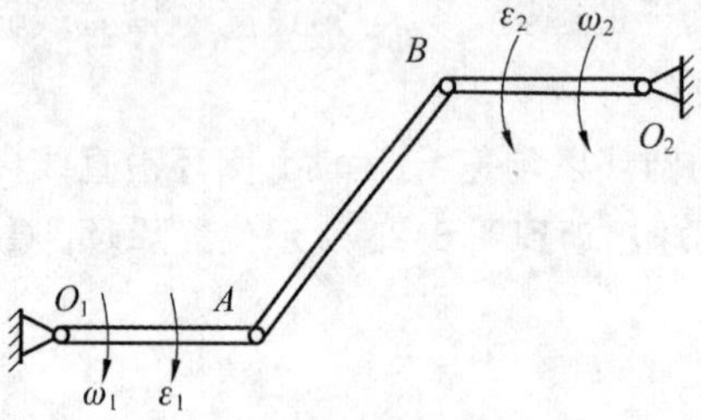


**图 6.28　3 题图**

## 四、计算题

1. 如图 6.29 所示，两齿条以速度 $v_1=6$ m/s 和 $v_2=2$ m/s 做同方向运动。在两齿条间夹一齿轮，其半径为 $r=0.5$ m，求齿轮的角速度及其中心的速度。

2. 如图 6.30 所示，塔式鼓轮 $A$ 转动时，通过绳索使管 $ED$ 上升。已知鼓轮转速 $n=10$ r/min，$R=15$ cm，$r=5$ cm。求管子中心 $O$ 的速度。

3. 如图 6.31 所示，曲柄 $OA$ 以等角速度 $\omega_0=2.5$ rad/s 绕 $O$ 轴转动，并带动半径为 $r_1=5$ cm的齿轮，使其在半径为 $r_2=15$ cm 的固定齿轮上滚动。如直径 $CE\perp BD$，$BD$ 与 $OA$ 共线，求齿轮上 $A$、$B$、$C$、$D$、$E$ 各点的速度。

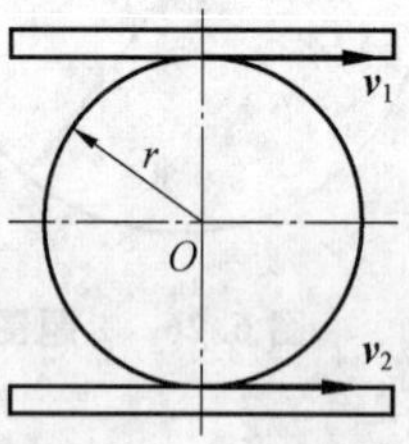


**图 6.29　1 题图**

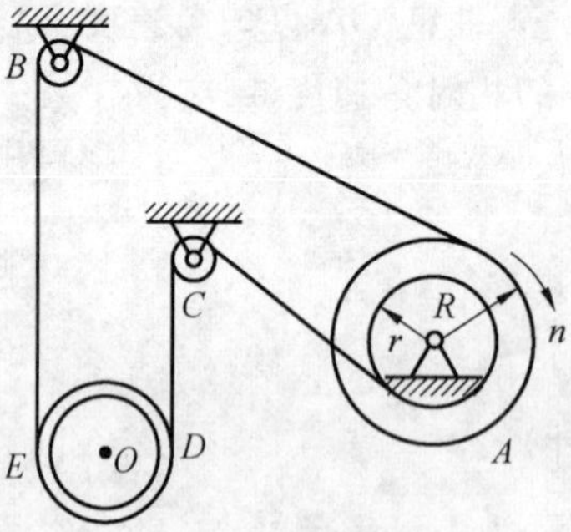


**图 6.30　2 题图**

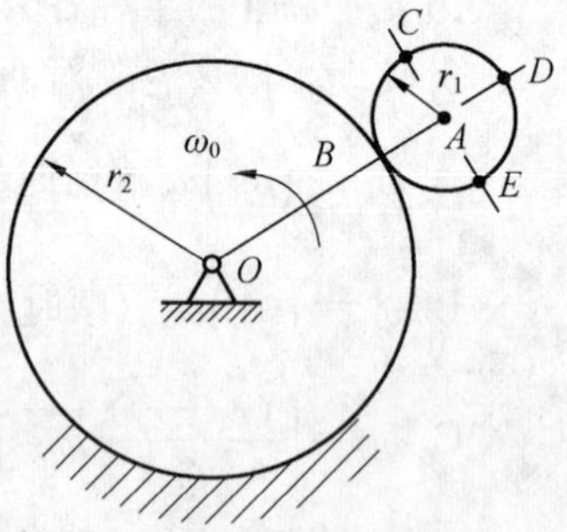


**图 6.31　3 题图**

4. 如图 6.32 所示，曲柄连杆机构的曲柄 $OA=40$ cm，连杆 $AB=100$ cm。曲柄绕 $O$ 轴做匀速转动，其转速 $n=180$ r/min。求曲柄与水平线成 45°角时，连杆的角速度和其中点 $M$ 的速度。

5. 如图 6.33 所示，在四连杆机构 $OABO_1$ 中，长度 $OA=O_1B=\frac{1}{2}AB$；曲柄 $OA$ 做逆时针方向匀速转动，角速度 $\omega=3$ rad/s。且当 $\varphi=90°$时，曲柄 $O_1B$ 正好在 $OO_1$ 的延长线上，求该瞬时连杆 $AB$ 和曲柄 $O_1B$ 的角速度。

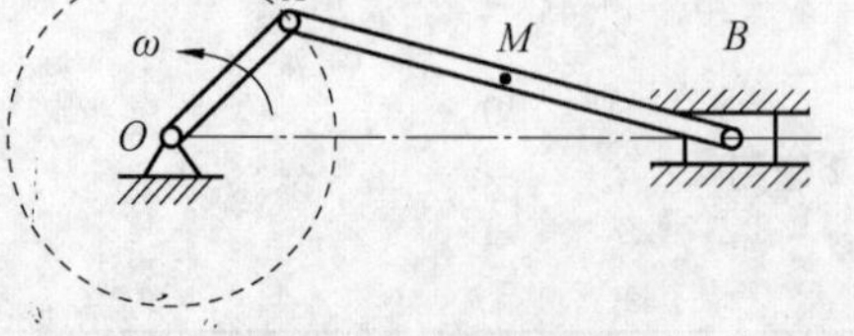


**图 6.32　4 题图**

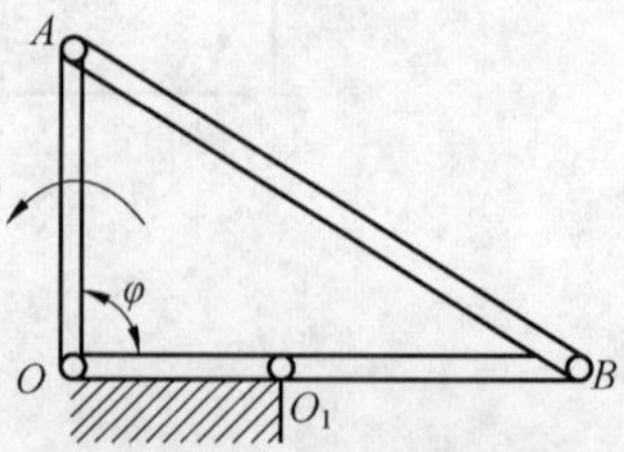


**图 6.33　5 题图**

6. 图 6.34 所示四连杆机构，已知曲柄 $O_1A$ 的角速度 $\omega_{O_1A}=2$ rad/s，长 $O_1A=10$ cm，$O_1O_2=5$ cm，$AD=5$ cm；当 $O_1A$ 铅垂时，$AD$ 与 $AO_1$ 共线，并且 $AB /\!/ O_1O_2$，$\varphi=30°$。求三角板 $ABD$ 的角速度和 $D$ 点的速度。

7. 颚式破碎机的机构如图 6.35 所示。曲柄 $OE$、$CD$ 和杆 $BC$ 带动活动颚板 $AB$ 绕 $A$ 点摆动而工作。已知颚板 $AB=60$ cm，曲柄 $OE=10$ cm，角速度 $\omega_{OE}=10$ rad/s，杆 $BC=CD=40$ cm，求图 6.35 所示位置活动颚板 $AB$ 的角速度。

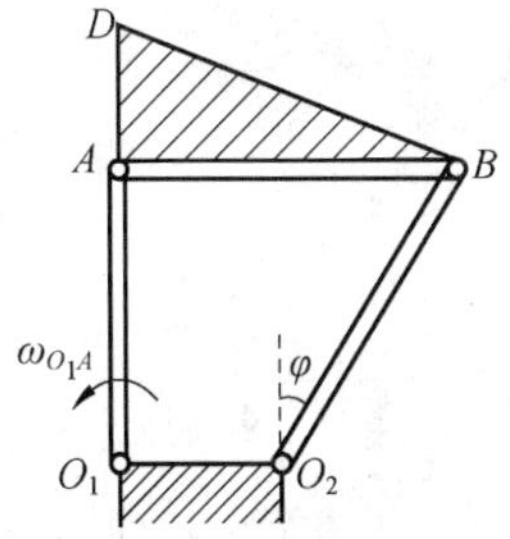


图 6.34　6 题图

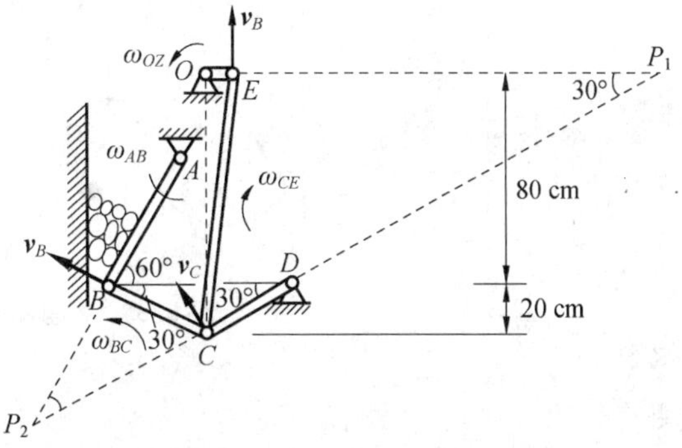


图 6.35　7 题图

8. 如图 6.36 所示，平面四连杆机构 $ABCD$，杆 $AB$ 以等角速度 $\omega=1$ rad/s 绕 $A$ 轴转动，求 $DC$ 杆的角速度。

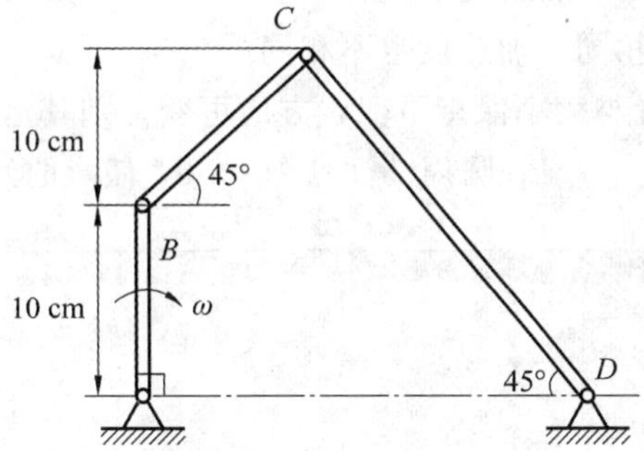


图 6.36　8 题图

## 工程模拟训练

1. 桥由三部分组成，支承情况如图 6.37 所示。（1）当 $B$ 支座有一微小水平位移；（2）$A$ 支座向下沉陷一微小距离；（3）$C$ 处发生一微小水平位移。试分别绘出三种情况下桥各个部分的瞬时转动中心。

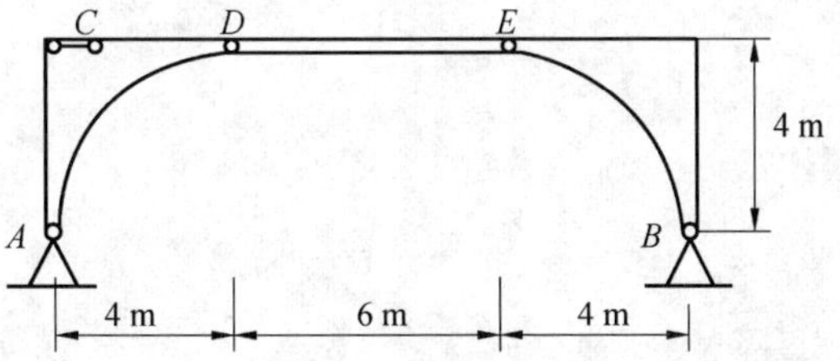


图 6.37　1 题图

2. 图 6.38 为一机构的简图，已知轮的转速为一常量 $n=60$ r/min，在图示位置 $OA /\!/ BC$，$AC \perp BC$，求齿板最下一点 $D$ 的速度和加速度。

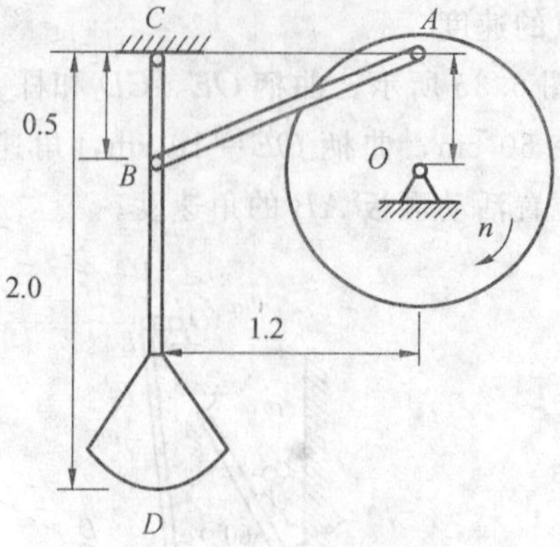


**图 6.38　2 题图**

## 链接执考

**单选题**

1. 刚体做平动时，某瞬时体内各点的速度与加速度为（　　）。
   A. 体内各点速度不相同，加速度相同
   B. 体内各点速度相同，加速度不相同
   C. 体内各点速度相同，加速度也相同
   D. 体内各点速度不相同，加速度也不相同
2. 当点运动时，若位置与大小保持不变，方向可变，则其运动轨迹为（　　）。
   A. 直线　　B. 圆周　　C. 任意曲线　　D. 不能确定

# 模块 7

# 动力学基本定律、运动微分方程与动量定理

## 【模块概述】

质点是物体最简单、最基本的模型，是构成复杂物体的基础。本模块以牛顿定律为基础建立质点动力学的运动微分方程，求解质点动力学的两类问题，并且在动量定理的基础上分析质心运动定理及守恒定律。

## 【知识目标】

1. 动力学基本定律及普遍定理；
2. 质点运动微分方程；
3. 动力学两类问题的求解；
4. 质点与质点系的动量，力的冲量，质点与质点系的动量定理；
5. 质心运动定理及质心运动守恒。

## 【能力目标】

1. 能建立质点的运动微分方程，了解动力学两类问题的解法；
2. 了解动力学普遍定理及质心运动定理；
3. 理解质心运动守恒及能将其应用于工程实际。

## 【学习重点】

质点运动微分方程、动量、力的冲量概念与计算方法，动量定理、质心与重心的概念。

## 【课时建议】

4～6 课时

## 工程导入

图 7.1 所示人造卫星指环绕地球在空间轨道上运行（至少一圈）的无人航天器。顾名思义，“人造卫星”就是我们人类“人工制造的卫星”。科学家用火箭把它发射到预定的轨道，使它环绕着地球或其他行星运转，以便进行探测或科学研究。围绕哪一颗行星运转的人造卫星，我们就叫它哪一颗行星的人造卫星，比如最常用于观测、通信等方面的人造地球卫星。1957 年 10 月 4 日苏联发射了世界上第一颗人造卫星。之后，美国、法国、日本也相继发射了人造卫星。中国于 1970 年 4 月 24 日发射了自己的第一颗人造卫星“东方红一号”。人造卫星一般由专用系统和保障系统组成。专用系统是指与卫星所执行的任务直接有关的系统，也称为有效荷载。那么，人造地球卫星围绕地球运动的轨迹是什么样的，而它的受力情况如何，本模块中将找到这一问题的答案。

图 7.1 人造卫星

# 7.1 动力学基本定律和运动微分方程

## 7.1.1 动力学基本定律——惯性坐标系

动力学的基本定律是由牛顿定律组成的，它是人们长期以来对机械运动的认识和实践的总结，特别是在伽利略研究成果的基础上提出来的，最早见于他 1687 年发表的《自然哲学的数学原理》著作，其中给出的质点运动的三个定律，称为牛顿三定律。这些定律是关于机械运动的基本定律，是研究物体宏观机械运动规律和揭示物体受力与运动变化之间关系的理论依据。

**第一定律** 不受力作用的物体将保持静止或匀速直线运动。

这里的物体应理解为：①没有转动或其转动可以不计的平移物体；②大小和形状可以不计的质点。

第一定律给出了物体的基本属性，即物体保持静止或匀速直线运动的属性称为惯性。因此，第一定律也称为惯性定律，物体处于静止或匀速直线运动状态通常称为惯性运动。定律的另一层含义是物体的运动状态的改变与作用在物体上的力有关，力是物体运动状态改变的外在因素。不受力作用是指物体受平衡力系作用或没有力的作用。

由于运动是绝对的，但描述物体的运动却又是相对的，所以必须在一定的参考坐标系下研究机械运动。而物体所受的力与所选择的坐标系无关，因此将力与运动统一起来，其参考坐标系应建立在使第一定律成立的物体上，即建立在静止或匀速直线运动物体上的坐标系称为惯性坐标系。在工程中，建立在地面上的坐标系作为惯性坐标系；但当研究绕地球旋转的飞船和人造卫星时应以地心为原点，三个轴指向三个恒星的坐标系作为惯性坐标系，地球的自转影响可以忽略不计；在研究天体的运动时，地球的自转影响不能忽略，应以日心为原点，三个轴指向三个恒星的坐标系作为惯性坐标系。综上，针对所研究的对象不同，惯性坐标系的建立也不同，在本书中，一般以建立在地面上的坐标系作为惯性坐标系。

## 【知识拓展】

在生产和生活中经常遇到物体惯性的表现。例如，汽车突然启动时，站在车中的人有向后倾的趋势，原因是要保持原有的静止状态；而突然刹车时，人有向前倾的趋势，原因是要保持原有的运动状态。

**第二定律** 物体所获得的加速度的大小与物体所受的力成正比，与物体的质量成反比，加速度的方向与力同向。其数学表达式为

$$m\boldsymbol{a}=\boldsymbol{F} \tag{7.1}$$

第二定律建立了质点运动与所受力之间的关系，它是研究质点动力学的基础，由此定理可以导出动力学普遍定理，即动量定理、动量矩定理及动能定理。

由式（7.1）知：

①对于确定的物体而言，加速度大小与所受的力成正比。

②在同一力作用下，加速度的大小与其质量成反比，即质量小的物体所获得的加速度大，而加速度大的物体惯性小；质量大的物体所获得的加速度小，而加速度小的物体惯性大。

由此可见，质量是物体惯性的量度，质量大的物体惯性大，质量小的物体惯性小。

在地球表面上，任何物体都受到重力 $\boldsymbol{P}$ 的作用，所获得的加速度称为重力加速度，用 $\boldsymbol{g}$ 表示，由式（7.1）有

$$m\boldsymbol{g}=\boldsymbol{P} \quad 或 \quad m=\frac{\boldsymbol{P}}{\boldsymbol{g}} \tag{7.2}$$

重力加速度是根据国际计量委员会制定的标准计算的，即将质量为 1 kg 的物体置于纬度为 45° 的海平面上测定物体所受的重力值为重力加速度，即 $g=9.806\ 65\ \text{m/s}^2$，一般取 $9.8\ \text{m/s}^2$。

**技术提示**

在国际单位制（SI）中，质量单位是千克（kg），长度单位是米（m），时间单位是秒（s），它们均为基本单位，力的单位是导出单位。当质量为 1 kg 的物体获得 $1\ \text{m/s}^2$ 的加速度时，作用于该物体上的力定义为 1 牛顿（N），即 $1\ \text{N}=1\ \text{kg}\times 1\ \text{m/s}^2$。

在精密仪器测量中，厘米克秒制（CGS），质量单位是克（g），长度单位是厘米（cm），时间单位是秒（s），它们也均为基本单位，力的单位是导出单位。即质量为 1 g 的物体获得 $1\ \text{cm/s}^2$ 的加速度时，作用于该物体上的力定义为 1 达因（dyn），即 $1\ \text{dyn}=1\ \text{g}\times 1\ \text{cm/s}^2$。

牛顿和达因的换算关系：$1\ \text{N}=10^5\ \text{dyn}$。

**第三定律** 物体间的作用力与反作用力总是大小相等，方向相反，沿着同一条直线，分别作用在这两个物体上。

第三定律不但适用于静力学，而且适用于动力学。

应当指出，牛顿定律只适合于惯性坐标系。与之相反的非惯性坐标系是不适合牛顿定律成立的坐标系。例如，建立在有相对运动物体上的坐标系一般为非惯性坐标系，在此坐标系中研究物体的运动，应重新建立物体的运动与作用在物体上力之间的微分关系。这一点在学习的过程中应尤为注意。

## 【知识拓展】

在实际使用的坐标系中，银河系质心坐标系是最接近于惯性系的坐标系。银河系质心坐标系以银河系质心为原点，坐标轴指向某几个星云中心“太阳绕银河系中心运动”，是在银河系质心坐标系中描述太阳的运动。暂时可以说：相对一个惯性系匀速平动或静止的参照系是惯性系；相对一个惯性系转动或变速平动的参照系是非惯性系。

## 7.1.2 质点运动微分方程

1. 矢量形式的质点运动微分方程

牛顿第二定律建立了物体运动与所受力之间的关系，第二定律中的“物体”指平移的物体或质点，在惯性坐标系下，由第二定律得质点运动微分方程的矢量表达式为

$$m\frac{\mathrm{d}^2 \boldsymbol{r}}{\mathrm{d}t^2}=\sum_{i=1}^{n}\boldsymbol{F}_i \tag{7.3}$$

这就是矢量形式的质点运动微分方程。但在解决实际问题时，常用投影形式的运动微分方程。

2. 直角坐标形式的质点运动微分方程

将矢径 $\boldsymbol{r}$ 和力 $\boldsymbol{F}_i$ 向直角坐标轴 $x$、$y$、$z$ 上投影，如图 7.2 所示，得直角坐标形式的质点运动微分方程为

$$\begin{cases} m\dfrac{\mathrm{d}^2 x}{\mathrm{d}t^2}=\sum\limits_{i=1}^{n}F_{xi} \\ m\dfrac{\mathrm{d}^2 y}{\mathrm{d}t^2}=\sum\limits_{i=1}^{n}F_{yi} \\ m\dfrac{\mathrm{d}^2 z}{\mathrm{d}t^2}=\sum\limits_{i=1}^{n}F_{zi} \end{cases} \tag{7.4}$$

3. 自然轴系的质点运动微分方程

将矢径 $\boldsymbol{r}$ 和力 $\boldsymbol{F}_i$ 向自然轴系上 $\tau$、$n$、$b$ 上投影，如图 7.3 所示，得自然轴系形式的质点运动微分方程为

$$\begin{cases} ma_\tau=\sum\limits_{i=1}^{n}F_{\tau i} \\ ma_n=\sum\limits_{i=1}^{n}F_{ni} \\ ma_b=\sum\limits_{i=1}^{n}F_{bi} \end{cases} \tag{7.5}$$

其中，切向加速度 $a_\tau=\frac{\mathrm{d}v}{\mathrm{d}t}=\frac{\mathrm{d}^2 s}{\mathrm{d}t^2}$，法向加速度 $a_n=\frac{v^2}{\rho}$，次法向加速度 $a_b=0$。

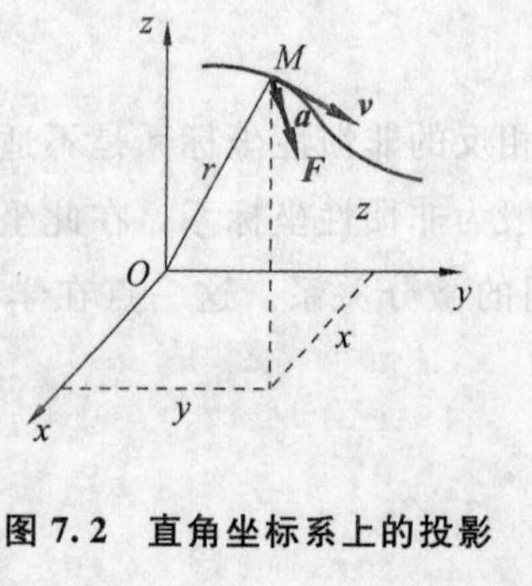


图 7.2 直角坐标系上的投影

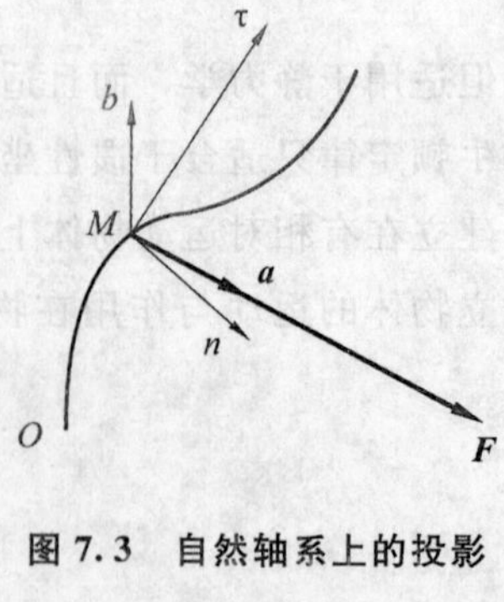


图 7.3 自然轴系上的投影

**技术提示**

直角坐标投影形式和自然轴投影形式的运动微分方程是两种常用的投影形式。根据问题的需要，还可以有其他投影形式的运动微分方程。必须注意，这些方程只适用于惯性坐标系，其中各项加速度必须是绝对加速度，采用自然轴投影形式的运动微分方程必须已知运动轨迹。

## 7.1.3 质点动力学的两类基本问题

由上面质点运动微分方程可求解质点动力学的两类问题：

(1) 已知质点的运动，求作用于质点上的力，称为质点动力学第一类问题。在求解过程中需对运动方程求导即可。

(2) 已知作用于质点上的力，求质点的运动，称为质点动力学第二类问题。在求解过程中需解微分方程，即求积分的过程。

在以上两类问题基础上，有时也存在两类问题的联合求解。下面分别以例题的形式介绍两类基本问题以及联合问题的求解方法。

**例 7.1** 质点的质量 $m=0.1$ kg，按 $x=t^4-12t^3+60t^2$ 的规律做直线运动，$x$ 以米（m）计，时间 $t$ 以秒（s）计，试求该质点所受的力，并求其极值。

**解** 当质点做直线运动时，其运动微分方程为

$$m\frac{\mathrm{d}^2x}{\mathrm{d}t^2}=\sum_{i=1}^{n}F_{xi}$$

则作用在该质点上的力为

$$F=m\frac{\mathrm{d}^2x}{\mathrm{d}t^2}=m(12t^2-72t+120)$$

$$F=0.1(12t^2-72t+120) \tag{1}$$

对式 (1) 求导，得

$$F'=0.1(24t-72)=0$$

时间为

$$t=3\text{ s} \tag{2}$$

将式 (2) 代入式 (1)，则作用在该质点上的最小力为

$$F=1.2\text{ N}$$

上面的例子为质点动力学第一类问题，这类问题在求解时应做到以下几点：

(1) 根据题意选择适当的质点运动微分方程形式。

(2) 正确地对质点进行力和运动分析。

(3) 利用质点运动微分方程求质点所受的力。

**例 7.2** 质点的质量 $m$，在力 $F=F_0-kt$ 的作用下，沿 $x$ 轴做直线运动，式中 $F_0$、$k$ 为常数，当运动开始时，即 $t=0$，$x=x_0$，$v=v_0$，试求质点的运动规律。

**解** 根据题意，采用直角坐标形式的质点运动微分方程，即

$$m\frac{\mathrm{d}^2x}{\mathrm{d}t^2}=\sum_{i=1}^{n}F_{xi}=F$$

则有

$$m\frac{\mathrm{d}^2x}{\mathrm{d}t^2}=F_0-kt$$

采用分离变量法积分，得

$$mv = \int_0^t (F_0 - kt)\mathrm{d}t = F_0 t - \frac{1}{2}kt^2$$

再积分，得质点的运动方程为

$$mx = \int_0^t \left(F_0 t - \frac{1}{2}kt^2\right)\mathrm{d}t = \frac{1}{2}F_0 t^2 - \frac{1}{6}kt^3$$

即

$$x = \frac{t^2}{2m}\left(F_0 - \frac{1}{3}kt\right)$$

**例 7.3** 质量为 $m=10$ kg 的质点，在水平面做曲线运动，受到阻力为 $F=\frac{2v^2 g}{3+s}$的作用，其中 $v$ 为质点的速度，$g=10\ \mathrm{m/s^2}$ 为重力加速度，$s$ 为质点的运动路程，当 $t=0$ 时，$v_0=5$ m/s，$s_0=0$，试求质点的运动规律。

**解** 根据题意，采用自然法求解。质点的切向运动微分方程为

$$ma_\tau = \sum_{i=1}^{n} F_{\tau i}$$

切向加速度 $a_\tau=\frac{\mathrm{d}v}{\mathrm{d}t}=\frac{\mathrm{d}^2 s}{\mathrm{d}t^2}$，则有

$$m\frac{\mathrm{d}v}{\mathrm{d}t} = -\frac{2v^2 g}{3+s} \tag{1}$$

将切向加速度进行如下变换

$$\frac{\mathrm{d}v}{\mathrm{d}t} = \frac{\mathrm{d}v}{\mathrm{d}s}\frac{\mathrm{d}s}{\mathrm{d}t} = v\frac{\mathrm{d}v}{\mathrm{d}s} \tag{2}$$

式（2）代入式（1）有

$$mv\frac{\mathrm{d}v}{\mathrm{d}s} = -\frac{2v^2 g}{3+s}$$

应用分离变量法

$$\frac{m}{v}\mathrm{d}v = -\frac{2g}{3+s}\mathrm{d}s$$

积分

$$\int_{v_0}^{v} \frac{m}{v}\mathrm{d}v = -\int_0^s \frac{2g}{3+s}\mathrm{d}s$$

得

$$m\ln\frac{v}{v_0} = -2g\ln\frac{s+3}{3}$$

则得质点的速度为

$$v = v_0\left(\frac{s+3}{3}\right)^{-2} = \frac{45}{(s+3)^2} \tag{3}$$

又因为 $v=\frac{\mathrm{d}s}{\mathrm{d}t}$，对式（3）积分，得

$$\int_0^s (s+3)^2\mathrm{d}s = \int_0^t 45\mathrm{d}t$$

质点的运动规律为

$$s = 3\ (\sqrt[3]{5t+1} - 1)$$

例 7.2 和例 7.3 为质点动力学第二类问题。在求解时应根据题意将运动量进行变换，才能求解。求解的步骤与质点动力学第一类问题基本相同，解这类问题是解微分方程的过程，一般采用分离变量法求解。

**例 7.4** 图 7.4 所示圆锥摆，质量为 $m=0.1$ kg 的小球系于长为 $l=0.3$ m 的绳上，绳的另一端系在固定点 $O$ 上，并与铅垂线成 60°角，若小球在水平面内做匀速圆周运动，试求小球的速度和绳子的拉力。

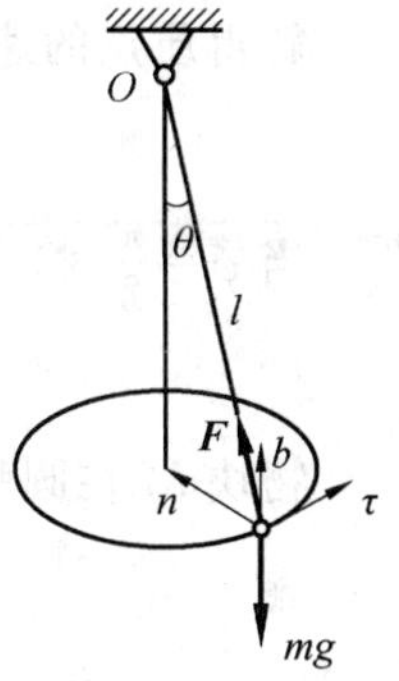


**图 7.4 圆锥摆**

**解** 以小球为质点，小球的受重力 $mg$ 及绳子的拉力 $\boldsymbol{F}$ 及运动如图 7.4 所示，采用自然法求解。其运动微分方程为

$$\begin{cases} ma_\tau = \sum_{i=1}^{n} F_{\tau i} \\ ma_n = \sum_{i=1}^{n} F_{ni} \\ ma_b = \sum_{i=1}^{n} F_{bi} \end{cases}$$

其切向运动微分方程为

$$a_\tau = 0$$

法向运动微分方程为

$$m\frac{v^2}{\rho} = F\sin\theta \tag{1}$$

次法向运动微分方程为

$$ma_b = F\cos\theta - mg \tag{2}$$

由于次法向加速度 $a_b=0$，则由式（2）绳子的拉力为

$$F = \frac{mg}{\cos\theta} = \frac{0.1\times 9.8}{\cos 60^\circ} = 1.96\ \text{N}$$

因圆的半径 $\rho = l\sin\theta$，将上面绳子的拉力代入式（1），则小球的速度为

$$v = \sqrt{\frac{Fl\sin^2\theta}{m}} = \sqrt{\frac{1.96\times 0.3\times \sin^2 60^\circ}{0.1}} = 2.1\ \text{m/s}$$

**例 7.5** 如图 7.5 所示，物块 $M$ 自点 $A$ 沿光滑的圆弧轨道无初速地滑下，落到传送带上 $B$，已知圆弧的半径为 $R$，物块 $M$ 的质量为 $m$，试求物块 $M$ 在圆弧轨道上点 $B$ 的法向约束力，若物块 $M$ 与传送带间无相对滑动，试确定半径为 $r$ 的传送轮的转速。

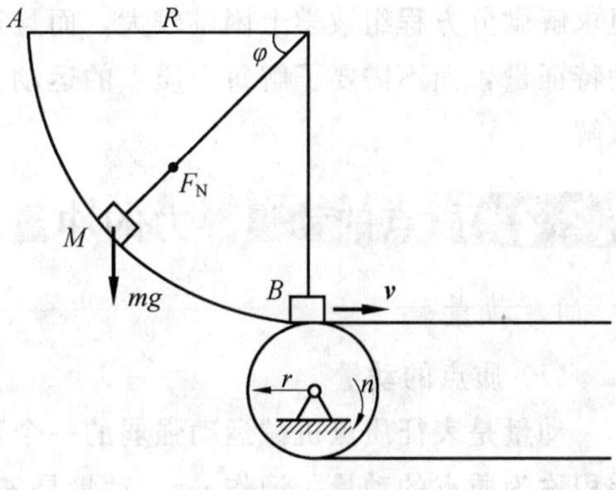


**图 7.5 光滑的圆弧轨道**

**解** 根据题意，物块 $M$ 沿光滑圆弧轨道的运动为轨迹曲线已知的运动，故采用自然法求解。如图 7.5 所示，质点的切向运动微分方程为

$$ma_\tau = \sum_{i=1}^{n} F_{\tau i} = mg\cos\varphi \tag{1}$$

式中，$\varphi$ 为物块 $M$ 对应的半径与水平线的夹角。

切向加速度为

$$a_\tau = \frac{dv}{dt} = \frac{dv}{ds}\frac{ds}{dt} = v\frac{dv}{ds} \tag{2}$$

式（2）代入式（1）并进行分离变量，积分得

$$\int_0^v mv\,dv = \int_0^s mg\cos ds \tag{3}$$

同时，注意 $ds = Rd\varphi$，则

$$\int_0^v mv\,dv = \int_0^\varphi mg\cos\varphi R\,d\varphi$$

解得质点的速度为

$$v=\sqrt{2gR\sin\varphi}$$

当 $\varphi=\frac{\pi}{2}$ 时，物块 $M$ 的速度为

$$v=\sqrt{2gR} \tag{4}$$

物块 $M$ 在圆弧轨道上点 $B$ 的法向运动微分方程为

$$F_n-mg=ma_n=m\frac{v^2}{R} \tag{5}$$

将式 (4) 代入式 (5)，则物块 $M$ 在点 $B$ 的法向约束力为

$$F_n=3mg$$

传送轮的转速为

$$n=\frac{30\sqrt{2gR}}{\pi r}$$

例 7.4 和例 7.5 为两类问题的联合求解。

## 7.2 动量定理

### 7.2.1 动力学普遍定理概述

动力学普遍定理包括动量定理、动量矩定理和动能定理，它们从不同的方面揭示了质点和质点系总体运动特征量（动量、动量矩、动能）的变化和所受力系作用量（冲量、力矩、功）之间的关系。在理论力学中，这些定理从牛顿定律导出，定理中的各物理量具有深刻的物理意义，了解这些物理意义有助于对力学运动有更深入的认识。

理论上，质点系动力学问题可将各质点拆开，对每个质点列出运动微分方程，然后联立求解。但求解微分方程组数学上困难较大，而且这种做法无必要，大量实际问题只需求出质点系的某些运动特征量，而不需要了解每个质点的运动。因此对于多数质点系动力学问题，常用动力学普遍定理求解。

### 7.2.2 质点的动量、力的冲量及质点的动量定理

1. 动量

(1) 质点的动量。

动量是表征质点机械运动强弱的一个物理量。质点的质量 $m$，速度 $\boldsymbol{v}$，则质点的质量与速度的乘积称为质点的动量，记作 $m\boldsymbol{v}$。动量是矢量，方向与质点速度方向相同。

(2) 质点系的动量。

质点系各质点动量的自由矢之和称为质点系的动量，记作 $\boldsymbol{p}$，质点系的动量为质点系动量的主矢（自由矢），即

$$\boldsymbol{p}=\sum m_i\boldsymbol{v}_i \tag{7.6}$$

2. 力的冲量

物体运动状态的改变，与力的作用时间的长短有关。力在一段时间间隔内作用的积累效应称为力的冲量，记作 $\boldsymbol{I}$，即

$$\boldsymbol{I}=\int_{t_1}^{t_2}\boldsymbol{F}\mathrm{d}t \tag{7.7}$$

3. 质点动量定理

牛顿第二定律原来表示为

$$\frac{\mathrm{d}}{\mathrm{d}t}(m\boldsymbol{v})=\boldsymbol{F} \tag{7.8}$$

质点动量对时间的导数等于作用在该质点上的力，这就是动量定理的微分形式。由式（7.8）有

$$\mathrm{d}(m\boldsymbol{v})=\boldsymbol{F}\mathrm{d}t \tag{7.9}$$

$$\int_{v_1}^{v_2}\mathrm{d}(mv)=\int_{t_1}^{t_2}\boldsymbol{F}\mathrm{d}t=m\boldsymbol{v}_2-m\boldsymbol{v}_1=\boldsymbol{I} \tag{7.10}$$

质点的动量在某一时间内的改变，等于它所受的力在同一时间内的冲量。这就是质点动量定理的积分形式。应用此式不涉及质点的运动过程，只考虑运动的始末两瞬时的动量变化和此时间间隔内力的冲量，使问题简化。

4. 质点系动量定理

设质点系有 $n$ 个质点，第 $i$ 个质点的质量为 $m_i$，速度为 $\boldsymbol{v}_i$，外界物体对该质点作用的力为 $\boldsymbol{F}_i^e$，称为外力，质点系内其他质点对该质点作用的力为 $\boldsymbol{F}_i^i$，称为内力。对质点系内每一个质点，由式（7.8）质点动量定理有

$$\frac{\mathrm{d}}{\mathrm{d}t}m_i\boldsymbol{v}_i=\boldsymbol{F}_i^e+\boldsymbol{F}_i^i$$

这样的 $n$ 个方程相加，得

$$\frac{\mathrm{d}}{\mathrm{d}t}\sum m_iv_i=\sum\boldsymbol{F}_i^e+\sum\boldsymbol{F}_i^i$$

质点系内质点间相互作用的内力总是共线、反向、等值，成对出现，故其自由矢之和 $\sum F_i^i=0$，又 $\sum m_i\boldsymbol{v}_i=\boldsymbol{p}$，得质点系动量定理的微分形式为

$$\frac{\mathrm{d}\boldsymbol{p}}{\mathrm{d}t}=\sum\boldsymbol{F}_i^e \tag{7.11}$$

质点系动量的主矢对时间的导数，等于作用于该质点系的外力系的主矢。质点系的内力不能改变质点系的动量。与质点动量定理相似，式（7.11）有积分形式

$$\boldsymbol{p}_2-\boldsymbol{p}_1=\sum\boldsymbol{I}_i^e \tag{7.12}$$

在某一时间间隔内，质点系动量的改变量等于在这段时间内作用于质点系外力冲量的矢量和。

质点系动量定理是矢量式，应用时常选取适当的投影形式。如式（7.11）和式（7.12）在笛卡儿坐标系的投影分别为

$$\frac{\mathrm{d}p_x}{\mathrm{d}t}=\sum F_x^e,\frac{\mathrm{d}p_y}{\mathrm{d}t}=\sum F_y^e,\frac{\mathrm{d}p_z}{\mathrm{d}t}=\sum F_z^e \tag{7.13}$$

$$p_{2x}-p_{1x}=\sum I_x^e,p_{2y}-p_{1y}=\sum I_y^e,p_{2z}-p_{1z}=\sum I_z^e \tag{7.14}$$

**例 7.6** 一质点以初速度 $v_0=15$ m/s 与水平面成 60°角抛出，若不计空气阻力，试求此质点升到最高位置所需用的时间。

**解** 研究质点，取坐标系如图 7.6 所示。

质点位于最高点 $M$ 时的速度 $\boldsymbol{v}$ 为水平方向，故质点在最高点位置时的动量在 $y$ 轴上的投影为 0，即

$$0-mv_{0y}=-mgt$$

$$t=\frac{v_0\sin\alpha}{g}=\frac{15\times\sin 60^\circ}{9.8}=1.3\ \mathrm{s}$$

即质点开始运动后经过 1.3 s 升到最高位置。

从本例可以看出，使用动力学普遍定理解某些动力学问题，要比用质点运动微分方程解题简捷明了得多。

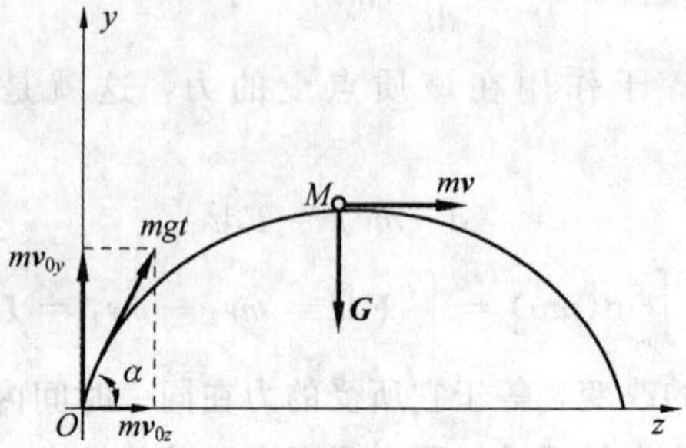


图 7.6　抛体运动

## 7.2.3　质心、重心、形心及质心运动守恒

### 1. 质心

描述质点系的整体运动首先需要确定描述质点系整体的位置参量，质点系的质心位置矢量是描述质点系整体运动的最重要的位置参量。如图 7.6 所示，质心位置矢量 $\boldsymbol{r}_C$ 定义为

$$\boldsymbol{r}_C=\frac{\sum m_i\boldsymbol{r}_i}{\sum m_i}=\frac{\sum m_i\boldsymbol{r}_i}{m} \tag{7.15}$$

其中，$m=\sum m_i$，是质点系的总质量。

质心的位置矢量 $\boldsymbol{r}_C$ 是质点系中各质点的位置矢量 $\boldsymbol{r}_i$ 以其质量 $m_i$ 为权重的加权平均值，它是质点系的整体位置矢量。

质心与作用在质点系上的力无关，只取决于质点系各质点的质量的大小和分布情况，它在任何情况下都存在。质心的概念及其运动在质点系（特别是刚体）动力学中具有重要地位。计算质心位置时，常用式（7.15)在笛卡儿坐标系的投影形式，即

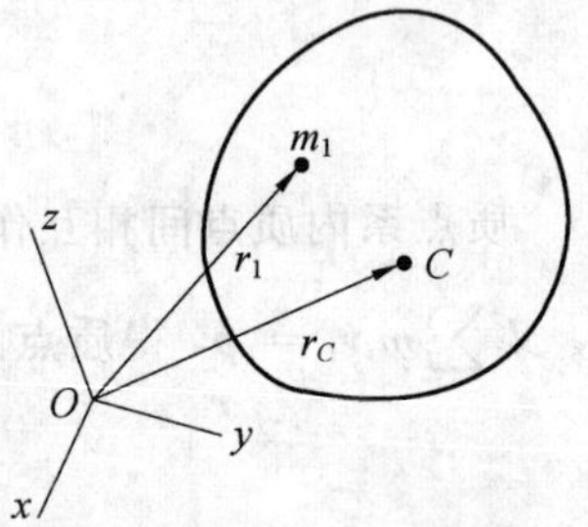


图 7.7　质心

$$x_C=\frac{\sum m_ix_i}{m},y_C=\frac{\sum m_iy_i}{m},z_C=\frac{\sum m_iz_i}{m} \tag{7.16}$$

由式（7.15)，$mr_C=\sum m_ir_i$ 对时间求导数，有

$$m\boldsymbol{v}_C=\sum m_i\boldsymbol{v}_i \tag{7.17}$$

$$\boldsymbol{p}=\sum m_i\boldsymbol{v}_i=m\boldsymbol{v}_C \tag{7.18}$$

上式表明质点系的动量等于质点系全部质量与质心速度的乘积。在计算质点系的动量时，可以假设把质点系的所有质量集中在质心上，则这个点的动量就代表质点系的动量。另一方面质点系的动量也反映出其全部质点随质心平移的一个侧面。

求某系统的动量时，若各质点或刚体系统各刚体质心速度容易确定，可用 $\boldsymbol{p}=\sum m_i\boldsymbol{v}_i$ 求动量；若质心位置坐标容易确定，可先确定质心坐标，求导得 $\boldsymbol{v}_C$ 后，用 $\boldsymbol{p}=m\boldsymbol{v}_C$ 计算动量。

**技术提示**

**例**　小组同学成绩：60 分 1 人，70 分 2 人，80 分 4 人，90 分 3 人，则平均成绩为

（1×60＋2×70＋4×80＋3×90）÷（1＋2＋4＋3）＝79

这就是加权平均值，这里人数就叫“权重”或“权数”。这样的平均值有代表性。

## 【知识拓展】

动量守恒：

(1) 若外力系的主矢 $\sum F_i^e \equiv 0$，则 $p=\sum m_i v_i=$ 常矢量，质点系动量守恒。

(2) 若外力系主矢在某轴（如 $x$ 轴）上的投影 $\sum F_x^e \equiv 0$，则 $p_x=$常量，质点系在 $x$ 轴的动量守恒。

质点系动量定理不包含内力，特别适用于求解内部互相作用复杂的质点系问题。如果质点系只受内力作用，则用动量守恒求解。

**例 7.7** 图 7.8 所示为一个 10 kg 的包裹，从传送带上以 3 m/s 的速度卸到小车上，小车质量为 25 kg。已知开始时小车处于静止并可自由滚动，求小车的速度。

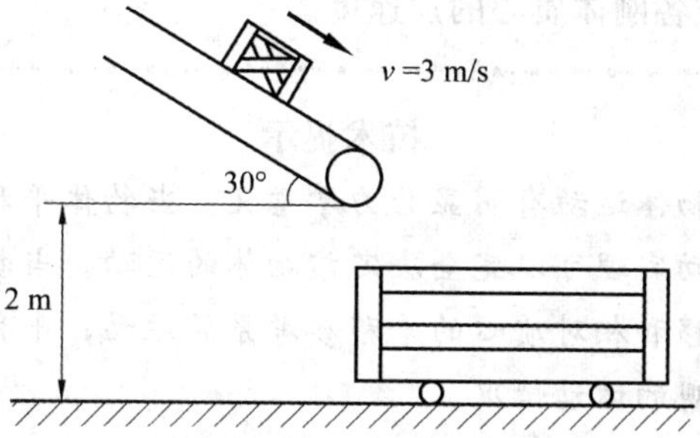


**图 7.8 例 7.7 题图**

**解** 包裹、小车组成质点系，水平方向不受力，质点系动量守恒，有

$$m_1 v_1 \cos 45° = (m_1+m_2)\ v_2$$

$$v_2=\frac{m_1 v_1 \cos 45°}{m_1+m_2}=\frac{10\times 3\times \frac{\sqrt{3}}{2}}{10+25}=0.742\ \text{m/s}$$

2. 重心

任何物体都可以看作是由很多微粒所组成，每个微粒都受到竖直向下的重力的作用，由于地球很大，这些力可认为彼此平行。因此，又可以说任何一个物体都受到很多的平行力——物体的各微粒所受的重力的作用。所有这些重力的合力就等于整个物体的重力，它可以根据平行力的合成法则来求得。这些平行力的合力作用点就叫做物体的重心。由此可见，重心必须依赖重力而存在。实际上，重心反映了重力“三要素”中的“作用点”要素，因此，可以说重心是重力概念的一个派生概念。由重心的定义可知，重心是一个定点，与物体所在的位置和如何放置无关。均匀物体的重心只跟物体的形状有关，规则形状的均匀物体的重心就在它的几何中心上。例如，均匀直棒的重心就在它的中点，均匀圆板的重心就在圆板的圆心，均匀球体的重心就在它的球心等。几何上之所以把三角形的两条中线的交点称为重心，就是因为此交点实为物理上的重心位置。

3. 形心

形心，是指截面图形的几何中心。质心是针对实物体而言的，而形心是针对抽象几何体而言的，对于密度均匀的实物体，质心和形心重合。

## 【知识拓展】

一般情况下，质心与重心的位置不重合。尺寸不十分大的物体放在重力场中，它上面各质元所在处的重力加速度 $g$ 相同。这时物体的质量分布和物体的重力分布是一致的，物体的质心和重心位置重合。复杂物体重心位置可以由实验（悬挂法）测定。如果物体各处的重力加速度不同，则质心和重心不再重合，而且当物体或质点组与地球相距极远时，可以认为它们不再受重力，重心也就失去了意义，但是质心的概念却仍然有效。由此可见，质心的概念比重心的概念更具有普遍的意义。

4. 质心运动定理

由式（7.11）和式（7.18），又 $\dot{v}_C=a_C$，得

$$m\boldsymbol{a}_C=\sum \boldsymbol{F}_i^e \tag{7.19}$$

质点系的总质量与质心加速度的乘积，等于作用于质点系的外力系的主矢。这就是质心运动定理。它建立了质心运动和外力的关系。其形式与质点动力学基本方程相似。因为 $p=\sum m_i v_i$，质心运动定理也可写成

$$\sum m_i \boldsymbol{a}_i=\sum \boldsymbol{F}_i^e \tag{7.20}$$

式中，$\boldsymbol{a}_i$ 为质点系中各质点或各刚体质心的加速度。

**技术提示**

用质心运动定理研究物体运动有明显的力学意义。当物体平移时，各点的运动与质心运动完全相同，因而质心运动定理可以完全决定该物体的运动。当物体做复杂运动时，可以将其运动分解为随质心的平移和相对质心的平移参考系的运动；平移部分可用质心运动定理确定，因而可以了解物体宏观的运动情况。

当质点系质心坐标比较容易确定时，可先写出质心坐标计算式，求二阶导数，用式（7.18）解题。若已知质点系各部分质心的加速度，用式（7.20）解题较方便。

以上各式应用时用投影式，与动量定理的式（7.13）相似。

5. 质心运动守恒

（1）若外力系的主矢恒等于零 $\sum F_i^e\equiv 0$，则 $a_C=0$，$v_C=$常矢量，质心做匀速直线运动；若开始静止 $v_{C0}=0$，则 $r_C=$常矢量，质心位置守恒。

（2）若外力系主矢在某轴上投影恒等于零。如 $\sum F_x^e\equiv 0$，则 $a_{Cx}=0$，$v_{Cx}=$常量，质心在该轴上的速度投影保持不变。若开始时质心在 $x$ 方向的初速度为零，即 $v_{Cx0}=0$，则 $x_C=$常量，质心在该轴的坐标守恒。

由质心运动定理可知，质点系的内力不影响质心的运动，只有外力才能改变质心的运动。例如，汽车发动机中的气体压力是内力，仅靠它不能使汽车的质心开始运动。汽车之所以能启动，是因为主动轮与地面接触处受到向前的外力（摩擦力，称为牵引力）的作用，这个外力使汽车的质心有向前的加速度，在下雪天汽车启动有打滑现象，是由于摩擦力很小。

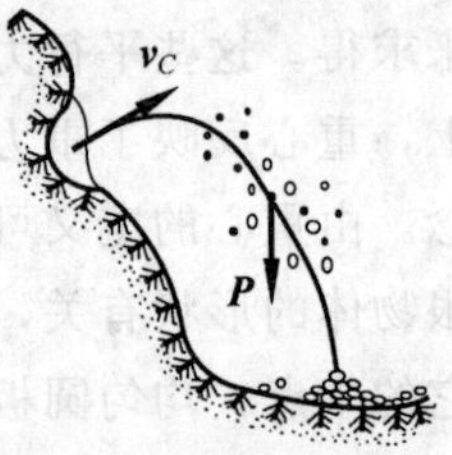

图 7.9　定向爆破

工程上使用的定向爆破，如图 7.9 所示，外力系主矢决定质点系质心的加速度和轨迹，决定大部分爆破的土石块落在预定的地点。

## 【重点串联】

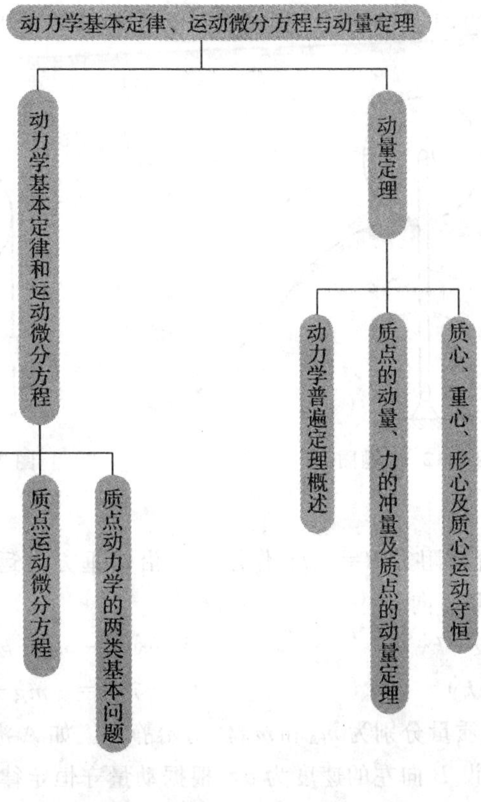


## 拓展与实训

### 职业能力训练

**一、填空题**

1. 三个质量相同的质点，在某瞬时的速度（大小相等）如图 7.10 所示，若对给它们施加大小、方向相同的力 $\boldsymbol{F}$，问此后质点运动微分方程________，质点运动方程________。（填“相同”或“不相同”）

2. 质量为 $M$，半径为 $R$ 的均质圆盘，以角速度 $\omega$ 转动。其边缘上焊接一质量为 $m$、长为 $b$ 的均质细杆 $AB$，如题 7.11 图所示，则系统动量的大小________。

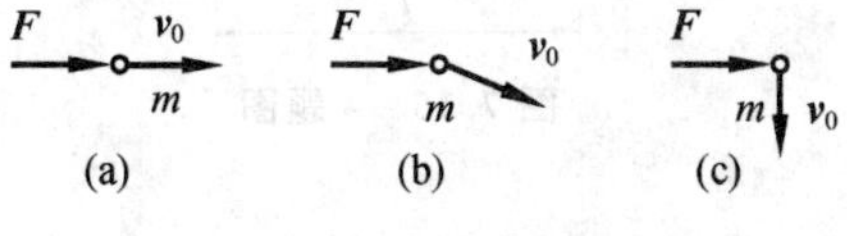


图 7.10 1 题图

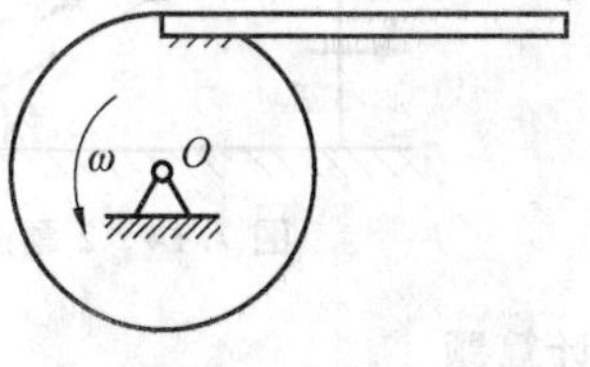


图 7.11 2 题图

3. 半径为 $r$，质量为 $m$ 的均质圆盘 $A$ 由 $OA$ 杆带动在半径为 $R$ 的大圆弧上做纯滚动。图 7.12 所示瞬时 $OA$ 杆的角速度、角加速度分别为 $\omega_0$、$\alpha_0$，则该瞬时圆盘的动量为________。

4. 物体 $A$、$B$ 的重量分别为 $P_A$、$P_B$，且 $P_A \neq P_B$，绳索与滑轮间无相对滑动。若不计滑轮质量，则滑轮两边绳子的张力为______；若计滑轮质量，则两边绳子的张力为______。

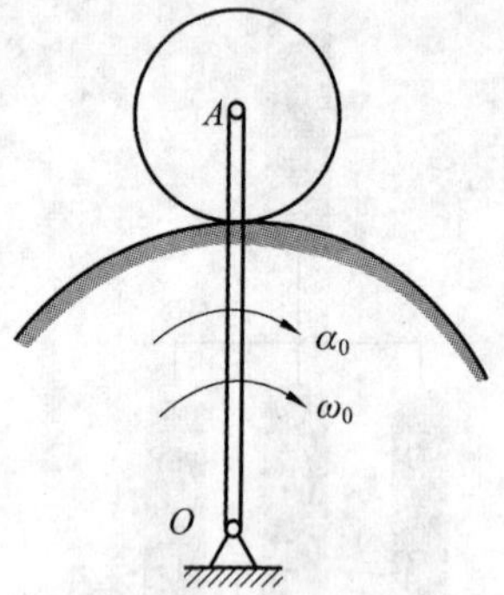

图 7.12　3 题图

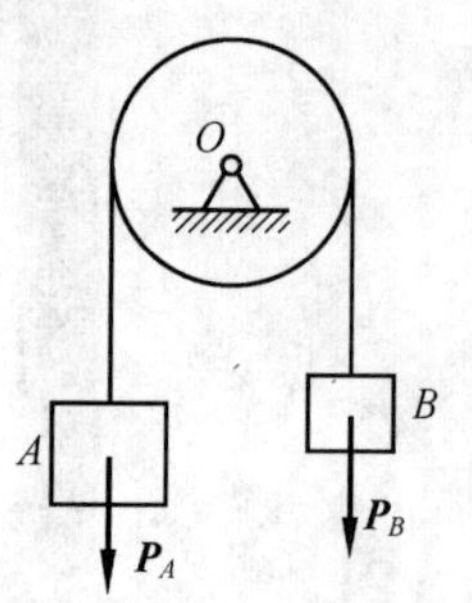

图 7.13　4 题图

## 二、选择题

1. 质点在重力和介质阻力 $\boldsymbol{R}=-k\boldsymbol{v}$ 作用下，沿铅垂方向运动，质点的运动微分方程为（　　）。（$y$ 轴竖直向上）

A. $-m\ddot{y}=-mg+k\dot{y}$　　B. $m\ddot{y}=-mg-k\dot{y}$

C. $m\ddot{y}=-mg+k\dot{y}$　　D. $-m\ddot{y}=-mg-k\dot{y}$

2. 两物块 $A$、$B$，质量分别为 $m_A$ 和 $m_B$，初始静止。如 $A$ 沿斜面下滑的相对速度为 $v_r$ 如图 7.14 所示。设 $B$ 向左的速度为 $v$，根据动量守恒定律有（　　）。

A. $m_A v_r \cos\theta = m_B v$　　B. $m_A v_r = m_B v$

C. $m_A\ (v_r\cos\theta + v) = m_B v$　　D. $m_A\ (v_r\cos\theta - v) = m_B v$

3. 设有质量相等的两物体 $A$、$B$，在同一段时间内，$A$ 物体发生水平移动，而 $B$ 物体发生铅直移动，则两物体的重力在这段时间里的冲量（　　）。

A. 不同　　B. 相同

C. $A$ 物体重力的冲量大　　D. $B$ 物体重力的冲量大

4. 距地面 $H$ 的质点 $M$，具有水平初速度 $v_0$，则该质点落地时的水平距离 $l$ 与（　　）成正比。

A. $H$　　B. $H^{1/2}$　　C. $H^2$　　D. $H^3$

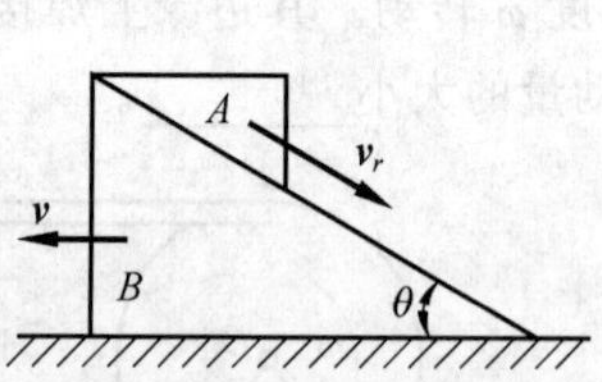

图 7.14　2 题图

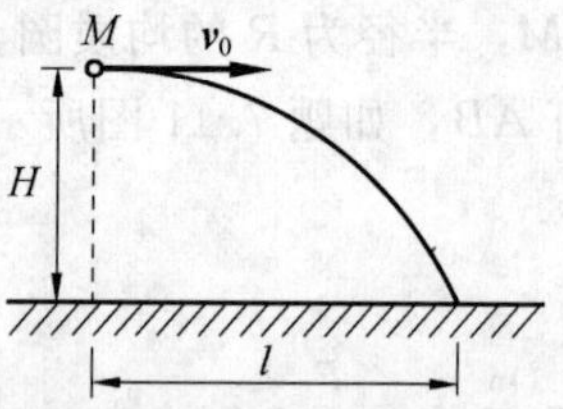

图 7.15　4 题图

## 三、计算题

1. 质量 $m=6$ kg 的小球，放在 $\alpha=30^\circ$ 的光滑斜面上，并用平行于斜面的软绳将小球固定在图 7.16 所示位置。若斜面以加速度 $a=1/3g$ 向左运动，求绳中的张力 $T$ 及斜面的反力 $N$，要使绳中的张力为 0，斜面的加速度应为多少？

2. 当物体 $M$ 在极深的矿井中下落时，其加速度与其离地心的距离成正比。求物体下落 $s$ 距离所需的时间 $t$ 和对应的速度 $v$。设初速为 0，不计任何阻力。

3. 一物体质量 $m=10$ kg，在变力 $F=100(1-t)$ N 作用下运动。设物体初速度为 $v_0=0.2$ m/s,开始时，力的方向与速度方向相同。问经过多少时间后物体速度为零，此前走了多少路程？

4. 一质量为 $m$ 的物体放在匀速转动的水平转台上，它与转轴的距离为为 $r$，如图 7.17 所示。设物体与转台表面的摩擦因数为 $f$，求当物体不致因转台旋转而滑出时，水平台的最大转速。

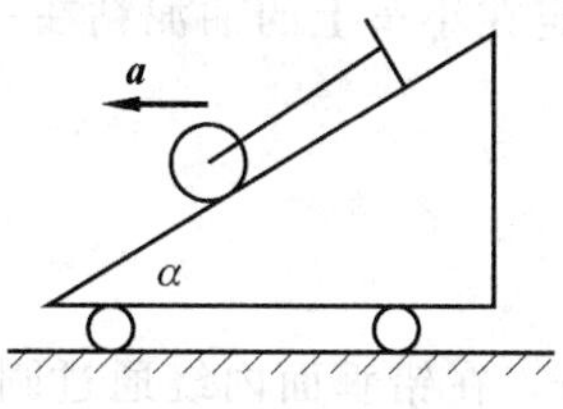


图 7.16　1 题图

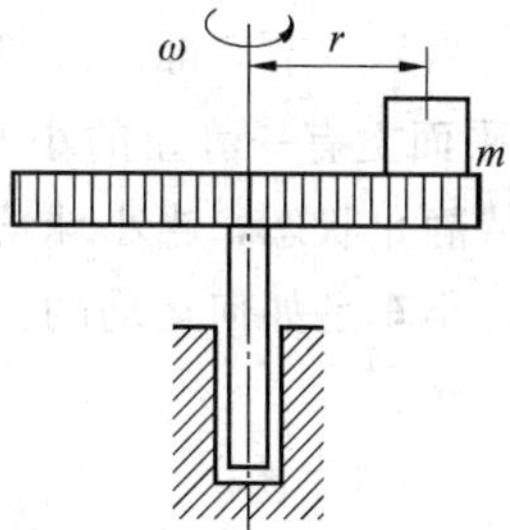


图 7.17　4 题图

5. 传送带以匀速 $v$ 传送一系列小包裹，并要滚过一惰轮，如图 7.18 所示。已知包裹与传送带之间的摩擦因数为 0.75，若使包裹不致在传送带上滑动，求传送带速度的最大值。

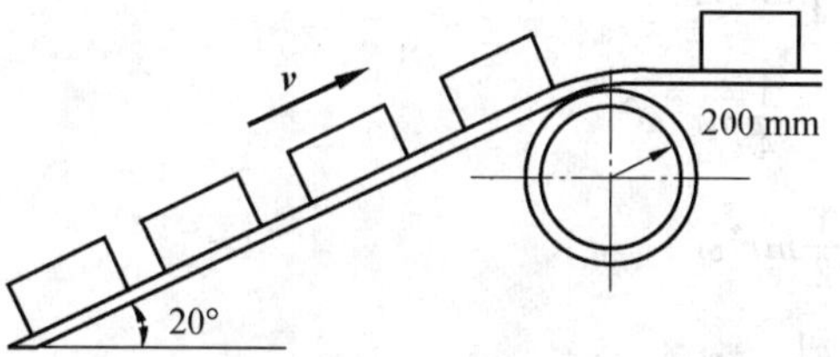


图 7.18　5 题图

6. 料车的料斗连同载重的质量 $m_1=10^4$ kg，车架与车轮的质量 $m_2=1\ 000$ kg。如料斗在弹簧上按 $x=2\sin 10t$ cm 的规律做铅垂简谐运动，求矿车对水平直线轨道的最大与最小压力。

7. 锻锤的质量为 3 000 kg，从高度 $H=1.5$ m 处自由落到工件上，已知工件因受锤击而变形所经时间为 $t=0.01$ s，求锻锤对工件的平均打击力。

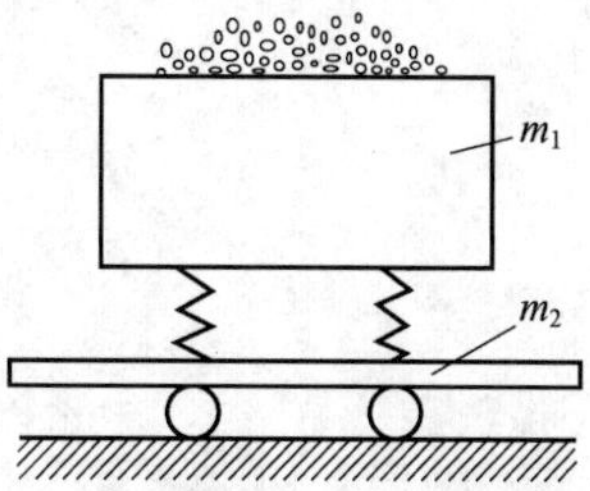


图 7.19　6 题图

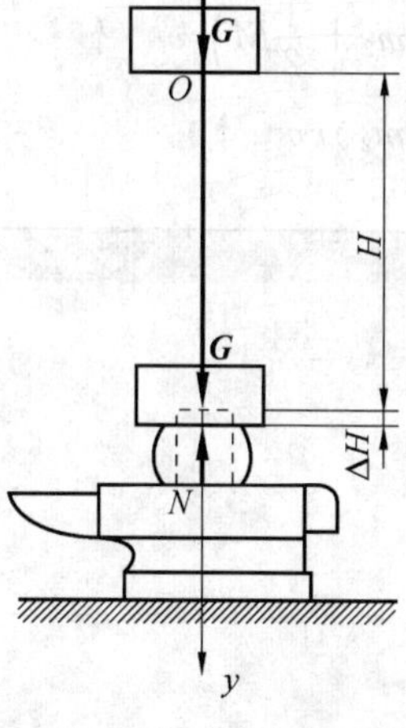


图 7.20　7 题图

8. 平台车质量 $m_1=500$ kg，可沿水平轨道运动。平台车上站有一人，质量 $m_2=70$ kg，车与人以共同速度 $v_0$ 向右运动。当人相对平台车以速度 $v_r=2$ m/s 向左方跳出时，不计平台车水平方向的阻力及摩擦，问平台车增加的速度为多少？

**工程模拟训练**

1. 如图 7.21 所示，一辆列车总质量为 $M$，在平直轨道上以 $v$ 速度匀速行驶，突然后一节质量为 $m$ 的车厢脱钩，假设列车所受的阻力与质量成正比，牵引力不变，当后一节车厢刚好静止时，前面列车的速度是多少？

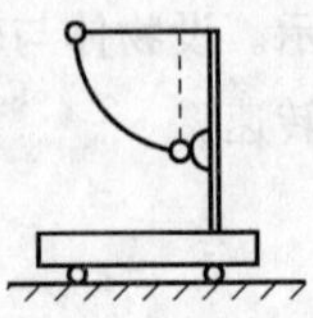

图 7.21　1 题图

2. 在光滑水平面上有一静止的小车，用线系一小球，将球拉开后放开，球放开时小车保持静止状态，当小球落下以后与固定在小车上的油泥粘在一起，则从此以后，小车是如何运动的？

**链接执考**

**选择题**

1. 图 7.22 所示均质圆轮，质量为 $m$，半径为 $r$，在铅垂面内绕通过圆盘中心 $O$ 的水平轴以匀角速度 $\omega$ 转动。则系统动量、对中心 $O$ 的动量矩、动能的大小为(　　)。

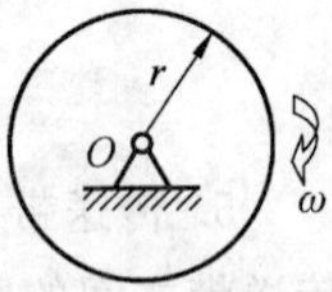


图 7.22　1 题图

A. $0$，　$\frac{1}{2}mr^2\omega$，　$\frac{1}{4}mr^2\omega^2$

B. $mr\omega$，　$\frac{1}{2}mr^2\omega$，　$\frac{1}{4}mr^2\omega^2$

C. $0$，　$\frac{1}{2}mr^2\omega$，　$\frac{1}{2}mr^2\omega^2$

D. $0$，　$\frac{1}{4}mr^2\omega^2$，　$\frac{1}{4}mr^2\omega^2$

2. 如图 7.23 所示，两重物 $M_1$ 和 $M_2$ 的质量分别为 $m_1$ 和 $m_2$，两重物系在不计重量的软绳上，绳绕过均质定滑轮，滑轮半径为 $r$，质量为 $M$，则此滑轮系统的动量为（　　）。

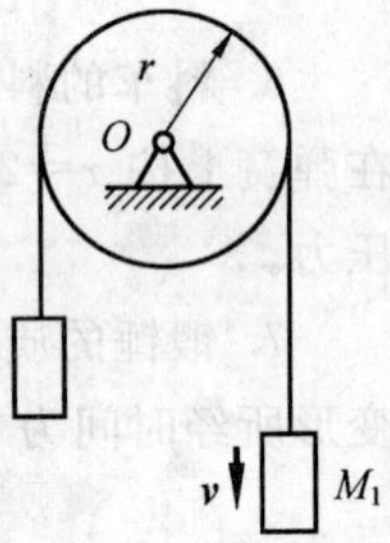


图 7.23　2 题图

A. $\left(m_1-m_2+\frac{1}{2}M\right)rv$ ↓

B. $(m_1-m_2)rv$ ↓

C. $\left(m_1+m_2+\frac{1}{2}M\right)rv$ ↑

D. $(m_1-m_2)rv$ ↑

# 模块 8

# 动量矩定理

**【模块概述】**

本模块以转动刚体为研究对象，以寻找动量矩随时间的变化率与力矩间的关系为主线，以动量矩定理的运用为基本方法，以刚体定轴转动为主体，主要介绍质点与质点系的动量矩和动量矩定理，定轴转动刚体对转轴的动量矩、刚体定轴转动的微分方程。

**【知识目标】**

1. 质点、质点系动量矩与动量矩定理；
2. 刚体定轴转动微分方程、转动惯量；
3. 相对于质心的动量矩定理、刚体平面运动微分方程。

**【能力目标】**

1. 能运用动量矩定理解决有关转动的动力学问题；
2. 能计算转动惯量，能正确应用刚体定轴转动微分方程；
3. 能正确求解刚体平面内动轴转动动力学问题。

**【学习重点】**

动量矩、动量矩定理、转动惯量、动量矩守恒定理与刚体定轴转动微分方程的应用。

**【课时建议】**

4～6 课时

## 工程导入

图 8.1 是采用常规尾桨的直升机（如米－8、米－28、U H－60、A H－64、A－129 等直升机），它是不同于固定翼飞机的另一类航空器。它全靠发动机带动顶部硕大的旋翼旋转产生升力和前推力。但产生升力的旋翼在旋转的同时，空气也会以与旋翼同样大的力矩（或称扭矩）反作用于它，继而通过旋翼将这一反作用力矩传递到直升机的机体上，使直升机失去平衡。如果不采取措施予以平衡，那么这个反作用力距就会使直升机逆旋翼转动方向旋转，像陀螺一样不停地打转，也就不能保持直升机自身平衡和正确的方位，根本无法正常飞行。所以，直升机都有一个长长的身子，并大多在尾部安上了一个“小风扇”——一副与旋翼垂直的尾桨，用以平衡旋翼转动时产生的反作用力矩和进行航向操纵（即实现直线飞行与转向飞行）；从工程力学的角度来说，这类控制实质上是利用了动量矩守衡原理实现的。此外，日常生活中见到的“猫下落翻身而不倒”，花样滑冰中运动员四肢伸缩与加速，图 8.2 中航天器中用到的动量轮等都是基于动量矩守恒的具体体现，动量矩定理在解决旋转刚体问题上具有独特的优势。

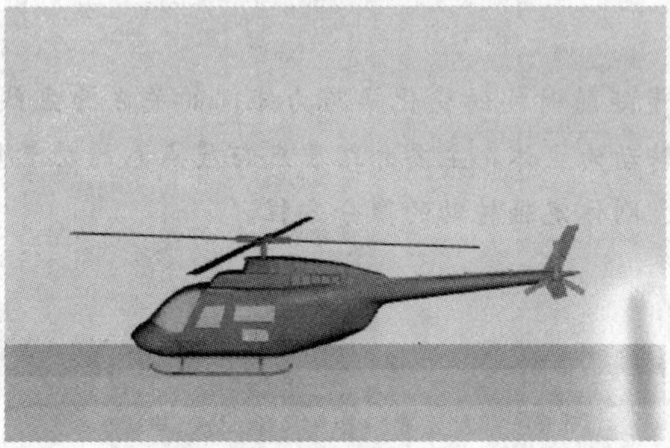

图 8.1　直升机

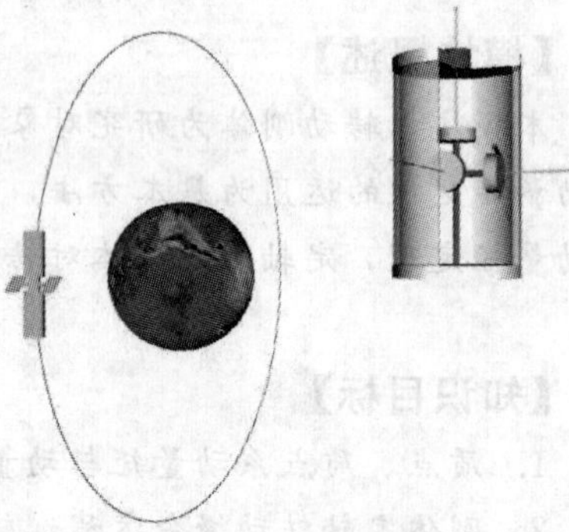

图 8.2　动量轮

# 8.1　动量矩定理及动量矩守恒

## 8.1.1　动量矩

1. 质点动量矩

设质点 $M$ 绕某定点 $O$ 运动，某瞬时的动量为 $mv$，质点在该瞬时的矢径为 $\boldsymbol{r}$，如图 8.3 所示，则质点的动量对定点 $O$ 之矩称为动量矩 $\boldsymbol{L}_O$，即

$$\boldsymbol{L}_O=\boldsymbol{M}_O\ (m\boldsymbol{v})\ =\boldsymbol{r}\times\boldsymbol{v} \tag{8.1}$$

$$|\boldsymbol{M}_O\ (m\boldsymbol{v})|=mvd=2S_{\triangle OMD}$$

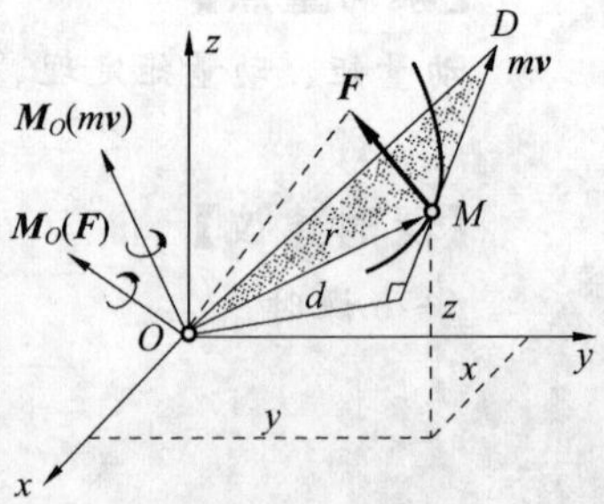


图 8.3　质点动量矩

动量矩的方向由右手法则确定（图 8.3）。

质点的动量矩是表征质点绕某定点（或某定轴）运动强弱程度的物理量。这个量不仅与质点的动量脚有关，还与质点的速度矢至某点的距离有关。

由于动量矩为矢量，则可将式（8.1）投影到坐标轴上，并仿照前面讲的力对点之矩与力对轴之矩的关系得

$$[\boldsymbol{M}_O(m\boldsymbol{v})]_z = M_z(m\boldsymbol{v}) \tag{8.2}$$

2. 质点系动量矩

质点系对某定点（或某轴）的动量矩等于各质点对同一点（轴）动量矩的矢量和（代数和），即

$$\boldsymbol{L}_O = \sum \boldsymbol{M}_O(m_i \boldsymbol{v}_i)$$

或

$$\boldsymbol{L}_z = [\boldsymbol{L}_O]_z = \sum_{i=1}^{n} \boldsymbol{M}_z(m_i \boldsymbol{v}_i) \tag{8.3}$$

若质点系为刚体，且刚体绕某固定轴 $z$ 转动，如图 8.4 所示，则刚体对转轴的动量矩计算如下：

$$\boldsymbol{L}_z = \sum_{i=1}^{n} \boldsymbol{M}_z(m_i \boldsymbol{v}_i) = \sum_{i=1}^{n} m_i \boldsymbol{v}_i r_i = \omega \sum_{i=1}^{n} m_i r_i^2$$

$$J_z = \sum_{i=1}^{n} m_i r_i^2 \tag{8.4}$$

$J_z$ 称为刚体对 $z$ 轴的转动惯量。则

$$L_z = J_z \omega$$

**技术提示**

（1）某瞬时定轴转动刚体的动量矩等于刚体对于转轴的转动惯量与瞬时角速度的乘积。

（2）质点系的动量矩一般不等于质心的动量 $m \cdot \boldsymbol{v}_c$ 对定点（定轴）之矩。

**例 8.1** 已知滑轮 $A$ 的质量为 $m_1$，半径为 $R$，转动惯量为 $J_1$；滑轮 $B$ 的质量为 $m_2$，半径为 $R_2$，转动惯量为 $J_2$；且 $R_1 = 2R_2$，图 8.5 所示物体 $C$ 的质量为 $m_3$。求系统对 $O$ 轴的动量矩。

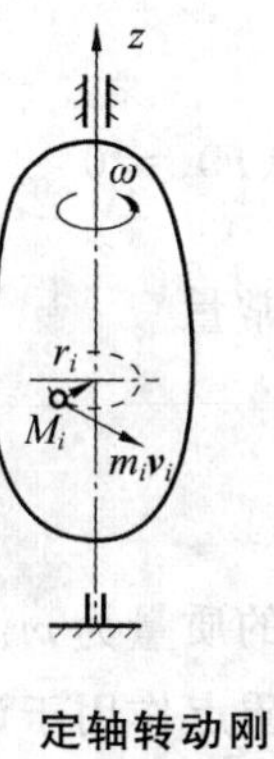


**图 8.4 定轴转动刚体**

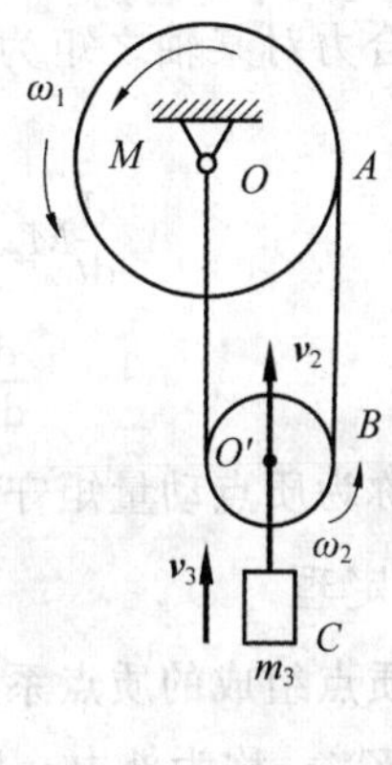


**图 8.5 滑轮组**

**解** 系统对 $O$ 轴的动量矩为

$$L_O = L_{OA} + L_{OB} + L_{OC} = J_1\omega_1 + (J_2\omega_2 + mv_2R_2) + m_3v_3R_2$$

其中 $$v_3 = v_2 = R_2\omega_2 = \frac{1}{2}R_1\omega_1 = \frac{1}{2} \times 2R_2\omega_1 = R_2\omega_1$$

可得 $$L_O = \left(\frac{J_1}{R_2^2} + \frac{J_2}{R_2^2} + m_2 + m_3\right) R_2 v_3$$

## 8.1.2 动量矩定理

1. 质点动量矩定理

设质点对定点 $O$ 的动量矩为 $\boldsymbol{M}_O(m\boldsymbol{v})$，作用力 $\boldsymbol{F}$ 对同一点的矩为 $\boldsymbol{M}_O(\boldsymbol{F})$，如图 8.6 所示。将动量矩对时间取一次导数，得

$$\frac{\mathrm{d}}{\mathrm{d}t}\boldsymbol{M}_O(m\boldsymbol{v})=\frac{\mathrm{d}}{\mathrm{d}t}(\boldsymbol{r}\times m\boldsymbol{v})=\frac{\mathrm{d}\boldsymbol{r}}{\mathrm{d}t}\times m\boldsymbol{v}+\boldsymbol{r}\times\frac{\mathrm{d}}{\mathrm{d}t}(m\boldsymbol{v})$$

根据质点动量定理 $\frac{\mathrm{d}}{\mathrm{d}t}(m\boldsymbol{v})=\boldsymbol{F}$，且 $O$ 为定点，有 $\frac{\mathrm{d}\boldsymbol{r}}{\mathrm{d}t}=\boldsymbol{v}$，则上式可改写为

$$\frac{\mathrm{d}}{\mathrm{d}t}\boldsymbol{M}_O(m\boldsymbol{v})=\boldsymbol{v}\cdot m\boldsymbol{v}+\boldsymbol{r}\cdot\boldsymbol{F}$$

因为 $\boldsymbol{v}\times m\boldsymbol{v}=0$，$\boldsymbol{r}\times\boldsymbol{F}=\boldsymbol{M}_O(\boldsymbol{F})$，于是得

$$\frac{\mathrm{d}}{\mathrm{d}t}\boldsymbol{M}_O(m\boldsymbol{v})=\boldsymbol{M}_O(\boldsymbol{F}) \tag{8.5}$$

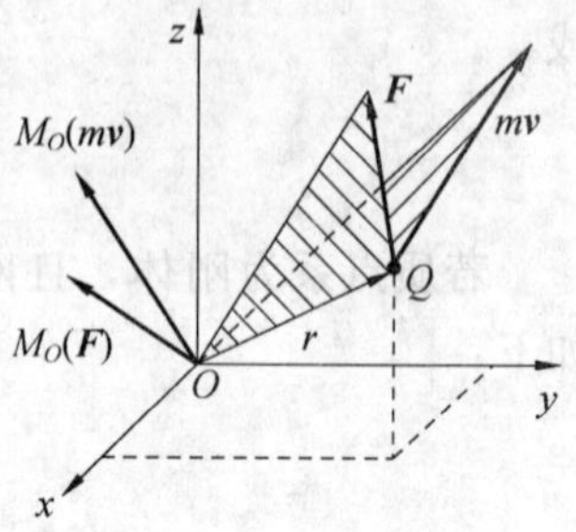

图 8.6 质点动量矩定理

式 (8.5) 为质点动量矩定理，即质点对某定点的动量矩对时间的一阶导数，等于作用力对同一点的矩。

将对点的动量矩与对轴的动量矩的关系式 (8.2) 代入，得投影形式的动量矩定理，即

$$\frac{\mathrm{d}}{\mathrm{d}t}M_x(m\boldsymbol{v})=M_x(\boldsymbol{F}),\ \frac{\mathrm{d}}{\mathrm{d}t}M_y(m\boldsymbol{v})=M_y(\boldsymbol{F}),\ \frac{\mathrm{d}}{\mathrm{d}t}M_z(m\boldsymbol{v})=M_z(\boldsymbol{F}) \tag{8.6}$$

若作用于质点上的合力对某点之矩为零，则由式 (8.5) 可知，则质点对该点的动量矩保持常量，即

$$\frac{\mathrm{d}}{\mathrm{d}t}\boldsymbol{M}_O(m\boldsymbol{v})=\boldsymbol{M}_O(\boldsymbol{F})=0$$

则

$$\boldsymbol{M}_O(m\boldsymbol{v})=\text{常量} \tag{8.7}$$

若作用于质点上的合力对某轴之矩为零，则由式 (8.6) 可知，则质点对该轴的动量矩保持常量，即

$$\frac{\mathrm{d}}{\mathrm{d}t}M_z(m\boldsymbol{v})=M_z(\boldsymbol{F})=0$$

则

$$\frac{\mathrm{d}}{\mathrm{d}t}M_z(m\boldsymbol{v})=\text{常量} \tag{8.8}$$

式 (8.7)、(8.8) 称为质点动量矩守恒定理。

2. 质点系动量矩定理

设研究对象为 $n$ 个质点组成的质点系，第 $i$ 个质点的质量为 $m_i$，速度为 $\boldsymbol{v}_i$，质点系以外的物体作用于该质点上的力为 $\boldsymbol{F}_i^{(e)}$，称为外力；质点系内其他质点作用于该质点上的力为 $\boldsymbol{F}_i^{(i)}$，称为内力。则第 $i$ 个质点的动量矩为

$$\boldsymbol{M}_O(m_i\boldsymbol{v}_i)=\boldsymbol{r}_i\times m_i\boldsymbol{v}_i$$

对上式求导，得

$$\frac{\mathrm{d}}{\mathrm{d}t}\boldsymbol{M}_O(m_i\boldsymbol{v}_i)=\frac{\mathrm{d}}{\mathrm{d}t}(\boldsymbol{r}_i\times m_i\boldsymbol{v}_i)=\frac{\mathrm{d}\boldsymbol{r}_i}{\mathrm{d}t}\times m_i\boldsymbol{v}_i+\boldsymbol{r}_i\times\frac{\mathrm{d}}{\mathrm{d}t}(m_i\boldsymbol{v}_i)$$

由于 $\frac{\mathrm{d}\boldsymbol{r}_i}{\mathrm{d}t}=\boldsymbol{v}_i$，并注意到微分形式的动量定理，有

$$\frac{\mathrm{d}}{\mathrm{d}t}\boldsymbol{M}(m_i\boldsymbol{v}_i)=\boldsymbol{F}_i^{(e)}+\boldsymbol{F}_i^{(i)}$$

上式改写为

$$\frac{\mathrm{d}}{\mathrm{d}t}\boldsymbol{M}_O\ (m_i\boldsymbol{v}_i)\ =\boldsymbol{v}_i\times m_i\boldsymbol{v}_i+\boldsymbol{r}_i\times\boldsymbol{F}_i^{(e)}+\boldsymbol{r}_i\times\boldsymbol{F}_i^{(i)}$$

因为 $\boldsymbol{v}_i\times m_i\boldsymbol{v}_i=0$，$\boldsymbol{r}_i\times\boldsymbol{F}_i^e=\boldsymbol{M}_O\ (\boldsymbol{F}_i^e)$，$\boldsymbol{r}_i\times\boldsymbol{F}_i^i=\boldsymbol{M}_O\ (\boldsymbol{F}_i^i)$，分别称为外力和内力对 $O$ 点之矩，于是得

$$\frac{\mathrm{d}}{\mathrm{d}t}\boldsymbol{M}_O\ (m_i\boldsymbol{v}_i)\ =\boldsymbol{M}_O\ (\boldsymbol{F}_i^e)\ +\boldsymbol{M}_O\ (\boldsymbol{F}_i^i)$$

上面的方程共有 $n$ 个，相加后得

$$\sum_{i=1}^{n}\frac{\mathrm{d}}{\mathrm{d}t}\boldsymbol{M}_O(m_i\boldsymbol{v}_i)=\sum_{i=1}^{n}\boldsymbol{M}_O(\boldsymbol{F}_i^e)+\sum_{i=1}^{n}\boldsymbol{M}_O(\boldsymbol{F}_i^i)$$

上式等号右边第二项为质点系的内力对 $O$ 点之矩的矢量和。由于内力是成对出现的，因此总是大小相等，方向相反，因此

$$\sum\boldsymbol{M}_O(\boldsymbol{F}_i^i)=0$$

改变求和与求导的顺序，并注意到 $\boldsymbol{L}_O=\sum_{i=1}^{n}\boldsymbol{M}_O(m_i\boldsymbol{v}_i)$ 为质点系的动量矩，故得

$$\frac{\mathrm{d}}{\mathrm{d}t}\left[\sum_{i=1}^{n}\boldsymbol{M}_O(m_i\boldsymbol{v}_i)\right]=\sum_{i=1}^{n}\boldsymbol{M}_O(\boldsymbol{F}_i^e)$$

于是得

$$\frac{\mathrm{d}\boldsymbol{L}_O}{\mathrm{d}t}=\sum\boldsymbol{M}_O(\boldsymbol{F}_i^e)=\boldsymbol{M}_O^e \tag{8.9}$$

式（8.9）为动量矩定理。它表明：质点系对于某固定点的动量矩对时间的一阶导数，等于作用于质点系上的所有外力对该点之矩的矢量和（外力对该点的主矩）。式（8.9）为矢量式。投影到坐标轴上得到投影形式的动量矩定理，即

$$\left\{\begin{aligned}\frac{\mathrm{d}L_x}{\mathrm{d}t}&=\sum\boldsymbol{M}_x(\boldsymbol{F}_i^e)=\boldsymbol{M}_x^e\\\frac{\mathrm{d}\boldsymbol{L}_y}{\mathrm{d}t}&=\sum\boldsymbol{M}_y(\boldsymbol{F}_i^e)=\boldsymbol{M}_y^e\\\frac{\mathrm{d}\boldsymbol{L}_z}{\mathrm{d}t}&=\sum\boldsymbol{M}_z(\boldsymbol{F}_i^e)=\boldsymbol{M}_z^e\end{aligned}\right. \tag{8.10}$$

动量矩定理指出：质点系的内力不能改变质点系的动量矩。如果作用于质点系上的所有外力对某固定点的主矩等于零，由式（8.9）可知，质点系的动量矩保持不变。例如 $\sum\boldsymbol{M}_O(\boldsymbol{F}_i^e)=0$，则有

$$\boldsymbol{L}_O=\sum\boldsymbol{M}_O(m_i\boldsymbol{v}_i)=\text{常矢量} \tag{8.11}$$

同理，如果作用于质点系上的所有外力对某固定轴的力矩的代数和为零，由式（8.10）得，质点系对该轴的动量矩保持不变。例如 $\sum\boldsymbol{M}_z(\boldsymbol{F}_i^e)=0$，则有

$$\boldsymbol{L}_z=\sum\boldsymbol{M}_z(m_i\boldsymbol{v}_i)=\text{常矢量} \tag{8.12}$$

式（8.11）和式（8.12）为动量矩守恒定理。

**技术提示**

动量矩定理从动量的改变和力矩两者之间的关系建立了物体的运动状态与作用力之间的关系，常用于解决有关转动的动力学问题。

**例 8.2** 图 8.7 所示塔轮绕 $O$ 轴转动，质量为 $m$，对 $O$ 的转动惯量为 $J_O$，半径分别为 $R$ 和 $r$，不可伸长的绳索吊挂质量为 $m_1$、$m_2$ 的两物块。若在塔轮上外加力矩 $M$，试求 $m_1$ 的加速度 $a$。

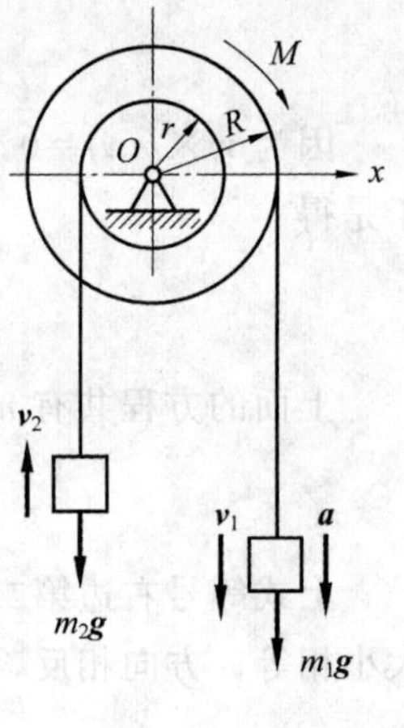


图 8.7 塔轮

**解** 取整体为研究对象，作用于系统上的外力有：已知外力矩 $M$，重力 $m_1g$、$m_2g$ 以及塔轮的重量。$O$ 处约束反力为未知。由于塔轮的重量和 $O$ 处的约束反力通过轮轴 $O$，因此当以 $O$ 轴为转轴，应用动量矩定理时，方程中将不含有这两个力。

设物块 $m_1$ 下降的速度为 $v_1$，则物块 $m_2$ 上升的速度 $v_2=\frac{r}{R}v_1$，塔轮的角速度 $\omega=\frac{v_1}{R}$。应用动量矩定理求解，有

$$L_O=m_1v_1R+m_2\frac{r}{R}v_1r+J_O\frac{v_1}{R}$$

$$\sum \boldsymbol{M}_O(\boldsymbol{F})=M+m_1gR-m_2gr$$

由

$$\frac{\mathrm{d}L_O}{\mathrm{d}t}=\sum \boldsymbol{M}_O(\boldsymbol{F})$$

有

$$(m_1R+m_2\frac{r^2}{R}+\frac{J_O}{R})\frac{\mathrm{d}v_1}{\mathrm{d}t}=M+(m_1R-m_2r)g$$

若还要求 $O$ 处的约束反力，可用微分形式的动量定理求解。

**例 8.3** 高炉运送矿石用的卷扬机如图 8.8 所示。已知鼓轮的半径为 $R$，重量为 $G$，在铅直平面内绕水平的定轴 $O$ 转动，对 $O$ 轴的转动惯量为 $J$，小车和矿石总重量为 $W$，作用在鼓轮上的力矩为 $M$，轨道的倾角为 $\varphi$。设绳的重量和各处的摩擦均忽略不计，求小车的加速度 $a$。

**解** 取小车与鼓轮组成质点系，视小车为质点。

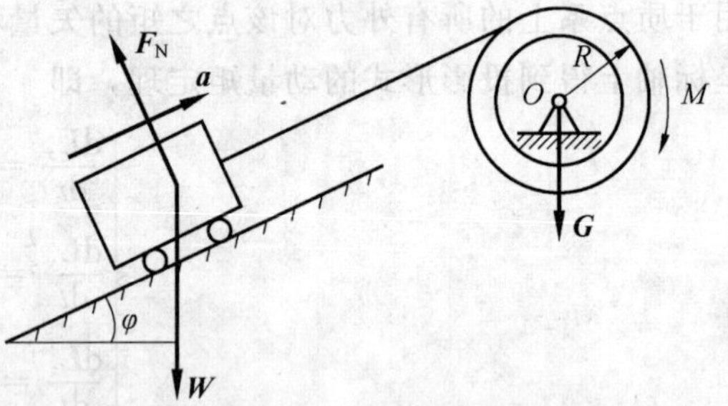


图 8.8 卷扬机

质点系对通过 $O$ 轴的动量矩为

$$L_O=J+\frac{W}{g}vR$$

作用于质点系的外力除力偶 $M$、重力 $G$ 和 $W$ 外，尚有轴承 $O$ 的反力 $\boldsymbol{F}_{Ox}$ 和 $\boldsymbol{F}_{Oy}$，轨道对小车的约束反力为 $\boldsymbol{F}_N$。这些外力对 $O$ 轴的主矩为

$$\boldsymbol{M}_O^e=M-WR\sin\varphi$$

这里要用到力 $F_N$ 对轴 $O$ 的矩等于力 $W$ 沿法线的分力对轴 $O$ 的矩，因为两者方向相反，且 $F_N=W\cos\varphi$，二力对点 $O$ 的距离相同，故可相互抵消。由动量矩定理得

$$\frac{\mathrm{d}}{\mathrm{d}t}\left(J\omega+\frac{W}{g}vR\right)=M-WR\sin\varphi$$

解得

$$a=\frac{M-WR\sin\varphi}{Jg+WR^2}Rg$$

**例 8.4** 水平杆 $AB$ 长为 $2a$，可绕铅垂轴 $z$ 转动，其两端各用铰链与长为 $l$ 的杆 $AC$ 及 $BD$ 相连，杆端各连接重为 $G$ 的小球 $C$ 和 $D$。起初两小球用细线相连，使杆 $AC$ 与 $BD$ 均为铅垂，这时系统绕 $z$ 轴的角速度为 $\omega_0$，如图 8.9（a）所示。如某瞬时细线拉断后，杆 $AC$ 与 $BD$ 各与铅垂线成 $\varphi$ 角，如图 8.9（b）所示。不计各杆的质量，求此时系统的角速度为 $\omega$。

**解** 系统所受的外力有小球的重量及轴承处的反力，这些力对于转轴 $z$ 之矩都等于零。

根据质点系的动量矩守恒定律得知，系统对于 $z$ 轴的动量矩保持不变。开始时系统的动量矩为

$$L_{z1}=2\left(\frac{G}{g}a\omega_0\right)a=2\frac{g}{g}a^2\omega_0$$

细线拉断后的动量矩为

$$L_{z2}=2\frac{G}{g}(a+l\sin\varphi)^2\omega$$

由于动量矩保持不变，则

$$2\frac{G}{g}a^2\omega=2\frac{G}{g}(a+l\sin\varphi)^2\omega$$

由此求出断线后的角速度为

$$\omega=\frac{a^2}{(a+l\sin\varphi)^2}\omega_0$$

显然，此时的角速度 $\omega<\omega_0$。

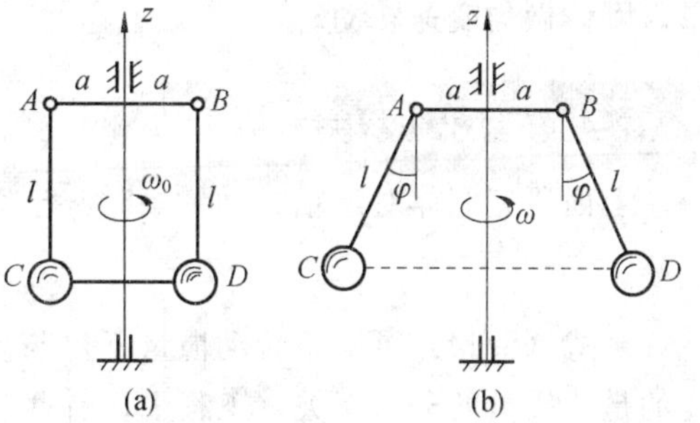


**图 8.9　离心调速器**

**技术提示**

动量矩定理主要用于解决有关转动的动力学问题。用动量矩定理解题时要选取研究对象；进行受力分析，计算出所有的外力对某固定点（轴）力矩的代数和；进行运动分析时，分析研究对象上各物体的速度或角速度，计算各物体的动量对固定点（轴）的动量矩；代人方程求解。代入方程时应注意力矩的转向与动量矩转向的正负号，可以用逆时针转动的转向为标准，也可以用主动力矩的转向为标准。

# 8.2　刚体定轴转动微分方程

## 8.2.1　刚体定轴转动微分方程

刚体定轴转动微分方程是把动量矩定理应用于做定轴转动的刚体。设定轴转动刚体上作用有主动力 $\boldsymbol{F}_1$、$\boldsymbol{F}_2$、…、$\boldsymbol{F}_n$ 和约束反力 $\boldsymbol{F}_{N1}$、$\boldsymbol{F}_{N2}$，如图 8.10 所示。

由式（8.4）知，$L_z=J_z\omega$，应用动量矩定理式（8.10）第三式有

$$\frac{d}{dt}(J_z\omega)=\sum M_z(\boldsymbol{F}_i)+\sum M_z(\boldsymbol{F}_{Ni})$$

因约束反力 $\boldsymbol{F}_{N1}$、$\boldsymbol{F}_{N2}$ 对 $z$ 轴的力矩等于零，即

$$\sum M_z(\boldsymbol{F}_{Ni})=0$$

于是有

$$\frac{d}{dt}(J_z\omega)=\sum M_z(\boldsymbol{F}_i)$$

$$J_z\frac{d\omega}{dt}=\sum M_z(\boldsymbol{F}_i)$$

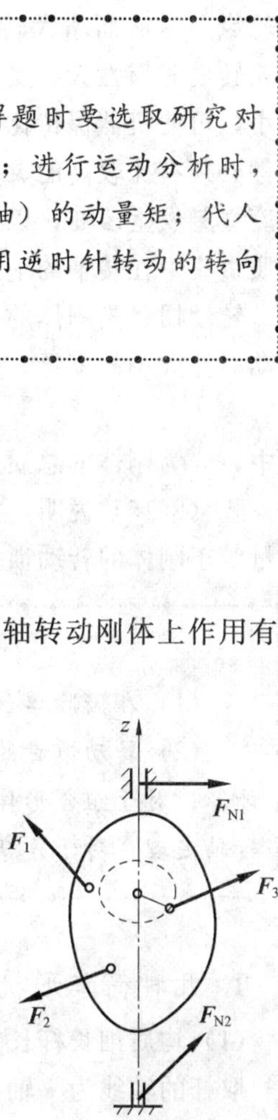


**图 8.10　定轴转动刚体**

则

$$J_z a=\sum M_z(\boldsymbol{F}_i) \qquad (8.13a)$$

和

$$J_z\frac{d^2 f}{dt^2}=\sum M_z(\boldsymbol{F}_i) \qquad (8.13b)$$

式（8.13）称为刚体定轴转动微分方程。刚体对定轴的转动惯量与角加速度的乘积，等于作用于刚体上的主动力对该轴之矩的代数和。

应用式（8.13）可求解转动刚体动力学的两类问题。

若 $\sum M_z(\boldsymbol{F})=0$，则 $J_z a=0$ 刚体做匀速转动；若 $\sum M_z(\boldsymbol{F})=$ 常量，由于 $J_z$ 不变，则 $a=$ 常

量，刚体做匀变速转动。

### 8.2.2 转动惯量

上面研究刚体对定轴的动量矩时，已经得出了刚体对定轴转动惯量的计算公式，即

$$J_z = \sum m_i r_i^2 \tag{8.14}$$

由式（8.14）可知，转动惯量不仅与质量大小有关，更主要的是与质量的分布有关。工程上，有些设备需要增加转动惯量，如冲床和剪床等，由于工作时受到的冲击，为了使运动平稳，常在转轴上安装一个大飞轮，并使飞轮的质量大部分分布在轮缘上，从而增大转动惯量，如图 8.11 所示。因为这样的飞轮转动时惯性大，受到冲击时，角速度改变困难，即角加速度小，可使机器保持比较稳定的运动状态。又如，仪表中某些零件必须有比较高的灵敏度，即当外荷载稍有一点变化时，角速度立刻发生改变，以提高仪器的灵敏度；因此这样的零件除使用轻金属以减少质量外，并尽可能使质量集中在转轴的附近。

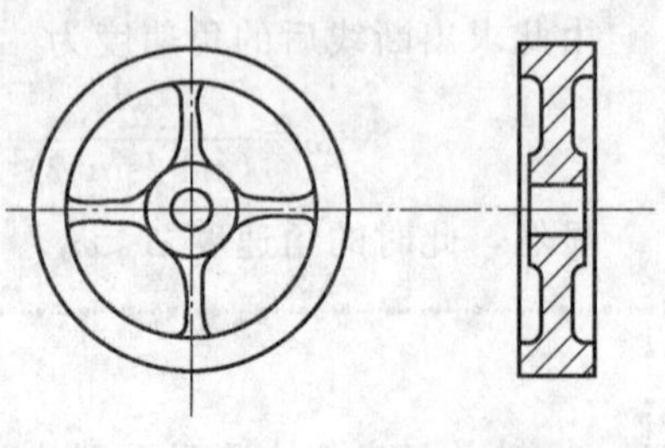

**图 8.11 飞轮**

转动惯量是刚体的一个很重要的物理特性，它反应了刚体对于转轴的惯性，即转动惯量是刚体转动惯性大小的度量。为方便起见，有时将转动惯量写为

$$J_z = m\rho^2 \tag{8.15}$$

式中，$m$ 为刚体的总质量；$\rho$ 为回转半径（或惯性半径）。

式（8.15）说明，如果把刚体的总质量全部集中于离转轴为 $\rho$ 的一点，则该质点对转轴的转动惯量等于刚体的转动惯量。

**技术提示**

（1）在国际单位制中，转动惯量的单位为千克·米²（$kg \cdot m^2$）。

（2）转动惯量的计算方法，原则上根据公式导出。对于简单规则形状的刚体可用积分法计算；对于组合形体可用类似求重心的方法求得，这时要用到下面将要讲到的转动惯量的平行轴定理；对于复杂形状的刚体，通常采用实验的方法求出。

1. 几种简单形状均质物体转动惯量的计算

（1）均质细长杆长为 $z$，质量为 $m$，求它对于过质心 $C$ 且与杆的轴线相垂直的 $z$ 轴的转动惯量。

取杆的轴线为 $z$ 轴，$z$ 轴的位置如图 8.12 所示。在距 $z$ 轴为 $x$ 处取一长度为 $dx$ 的小微段，它的质量为 $dm=\dfrac{m}{l}dx$，对于 $z$ 轴的转动惯量为

$$x^2 dm = \frac{m}{l} x^2 dx$$

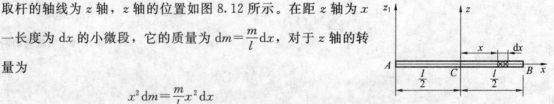

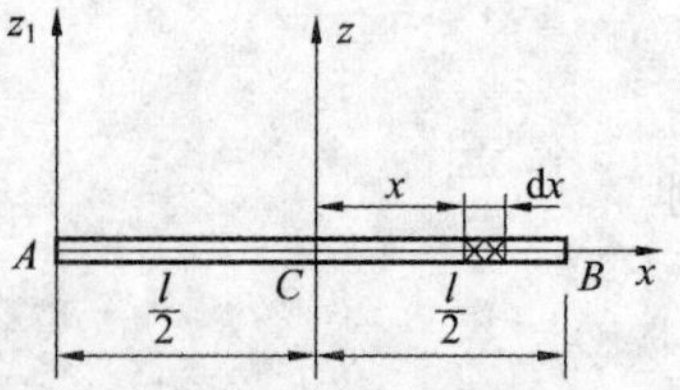


**图 8.12 均质细长杆**

于是整个细长杆对于 $z$ 轴的转动惯量为

$$J_z = \int_{-\frac{l}{2}}^{\frac{l}{2}} \frac{m}{l} x^2 dx = \frac{1}{12} m l^2$$

（2）均质薄圆环的半径为 $R$，质量为 $m$，求它对于中心轴 $O$ 的转动惯量。

将圆环分割成许多微小段，如图 8.13（a）所示，任意小段的质量为 $\Delta m_i$，它对于 $z$ 轴的转动惯量为 $\Delta m_i R^2$，于是整个细圆环对于 $z$ 有

$$J_z = \sum \Delta m_i R^2 = R^2 \sum \Delta m_i = mR^2$$

（3）均质薄圆板的半径为 $R$，质量为 $m$，求它对于垂直于板面且过中心 $O$ 的 $z$ 轴的转动惯量。

将圆板分成许多同心圆环如图 8.13（b）所示，任意圆环的半径为 $r$，宽度为 $\mathrm{d}r$，它的质量为 $\mathrm{d}m=\dfrac{m}{\pi R^2}2\pi r\mathrm{d}r=\dfrac{2m}{R^2}r\mathrm{d}r$，由以上可知，此圆环对于 $z$ 轴的转动惯量为

$$r^2\mathrm{d}m=\frac{2m}{R^2}r^3\mathrm{d}r$$

于是整个圆板对于 $z$ 轴的转动惯量为

$$J_z = \int_0^r \frac{2m}{R^2}r^3\mathrm{d}r = \frac{2m}{R^2}\int r^3\mathrm{d}r = \frac{1}{2}mR^2$$

以上均属平面情形，它们对于过 $O$ 点且与图面垂直的轴的转动惯量有时称为对于 $O$ 点的转动惯量，并记为 $J_O$。

简单形状均质物体的转动惯量可以从有关手册中查出。查阅时要特别注意所给的转动惯量是对于哪根轴的。

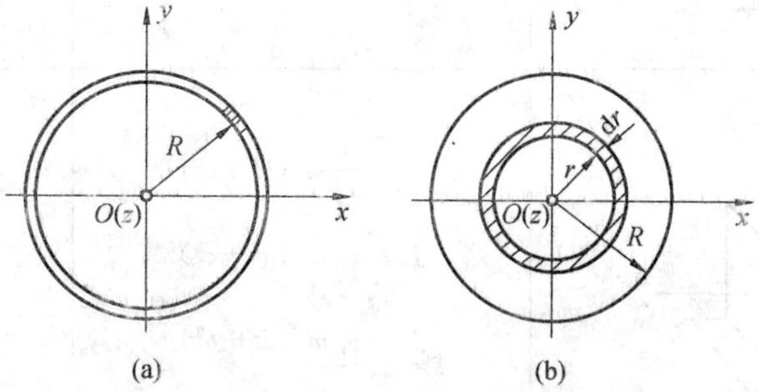


图 8.13　均质薄圆板

2. 转动惯量的平行轴定理

**定理**　刚体对任一轴的转动惯量，等于刚体通过质心并与该轴平行的转动惯量，加上刚体的总质量与两轴距离平方的乘积，即

$$J_{z1}=J_{zC}+ml^2$$

**证明**　如图 8.14 所示，$C$ 为质心，设刚体对于通过 $C$ 点的 $z$ 轴的转动惯量为 $J_{zC}$，而对于与 $z$ 轴平行的 $z_1$ 轴的转动惯量为 $J_{z1}$，且两轴的距离为 $z$，则

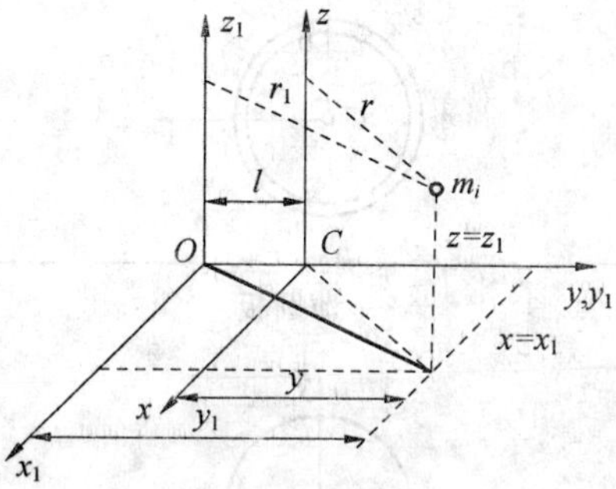


图 8.14　转动惯量平行轴

$$J_{zC} = \sum m_i r^2 = \sum m_i (x^2 + y^2) \qquad (1)$$

$$J_{z1} = \sum m_i r_1^2 = \sum m_i (x_i^2 + y_i^2) \qquad (2)$$

由于 $x_1=x$，$y_1=y+l$，由式（2）得

$$J_{z1} = \sum m_i[x^2+(y+l)^2] = \sum m_i(x_1^2+y_1^2)+2l\sum m_i y + l^2\sum m_i \qquad (3)$$

由质心坐标公式为

$$y_C = \frac{\sum m_i y}{\sum m_i}$$

注意到 $y_C=0$，则 $\sum m_i y = 0$，代回式（3），并注意到式（1），有

$$J_{z1}= J_{zC}+ ml^2 \qquad (8.16)$$

由平行轴定理知，在相互平行的各轴中，刚体对于通过质心轴的转动惯量最小。

常见的简单形状物体的转动惯量见表 8.1。

**表 8.1　常见简单形状物体的转动惯量**

| 物体形状 | 转动惯量 | 回转半径 |
|---|---|---|
| 细长杆 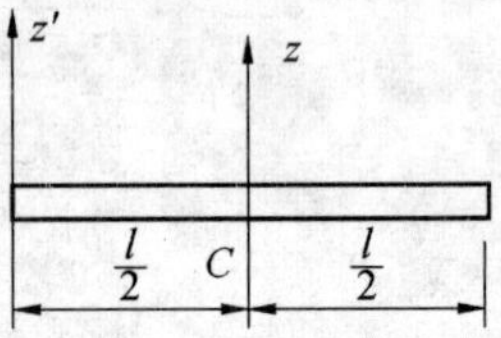  | $J_z=\frac{1}{12}ml^2$<br>$J_{z'}=\frac{1}{3}ml^2$ | $\rho=\frac{l}{2\sqrt{3}}=0.289l$<br>$\rho'=\frac{l}{\sqrt{3}}=0.577l$ |
| 矩形薄板 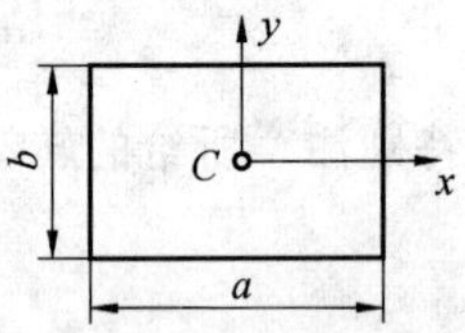  | $J_x=\frac{1}{12}mb^2$<br>$J_y=\frac{1}{12}ma^2$<br>$J_z=\frac{1}{12}m\ (a^2+b^2)$ | $\rho_x=\frac{b}{2\sqrt{3}}=0.289b$<br>$\rho_y=\frac{a}{2\sqrt{3}}=0.289a$<br>$\rho_z=\frac{\sqrt{a^2+b^2}}{2\sqrt{3}}=0.289\sqrt{a^2+b^2}$ |
| 长方体 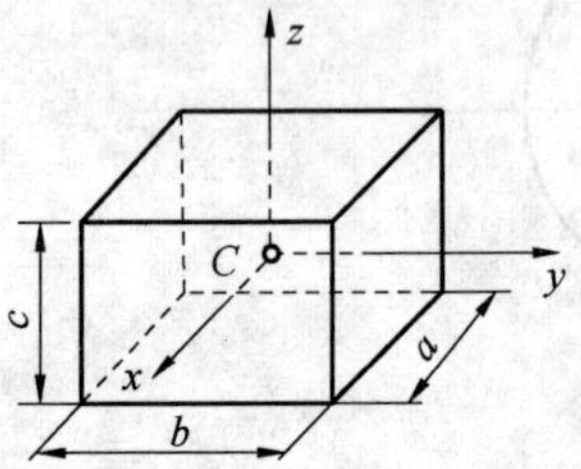  | $J_x=\frac{1}{12}m\ (b^2+c^2)$<br>$J_y=\frac{1}{12}m\ (a^2+c^2)$<br>$J_z=\frac{1}{12}m\ (a^2+b^2)$ | $\rho_x=\sqrt{\frac{b^2+c^2}{12}}$<br>$\rho_y=\sqrt{\frac{c^2+a^2}{12}}$<br>$\rho_z=\sqrt{\frac{a^2+b^2}{12}}$ |
| 细圆环 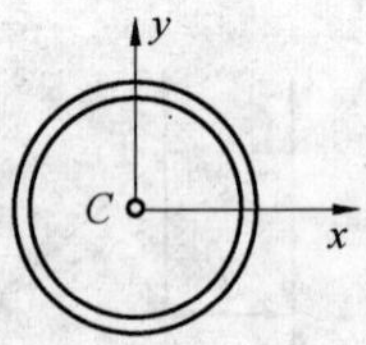  | $J_x=J_y=\frac{1}{2}mR^2$<br>$J_z=mR^2$ | $\rho_x=\rho_y=\frac{R}{2}$<br>$\rho_z=R$ |
| 薄圆板 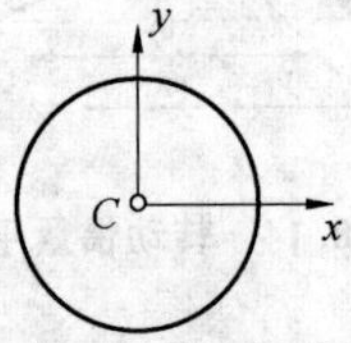  | $J_x=J_y=\frac{1}{4}mR^2$<br>$J_z=\frac{1}{2}mR^2$ | $\rho_x=\rho_y=\frac{R}{2}$<br>$\rho_z=\frac{R}{\sqrt{2}}$ |
| 圆柱 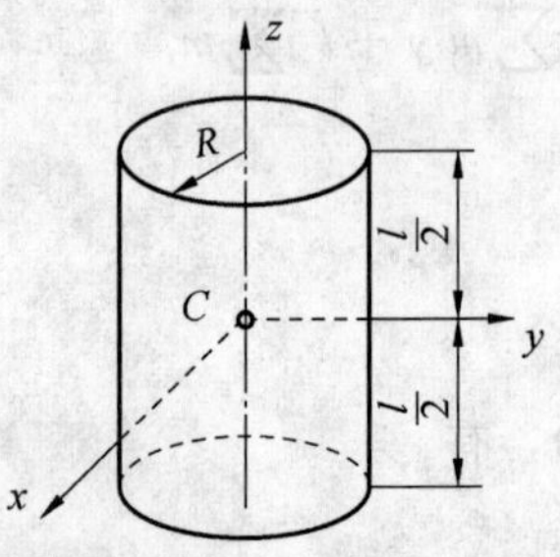  | $J_x=J_y=\frac{1}{12}m\ (l^2+3R^2)$<br>$J_z=\frac{1}{2}mR^2$ | $\rho_x=\rho_y=\sqrt{\frac{l^2+3R^2}{12}}$<br>$\rho_z=\frac{R}{\sqrt{2}}$ |

**续表 8.1**

| 物体形状 | 转动惯量 | 回转半径 |
|---|---|---|
| 厚壁圆筒 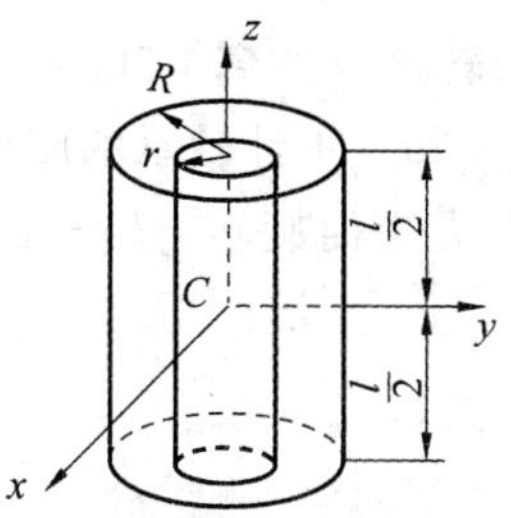 | $J_x=J_y=\frac{1}{12}m\left[l^2+3\left(R^2+r^2\right)\right]$ <br> $J_z=\frac{1}{2}m\left(R^2+r^2\right)$ | $\rho_x=\rho_y=\sqrt{\frac{l^2+3\left(R^2+r^2\right)}{12}}$ <br> $\rho_z=\sqrt{\frac{R^2+r^2}{2}}$ |
| 实心球 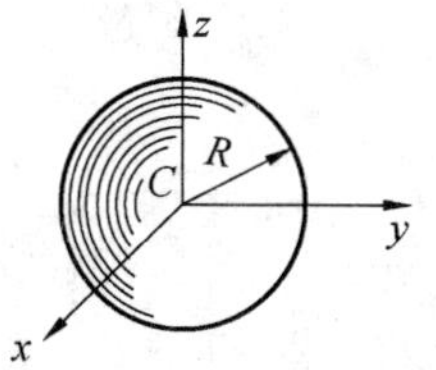 | $J_x=J_y=J_z=\frac{2}{5}mR^2$ | $\rho=\sqrt{\frac{2}{5}}R=0.632R$ |
| 正圆锥 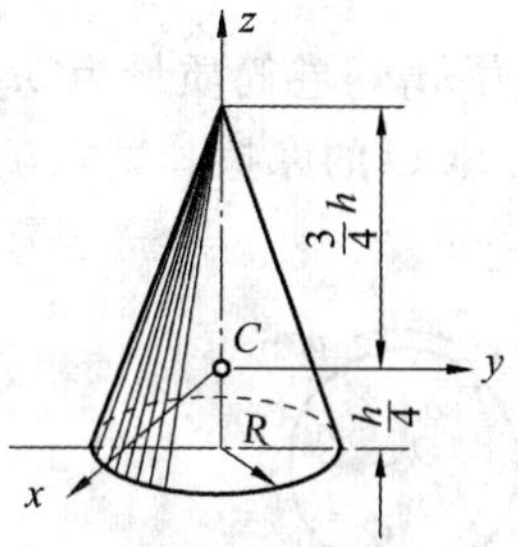 | $J_x=J_y=\frac{3}{80}m\left(4R^2+h^2\right)$ <br> $J_z=\frac{3}{10}mR^2$ | $\rho_x=\rho_y=\sqrt{\frac{3\left(4R^2+h^2\right)}{80}}$ <br> $\rho=\sqrt{\frac{3}{10}}R=0.548R$ |

3. 组合形体转动惯量的求解

当物体由几个简单的几何体组成时，要计算其整体的转动惯量，可先分别计算每一部分对转轴的转动惯量，然后再合起来。若物体有空心部分，则可将这部分质量视为负值进行处理。

**例 8.5** 图 8.15 为均质等厚零件，设单位面积的质量为 $\rho$，大圆半径 $R$，挖去的小圆半径为 $r$，两圆的距离为 $a$，求零件对过 $O$ 点并垂直于零件平面的轴的转动惯量。

**解** 零件对 $O$ 轴转动惯量为

$$J_O=J_{OR}-J_{Or}$$

其中大圆 $O$ 轴的转动惯量为

$$J_{OR}=\frac{1}{2}mR^2$$

且

$$m=\pi R^2\rho$$

根据平行轴定理可知小圆对 $O$ 轴的转动惯量为

$$J_{OR}=\frac{1}{2}m_1r^2+m_1a^2$$

且

$$m_1=\pi r^2\rho$$

于是

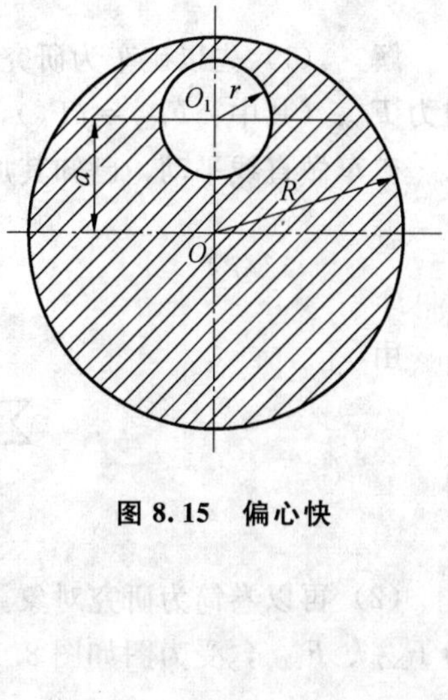


**图 8.15 偏心快**

$$J_O=\frac{1}{2}\pi R^2\rho R^2-\left(\frac{1}{2}\pi r^2\rho r^2+\pi r^2\rho a^2\right)=\frac{1}{2}\pi R^4\rho-\frac{1}{2}\pi r^2\rho\left(r^2+2a^2\right)=\frac{\pi\rho}{2}\left[R^4-r^2\left(r^2+2a^2\right)\right]$$

## 8.2.3 刚体定轴转动微分方程的应用

**例 8.6** 一电动机在空载下由静止开始匀加速启动，若在 10 s 内转速行达到 1 500 r/min，试求该电动机的启动力矩。设电动机的转子质量 $m=250$ kg，半径 $R=0.4$ m，不计轴承的摩擦。

**解** 选电动机的转子为研究对象。由于空载启动，转子只受电磁力矩而旋转，转子的重力及轴承反力对转子均不产生力矩。

转子的初角速度为零，当 $t=10$ s 时，角速度为

$$\omega=\frac{\pi n}{30}=\frac{\pi\times 1\ 500}{30}=50\pi\ \text{rad/s}$$

故其角加速度为

$$\alpha=\frac{\omega-\omega_0}{t}=\frac{50\pi}{10}=5\pi\ \text{rad/s}$$

电动机的转子为实心圆柱，其转动惯量为

$$J_z=\frac{1}{2}mR^2=\frac{1}{2}\times 250\times 0.4^2=20\ \text{kg}\cdot\text{m}^2$$

由转动动力学基本方程，可得电动机的启动力矩为

$$M_Z=J_Z\alpha=20\times 5\pi=314\ \text{N}\cdot\text{m}$$

**例 8.7** 图 8.16（a）所示为斜井的矿车提升设备。设矿车质量为 $m_1$，卷筒质量为 $m_2$，主要分布在半径为 $R$ 的轮缘处，矿车运行阻力系数为 $f$，不计钢绳质量及轴承 $O$ 的摩擦。试求矿车以加速度现启动时，作用于卷筒上的驱动力矩 $M_O$。$\alpha$ 为斜井的倾斜角。

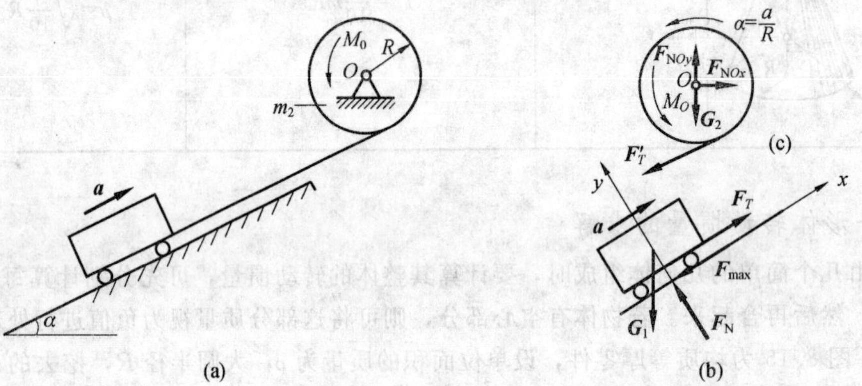


**图 8.16 卷扬机**

**解** (1) 先以矿车为研究对象。其上受重力 $G$、钢绳拉力 $F_1$、轨道面的法向反力 $F_N$ 及运行阻力 $F_{max}$（其中：$F_{max}=fF_N$），受力图如图 8.16（b）所示。

矿车做直线平动，已知其加速度 $a$，由质点动力学基本方程，有

$$\sum F_y=ma_y, F_N-m_1g\cos\alpha=0$$

$$F_N=m_1g\cos\alpha$$

由

$$\sum F_x=m_ia, F_T-m_1g\sin\alpha-F_{max}=m_1a$$

得

$$F_T=m_1g(\sin\alpha+f\cos\alpha)+m_1a$$

(2) 再以卷筒为研究对象。其上受拉力（$F'_T=F_T$），驱动力矩 $M_O$、重力 $G_2$ 及轴承 $O$ 的约束反力 $F_{NOx}$、$F_{NOy}$，受力图如图 8.16（c）所示。

卷筒做定轴转动，角加速度 $\alpha=\dfrac{a}{R}$，将其代入式（8.13），有

$$\sum M_O(\boldsymbol{F})=J_O\alpha, M_O-F'_{\mathrm{T}}R=m_2R^2\cdot\left(\frac{a}{R}\right)$$

即

$$M_O=F_{\mathrm{T}}R+m_2aR$$

将 $F_T$ 值代入上式，则作用于卷筒上的驱动力矩为

$$\sum M_O=m_1g(\sin\alpha+f\cos\alpha)R+(m_1+m_2)aR$$

所得结果中的 $m_1g$（$\sin\alpha+f\cos\alpha$）$R$ 称为静荷载力矩，（$m_1+m_2$）$aR$ 称为附加动荷载力矩。

**例 8.8** 物块 $A$ 的重力 $G_1=3$ kN，物块 $B$ 的重力 $G_2=1$ kN，均质滑轮 $O$ 的重力 $G_3=2$ kN，半径 $r=0.5$ m，两物块用不计质量的绳子相连挂在滑轮上，如图 8.17（a）所示。试求物块的加速度、滑轮的角加速度及两边绳子的拉力。

**解** 选物块 $A$ 为研究对象，受力情况如图 8.17（b）所示。由质点动力学基本方程，有

$$G_1-F_{\mathrm{T1}}=\frac{G_1}{g}a \tag{1}$$

再取物块 $B$ 为研究对象，受力情况如图 8.17（c）所示，同理有

$$F_{\mathrm{T2}}-G_2=\frac{G_2}{g}a \tag{2}$$

最后取滑轮为研究对象，其受力如图 8.17（d）所示，其中 $F'_{\mathrm{T1}}=F_{\mathrm{T1}}$，$F'_{\mathrm{T2}}=F_{\mathrm{T2}}$，由转动刚体的动力学基本方程，有

$$F'_{\mathrm{T1}}r-F'_{\mathrm{T2}}r=\frac{1}{2}mr^2\alpha=\frac{1}{2}\frac{G_3}{g}r^3a$$

因 $a=r\alpha$，故上式又可写为

$$2(F_{\mathrm{T1}}-F_{\mathrm{T2}})=\frac{G_3}{g}a \tag{3}$$

联立式（1）、（2）、（3），解得物块的加速度为

$$a=\frac{2(G_1-G_2)}{2(G_1+G_2)+G_3}\cdot g=\frac{2\times(3-1)\times 9.8}{2\times(3+1)+2}=3.92\ \mathrm{m/s^2}$$

滑轮的角加速度为

$$\alpha=\frac{a}{r}=7.84\ \mathrm{rad/s}$$

两边绳子的拉力为

$$F_{\mathrm{T1}}=G_1-\frac{G_1}{g}a=3-\frac{3}{9.8}\times 3.92=1.8\ \mathrm{kN}$$

$$F_{\mathrm{T2}}=G_2+\frac{G_2}{g}a=1+\frac{1}{9.8}\times 3.92=1.4\ \mathrm{kN}$$

**技术提示**

用刚体定轴转动微分方程解题应当注意以下几点：选取研究对象时每次只能取一根轴；受力分析时，可以不必分析约束反力，因为约束反力在方程中不出现，当然也就不能求出约束反力；进行运动分析时，要注意定轴转动的刚体是匀变速还是非匀变速转动，如果是前者，其运动参数之间的关系可用前述的匀变速转动的公式计算，如果是后者，必须进行积分运算，要正确地确定初始条件。

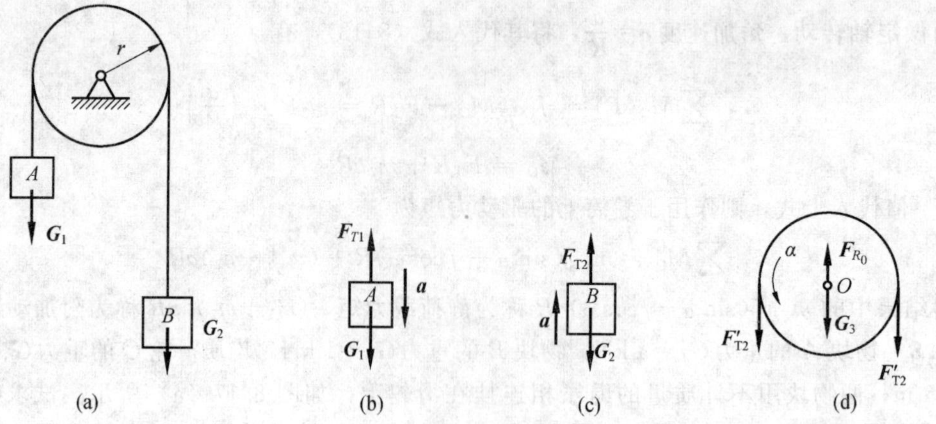


图 8.17　例 8.8 题图

# 8.3* 刚体平面运动微分方程

## 8.3.1 相对于质心的动量矩定理

前面介绍的动量矩定理只适用于惯性坐标系，也就是动量矩的矩心为固定点（或固定轴）。对于质点系的质心或通过质心的动轴，动量矩定理可表示为如下：

**定理**　质点系相对于质心 $C$ 的动量矩对时间的一阶导数等于作用于质点系上的所有外力对质心 $c$ 的主矩，即

$$\frac{\mathrm{d}\boldsymbol{L}_C}{\mathrm{d}t}=\sum \boldsymbol{M}_C(\boldsymbol{F}_i^e)=\boldsymbol{M}_C^e \tag{8.17}$$

## 8.3.2 刚体平面运动微分方程

运动学中已经指出：刚体做平面运动的几何位置可由基点的位置和刚体绕基点的转角确定。

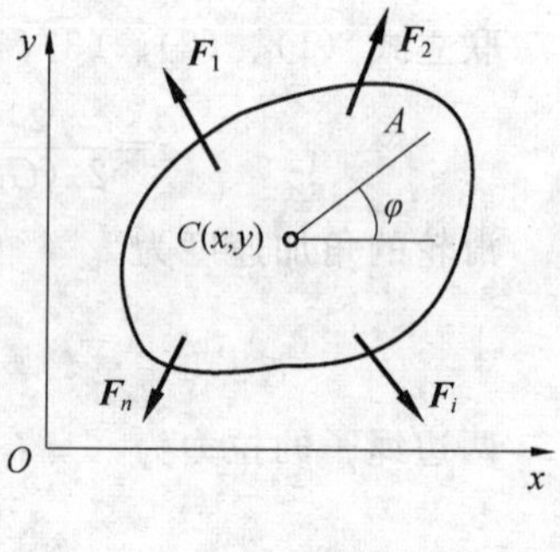


图 8.18　刚体做平面运动

设刚体做平面运动，如图 8.18 所示，在外力 $\boldsymbol{F}_1$、$\boldsymbol{F}_2$、…、$\boldsymbol{F}_n$ 作用下，刚体随质心平动的运动状态与作用力之间的关系，可用质心运动定理来描述；而刚体相对于质心的转动的运动状态与作用力之间的关系则可用上面讲的相对于质心的动量矩定理来描述，即

$$m\boldsymbol{a}_C=\sum \boldsymbol{F}_i^e$$

$$\frac{\mathrm{d}\boldsymbol{L}_C}{\mathrm{d}t}=\frac{\mathrm{d}}{\mathrm{d}t}(\boldsymbol{J}_C\omega)=\sum \boldsymbol{M}_C(\boldsymbol{F}_i^e)$$

或

$$\begin{cases} m\dfrac{\mathrm{d}^2\boldsymbol{r}}{\mathrm{d}t^2}=\sum \boldsymbol{F}_i^e \\ J_C\dfrac{\mathrm{d}^2\varphi}{\mathrm{d}t^2}=\sum \boldsymbol{M}_C(\boldsymbol{F}_i^e) \end{cases} \tag{8.18a}$$

$$\begin{cases} m\ddot{x}_C=\sum \boldsymbol{F}_x \\ m\ddot{y}_C=\sum \boldsymbol{F}_y \\ J_C\ddot{\varphi}=\sum \boldsymbol{M}_C(\boldsymbol{F}_i^e) \end{cases} \tag{8.18b}$$

式（8.18）称为刚体平面运动微分方程。

**例 8.9** 均质圆轮半径为 $r$，重力为 $W$，受到轻微的扰动后，在半径为 $R$ 的圆弧上往复滚动，如图 8.19 所示。设圆弧表面足够粗糙，使圆轮在滚动时无滑动。求质心 $C$ 的运动规律。

**解** 圆轮在曲面上做平面运动，受到的外力有重力 $W$、圆弧表面的法向反力 $F_N$ 和摩擦力 $F$。

取逆时针转向为转角和力矩的正向，相应地取切线轴的正向如图 8.19 所示。

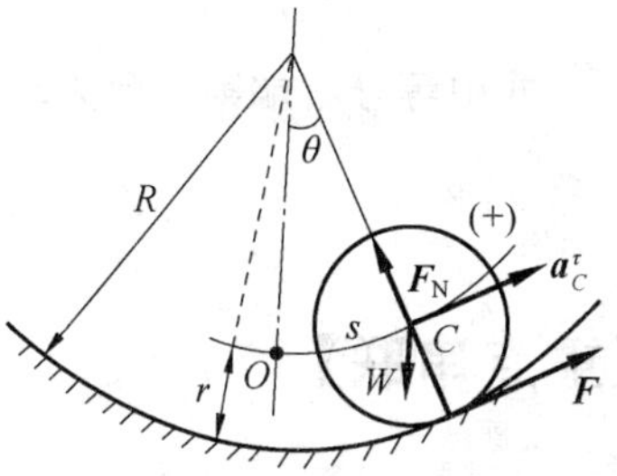

**图 8.19 均质圆轮**

设在某一瞬时，质心 $C$ 的切向加速度沿切线轴的正向，于是在该瞬时，刚体的平面运动微分方程在自然轴上的投影为

$$\frac{\boldsymbol{W}}{g}\frac{\mathrm{d}v_C}{\mathrm{d}t}=\boldsymbol{F}-\boldsymbol{W}\sin\theta \tag{1}$$

$$\frac{\boldsymbol{W}}{g}\frac{v_C^2}{R-r}=\boldsymbol{F}_N-\boldsymbol{W}\sin\theta \tag{2}$$

$$J_C\frac{\mathrm{d}\omega}{\mathrm{d}t}=F\cdot r \tag{3}$$

由运动学知，当圆轮只滚而不滑时，角加速度的大小为

$$|a|=\frac{|a_C^\tau|}{r}$$

角加速度的转向根据 $a_C^\tau$ 的方向确定。在图示瞬时，$\alpha$ 的转向应为顺时针转向。由于已在前面规定取逆时针转向为正，因此这时的角加速度为

$$\alpha=-\frac{a_C^\tau}{r} \tag{4}$$

联立式（1）、(2)、(3)、(4)，并注意到 $J_C=\frac{1}{2}\frac{W}{g}r^2$，$v_C=\omega r$，并取 $s$ 为质心的弧坐标，则有

$$s=(R-r)\theta$$

当 $\theta$ 很小时，$\sin\theta\approx\theta$，于是

$$\frac{3}{2}\frac{\mathrm{d}^2s}{\mathrm{d}t}+\frac{g}{R-r}s=0$$

令 $\omega_n^2=\frac{2g}{3(R-r)}$，则上式为

$$\frac{\mathrm{d}^2s}{\mathrm{d}t^2}+\omega_n^2s=0$$

解此方程得

$$s=s_0\sin(\omega_nt+\varphi)$$

式中，$s_0$ 和 $\varphi$ 为两个常数，由运动初始条件确定。设当 $t=0$ 时，$s=0$。初速度为 $v_0$，于是

$$0=s_0\sin\varphi$$

$$v_0=s_0\omega_0\cos\varphi$$

解得

$$\tan\varphi=0,\ \varphi=0°$$

$$s_0=\frac{v_0}{\omega_0}=v_0\sqrt{\frac{3(R-r)}{2g}}$$

最后得

$$s=v_0\sqrt{\frac{3(R-r)}{2g}}\cdot\sin\left(\sqrt{\frac{2}{3}\frac{g}{R-r}}t\right)$$

这就是质心沿轨迹的运动方程。

由式（2）可求得圆轮在滚动时对地面的压力 $F'_N$，即

$$F'_N=F_N=\frac{W}{g}\frac{v_C^2}{R-r}+W\cos\theta$$

式中等号右端第一项为动压力，其中

$$v_C=\frac{ds}{dt}=v_0\cos\left(\sqrt{\frac{2}{3}\frac{g}{R-r}}t\right)$$

**【重点串联】**

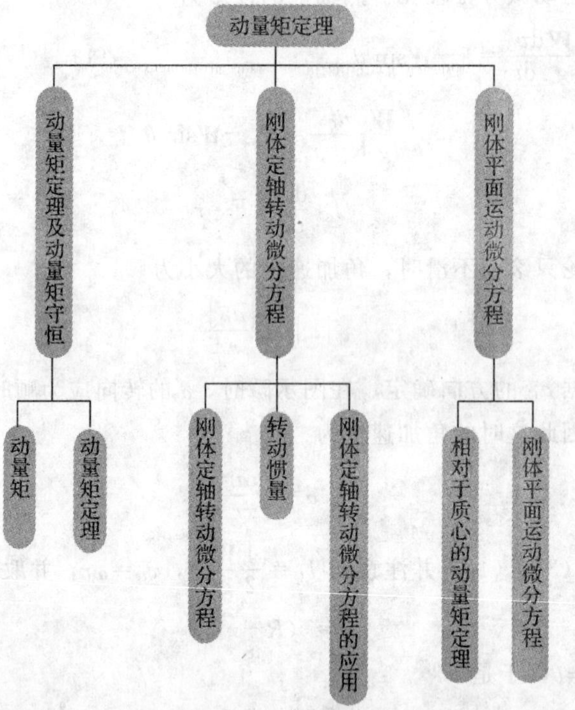


## 拓展与实训

**职业能力训练**

**一、填空题**

1. 刚体绕定轴转动，当角速度很大时，所受的合外力矩________一定很大，当角速度为零时，合外力矩是________零，合外力矩的转向是________和角速度的转向一致。

2. 如图 8.20 所示，有一均质等截面直杆长 $l$、质量为 $m$，绕 $z$ 轴的转动惯量 $J_z=\frac{7}{48}ml^2$，现通过平行轴定理求绕 $z'$ 轴的转动惯量为________。

3. 图 8.21 所示为两个完全相同的滑轮，一根绳端受拉力 $F$，另一根绳端吊重量为 $G$ 物体，且 $G=F$。则两个滑轮产生的角加速度关系是________。

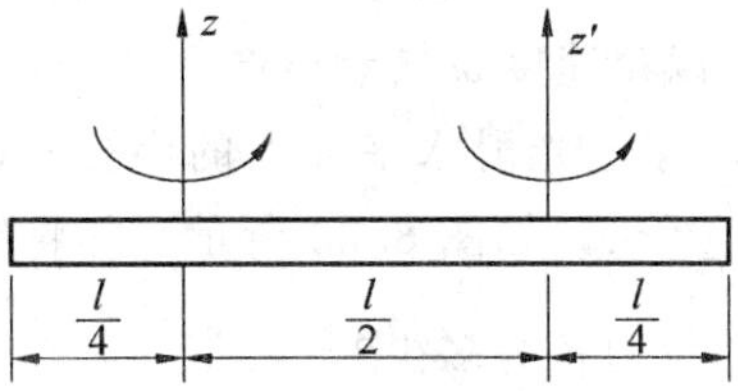


图 8.20　2 题图

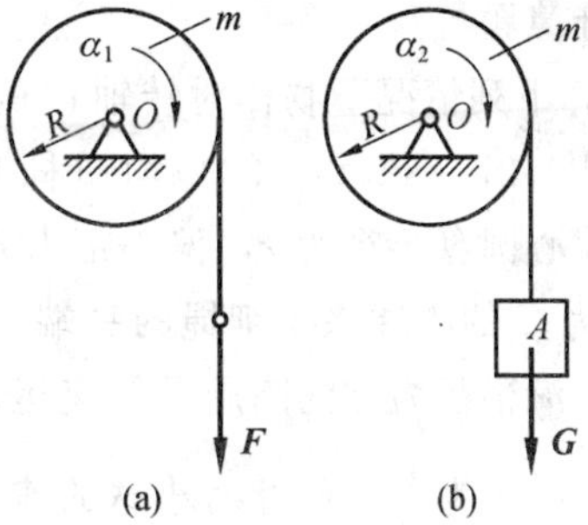


图 8.21　3 题图

4. 如图 8.22 所示，在铅垂面内，杆 $OA$ 可绕轴 $O$ 自由转动，均质圆盘可绕其质心轴 $A$ 自由转动。如杆 $OA$、水平时系统为静止，问自由释放后圆盘做________运动。

5. 质量为 $m$ 的均质圆盘，平放在光滑的水平面上，其受力情况如题 1.5 图所示。设开始时，圆盘静止，$r=\dfrac{R}{2}$。则图 8.23（a）中圆盘将做________运动；图 8.23（b）中圆盘将做________运动；图 8.23（c）中圆盘将做________运动。

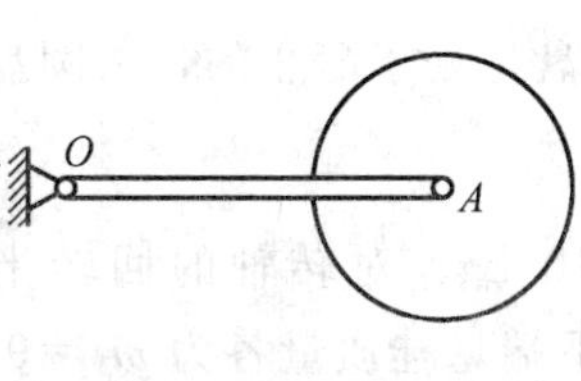


图 8.22　4 题图

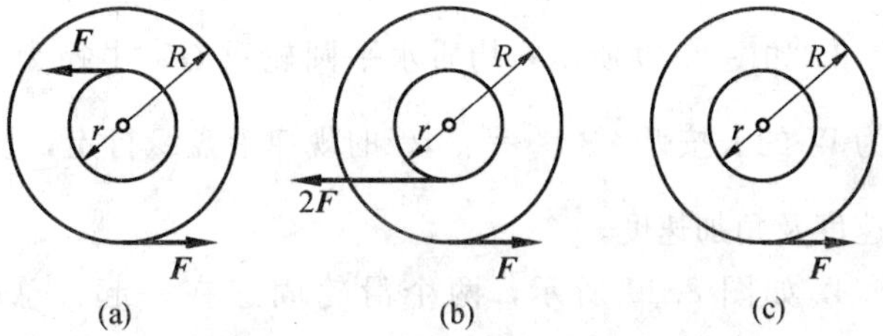


图 8.23　5 题图

**二、单选题**

1. 均质直角曲杆 $OAB$ 的单位长度质量为 $\rho$，$OA=AB=2l$，图 8.24 所示瞬时以角速度 $\omega$、角加速度 $\alpha$ 绕 $O$ 轴转动，该瞬时此曲杆对 $O$ 轴的动量矩的大小为（　　）。

A. $10\rho l^3\omega/3$　　B. $10\rho l^3\alpha/3$　　C. $40\rho l^3\omega/3$　　D. $40\rho l^3\alpha/3$

2. 三个均质定滑轮的质量和半径皆相同，受力如图 8.25 所示。不计绳的质量和轴承的摩擦。则图（　　）所示定滑轮的角加速度最大，图（　　）所示定滑轮的角加速度最小。

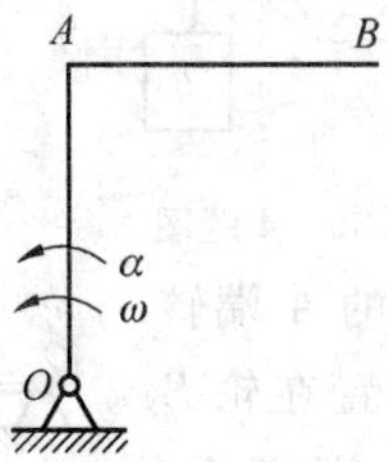


图 8.24　1 题图

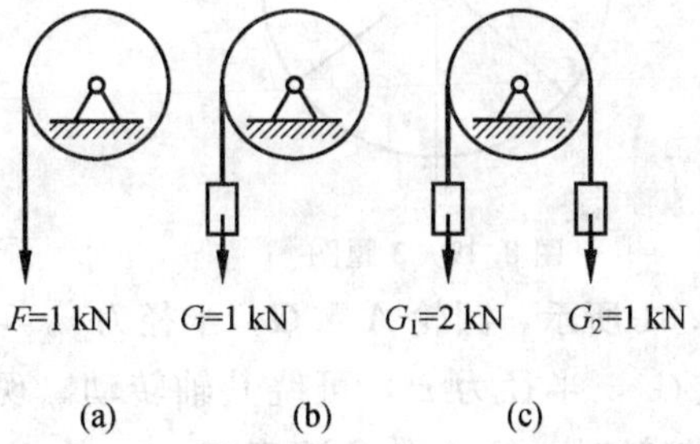


图 8.25　2 题图

3. 如图 8.26 所示刚体的质量 $m$，质心为 $C$，对定轴 $O$ 的转动惯量为 $J_O$，对质心的转动惯量为 $J_C$，若转动角速度为 $\omega$，则刚体对 $O$ 轴的动量矩为（　　）。

A. $mv_C\cdot OC$　　B. $J_O\omega$

C. $J_C\omega$　　D. $J_O\omega^2$

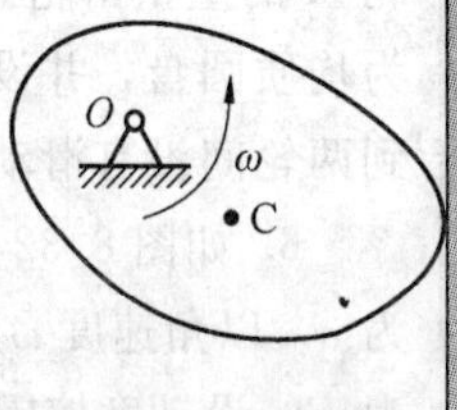


图 8.26　3 题图

三、计算题

1. 计算下列情况下物体对转轴 $O$ 的动量矩：(1) 均质圆盘半径为 $r$，重为 $G$，以角速度 $\omega$ 转动（图 8.27（a））；（2）均质杆长为 $l$，重为 $G$，以角速度 $\omega$ 转动（图 8.27（b））；(3) 均质偏心圆盘半径为 $r$，偏心距为 $e$，重为 $G$，以角速度 $\omega$ 转动（图 8.27（c））。

2. 重为 $G$ 的小球系于细绳的一端，绳的另一端穿过光滑水平面上的小孔 $O$，令小球在此水平面上沿半径为 $r$ 的圆周做匀速运动，其速度为 $v_0$，如图 8.28 所示，如将绳下拉，使圆周的半径减小为 $\frac{r}{2}$。问此时小球的速度 $v_1$ 和绳的拉力各为多少？

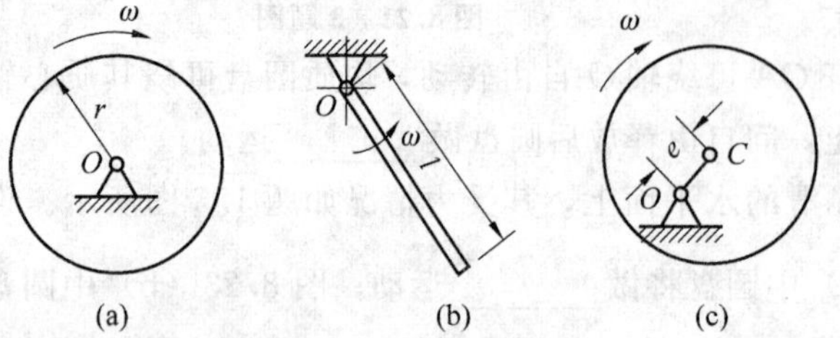

图 8.27　1 题图

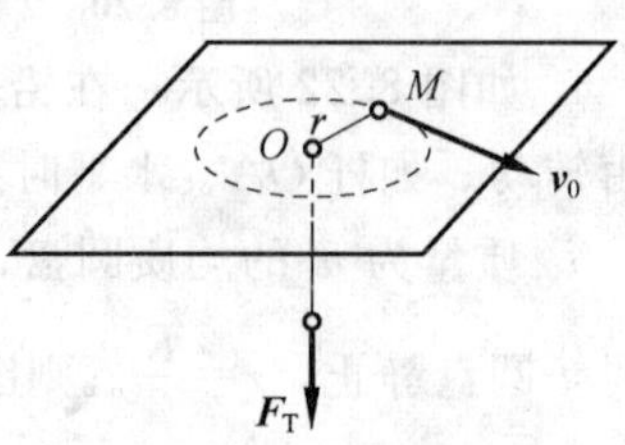

图 8.28　2 题图

3. 如图 8.29 所示，均质水平圆轮重 $G$，半径为 $r$，可绕通过其中心 $O$ 的铅垂轴旋转。重为 $W$ 的人按弧 $AB=s=\frac{1}{2}at^2$ 的规律沿盘缘行走，设开始时圆盘是处于静止的，求圆盘的角速度及角加速度。

4. 如图 8.30 所示，两个滑轮固连在一起，总质量 $m=10$ kg，对转轴的回转半径 $\rho=300$ mm，两滑轮半径各为 $r_1=400$ mm，$r_2=200$ mm，两绳下端悬挂质量各为 $m_1=9$ kg 与 $m_2=12$ kg 的物块 $A$ 与 $B$。假设系统从静止开始运动，求滑轮转过一整圈时的角加速度与角速度。

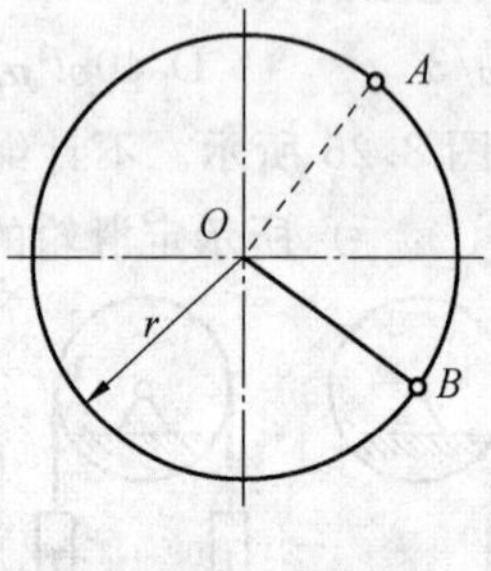

图 8.29　3 题图

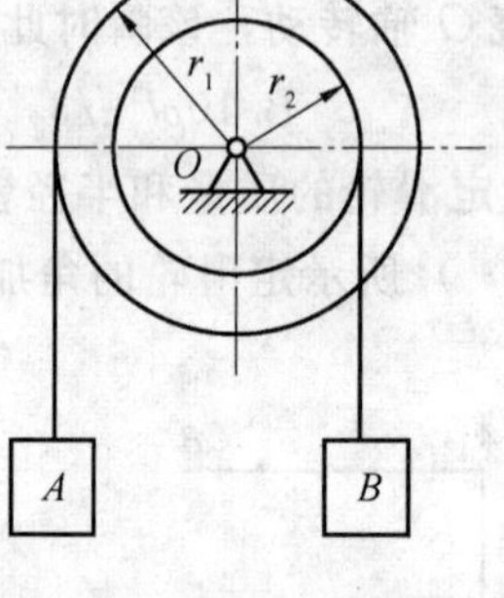

图 8.30　4 题图

5. 如图 8.31 所示，圆轮 $A$ 重 $G$，半径为 $r$，可绕 $OA$ 杆的 $A$ 端转动；圆轮 $B$ 重 $G_2$，半径为 $r_2$，可绕其轴转动。现将轮 $A$ 放置在轮 $B$ 上，两轮开始接触时，轮 $A$ 的角速度为 $\omega_1$，轮 $B$ 处于静止；放置后，轮 $A$ 的重量由轮 $B$ 支持。略去轴承的摩擦和杆 $OA$ 的重量，两轮可视为均质圆盘，并设两轮间的动摩擦因数为 $\mu$。问自轮 $A$ 放在轮 $B$ 上起到两轮间没有滑动时止，经过了多少时间？

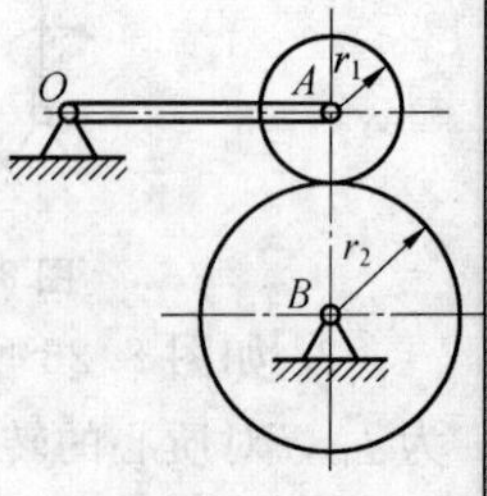

图 8.31　5 题图

6. 如图 8.32 所示，均质圆轮重 $W$，半径为 $r$，对转轴的回转半径为 $\rho$，以角速度 $\omega_0$ 绕水平轴 $O$ 转动。今用闸杆制动，要求在 $t$ s 内停止，问需加多大的铅垂力 $F$？设动摩擦因数 $\mu$ 是常数，轴承摩擦略去不计。

7. 如图 8.33 所示，两带轮的半径各为 $R_1$、$R_2$，重量各为 $G_1$、$G_2$，如在轮 $O_1$ 上作用一转矩 $M$，在轮 $O_2$ 上作用一阻力矩 $M'$，若带轮可视为均质圆盘，胶带的质量和轴承摩擦略去不计。求轮 $O_1$ 的角加速度？

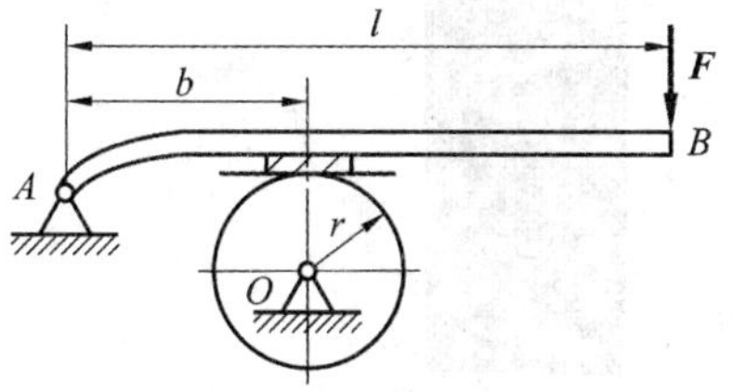


图 8.32　6 题图

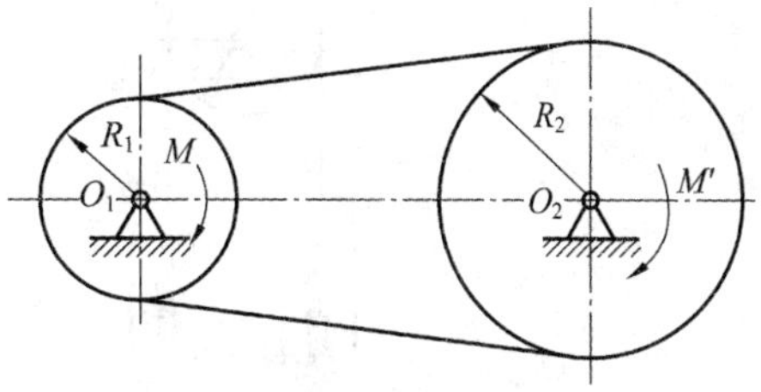


图 8.33　7 题图

8. 如图 8.34 所示，在绞杆 $AB$ 上作用一力偶（$F$，$F'$），使半径为 $r$ 的绞盘绕 $z$ 轴转动，通过缠绕在其上的绳索拉动重物 $C$。已知重物的质量为 $m$，绞车连同绞杆一起的转动惯量为 $J_Z$，$AB=l$，重物与地面间摩擦因数为 $f$，不计绳的质量与轴承摩擦。重物以加速度 $a$ 向左移动时，试求在绞杆上所施加的力 $F$。

9. 如图 8.35 所示，外力矩 $M$ 驱动转轴Ⅰ，轴系Ⅰ的转动惯量 $J_1=10\ \text{kg}\cdot\text{m}^2$，轴Ⅰ经齿轮带动轴Ⅱ，轴系的转动惯量 $J_2=15\ \text{kg}\cdot\text{m}^2$；相互啮合两个齿轮的半径为 $R_1=10$ cm，$R_2=20$ cm，要求轴Ⅰ的转速在10 s内由静止匀加速到 $n=1\ 500$ r/min，求驱动力矩 $M$。

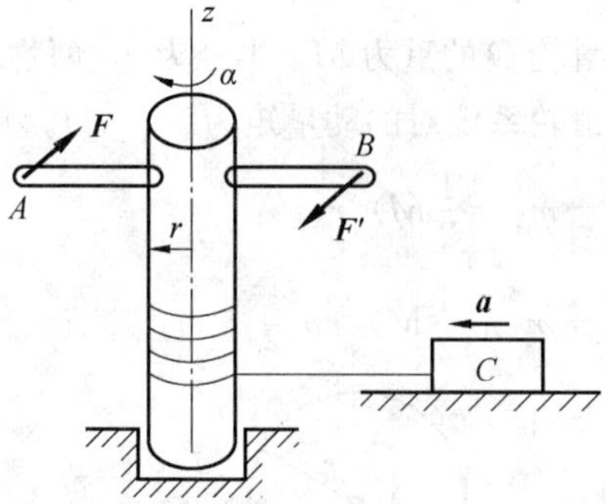


图 8.34　8 题图

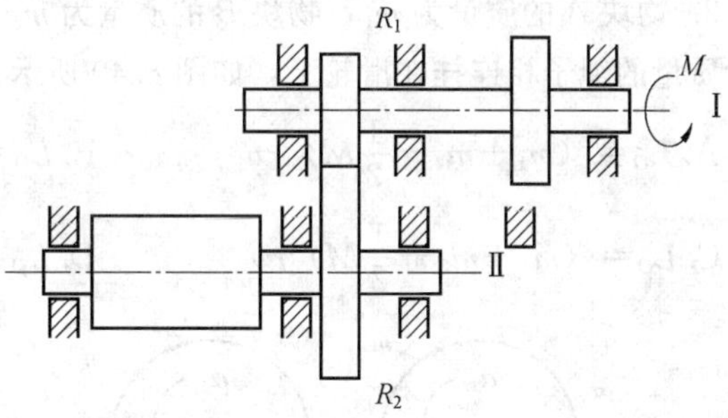


图 8.35　9 题图

10. 均质圆柱 $A$ 的质量为 $m$，在外圆上绕以细绳，绳的一端 $B$ 固定不动，如图 8.36 所示。圆柱体因解开绳子而下降，其初速度为零。求当圆柱体的轴心高度降落了 $h$ 时，轴心的速度和绳子的张力。

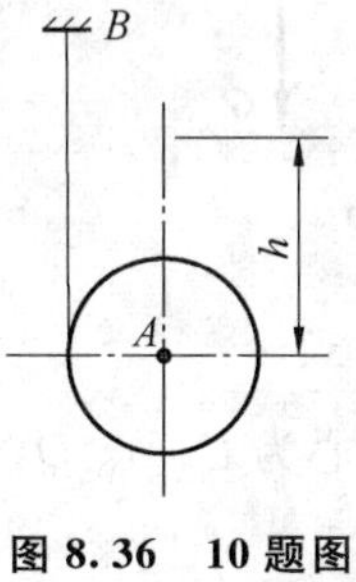


图 8.36　10 题图

## 工程模拟训练

1. 质量均为 $m$ 的 $A$ 和 $B$ 两人（图 8.37）同时从静止开始爬绳。已知 $A$ 的体质比 $B$ 的体质好，因此 $A$ 相对于绳的速率 $u_1$ 大于 $B$ 相对于绳的速率 $u_2$。试问谁先到达顶端并求绳子的移动速率 $u$。

2. 猫在下落过程中身体姿态变化如图 8.38 所示，思考一下猫在下落过程中外力矩对首尾连线轴 $z$ 为零吗？

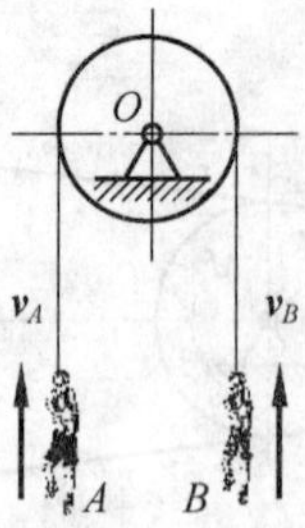


图 8.37　1 题图

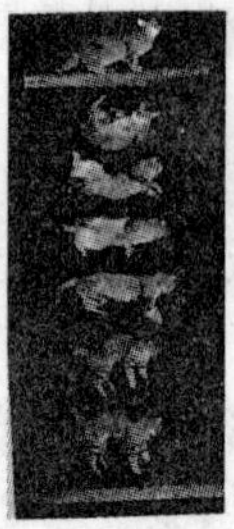

图 8.38　2 题图

**链接执考**

**选择题**

1. 图 8.39 所示均质圆轮，质量为 $m$，半径为 $r$，在铅垂平面内绕通过圆盘中心的水平轴以匀角速度 $\omega$ 转动，则系统动量、动量矩、动能的大小为（　　）。

A. $0$，$\frac{1}{2}mr^2\omega$，$\frac{1}{4}mr^2\omega^2$　　B. $mr\omega$，$\frac{1}{2}mr^2\omega$，$\frac{1}{4}mr^2\omega^2$

C. $0$，$\frac{1}{2}mr^2\omega$，$\frac{1}{2}mr^2\omega^2$　　D. $0$，$\frac{1}{4}mr^2\omega$，$\frac{1}{4}mr^2\omega^2$

2. 物块 $A$ 的质量为 $m_1$，物块 $B$ 的质量为 $m_2$，均质滑轮 $O$ 的重力 $M$，半径为 $r$，两物块用不计质量的绳子相连挂在滑轮上，如图 8.40 所示。则此滑轮系统对的动量矩为（　　）。

A. $L_O=(m_1+m_2-\frac{1}{2}M)rv$　　B. $L_O=(m_1-m_2-\frac{1}{2}M)rv$

C. $L_O=(m_1+m_2+\frac{1}{2}M)rv$　　D. $L_O=(m_1+m_2+\frac{1}{2}M)rv$

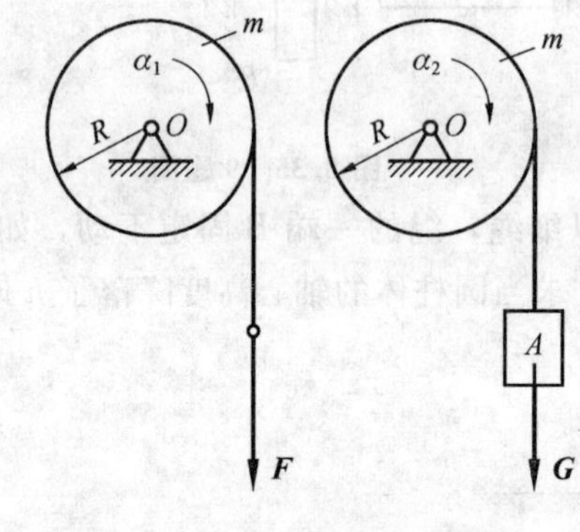


图 8.39　1 题图

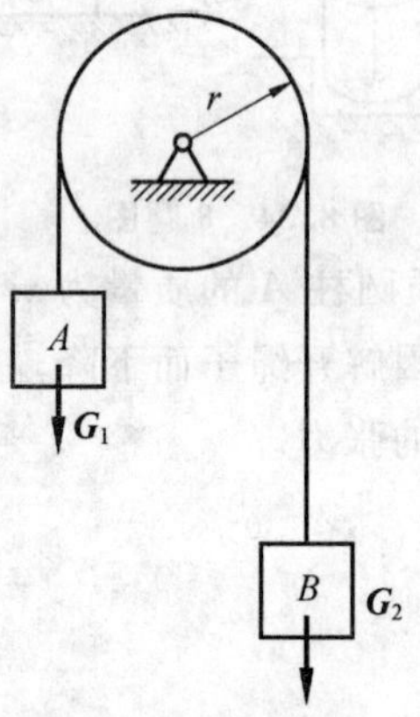


图 8.40　2 题图

3. 均质杆 $AB$ 长 $l$，质量为 $m$，质心为 $C$，点 $D$（在 $AB$ 间）距点 $A$ 为 $\frac{l}{4}$。杆对通过点 $D$ 且垂直于 $AB$ 的轴 $y$ 的转动惯量为（　　）。

A. $J_{Dy}=\frac{1}{12}ml^2+m\left(\frac{1}{4}\right)l^2$　　B. $J_{Dy}=\frac{1}{3}ml^2+m\left(\frac{1}{4}\right)l^2$

C. $J_{Dy}=\frac{1}{3}ml^2+m\left(\frac{3}{4}\right)l^2$　　D. $J_{Dy}=m\left(\frac{1}{4}\right)l^2$

# 模块 9

# 动能定理

## 【模块概述】

动量定理和动量矩定理是用矢量法研究动力学问题。动能定理则不同，它是用能量法研究动力学问题，能量法不仅在机械运动的研究中有重要作用，而且是沟通机械运动与其他运动形式的桥梁。能量是自然界各种形式运动的度量，而功是能量从一种形式转化为另一种形式的过程中所表现出的量。动能定理是通过功与能的关系来表达机械运动与其他运动形式的能量之间的传递与转化的规律，它是能量守恒定律的一种特例。

本章将讨论力的功、动能和势能等重要概念，推导动能定理和机械能守恒定律，并将综合运用动量定理、动量矩定理和动能定理分析较复杂的动力学问题。

## 【知识目标】

1. 功的概念及其计算；
2. 质点和质点系的动能；
3. 质点和质点系的动能定理；
4. 功率、功率方程、机械效率；
5. 势力场、势能及机械能守恒定律；
6. 动力学普遍定理在工程中的应用。

## 【能力目标】

1. 对功的概念有清晰的理解，能熟练计算重力、弹性力、力矩的功；
2. 能熟练计算平动刚体、定轴转动刚体、平面运动刚体的动能，重力和弹性力的势能；
3. 熟知何种约束力的功为零，何种内力的功之和为零；
4. 能熟练应用动能定理和机械能守恒定律解动力学问题；
5. 能熟练应用动力学基本定理解动力学的综合问题。

## 【学习重点】

力的功和质点、质点系动能的计算，动能定理和机械能守恒定律的应用，动力学基本定理的综合应用。

## 【课时建议】

4～6 课时

## 工程导入

图 9.1 为带式输送机，又称胶带输送机，它是当今重要的现代散状物料输送设备，它具有输送量大、结构简单、维修方便、成本低、通用性强等优点，所以广泛应用于电力、冶金、化工、煤炭、矿山、港口、建材、粮食等各领域。在设计计算带式输送机的过程中，首先要根据荷载确定传送带的牵引力、选择电机的功率，我们可以运用系统的动能定理处理传送带的牵引力和功率问题。

图 9.1 带式输送机

图 9.2 为公路特长隧道建设设计施工。通过对公路特长隧道平导送风型半横向式通风的计算，使用动能定理以及能量守恒定理分析送风机风压的理论计算，不仅规范了相应的计算形式，同时也为类似公路特长隧道平导送风型半横向式通风的计算以及相应的计算在实际工程项目中的应用提供了借鉴。

图 9.2 公路特长隧道

# 9.1 功的概念与计算方法

## 9.1.1 功的概念

功，在物理学中表示力对位移的累积的物理量。在力学中我们也将功定义为力对物体在一段路程上的累积效应。

在国际单位制中，功的单位为焦耳（符号表示为J），1 J=1 N·m。

功是标量，功的正、负既不表示方向，也不表示大小，它仅仅表示是动力对物体做功还是阻力对物体做功，或者说是表示力对物体做了功还是物体克服这个力做了功。若要比较做功的多少，则要比较功的绝对值，绝对值大的做功多，绝对值小的做功少。功是能量变化的量度，做功的多少反映了能量变化的多少，功的正负则反映了能量转化的方向（注意：不是空间的方向）。

如果一个力作用在物体上，物体在这个力的方向上移动了一段距离，力学里就说这个力做了功。即使存在力，也可能没有做功。例如，在匀速圆周运动中，向心力没有做功，因为做圆周运动的物体的动能没有发生变化。同样的，桌上的一本书，尽管桌对书有支持力，但因没有位移也没有做功。

## 9.1.2 功的计算方法

1. 常力在直线运动中的功

设有一质点 $M$ 在常力 $\boldsymbol{F}$ 作用下沿直线运动，如图 9.3 所示，力 $\boldsymbol{F}$ 与运动方向夹角为 $\theta$，$M$ 点的直线位移 $s$，则作用力 $\boldsymbol{F}$ 在位移方向的投影与位移的乘积称为常力在此位移上对质点所做的功，即

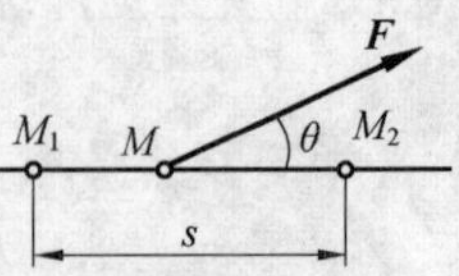


图 9.3 功的计算

$$W=F\cdot S\cos\theta \tag{9.1}$$

当 $\theta<90°$时，功 $W$ 是正值；当 $\theta>90°$时，功 $W$ 是负值；当 $\theta=90°$时，功 $W=0$。当力与位移垂直时，力就不做功。

2. 变力在曲线运动中的功

设有一质点 $M$ 在变力 $\boldsymbol{F}$ 作用下沿曲线运动，如图 9.4 所示。力 $\boldsymbol{F}$ 在无限小位移 $\mathrm{d}\boldsymbol{r}$ 中可视为常力，经过一小段弧长 $\mathrm{d}s$ 可视为直线，$\mathrm{d}\boldsymbol{r}$ 可视为沿点 $M$ 的切线。在一无限小位移中力做的功称为元功，用 $\delta W$ 表示。

$$\delta W = F\cos\theta \mathrm{d}s \tag{9.2}$$

力在全路程上做的功等于元功之和，即

$$W = \int_0^t F\cos\theta \mathrm{d}s \tag{9.3}$$

以上两式也可写成以下矢量点乘形式，即

$$\delta W = \boldsymbol{F} \cdot \mathrm{d}\boldsymbol{r}$$

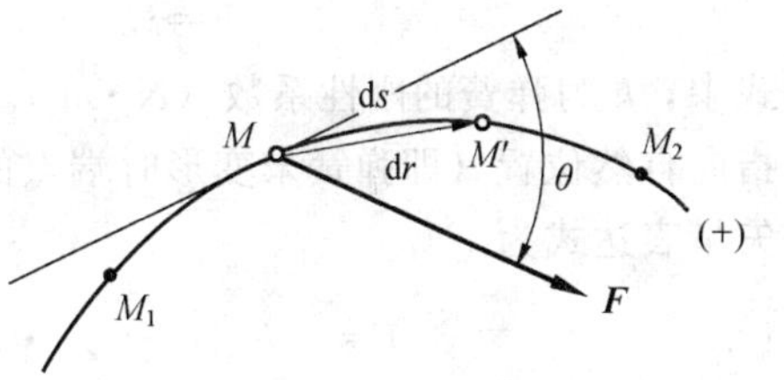

图 9.4 变力在曲线运动中的功

在直角坐标系中，$W = \int_{M_1}^{M_2} \boldsymbol{F} \cdot \mathrm{d}\boldsymbol{r}$，$\boldsymbol{i}$、$\boldsymbol{j}$、$\boldsymbol{k}$ 为三坐标轴的单位矢量，则

$$\boldsymbol{F} = F_x\boldsymbol{i} + F_y\boldsymbol{j} + F_z\boldsymbol{k}，\ \mathrm{d}\boldsymbol{r} = \mathrm{d}x\boldsymbol{i} + \mathrm{d}y\boldsymbol{j} + \mathrm{d}z\boldsymbol{k}$$

式中，$F_x$、$F_y$、$F_z$ 为力 $\boldsymbol{F}$ 在 $x$ 轴、$y$ 轴、$z$ 轴上的投影；$\mathrm{d}x$、$\mathrm{d}y$、$\mathrm{d}z$ 为位移 $\mathrm{d}\boldsymbol{r}$ 在 $x$ 轴、$y$ 轴、$z$ 轴上的投影。

作用力 $\boldsymbol{F}$ 从 $M_1$ 到 $M_2$ 所做的功

$$W_{12} = \int_{M_1}^{M_2} \boldsymbol{F} \cdot \mathrm{d}\boldsymbol{r} = \int_{M_1}^{M_2} (F_x\mathrm{d}x + F_y\mathrm{d}y + F_z\mathrm{d}z) \tag{9.4}$$

上式称为直角坐标法表示的功的计算公式，也称为功的解析表达式。

**技术提示**

变力在曲线运动中的功的计算，在数学上是一个曲线积分问题，由于计算比较困难，所以转化成对坐标积分。计算力的功的难点是计算变力在曲线运动中的功，其关键就是正确写出元功的表达式。

3. 合力的功

设力系有 $n$ 个力 $\boldsymbol{F}_1$、$\boldsymbol{F}_2$、…、$\boldsymbol{F}_n$ 作用于质点上，其合力为 $\boldsymbol{F}_R$，有

$$\boldsymbol{F}_R = \boldsymbol{F}_1 + \boldsymbol{F}_2 + \cdots + \boldsymbol{F}_n$$

合力 $\boldsymbol{F}_R$ 从 $M_1$ 到 $M_2$ 所做的功为

$$W = \int_{M_1}^{M_2} \boldsymbol{F}_R \cdot \mathrm{d}\boldsymbol{r} = \int_{M_1}^{M_2} (\boldsymbol{F}_1 + \boldsymbol{F}_2 + \cdots + \boldsymbol{F}_n) \cdot \mathrm{d}\boldsymbol{r} =$$

$$\int_{M_1}^{M_2} \boldsymbol{F}_1 \cdot \mathrm{d}\boldsymbol{r} + \int_{M_1}^{M_2} \boldsymbol{F}_2 \cdot \mathrm{d}\boldsymbol{r} + \cdots + \int_{M_1}^{M_2} \boldsymbol{F}_n \cdot \mathrm{d}\boldsymbol{r}$$

所以

$$W = W_1 + W_2 + \cdots + W_n = \sum W_i \tag{9.5}$$

作用于质点的合力在任一路程中所做的功，等于各分力在同一路程中所做功的代数和。

4. 重力的功

设有一质点的质量为 $m$，在重力作用下沿轨迹由 $M_1$ 点运动到 $M_2$ 点，如图 9.5 所示，其重力 $\boldsymbol{G} = m\boldsymbol{g}$ 在直角坐标轴上的投影为

$$F_x = 0，F_y = 0，F_z = -mg$$

重力做的功为

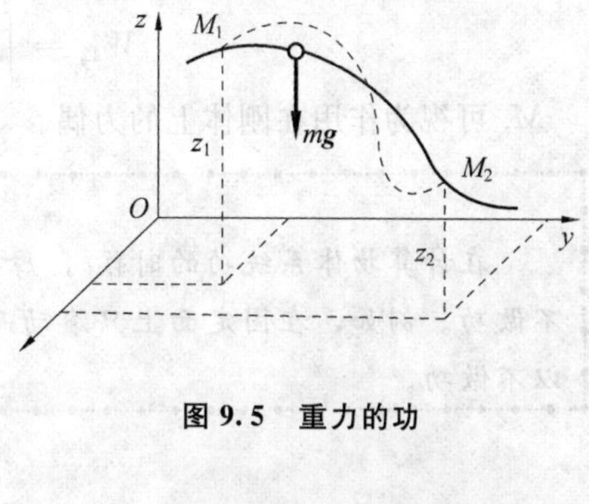

图 9.5 重力的功

$$W_{12}=\int_{z_1}^{z_2}-mg\,\mathrm{d}z=mg(z_1-z_2) \tag{9.6}$$

由此可见，重力做的功仅与重心的始末位置有关，而与重心走过的路径无关。重心位置下降，重力做功，为正值；重心位置上升，外力克服重力做功，为负值。

5. 弹性力的功

设一物体在弹性力作用下，作用点 $A$ 的轨迹如图 9.6 所示。弹簧的自然长度为 $l_0$，点 $A$ 沿曲线弧 $A_1A_2$ 运动，在弹性范围内，弹性力的大小与其变形量 $\delta$ 成正比，即

$$F=k\delta$$

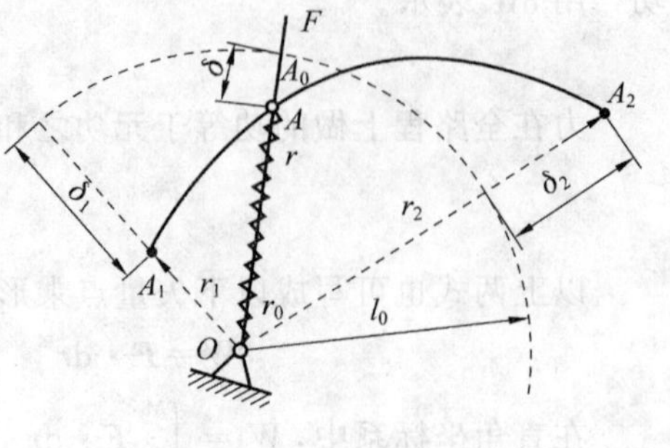

图 9.6 弹性力的功

式中，$k$ 为弹簧的刚性系数（N·m）。由于 $\boldsymbol{F}$ 的方向总是指向自然位置（即弹簧未变形时端点的位置 $A_0$），故 $\boldsymbol{F}$ 的矢量表达式为

$$\boldsymbol{F}=-k\,(r-l_0)\,\cdot\frac{\boldsymbol{r}}{r}$$

式中，$\frac{\boldsymbol{r}}{r}$ 表示矢径 $\boldsymbol{r}$ 方向的单位矢量。

弹性力 $\boldsymbol{F}$ 做的功为

$$\delta W=\boldsymbol{F}\cdot\mathrm{d}\boldsymbol{r}=-k\,(r-l_0)\,\cdot\frac{\boldsymbol{r}}{r}\cdot\mathrm{d}\boldsymbol{r}$$

$$\boldsymbol{r}\cdot\mathrm{d}\boldsymbol{r}=\frac{1}{2}\mathrm{d}\,(\boldsymbol{r}\cdot\boldsymbol{r})\,=\frac{1}{2}\mathrm{d}\,(r^2)\,=r\mathrm{d}r$$

质点由 $A_1$ 运动到 $A_2$，弹性力 $\boldsymbol{F}$ 在曲线路程上所做的功为

$$\begin{aligned}W_{12}&=\int_{A_1}^{A_2}[-k(r-l_0)]\mathrm{d}r=\int_{r_1}^{r_2}[-k(r-l_0)]\mathrm{d}r=\\&\frac{k}{2}[(r_1-l_0)^2-(r_2-l_0)^2]=\\&\frac{k}{2}(\delta_1^2-\delta_2^2)\end{aligned} \tag{9.7}$$

弹性力的功等于弹簧的刚性系数与始末位置弹簧变形平方差乘积的一半。由此可见，弹性力的功只与弹簧在初始和末了位置的变形量 $\delta$ 有关，而与力作用点 $A$ 的轨迹形状无关。

6. 定轴转动刚体上作用力的功

设在绕 $Z$ 轴转动的刚体上的 $A$ 点作用一个力 $\boldsymbol{F}$，如图 9.7 所示，欲求刚体转动时力 $\boldsymbol{F}$ 所做的功。 将该力 $\boldsymbol{F}$ 分解为 $\boldsymbol{F}_t$、$\boldsymbol{F}_n$ 和 $\boldsymbol{F}_b$，$\boldsymbol{F}_t=\boldsymbol{F}\cos\theta$。

当刚体转动时，转角 $\varphi$ 与弧长 $s$ 的关系为 $\mathrm{d}s=R\mathrm{d}\varphi$，其中 $R$ 为力 $\boldsymbol{F}$ 的作用点 $A$ 到转轴的垂直距离。力 $\boldsymbol{F}$ 做的功为

$$\delta W=\boldsymbol{F}\cdot\mathrm{d}\boldsymbol{r}=\boldsymbol{F}_t\cdot\mathrm{d}s=F_tR\,\mathrm{d}\varphi=M_z\mathrm{d}\varphi$$

力 $\boldsymbol{F}$ 使刚体从角 $\varphi_1$ 转到 $\varphi_2$ 所做的功为

$$W_{12}=\int_{\varphi_1}^{\varphi_2}M_z\mathrm{d}\varphi \tag{9.8}$$

$M_z$ 可视为作用在刚体上的力偶。

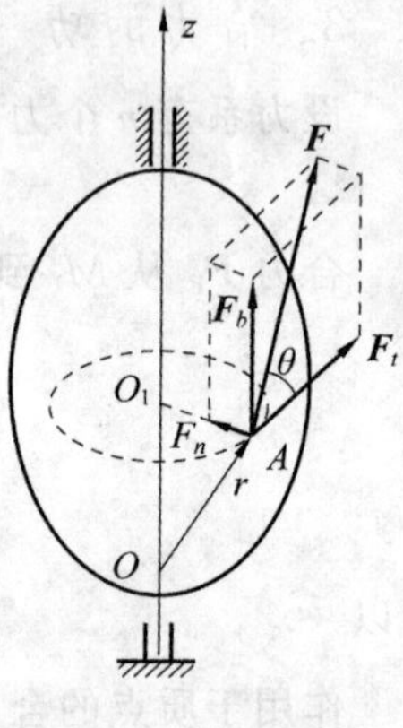

图 9.7 力矩的功

**技术提示**

在计算物体系统功的时候，摩擦力作为一个主动力来处理。动摩擦力做功，静摩擦力不做功。例如，在固定面上只滚动而不滑动的圆轮，作用在圆轮上的摩擦力为静摩擦力，所以不做功。

# 9.2 质点和质点系的动能

## 9.2.1 质点的动能

设质点的质量为 $m$，速度为 $v$，则质点的动能等于质点的质量与其速度平方乘积的一半。

$$T=\frac{1}{2}mv^2 \tag{9.9}$$

机械运动的强弱可以用动能来度量，动能是标量，恒取正值。

在国际单位制中动能的单位是焦耳（符号表示为J）。

## 9.2.2 质点系的动能

质点系的动能等于质点系各质点动能的算术和，即

$$T=\sum_{i=1}^{n}\frac{1}{2}m_iv_i^2 \tag{9.10}$$

1. 刚体平动的动能

平动刚体上各点的速度在同一瞬时相同，都等于刚体质心的速度，设刚体的质量为 $M$，质心速度为 $v_C$，则有

$$T=\sum\frac{1}{2}m_iv_i^2=\sum\frac{1}{2}m_iv_C^2=\frac{1}{2}v_C^2\sum m_i$$

即

$$T=\frac{1}{2}Mv_C^2 \tag{9.11}$$

平动刚体的动能等于刚体的质量与质心速度平方乘积的一半。

2. 刚体定轴转动的动能

设刚体绕定轴 $z$ 转动，某瞬时刚体角速度为 $\omega$，刚体内任一点的质量为 $m_i$，它到转轴的距离为 $r_i$，如图 9.8 所示，根据质点系动能的定义，得

$$T=\sum\frac{1}{2}m_iv_i^2=\sum\frac{1}{2}m_i(\omega r_i)^2=\frac{1}{2}\omega^2\sum m_ir_i^2$$

式中，$J_z=\sum m_ir_i^2$，为刚体对转轴 $z$ 的转动惯量。

$$T=\frac{1}{2}J_z\omega^2 \tag{9.12}$$

刚体定轴转动的动能等于刚体对转轴的转动惯量与角速度平方乘积的一半。

3. 刚体平面运动的动能

刚体做平面运动时，可以看作为随瞬心 $P$ 的平动和绕瞬心 $P$ 的瞬时转动，如图 9.9 所示。设刚体对瞬心 $P$ 的转动惯量为 $J_P$，则刚体绕瞬心 $P$ 的转动动能为

$$T=\frac{1}{2}J_P\omega^2$$

若 $J_C$ 为刚体对质心 $C$ 的转动惯量，$r_C$ 为质心到瞬心的距离，根据转动惯量的平行移轴定理得

$$J_P=J_C+mr_C^2$$

刚体的动能为

$$T=\frac{1}{2}\left(J_C+mr_C^2\right)\omega^2=\frac{1}{2}J_C\omega^2+\frac{1}{2}m\left(\omega r_C\right)^2$$

由 $v_C=\omega\cdot r_C$，得

$$T=\frac{1}{2}mv_C^2+\frac{1}{2}J_C\omega^2 \tag{9.13}$$

刚体平面运动的动能等于刚体随质心的平动动能与绕质心转动动能之和。

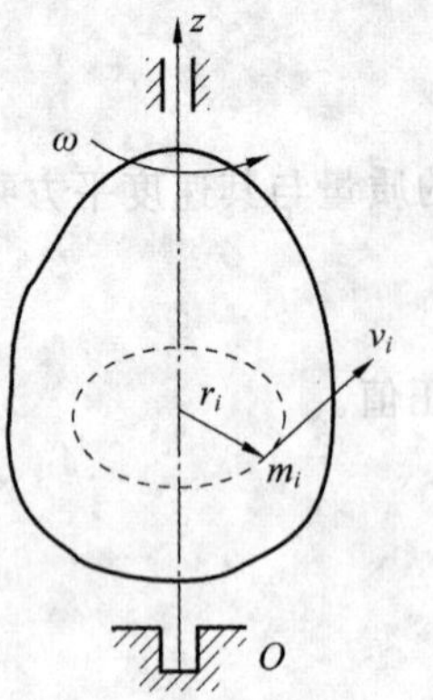


图 9.8　刚体定轴转动

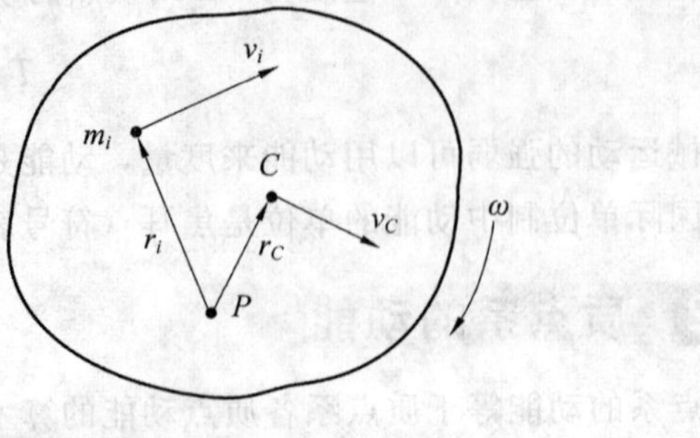


图 9.9　刚体平面运动的动能

## 【知识拓展】

**动量与动能的区别**

关于动量与动能的区别，恩格斯的结论是："机械运动确实有两种量度，每一种量度适用于某个界限十分明确的范围之内的一系列现象。一句话，动量 $mv$ 是以机械运动来量度的机械运动；动能 $\frac{1}{2}mv^2$ 是以运动转化为定量的其他形式的运动的能力来量度的机械运动。"

在关于动量问题所运用的规律中，并不涉及能量转化问题，它仅是机械运动规律的反映；而动能问题，或是在机械能范畴内存在动能与势能的转化，或是存在机械能与其他形式能转变的问题，必须从能的角度予以分析。和动量联系的是外力的冲量，即动量的变化是外力的时间累积量，它决定物体反抗阻力能运动多久；和动能联系的是外力的功，即动能的变化是外力的空间累积量，它决定物体反抗阻力能运动多远。

# 9.3　动能定理

## 9.3.1　质点的动能定理

质点运动微分方程的矢量形式为

$$m\frac{\mathrm{d}\boldsymbol{v}}{\mathrm{d}t}=\boldsymbol{F}$$

两边点乘 $\mathrm{d}\boldsymbol{r}$，得

$$m\frac{\mathrm{d}\boldsymbol{v}}{\mathrm{d}t}\cdot\mathrm{d}\boldsymbol{r}=\boldsymbol{F}\cdot\mathrm{d}\boldsymbol{r}$$

由 $\mathrm{d}\boldsymbol{r}=\boldsymbol{v}\mathrm{d}t$，得

$$m\boldsymbol{v}\cdot\mathrm{d}\boldsymbol{v}=\boldsymbol{F}\cdot\mathrm{d}\boldsymbol{r}$$

或

$$\mathrm{d}\left(\frac{1}{2}mv^2\right)=\delta W \tag{9.14}$$

质点动能定理的微分形式，即质点动能的增量等于作用在质点上力的元功，即

$$\int_{v_1}^{v_2} d(\frac{1}{2}mv^2) = \frac{1}{2}mv_2^2 - \frac{1}{2}mv_1^2 = W_{12} \tag{9.15}$$

质点动能定理的积分形式，质点动能的改变量等于作用于质点的力做的功。

## 9.3.2 质点系的动能定理

设质点系有 $n$ 个质点，任一质点 $M_i$ 的质量为 $m_i$，速度为 $v_i$，根据质点动能定理有

$$d\left(\frac{1}{2}m_i v_i^2\right) = dW_i^e + dW_i^i$$

式中，$dW_i^e$ 和 $dW_i^i$ 分别表示作用于质点 $M_i$ 上的外力和内力所做的元功。

对于质点系内每个质点都能写出这样一个方程，并将这 $n$ 个方程相加，得

$$d\sum \frac{1}{2}mv^2 = \sum dW^e + \sum dW^i$$

或

$$dT = \sum dW^e + \sum dW^i$$

微分形式的质点系的动能定理，质点系动能的微小变化，等于作用在质点系上的所有外力和内力的元功之和。

将上式积分，即得

$$T_2 - T_1 = \sum W^e + \sum W^i$$

积分形式的质点系的动能定理，在任一段路程中，质点系动能的变化，等于作用在质点系上的所有外力和内力做功之和。

在一般情况下，内力做功之和并不一定等于零。由于理想约束的约束反力的元功之和等于零，若质点系中所有约束都是理想约束，则

$$dT = \sum dW_F \tag{9.16}$$

在理想约束的条件下，质点系动能的微小变化等于作用在质点系上的所有外力的元功之和。

将式（9.16）积分，得

$$T_2 - T_1 = W_{12} \tag{9.17}$$

在任一段路程中，具有理想约束的质点系动能的变化，等于作用在质点系上所有外力的功之和。

**技术提示**

利用动能定理的积分形式一般可求出速度及加速度。如果所列出的动能定理的积分形式是函数关系式，则可以将其两端对时间求导，从而可求得加速度，这是求解动能定理经常运用的方法。

## 9.3.3 理想约束及内力做功

做功等于零的约束称为理想约束。理想约束包括：光滑固定面；一端固定的绳索；光滑绞支座；固定端等约束。

在理想约束条件下，质点系动能的改变与主动力做功有关。

注意：一般情况下，滑动摩擦力与物体的相对位移反向，摩擦力做负功，不是理想约束，应用动能定理时要记入摩擦力的功。但当轮子在固定面上只滚不滑时，接触点为瞬心，滑动摩擦力作用点没动，此时的滑动摩擦力不做功。因此，当不计滚动摩阻时，纯滚动的接触点也是理想约束。

作用于质点系的力既有外力，也有内力，在某些情形下，内力虽然等值而反向，但所做功的和并不等于零。例如，汽车发动机的气缸内膨胀的气体对活塞和气缸的作用力都是内力，但内力功的和不等于零，内力的功使汽车的动能增加。此外，如机器中轴与轴承之间相互作用的摩擦力对于整个机器是内力，它们做负功，总和为负。应用动能定理时都要记入这些内力所做的功。

在很多情况下，内力所做功的和等于零。例如，刚体所有内力做功的和等于零；不可伸长的柔绳、钢索等所有内力做功的和也等于零。

**例 9.1** 圆轮重为 0.4 kN，半径 $r=0.3$ m，绕转轴的转动惯量 $J=1.84\ \mathrm{kg\cdot m^2}$，绳索的一端挂重 $G=2$ kN。从静止开始，欲使挂重上升 20 m 后，具有向上速度 $v=4$ m/s，求作用在圆轮上的驱动力矩 $M$。

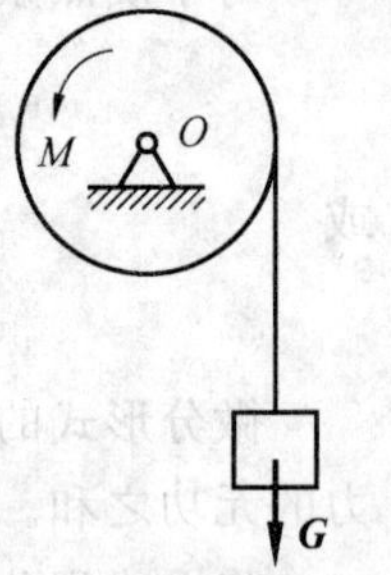

**图 9.10　例 9.1 题图**

**解**　设重物上升距离为 $S$，重物的速度 $v$，圆轮转过的角度 $\varphi$，圆轮转动的角速度为 $\omega$，质点系动能为

$$T_1=0,\ T_2=\frac{1}{2}J\omega^2+\frac{1}{2}\frac{G}{g}v^2$$

在运动过程中，力矩 $M$ 与重力 $G$ 做功为

$$W_{12}=M\varphi-Gs$$

根据质点系动能定理得

$$T_2-T_1=W_{12}$$

即

$$\left(\frac{1}{2}J\omega^2+\frac{1}{2}\frac{G}{g}v^2\right)-0=M\varphi-Gs$$

由于

$$\omega=\frac{v}{r},\ \varphi=\frac{s}{r}$$

$$\frac{1}{2}J\left(\frac{v^2}{r^2}\right)+\frac{1}{2}\frac{G}{g}v^2=M\varphi-Gs$$

$$M=\frac{\frac{1}{2}J\left(\frac{v}{r}\right)^2+\frac{1}{2}\frac{G}{g}v^2+Gs}{\frac{s}{r}}=$$

$$\frac{\frac{1}{2}\times 1.84\times\left(\frac{4}{0.3}\right)^2+\frac{1}{2}\times\frac{2\,000}{9.8}\times 4^2+2\,000\times 20}{\frac{20}{0.3}}=$$

$$626.9\ \mathrm{N\cdot m}$$

**例 9.2** 如图 9.11 所示，升降机带轮 $E$ 上作用一转矩 $M$，提升重 $G_1$ 的重物 $A$，平衡锤 $B$ 重 $G_2$，两个带轮半径均为 $r$，重 $G_0$。求重物 $A$ 的加速度。

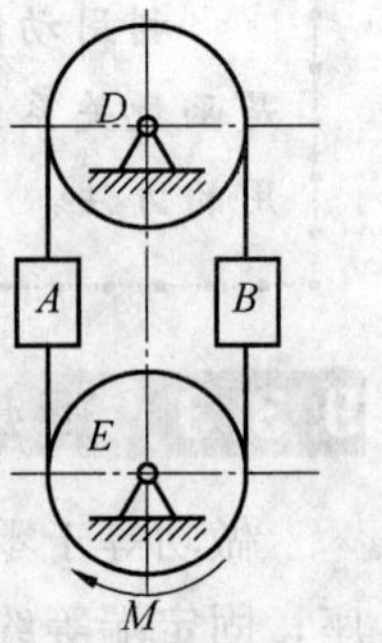

**图 9.11　例 9.2 题图**

**解**　设系统初始静止，任一时刻带轮转过 $\varphi$ 角，重物 $A$ 上升高度为 $h$，则

$$h=r\varphi,\ \omega=\frac{v_A}{r},\ J=\frac{1}{2}\frac{G_0}{g}r^2$$

转矩 $M$、重物 $A$、平衡锤 $B$ 做功为

$$W_{12}=M\varphi+G_2h-G_1h=\left(\frac{M}{r}+G_2-G_1\right)h$$

$$T_1=0$$

$$T_2=\frac{1}{2}\frac{G_1}{g}v_A^2+\frac{1}{2}\frac{G_2}{g}v_A^2+\frac{1}{2}\times\frac{1}{2}\frac{G_0}{g}r^2\omega^2\times 2=\frac{G_1+G_2+G_0}{2g}v_A^2$$

根据质点系动能定理有

$$T_2-T_1=W_{12}$$

$$\frac{G_1+G_2+G_0}{2g}v_A^2=\left(\frac{M}{r}+G_2-G_1\right)h$$

两边时间求导数，有

$$a_A=\frac{\mathrm{d}v_A}{\mathrm{d}t},\ v_A=\frac{\mathrm{d}h}{\mathrm{d}t},\ a_A=\frac{[M+(G_2-G_1)r]g}{(G_1+G_2+G_0)r}$$

## 9.4 功率、功率方程及机械效率

### 9.4.1 功　　率

机器在单位时间内力所做的功称为功率，通常用 $P$ 表示。其计算公式为

$$P=\frac{\mathrm{d}W}{\mathrm{d}t}$$

由 $\mathrm{d}W=\boldsymbol{F}\cdot\mathrm{d}\boldsymbol{r}$，得

$$P=\boldsymbol{F}\cdot\frac{\mathrm{d}\boldsymbol{r}}{\mathrm{d}t}=\boldsymbol{F}\cdot\boldsymbol{v}=F_t v \tag{9.18}$$

式中，$\boldsymbol{v}$ 是力 $\boldsymbol{F}$ 作用点的速度。功率等于切向力与力作用点速度的乘积。

**【知识拓展】**

**汽车、摩托车（手动挡）为什么总是在低挡启动?**

一台机床能够输出的最大功率是一定的，因此用机床加工零件时，如果切削力较大，必须选择较小的切削速度。又如，汽车、摩托车（手动挡）爬坡时，由于需要较大的驱动力，驾驶员必须换用低速挡位，以求发动机在功率一定的情况下，产生较大的驱动力，不至于熄火。

作用在转动刚体上的力的功率为

$$P=\frac{\mathrm{d}W}{\mathrm{d}t}=M_z\frac{\mathrm{d}\varphi}{\mathrm{d}t}=M_z\omega$$

式中，$M_z$ 是力对转轴 $z$ 的矩；$\omega$ 是角速度。即作用于转动刚体上的力的功率等于该力对转轴的矩与角速度的乘积。

在国际单位制中，每秒钟力所做的功等于 1 J 时，其功率定为 1 W（瓦特）。工程中常用千瓦（kW）作单位，1 000 W=1 kW。

若功率 $P$ 的单位用 kW，转速 $n$ 的单位用 r/min，且力矩的单位用 N·m，则

$$P=\frac{M\omega}{1\ 000}=\frac{M}{1\ 000}\frac{\pi n}{30}=\frac{Mn}{9\ 550}$$

或

$$M=9\ 550\frac{P}{n} \tag{9.19}$$

公式（9.19）功率、转速和转矩之间的关系表达式，在工程中广泛应用。

**【知识拓展】**

电动机一般具有两个参数，一个是电机的功率，一个是电机的转速。根据这两个数据，我们就可以轻松地计算出该电机所产生的转矩。

## 9.4.2 功率方程

取质点系动能定理的微分形式，两端除以 d$t$，得

$$\frac{\mathrm{d}T}{\mathrm{d}t}=\sum_{i=1}^{n}\frac{\mathrm{d}W_i}{\mathrm{d}t}=\sum_{i=1}^{n}P_i \tag{9.20}$$

式（9.20）称为功率方程，即质点系动能对时间的一阶导数，等于作用于质点系的所有力的功率的代数和。

功率方程常用来研究机器在工作时能量的变化和转化的问题。例如当车床工作时，电场对电机转子作用的力做正功，使转子转动，电场力的功率称为输入功率。由于胶带传动、齿轮传动和轴承与轴之间都有摩擦，摩擦力做负功，使一部分机械能转化为热能；传动系统中的零件也会相互碰撞，也要损失一部分功率。这些功率都取负值，称为无用功率或损耗功率。当车床切削工件时，切削阻力对夹持在车床主轴上的工件做负功，这是车床加工零件必须付出的功率，称为有用功率或输出功率。

每部机器的功率都可分为上述三部分。在一般情形下，可有

$$\frac{\mathrm{d}T}{\mathrm{d}t}=P_{输入}-P_{有用}-P_{无用}$$

或

$$P_{输入}=P_{有用}+P_{无用}+\frac{\mathrm{d}T}{\mathrm{d}t} \tag{9.21}$$

## 9.4.3 机械效率

在实际工程应用中，经常用到有效功率的概念，有效功率$=P_{有用}+\frac{\mathrm{d}T}{\mathrm{d}t}$，有效功率与输入功率的比值称为机器的机械功率，用 $\eta$ 表示，即

$$\eta=\frac{有效功率}{输入功率}$$

机械效率 $\eta$ 表明机器对输入功率的有效利用程度，它是评定一台机器质量好坏的指标之一。显然，在一般情况下总是 $\eta<1$。

一部机器的传动部分一般由许多零件组成。图 9.12 所示系统，轴承与轴之间、皮带与皮带轮之间、齿轮与齿轮之间各级传动都因摩擦而消耗功率，各级传动都有各自的机械效率。设Ⅰ－Ⅱ，Ⅱ－Ⅲ，Ⅲ－Ⅳ各级的效率分别为 $\eta_1$、$\eta_2$、$\eta_3$，则Ⅰ－Ⅳ的总效率为

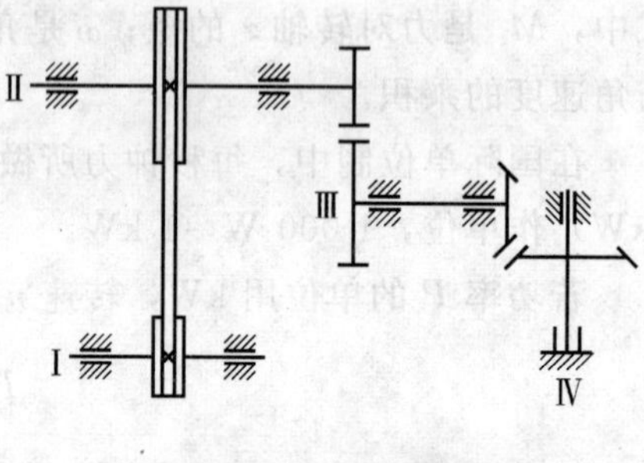

图 9.12 传动机构

$$\eta=\eta_1\cdot\eta_2\cdot\eta_3$$

对于 $n$ 级传动的系统，总效率等于各级效率的连乘积，即

$$\eta=\eta_1\cdot\eta_2\cdot\cdots\cdot\eta_n \tag{9.22}$$

**例 9.3** 图 9.13 所示为提升绞车传动系统图。已知电动机额定功率 $P=5.5$ kW，转速 $n_1=720$ r/min，减速器中Ⅰ与Ⅱ轴的传动比 $i_{12}=\frac{n_1}{n_2}=3.5$，Ⅱ与Ⅲ轴的传动比 $i_{23}=\frac{n_2}{n_3}=4.5$，包括轴承在内一对圆柱齿轮的传动效率 $\eta=0.98$，卷筒直径 $D=400$ mm。试求减速器中各轴的转矩及卷筒上钢丝绳对重物 $A$ 的拉力。

**解** 轴Ⅰ的转矩为

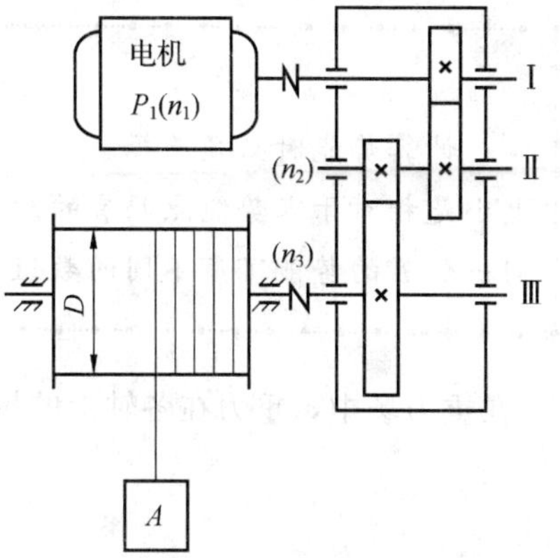


图 9.13 提升绞车传动系统

$$M_1=9\ 550\frac{P_1}{n_1}=9\ 550\times\frac{5.5}{720}=72.95\ \text{N}\cdot\text{m}$$

轴Ⅱ的转矩为

$$M_2=9\ 550\frac{P_2}{n_2}$$

由于

$$\frac{M_2}{M_1}=\frac{n_1}{n_2}\cdot\frac{P_2}{P_1}=i_{12}\cdot\eta_{12}$$

所以

$$M_2=M_1\cdot i_{12}\cdot\eta_{12}=72.95\times3.5\times0.98=250.22\ \text{N}\cdot\text{m}$$

轴Ⅲ的转矩为

$$M_3=9\ 550\frac{P_3}{n_3}$$

由于

$$\frac{M_3}{M_2}=\frac{n_2}{n_3}\cdot\frac{P_3}{P_2}=i_{23}\cdot\eta_{23}$$

所以

$$M_3=M_2\cdot i_{23}\cdot\eta_{23}=250.22\times4.5\times0.98=1\ 103.47\ \text{N}\cdot\text{m}$$

卷筒上钢丝绳对重物 $A$ 的拉力为

$$F=\frac{2M_3}{D}=\frac{2\times1\ 103.47}{0.4\ \text{m}}=5\ 517.35\ \text{N}$$

# 9.5 势力场、势能及机械能守恒定律

## 9.5.1 势力场

若物体在空间所受的力，其大小和方向完全由物体在空间的位置所确定，则此空间称为力场，物体所受到的力称为势力。

当物体在力场中运动时，作用于物体上的势力要做功。若势力场所做的功只与运动的初始和终了位置有关，而与该点的轨迹形状无关，这种场称为势力场或保守力场 。在势力场中，物体受到的力称为有势力或保守力 。例如，重力、弹性力等做功都与初始和终了位置有关，而与其运动的路径无关，故重力、弹性力均为有势（或保守力）。

## 9.5.2 势　　能

在势力场中，质点从某一位置 $M$ 移动到给定的零位置 $M_0$ 过程中有势力所做的功称为质点在 $M$ 处相对于 $M_0$ 所具有的势能 $V$，即

$$V=\int_M^{M_0}\boldsymbol{F}\cdot\mathrm{d}\boldsymbol{r}=\int_M^{M_0}(F_x\mathrm{d}x+F_y\mathrm{d}y+F_z\mathrm{d}z)=-\int_{M_0}^{M}(F_x\mathrm{d}x+F_y\mathrm{d}y+F_z\mathrm{d}z)\qquad(9.23)$$

势能是通过有势力 $\boldsymbol{F}$ 做功计算得出的，但是这个“功”并没有实际完成，仅仅说明它具有做功的“本领”；假设这个做功已经完成，则势能转化为动能，势能消失。

**技术提示**

计算势能时必须选择一个“零势能位置”，我们称它为零势能点。在势力场中，势能的大小是相对于零势能点而言的。零势能点可以任意选取，对于不同的零势能点，在势力场中同一位置的势能可有不同的数值。

在重力场中，重力在各轴上的投影分别为

$$F_x=0,\ F_y=0,\ F_z=-G$$

$$V=\int_{z}^{z_0}-G\mathrm{d}z=G(z-z_0)$$

若取 $z_0=0$，则上式为

$$V=Gz$$

对于质点或刚体有

$$V=Gz_C$$

式中，$z_C$ 为质心 $C$ 的 $z$ 坐标。

在弹性势力场中，设“零势能位置” $M_0$ 处弹簧的变形量为 $\delta_0$，在 $M$ 处的变形为 $\delta$，则质点 $M$ 相对于 $M_0$ 所具有的势能为

$$V=\frac{1}{2}k\ (\delta^2-\delta_0^2)$$

若取弹簧的自然长度处为零势能点，即 $\delta_0=0$，则

$$V=\frac{1}{2}k\delta^2$$

## 9.5.3 机械能守恒定律

设某有势力使物体由 $M_1$ 运动到 $M_2$ 过程中，该力所做的功为 $W_{12}$，则

$$W_{12}=\int_{M_1}^{M_2}\delta W$$

由于有势力与运动轨迹形状无关，功的大小只取决于开始和终了两个位置，则有

$$W_{12}=\int_{M_1}^{M_2}\delta W=\int_{M_1}^{M_0}\delta W+\int_{M_0}^{M_2}\delta W=\int_{M_1}^{M_0}\delta W-\int_{M_2}^{M_0}\delta W$$

选取 $M_0$ 为零势能位置，根据势能的定义，$\int_{M_1}^{M_0}\delta W$ 即为 $M_1$ 相对于 $M_0$ 所具有的势能 $V_1$，同理

$$\int_{M_2}^{M_0}\delta W=V_2$$

则上式变为

$$W_{12}=V_1-V_2$$

即有势力的功等于质点系在运动过程中初始和终了位置势能之差。

由动能定理得

$$T_2-T_1=W_{12}=V_1-V_2$$

即

$$T_1+V_1=T_2+V_2 \tag{9.24}$$

上式即为机械能守恒定律。在势力场中，系统的机械能保持不变。

机械能守恒定律是由动能定理推导出来的，故机械能守恒定律是动能定理的一种特例，即动能定理适用于有势力的情况。也就是说，凡属于用机械能守恒定律能解决的问题，动能定理也能解决；反之则不一定成立。

如果系统还受非有势力（如摩擦力）作用，设非有势力做功为 $W'_{12}$，则由动能定理得

$$T_2-T_1=W_{12}+W'_{12}=V_1-V_2+W'_{12}$$

$$(T_2+V_2)-(T_1+V_1)=W'_{12}$$

若非有势力为摩擦力等力作用时，$W'_{12}$是负功，表示系统在运动过程中，机械能减少，称机械能耗散；若非有势力为主动力时，$W'_{12}$是正功，则质点系在运动过程中机械能增加，即外界对系统输入了能量。

**技术提示**

对某些只有有势力做功的问题，利用机械能守恒的概念去研究是很方便的，很多情况下不必计算，只利用机械能守恒的概念就可以分析、判断物体或物体系的运动状态。对于计算题，用机械能守恒或用动能定理的计算难度及复杂程度是一样的。对于非保守系统，不能用机械能守恒定理计算，而应采用动能定理计算。

## 9.6　动力学普遍定理在工程中的应用

质点和质点系的动量定理、动量矩定理和动能定理称为动力学普遍定理。动量定理和动量矩定理是矢量形式，动能定理是标量形式，它们都可以用来研究机械运动，而动能定理还可以研究其他形式的运动能量转化问题。

动力学普遍定理提供了解决动力学问题的一般方法。动力学普遍定理的综合应用，大体上包括两方面的含义：一是能根据问题的已知条件和待求量，选择适当的定理求解，包括各种守恒情况的判断，相应守恒定理的应用。避开那些无关的未知量，直接求得需求的结果。二是对比较复杂的问题，能根据需要选用两三个定理联合求解。

质心运动定理与动量定理一样，也是矢量形式，常用来分析质点系受力与质心运动的关系；它与相对于质心的动量矩定理联合，共同描述了质点系机械运动的总体情况；特别是联合用于刚体，可建立起刚体运动的基本方程，如平面运动微分方程。应用动量定理或动量矩定理时，质点系的内力不能改变系统的动量和动量矩，只需考虑质点系所受的外力。

动能定理是标量形式，在很多实际问题中约束力又不做功，因而应用动能定理分析系统的速度变化是比较方便的。功率方程可视为动能定理的另一种微分形式，便于计算系统的加速度。但应注意，在有些情况下，质点系的内力做功并不等于零，应用时要具体分析质点系内力做功问题。

在求解过程中，要正确进行运动和受力分析，提供正确的运动学补充方程。下面举例说明动力学普遍定理在工程中的综合应用。

**例 9.4**　滚子 $A$ 质量为 $m_1$，沿倾角为 $\theta$ 的斜面向下滚动而不滑动，如图 9.14 所示。滚子借一跨过滑轮 $B$ 的绳提升质量为 $m_2$ 的物体 $C$，同时滑轮 $B$ 绕 $O$ 轴转动。滚子 $A$ 与滑轮 $B$ 的质量相等，半径相等，且都为均质圆盘。求滚子重心的加速度和系在滚子上绳的张力。

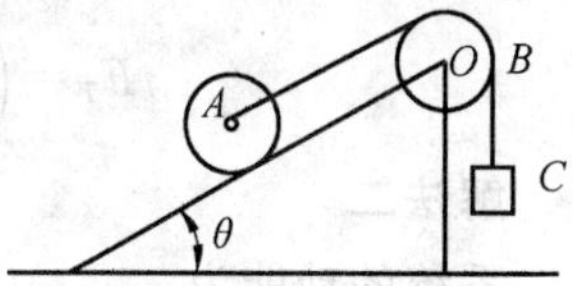

图 9.14　例 9.4 题图

**解　解法一**

(1) 研究滚子 $A$、滑轮 $B$、物体 $C$ 及绳组成的系统。

设物体 $C$ 由静止开始上升距离为 $S$ 时的速度为 $v$，滚子 $A$、滑轮 $B$ 的半径为 $R$，角速度为

$$\omega_A=\omega_B=\frac{v}{R}$$

重物 $C$ 做平动，动能为$\frac{1}{2}m_2v^2$。

滑轮 $B$ 做定轴转动，转动惯量为$\frac{1}{2}m_1R^2$。

转动动能为

$$\frac{1}{2}J_C\omega_B^2=\frac{1}{2}\times\frac{1}{2}m_1R^2\times\left(\frac{v}{R}\right)^2=\frac{1}{4}m_1v^2$$

滚子 $A$ 做平面运动，动能为

$$\frac{1}{2}m_1v^2+\frac{1}{2}J_C\omega_A^2=\frac{3}{4}m_1v^2$$

$$T_1=0,\ T_2=\frac{1}{2}m_2v^2+\frac{1}{4}m_1v^2+\frac{3}{4}m_1v=\frac{1}{2}\ (2m_1+m_2)\ v^2$$

外力做功为

$$W_{12}=\ (m_1g\sin\theta-m_2g)\ s$$

根据动能定理 $T_2-T_1=W_{12}$，得

$$\left(m_1+\frac{1}{2}m_2\right)\ v^2=\ (m_1g\sin\theta-m_2g)\ s$$

两边求导数，得

$$\left(m_1+\frac{1}{2}m_2\right)2v\ \frac{\mathrm{d}v}{\mathrm{d}t}=\ (m_1g\sin\theta-m_2g)\ \frac{\mathrm{d}s}{\mathrm{d}t}$$

$$a=\frac{m_1\sin\theta-m_2}{2m_1+m_2}g$$

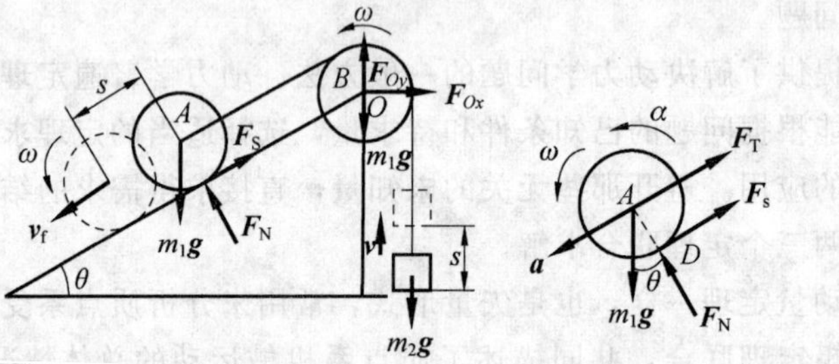

**图 9.15　例 9.4 题受力分析图**

(2) 研究滑轮 $B$。

由动量矩定理求系在滚子上绳的张力为

$$L_Z=J_C\omega_B+m_2vR=\left(\frac{1}{2}m_1+m_2\right)Rv,\ M_Z=\ (F_T-m_2g)\ R$$

$$\frac{\mathrm{d}}{\mathrm{d}t}\left[\left(\frac{1}{2}m_1+m_2\right)\ Rv\right]=\ (F_T-m_2g)\ R$$

$$F_T=\left(\frac{1}{2}m_1+m_2\right)a+m_2g=\frac{3m_1m_2+\ (2m_1m_2+m_1^2)\ \sin\theta}{2\ (2m_1+m_2)}g$$

**解法二**

系统的动能为

$$T_2=\frac{1}{2}\ (2m_1+m_2)\ v^2$$

系统所有力的功率为

$$\sum P=(m_1g\sin\theta-m_2g)v$$

由功率方程 $\frac{\mathrm{d}T}{\mathrm{d}t}=\sum P$，解得

$$a=\frac{m_1\sin\theta-m_2}{2m_1+m_2}g$$

研究轮 $A$，根据刚体定轴转动微分方程得

$$\frac{1}{2}m_1R^2\cdot\alpha=F_s\cdot R$$

由质心运动定理，得

$$m_1a=m_1g\sin\theta-F_s-F_T$$

考虑到 $a=R\alpha$，得

$$F_T=\frac{3m_1m_2+(2m_1m_2+m_1^2)\sin\theta}{2(2m_1+m_2)}g$$

**例 9.5** 如图 9.16 所示，两均质圆轮重为 $G$，半径均为 $R$，$A$ 轮绕固定轴 $O$ 转动，$B$ 轮在倾角为 $\theta$ 的斜面上做纯滚动，$B$ 轮中心绕到 $A$ 轮上。若 $A$ 轮作用一力偶矩为 $M$ 的力偶，忽略绳子的质量和轴承中的摩擦，求 $B$ 轮中心 $C$ 点的加速度、绳子的张力、轴承 $O$ 的约束反力和斜面的摩擦力。受力分析如图 9.17 所示。

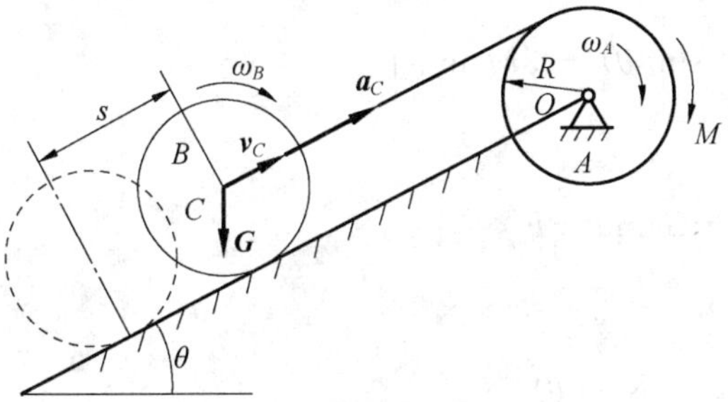


**图 9.16 例 9.5 题图**

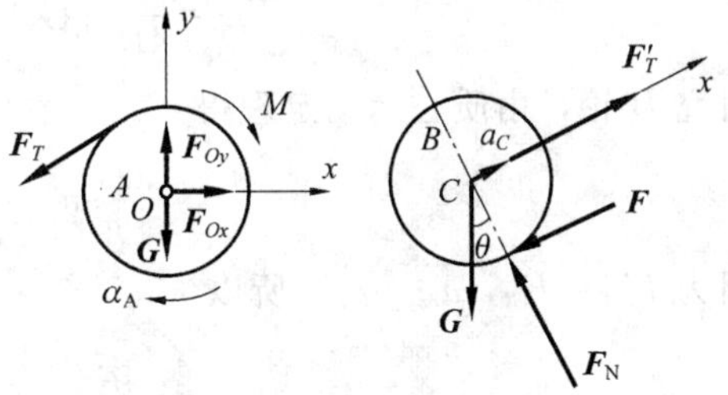


**图 9.17 受力分析**

**解** (1) 先用动能定理求 $B$ 轮中心 $C$ 点的加速度，这是已知主动力求运动的问题。

研究整体：

质点系上的受力有：两轮的重力为 $G$，$A$ 轮上的力偶矩为 $M$，斜面的法向反力为 $F_N$，轴承 $O$ 的约束反力为 $F_{Ox}$、$F_{Oy}$。$B$ 轮在斜面上做滚动，摩擦力不做功。

设 $B$ 轮中心 $C$ 由静止开始沿斜面上升距离 $S$ 时，$A$ 轮转过的角度为 $\varphi$，$\varphi=\frac{S}{R}$，外力做功为

$$W_{12}=M\varphi-GS\sin\theta=\left(\frac{M}{R}-G\sin\theta\right)S$$

系统由静止开始运动

$$T_1=0,\quad T_2=\frac{1}{2}J_O\omega_A^2+\frac{1}{2}\frac{G}{g}v_C^2+\frac{1}{2}J_C\omega_B^2$$

因为 $J_O=J_C=\frac{1}{2}\frac{G}{g}R^2$，$\omega_A=\omega_B=\frac{v_C}{R}$，所以

$$T_2=\frac{1}{2}\left(\frac{1}{2}\frac{G}{g}R^2\right)\left(\frac{v_C}{R}\right)^2+\frac{1}{2}\frac{G}{g}v_C^2+\frac{1}{2}\left(\frac{1}{2}\frac{G}{g}R^2\right)\left(\frac{v_C}{R}\right)^2=\frac{G}{g}v_C^2$$

由动能定理 $W_{12}=T_2-T_1$ 得

$$\left(\frac{M}{R}-G\sin\theta\right)S=\frac{G}{g}v_C^2$$

将上式两边求导数 $v_C=\frac{\mathrm{d}s}{\mathrm{d}t}$，$a_C=\frac{\mathrm{d}v_C}{\mathrm{d}t}$，得

$$a_C=\frac{M-GR\sin\theta}{2GR}g$$

(2) 求绳子和轴承 $O$ 的约束反力，这是属于已知运动求力的问题。

研究 $A$ 轮：

$A$ 轮的角加速度 $\alpha_A=\frac{a_C}{R}$，根据刚体定轴转动微分方程得

$$J_C\alpha_A=M-F_TR$$

即
$$\frac{1}{2}\frac{G}{g}R^2\frac{a_C}{R}=M-F_TR$$
$$F_T=\frac{1}{4R}(3M+GR\sin\theta)$$

再根据质心运动定理得
$$\frac{G}{g}a_{Ox}=F_{Ox}-F_T\cos\theta$$
$$\frac{G}{g}a_{Oy}=F_{Oy}-G-F_T\sin\theta$$

因为 $a_{Ox}=a_{Oy}=0$ 所以
$$F_{Ox}=\frac{1}{4R}(3M+GR\sin\theta)\cos\theta$$
$$F_{Oy}=\frac{1}{4R}[GR(4+\sin^2\theta)+3M\sin\theta]$$

研究 $B$ 轮，由质心运动定理得
$$\frac{G}{g}a_{cx}=F'_T-G\sin\theta-F$$

因为 $F'_T=F_T$，$a_{cx}=a_c$，所以
$$F=\frac{1}{4R}(M-GR\sin\theta)$$

**技术提示**

对有些动力学问题的求解并不是唯一的，这时可以根据繁简程度选择某一定理。动力学普遍定理各有局限性。动量定理和动量矩定理不能反映内力，求内力时须取分离体或用动能定理。动能定理不反映理想约束力，求理想约束力时，应选用动量定理或质心运动定理。对于既要求运动，又要求力的动力学综合问题，一般需选用两个或三个定理联合求解。

## 【重点串联】

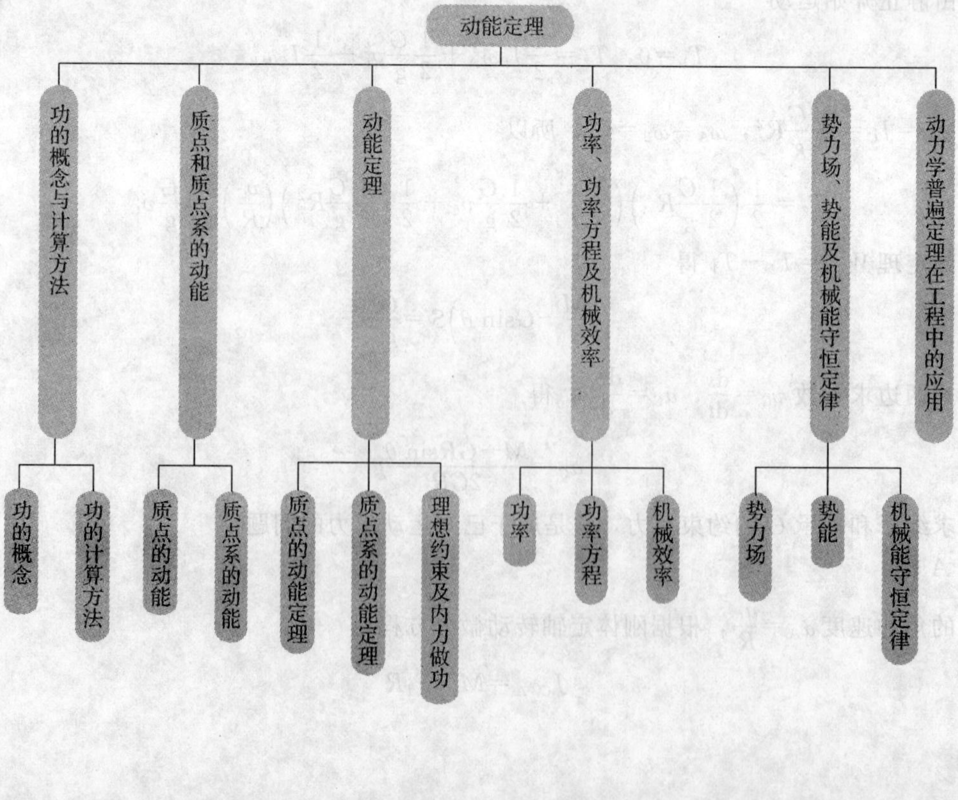

# 拓展与实训

## 职业能力训练

### 一、填空题

1\. 如图 9.18 所示，均质圆盘的质量为 $m$，半径为 $r$。

（1）若均质圆盘绕盘缘上的轴 $A$ 转动时，其动能 $T=$________；

（2）若均质圆盘在光滑水平面上平动时，其动能 $T=$________；

（3）若均质圆盘在水平面上作纯滚动时，其动能 $T=$________。

2\. 如图 9.9 所示，$D$ 环的质量为 $m$，半径为 $r$，图 9.18 所示瞬时直角拐杆角速度为 $\omega$，则该瞬时环的动能 $T=$________。

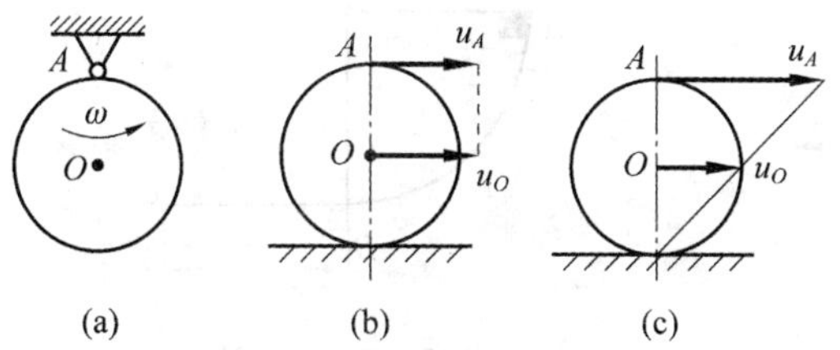


图 9.18　1 题图

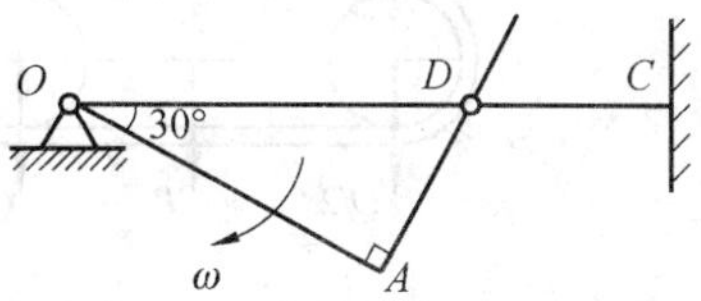


图 9.19　2 题图

3\. 如图 9.20 所示，轮Ⅱ由系杆 $O_1O_2$ 带动在固定轮Ⅰ无滑动滚动，两轮半径分别为 $R_1$、$R_2$。若轮Ⅱ的质量为 $m$，系杆的角速度为 $\omega$，则轮Ⅱ的动能 $T=$________。

4\. 如图 9.21 所示，$m=2$ kg 的均匀木板长为 $L=4$ m，放在水平面上，右端与桌面齐，板与桌面间的动摩擦因数为 $\mu=0.2$，现用水平力将其推落，水平力至少做功________J。

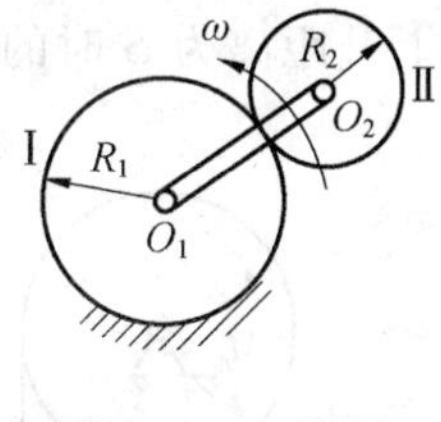


图 9.20　3 题图

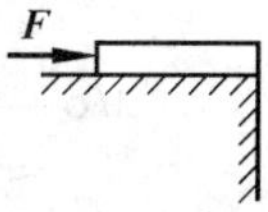


图 9.21　4 题图

### 二、单选题

1\. 图 9.22 所示二均质圆盘 $A$ 和 $B$，它们的质量相等，半径相同，各置于光滑水平面上，分别受到 $\boldsymbol{F}$ 和 $\boldsymbol{F}'$ 的作用，由静止开始运动。若 $F=F'$，则在运动开始以后到相同的任一瞬时，两圆盘动能 $T_A$ 和 $T_B$ 的关系为（　　）。

A. $T_A=T_B$　　B. $T_A=2T_B$　　C. $T_B=2T_A$　　D. $T_B=3T_A$

2\. 直杆质量为 $m$，长 $l=\sqrt{2}r$，从图 9.23 所示位置由静止开始沿光滑面 $ABD$ 滑动。$AB$ 是半径为 $r$ 的 1/4 圆弧，$BD$ 则为水平直线。当杆滑至 $BD$ 时的速度为（　　）。

A. $v=\sqrt{gr}$　　B. $v=gr$　　C. $v=\sqrt{2gr}$　　D. $v=\sqrt{3gr}$

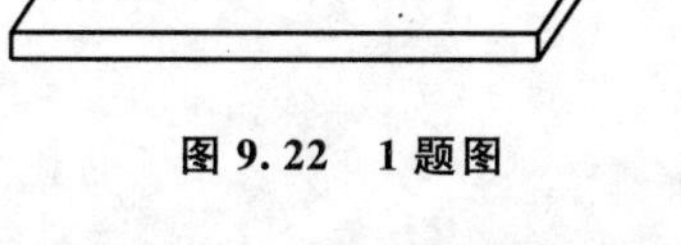

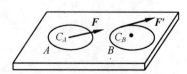

图 9.22　1 题图

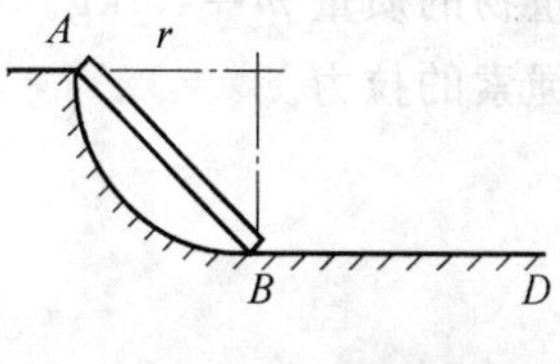


图 9.23　2 题图

3. 图 9.24 所示坦克履带重 $P$，两轮合重 $Q$，车轮看成半径为 $R$ 的均质圆盘，两轴间的距离为 $2\pi R$ 设坦克的前进速度为 $v$，此系统动能为（ ）。

A. $T=\frac{3Q}{4g}v^2+\frac{1}{2}\frac{P}{g}\pi Rv^2$　　B. $T=\frac{Q}{4g}v^2+\frac{P}{g}v^2$

C. $T=\frac{3Q}{4g}v^2+\frac{1}{2}\frac{P}{g}v^2$　　D. $T=\frac{3Q}{4g}v^2+\frac{P}{g}v^2$

4. 如图 9.25 所示，用同种材料制成的一个轨道，$AB$ 段为 $\frac{1}{4}$ 圆弧，半径为 $R$，水平放置的 $BC$ 段长度为 $R$。一小物块的质量为 $m$，与轨道间的动摩擦因数为 $\mu$，当它从轨道顶端 $A$ 由静止下滑时，恰好运动到 $C$ 点静止，那么物块在 $AB$ 段所受的摩擦力做的功为（ ）。

A. $\mu mgR$　　B. $mgR(1-\mu)$　　C. $\pi\mu mgR/2$　　D. $mgR/2$

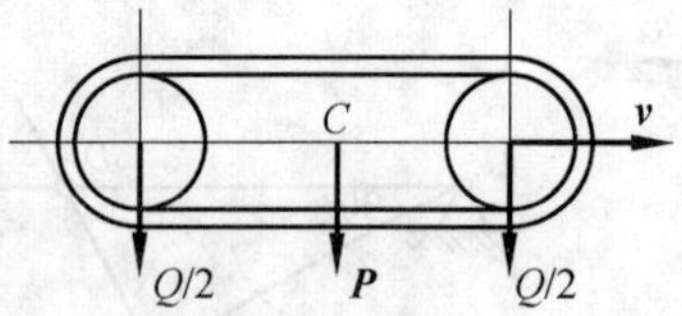

图 9.24　3 题图

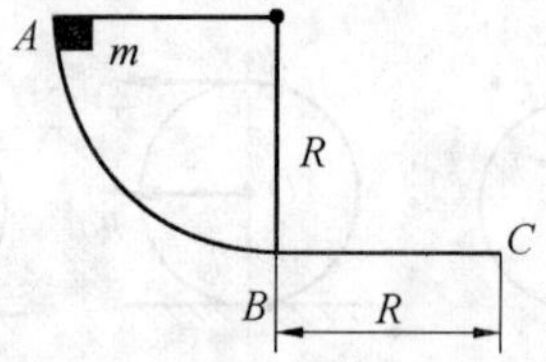

图 9.25　4 题图

三、计算题

1. 两根弹簧用布条连在一起，如图 9.26 所示，弹簧的拉力最初为 600 N，弹簧系数均为 $k=2$ N/mm。质量为 40 kg 的物体 $M$ 从高 $h$ 处自由落下，重物落在布条上以后，下沉的最大距离为 1 m。弹簧与布条的质量均略去，求高度 $h$。

2. 如图 9.27 所示提升机构，已知作用于鼓轮上的力矩为 $M$，被提升重物重为 $G$，鼓轮重为 $Q$，半径为 $R$，且视为均质圆盘。求启动后重物上升距离为 $S$ 时的速度和加速度。绳子的质量不计。

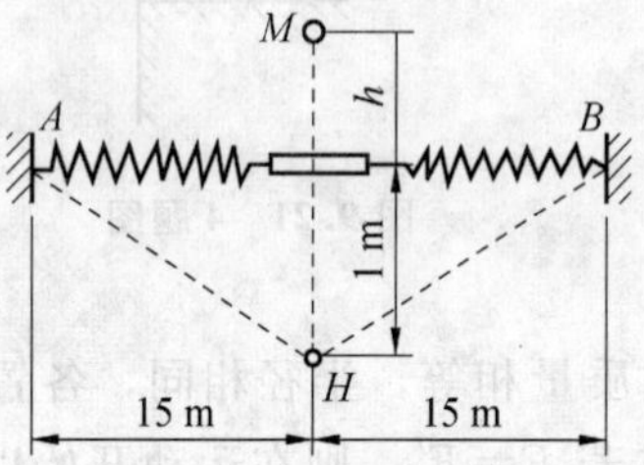

图 9.26　1 题图

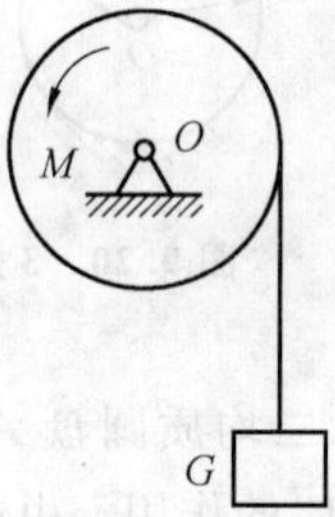

图 9.27　2 题图

3. 图 9.28 所示放在水平面内的曲柄连杆机构，由重 $G_1$ 的曲柄与重为 $G_2$ 的连杆 $AB$ 所构成，曲柄上有不变力矩 $M$，且当 $\angle BOA=90°$ 时，点 $A$ 具有速度 $v$（水平方向），滑块 $B$ 的质量不计，试求当滑块 $B$ 走到最右边缘位置时 $A$ 点的速度。

4. 起重机卷筒直径 $d=600$ mm，卷筒对转轴的转动惯量 $J=0.05$ kg·m²，如图 9.29 所示。被提升重物的质量 $m=40$ kg。设卷筒上作用的主动转矩 $M=200$ N·m。试求重物上升的加速度和绳索的拉力。

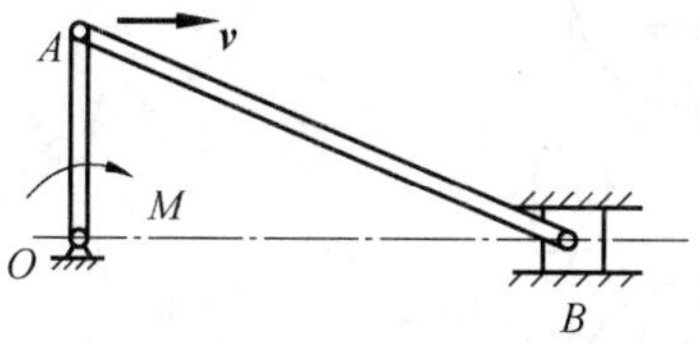


图 9.28　3 题图

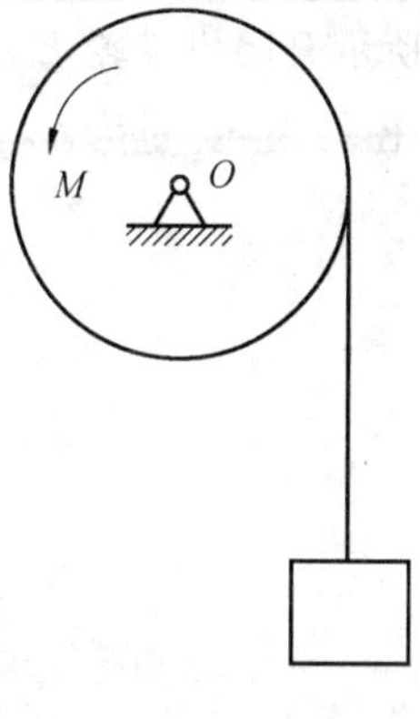


图 9.29　4 题图

5. 滚子 $A$ 的质量为 $m_1$，沿倾角为 $\theta$ 的斜面向下滚动而不滑动，如图 9.30 所示。滚子借一跨过滑轮 $B$ 的绳提升质量为 $m_2$ 的物体 $C$，同时滑轮 $B$ 绕 $O$ 轴转动。滚子 $A$ 与滑轮 $B$ 的质量相等，半径相等，且都为均质圆盘。求滚子重心的加速度和系在滚子上绳的张力。

6. 在图 9.31 示机构中，沿斜面纯滚动的圆柱体 $O'$ 和鼓轮 $O$ 为均质物体，质量均为 $m$，半径均为 $R$。绳子不能伸缩，其质量略去不计。粗糙斜面的倾角为 $\theta$，不计滚阻力偶。如在鼓轮上作用一常力偶 $M$，求：(1) 鼓轮的角加速度；(2) 轴承 $O$ 的水平约束力。

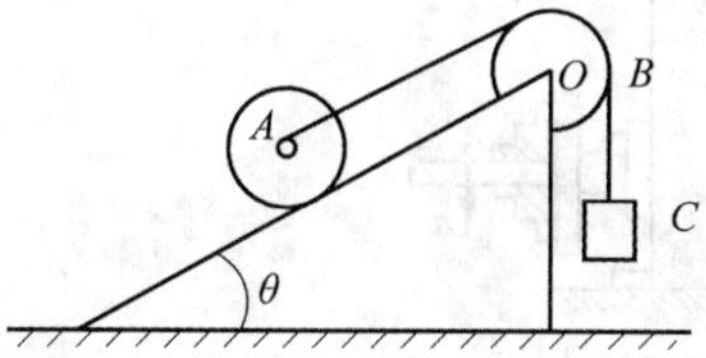


图 9.30　5 题图

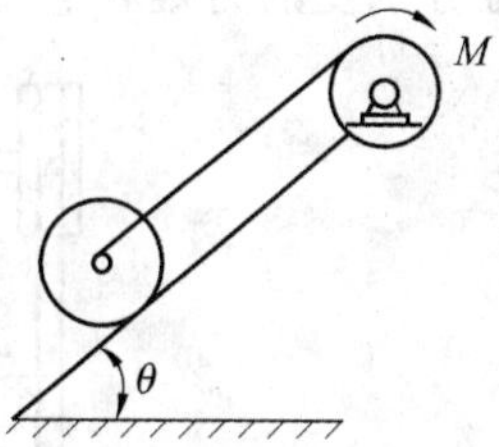


图 9.31　6 题图

7. 图 9.32 所示行星齿轮机构在水平平面内运动，中心轮固定不动，力偶 $M$ 作用在杆 $O_1O_3$ 上，此杆绕 $O_1$ 做定轴转动，三个齿轮均重为 $P$、半径为 $r$，杆 $O_1O_3$ 重为 $Q$。机构从静止开始，求杆 $O_1O_3$ 转动 $\varphi$ 角时的角速度 $\omega$ 及角加速度 $\alpha$。

8. 图 9.33 所示弹簧滑轮系统，悬重为 $M$，滑轮 $A$、$B$ 均重 $G$，弹簧系数为 $k$，绳重及摩擦不计，当 $M$ 离地面高为 $h$ 时处于平衡。现给予 $M$ 一个向下的初速度 $v_0$，使其能恰好到达地面处，问 $v_0$ 应等于多少？

提示：当动滑轮平衡时，弹簧有初伸长变形量 $\delta_0=\dfrac{G}{k}$。

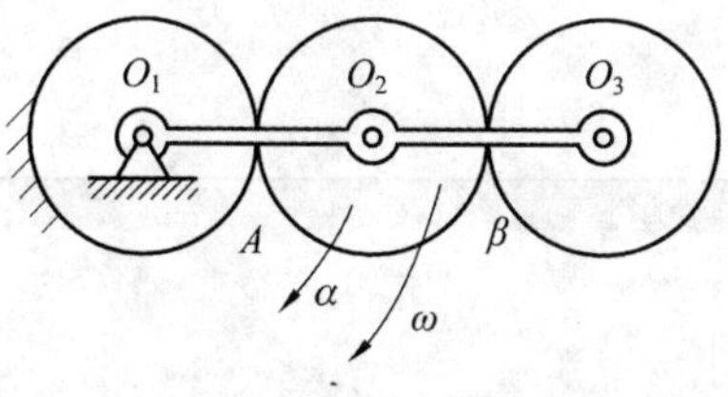


图 9.32　7 题图

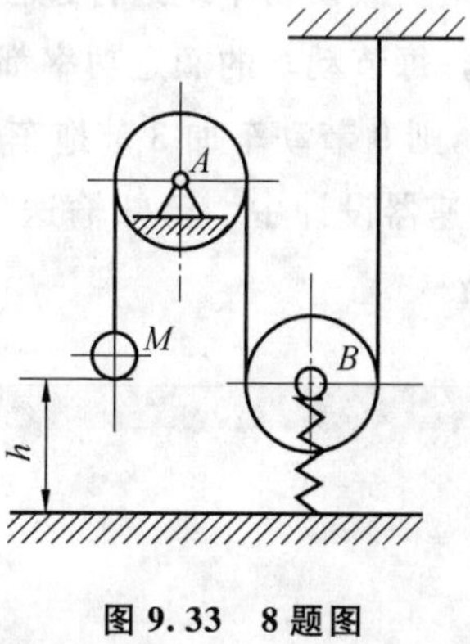


图 9.33　8 题图

9. 图 9.34 所示升降机带轮 $E$ 上作用一转矩 $M$，提升重为 $G_1$ 的重物 $A$，平衡锤 $B$ 重为 $G_2$，两个带轮半径均为 $r$、重为 $G_0$。求重物 $A$ 的加速度。

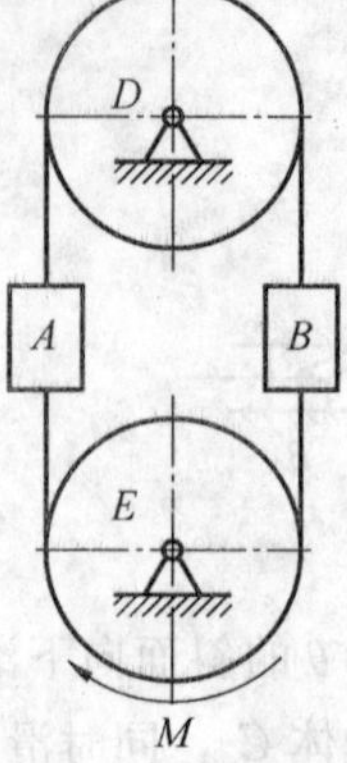


**图 9.34　9 题图**

10. 在图 9.35 所示车床上车削直径 $D=48$ mm 的工件，主切削力 $F=7.84$ kN。若主轴转速 $n=240$ r/min，电动机转速为 1 420 r/min。主传动系统的总效率 $\eta=0.75$，求机床主轴、电动机主轴分别受的力矩和电动机的功率。

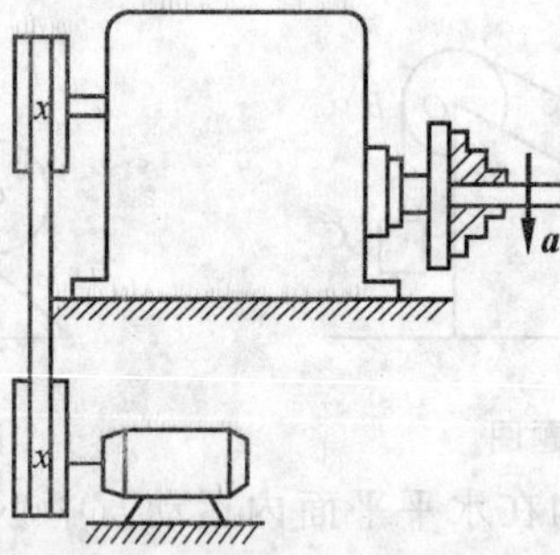


**图 9.35　10 题图**

**工程模拟训练**

1. 根据电机的功率和转速，如何计算电机的转矩？

2. 把动力装置分散安装在每节车厢上，使其既具有牵引动力，又可以载客，这样的客车车辆叫作动车。而动车组是几节自带动力的车辆（动车）加几节不带动力的车辆（也称拖车）编成一组。假设动车组运行过程中受到的阻力与其所受重力成正比，每节动车与拖车的质量都相等，每节动车的额定功率都相等。若 1 节动车加 3 节拖车编成的动车组的最大速度为120 km/h，则 9 节动车加 3 节拖车编成的动车组的最大速度为多少？

3. 在减速器设计中，已知输送带拉力、输送带速度、滚筒直径及传动效率，如何确定电机的功率？

## 链接执考

**选择题**

均质圆柱 $A$ 的质量为 $m$，在其中部绕以细绳，绳的一端 $B$ 固定不动，如图所示。圆柱由初始位置 $A_0$ 无初速度地下降，当圆柱的质心降落高度 $h$ 时，其质心 $A$ 的速度大小为(　　)。

A. $\sqrt{\frac{4}{5}gh}$　　B. $\sqrt{\frac{4}{3}gh}$　　C. $\sqrt{2gh}$　　D. $\sqrt{4gh}$

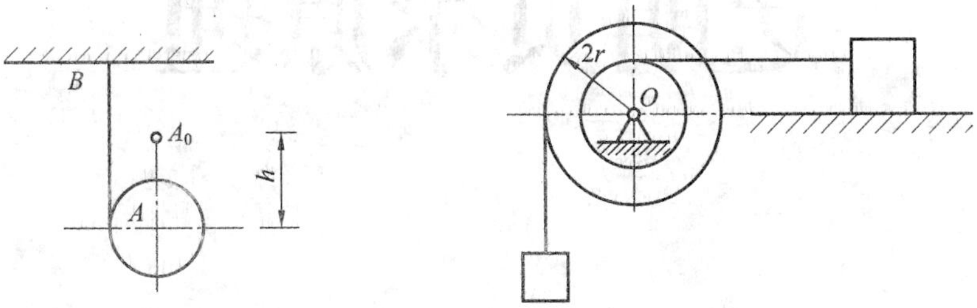


图 9.36　1 题图

# 模块10

# 达朗贝尔原理

**【模块概述】**

牛顿第二定律建立了质点的运动和作用在其上力的关系，使得动力学问题从理论上得到解决。在其基础上推导得到的动力学普遍定理，给求解两类动力学问题，尤其质点系和刚体的问题带来了便利。本模块提供一种完全不同的思路，引入惯性力的概念，使动力学的问题在形式上满足静力学平衡方程，利用之前静力学方法来求解，简单易行，在工程中广泛使用。

本模块针对动力学问题，以质点、质点系为研究对象，引入惯性力概念。以惯性力为主线，以建立形式上的平衡方程为基本方法，以不同类型的动力学问题为实例，主要介绍惯性力的概念，质点和质点系的达朗贝尔原理，惯性力系的简化，轴承动约束反力的计算，两类动力学问题中达朗贝尔原理的应用。

**【知识目标】**

1. 刚体惯性力系的简化，惯性力系的主矢和主矩；
2. 质点和质点系的达朗贝尔原理；
3. 定轴转动刚体的动反力；
4. 静平衡与动平衡。

**【能力目标】**

1. 会计算惯性力，熟悉刚体平移、对称刚体定轴转动和平面运动时惯性力系的简化结果；
2. 能应用达朗贝尔原理求解简单动力学问题；
3. 了解定轴转动刚体轴承动约束力的概念和消除动约束力的方法。

**【学习重点】**

惯性力的概念，刚体平移、定轴转动、平面运动时惯性力系的简化，质点系的达朗贝尔原理，轴承动约束反力的计算。

**【课时建议】**

6～8课时

## 工程导入

图 10.1 所示的转子是汽轮机的"心脏"，它将蒸汽作用在叶片上的圆周力转换成旋转的机械能，并通过它带动发电机发出电能。工作时以 3 000 r/min 高速运转，为确保机器运行安全可靠，减少轴承动反力，出厂前需要进行动平衡实验。

图 10.2 为某重工集团生产的混凝土搅拌运输车，体积 13.87 $m^3$，最大载重 16.8 t，罐体最大工作转速为 14 r/min。一旦倾倒就会造成极大的交通事故。

图 10.1 汽轮机转子

图 10.2 混凝土搅拌运输车

这些重型工程设备，动态为其主要工况，启动、变速、停止时会带来极大的惯性力，以及对约束的附加动反力。在设计和交付使用时，需要充分考虑其动力学特性，进行必要的安全计算。

# 10.1 惯性力及惯性力系的简化

惯性力是达朗贝尔原理的基石，使得其能以静力学的方法解决动力学问题，动静相通。对惯性力系的简化方法与之前力系的简化相同，所得结果也类似，但经过简化后，在所列出的形式上的平衡方程时会带来很大的便利。

## 10.1.1 惯性力的概念

我们知道质量是物体惯性的度量，惯性是物体保持运动状态不变的属性，代表物体运动状态改变的难易程度；转动惯量是物体对某轴转动惯性大小的度量，代表物体转动状态改变的难易程度。生活中，也有切身的体验，乘坐汽车时，启动（加速）或者停止（减速），都有突然向后或向前倾倒的趋势；驱使偏心轮转动或者停止，要比驱使同样质量、同样形状的非偏心轮难度大。这些都是与惯性相关的例子。

冰壶是冰上进行的投掷性竞赛项目，如图 10.3（a）所示。冰壶运动中，运动员通过向手柄施加力 $F$，让质量为 $m$ 的冰壶获得一定的加速度 $a$，从而投掷出去，如图 10.3（b）所示。若不计冰壶和冰面间的摩擦力，根据牛顿第二定律，运动员手施加于冰壶的力为 $\boldsymbol{F}=m\boldsymbol{a}$，又根据牛顿第三定律（作用力与反作用力定律），此时，运动员手感到的压力，也即冰壶给手的反作用力为 $\boldsymbol{F}'$，且有 $\boldsymbol{F}'=-\boldsymbol{F}=-m\boldsymbol{a}$。力 $\boldsymbol{F}'$ 是由于冰壶具有惯性，为保持其原有运动状态，而对施力物体的反作用力，可称为冰壶的惯性力。

另一种体验是，拉着绳的一端，在另一端系上小球，并驱使小球在水平面内做匀速圆周运动，会感觉到手有拉力。对小球作受力分析，在水平面内只受到绳子对它的拉力 $\boldsymbol{F}$。设小球质量为 $m$，速度为 $v$，绳子长为 $l$，则其全加速度为向心加速度 $\boldsymbol{a}_n=(v^2/l)\,\boldsymbol{n}$，由牛顿第二定律有，$\boldsymbol{F}=m\boldsymbol{a}=m\boldsymbol{a}_n=m(v^2/l)\,\boldsymbol{n}$，指向圆心，即向心力。小球由于惯性必然给绳以反作用力 $\boldsymbol{F}'$，且有 $\boldsymbol{F}'=-\boldsymbol{F}=m\boldsymbol{a}$，称为小球的惯性力，也称为离心力。

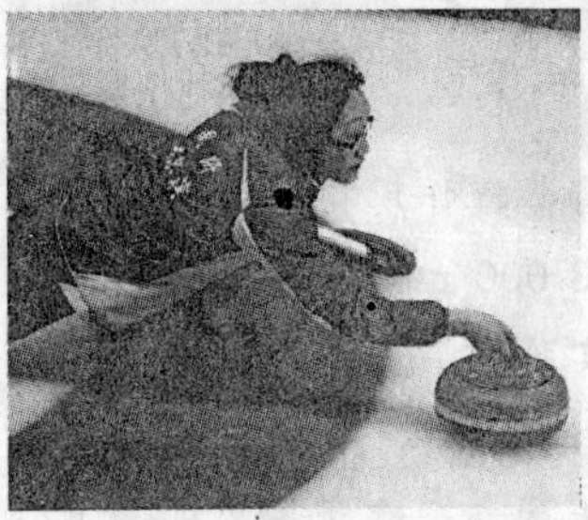

(a) (b)

图 10.3 冰壶

综上所述，质点的惯性力的定义为：加速运动的质点，对迫使其产生加速运动物体的惯性反抗的总和，称为质点的惯性力。其大小等于质点的质量与加速度的乘积，方向与加速度的方向相反，常表示为

$$\boldsymbol{F}_{\mathrm{I}}=-m\boldsymbol{a} \tag{10.1}$$

需要指出，冰壶的惯性力并不是作用在冰壶上，而是在运动员手上；小球的惯性力不是作用在小球上，而是作用在人手上。事实上，本模块中提到的惯性力是在惯性坐标系下的惯性力，是虚假的，并非是质点本身受到的力，而是质点作用于施力物体上的力。但在非惯性坐标系下的惯性力，确有真实性。为了区分这两种惯性力，在力学中，通常将达朗贝尔原理中的惯性力，称为达朗贝尔惯性力。

按照惯性力的计算式，当物体的加速度很大或加速度虽小但质量很大时，惯性力会达到很大的数值。类似于“工程导入”中提及的汽轮机转子，一个质量仅有的航空燃气轮机叶片，当转子转速达到$n=10\ 000$ r/min时，离心惯性力约为叶片本身重量的万倍，使叶根受到很大的拉力。

式 (10.1) 是矢量式，工程应用中通常为它的投影式。

惯性力在直角坐标系上的投影为

$$\begin{cases} F_{\mathrm{I}x}=-ma_x=-m\dfrac{\mathrm{d}^2x}{\mathrm{d}t^2} \\ F_{\mathrm{I}y}=-ma_y=-m\dfrac{\mathrm{d}^2y}{\mathrm{d}t^2} \\ F_{\mathrm{I}z}=-ma_z=-m\dfrac{\mathrm{d}^2z}{\mathrm{d}t^2} \end{cases} \tag{10.2}$$

惯性力在自然坐标轴系上的投影为

$$\begin{cases} F_{\mathrm{I}\tau}=-ma_\tau=-m\dfrac{\mathrm{d}^2s}{\mathrm{d}t^2} \\ F_{\mathrm{I}n}=-ma_n=-m\dfrac{v^2}{\rho} \\ F_{\mathrm{I}b}=-ma_b=0 \end{cases} \tag{10.3}$$

## 【知识拓展】

### 惯性系及非惯性系

对一切运动的描述，都是相对于某个参考系的。参考系选取的不同，对运动的描述，或者说运动方程的形式，也随之不同。在有些参考系中，不受力的物体会保持静止或匀速直线运动的状态，这样的参考系其时间是均匀流逝的，空间是均匀和各向同性的。在这样的参考系内，描述运动的方程有着最简单的形式。这样的参考系就是惯性参照系，也称为惯性参考系或惯性系。

凡是牛顿运动定律成立的参考系，称为惯性参考系，简称惯性系。

而对牛顿定律不成立的参考系称为非惯性系。

理论和实验观察所得，所有相对于惯性系做匀速直线运动的参考系都是惯性系，而对于惯性系做变速直线运动的参考系都不是惯性系。

## 10.1.2 惯性力系及其简化

前面的例子可以理解为质点的惯性力，在研究刚体动力学问题时，理论上，可以在每个质点上虚加惯性力，形成惯性力系，但是，刚体是由无数质点构成，这种做法比较繁冗、低效。有必要对施加在刚体各点上的惯性力系进行简化，可以借助静力学中对力系的简化理论。但要注意，静力学中力系的简化和此处惯性力系的简化，只是形式上相同，对于虚拟的惯性力系来说，并没有力线平移定理的物理本质。

在静力学力系的简化中，我们将一般力系向一点简化得到一个主矢和一个主矩。主矢与简化中心无关，主矩与简化中心有关，这些结论也适用于刚体上惯性力系的简化。

设刚体内的任一点，质量为 $m_i$，加速度为 $\boldsymbol{a}_i$，而刚体的质量为 $m_i$，其质心的加速度为 $\boldsymbol{a}_C$，则有

$$\boldsymbol{F}_{IR} = \sum \boldsymbol{F}_{Ii} = \sum(-m_i\boldsymbol{a}_i) = -\sum m_i\boldsymbol{a}_i = -m\boldsymbol{a}_C \tag{10.4}$$

即刚体惯性力系的主矢大小等于刚体的质量与其质心加速度的乘积，方向与质心加速度相反。必须指出的是，不论刚体做何种运动，也不论向哪一点简化，主矢大小都是不变的。

至于刚体惯性力系的主矩，一般来说，与刚体的运动形式有关，也与简化中心有关。下面对刚体做平移、定轴转动、平面运动时惯性力系的简化进行讨论。

1. 刚体平动

刚体做平动时，其上任意一点的加速度相同，虚加在各点的惯性力形成同向的平行力系，而且各点的惯性力均与质量成正比，因此，类似于之前模块中提及的重力系的合成，可以将平动刚体上的惯性力系简化为一个作用在质心 $C$ 上的合惯性力。

$$\boldsymbol{F}_I = \sum \boldsymbol{F}_{Ii} = \sum(-m_i\boldsymbol{a}_i) = -(\sum m_i)\boldsymbol{a} = -m\boldsymbol{a}_C \tag{10.5}$$

式中，$m$ 为平动刚体的总质量；$a_C$ 为刚体质心的加速度。

而向任一点 $O$ 简化时，主矩为

$$\boldsymbol{M}_{IO} = \sum \boldsymbol{M}_O(\boldsymbol{F}_{Ii}) = \sum \boldsymbol{r}_i \times \boldsymbol{F}_{Ii} = \sum \boldsymbol{r}_i \times (-m_i\boldsymbol{a}_i) = -(\sum m_i\boldsymbol{r}_r) \times \boldsymbol{a}_C = m\boldsymbol{r}_C \times \boldsymbol{a}_C$$

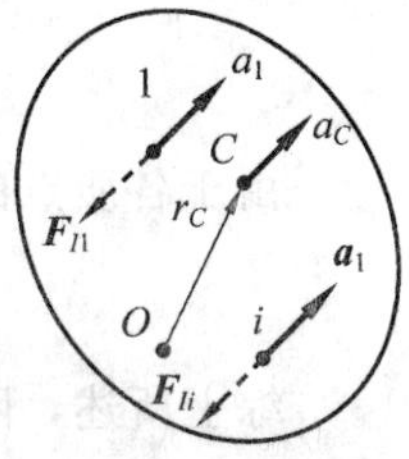

图 10.4 刚体平动

由图 10.4 可知，一般情况下 $\boldsymbol{M}_{IO}$ 不为零。

若选质心为简化中心，则有

$$\boldsymbol{M}_{IO} = \boldsymbol{M}_{IC} = 0 \tag{10.6}$$

2. 刚体定轴转动

刚体定轴转动时，设刚体的角速度为 $\omega$，角加速度为 $\alpha$，则刚体内任一质点的质量为 $m_i$，到转轴的距离为 $r_i$，则刚体内任一质点的惯性力为 $\boldsymbol{F}_{Ii} = -m_i\boldsymbol{a}_i$。为简单起见，在转轴上任选一点 $O$ 为简化中心，力对点的矩矢在通过该点的某轴上的投影，等于力对该轴之矩，所以建立直角坐标系如图 10.5 所示。质点的坐标为 $x_i$、$y_i$、$z_i$，现在分别计算惯性力系对 $x$ 轴、$y$ 轴、$M_{Iz}$ 轴的矩，分别用 $M_{Ix}$、$M_{Iy}$、$M_{Iz}$ 表示。

质点的惯性力 $\boldsymbol{F}_{Ii} = -m_i\boldsymbol{a}_i$ 可分解为切向惯性力为 $\boldsymbol{F}_{Ii}^{\tau}$ 与法向惯性力 $\boldsymbol{F}_{Ii}^{n}$，它们的方向如图 10.3 所示，大小分别为

$$F_{Ii}^{\tau} = m_i a_i^{\tau} = m_i r_i \alpha, \quad F_{Ii}^{n} = m_i a_i^{n} = m_i r_i \omega^2$$

惯性力对 $x$ 轴的矩为

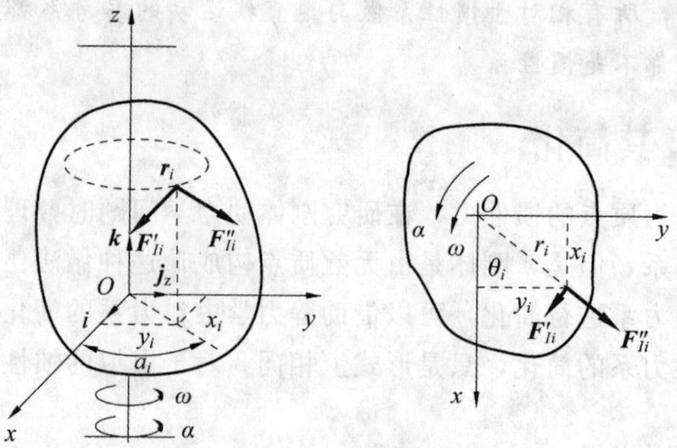

图 10.5　刚体定轴转动

$$M_{Ix} = \sum M_x(\boldsymbol{F}_{Ii}) = \sum M_x(\boldsymbol{F}_{Ii}^{\tau}) + \sum M_x(\boldsymbol{F}_{Ii}^{n}) =$$
$$\sum m_i r_i \alpha \cos\theta_i \cdot z_i + \sum - m_i r_i \omega^2 \sin\theta_i \cdot z_i$$

$$\cos\theta_i = \frac{x_i}{r_i}, \sin\theta_i = \frac{y_i}{r_i}$$

所以
$$M_{Ix} = \alpha \sum m_i x_i z_i - \omega^2 \sum m_i y_i z_i$$

若令

$$J_{xz} = \sum m_i x_i z_i, J_{yz} = \sum m_i y_i z_i \tag{10.7}$$

称其为对 $z$ 轴的惯性积，它取决于刚体质量对于坐标轴的分布情况。于是，惯性力系对 $x$ 轴的矩为

$$M_{Ix} = J_{xz}\alpha - J_{yz}\omega^2 \tag{10.8}$$

同理可得惯性力系对于 $y$ 轴的矩为

$$M_{Iy} = J_{yz}\alpha - J_{xz}\omega^2 \tag{10.9}$$

惯性力对于 $z$ 轴的矩为

$$M_{Iz} = \sum M_z(\boldsymbol{F}_{Ii}) = \sum M_z(\boldsymbol{F}_{Ii}^{\tau}) + \sum M_z(\boldsymbol{F}_{Ii}^{n})$$

由于各质点的法向惯性力均通过轴 $z$，$\sum M_z(F_{Ii}^{n}) = 0$，有

$$M_{Iz} = \sum M_z(\boldsymbol{F}_{Ii}^{\tau}) = \sum - m_i r_i \alpha r_i = -(\sum m_i r_i^2)\alpha_i = -J_z\alpha \tag{10.10}$$

综上所述，刚体定轴转动时，惯性力系向轴上一点 $O$ 简化的主矩为

$$\boldsymbol{M}_{IO} = M_{Ix}\boldsymbol{i} + M_{Iy}\boldsymbol{j} + M_{Iz}\boldsymbol{k} \tag{10.11}$$

可见，刚体定轴转动时，惯性力系向转轴上一点简化后，可得到一个力和一个力偶。这个力的大小等于刚体的质量与质心加速度的乘积，方向与质心加速度相反。这个力偶的矩矢在三个坐标轴上的投影，分别等于惯性力系对三个坐标轴之矩，由式（10.8）、（10.9）和（10.10）确定。

工程中，绕定轴转动的刚体常常有质量对称面。如果刚体有质量对称面且该平面与转轴 $z$ 垂直，简化中心 $O$ 取为平面与转轴的交点，则

$$J_{xz} = \sum m_i x_i z_i = 0, J_{yz} = \sum m_i y_i z_i = 0$$

则惯性力系的主矩简化为

$$M_{IO} = M_{Iz} = -J_z\alpha \tag{10.12}$$

即有质量对称平面的刚体绕垂直于对称面的轴做定轴转动时，惯性力系可以简化为在对称平面内的一个力和一个力偶。

若简化中心 $O$ 与质心 $C$ 重合，则由于 $a_C = 0$，故 $F_{IR} = 0$，惯性力系简化为一个在对称平面内的

力偶 $M_{IC}=-J_z\alpha$。

若此时刚体是绕转轴匀角速度转动，则 $M_{IC}=-J_z\alpha=0$，惯性力系主矢和主矩均为零。

## 【知识拓展】

### 惯性矩及惯性积

平面图形各微元面积与各微元至平面上某一指定轴线距离二次方乘积的积分，称为对该轴的惯性矩；平面图形对任意一对互相垂直轴的惯性矩之和，等于截面对该二轴交点的极惯性矩；平面图形各微元面积与各微元分别至平面上一对相互垂直的轴线距离乘积的积分，称为惯性积。惯性矩恒为正，惯性积有正有负，也可为零，量纲均为长度的四次方。若一对坐标轴中有一轴为平面图形的对称轴，则图形对该对坐标轴的惯性积必为零。但图形对某一对坐标轴的惯性积为零，该对坐标轴中不一定存在图形的对称轴。示例如下：

$$\boldsymbol{I}_z=\int_A \boldsymbol{y}^2\mathrm{d}\boldsymbol{A}\text{（对 }z\text{ 轴惯性矩）}$$

$$\boldsymbol{I}_O=\boldsymbol{I}_z+\boldsymbol{I}_y\text{（对 }O\text{ 点极惯性矩）}$$

$$\boldsymbol{I}_{yz}=\int_A \boldsymbol{yz}\,\mathrm{d}\boldsymbol{A}\text{（惯性积）}$$

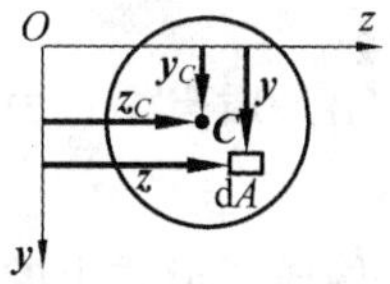


图 10.6 惯性矩惯性积

3. 刚体平面运动

假设刚体具有质量对称面，并且平行于该平面做平面运动。这样，刚体上的惯性力系就可以简化为平面力系。在实际工程中，做平面运动的刚体，一般能满足上述要求。

取质量对称面内的平面图形如图 10.7 所示。刚体平面运动可以分解为随基点的平动和绕基点的转动。现在取质心 $C$ 为基点，设质心的加速度为 $\boldsymbol{a}_C$，绕质心转动的角速度为 $\omega$，角加速度为 $\alpha$，与刚体定轴转动相似，此时惯性力系向质心 $C$ 简化的主矢和主矩为

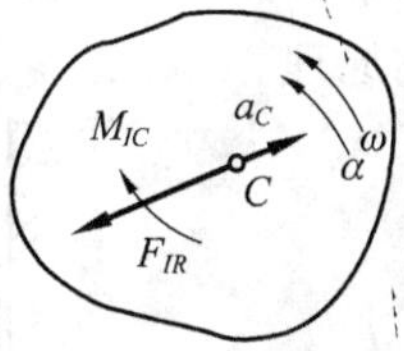


图 10.7 刚体平面运动

$$\begin{cases}\boldsymbol{F}_I=\sum\boldsymbol{F}_{Ii}=-m\boldsymbol{a}_C\\ M_{IC}=\sum M_C(\boldsymbol{F}_{Ii})=-J_C\alpha\end{cases}\tag{10.13}$$

式中，$J_C$ 为刚体对通过质心且垂直于对称平面的转轴的转动惯量。

由此可见，有质量对称平面的刚体，平行于此平面运动时，刚体的惯性力系简化为在此平面内的一个力和一个力偶。这个力通过质心，大小等于刚体的质量与质心加速度的乘积，方向与质心加速度相反；这个力偶的矩等于刚体对过质心，且垂直于对称面的轴的转动惯量与角加速度的乘积，转向与角加速度相反。

**例 10.1** 如图 10.8 (a) 所示均质杆的质量为 $m$，长为 $l$，绕固定轴 $O$ 转动，角速度为 $\omega$，角加速度为 $\alpha$。求惯性力系向点 $O$ 简化的结果。

**解** 该杆做定轴转动，惯性力系向点 $O$ 简化的主矢和主矩大小为：

$$F_{IO}^{\tau}=m\frac{1}{2}l\alpha,\ F_{IO}^{n}=m\frac{1}{2}l\omega^2,\ M_{IO}=\frac{l}{3}ml\alpha$$

方向分别如图 10.8 (b) 所示。

读者可以尝试一下惯性力系向质心 $C$ 简化，结果会有什么不同？

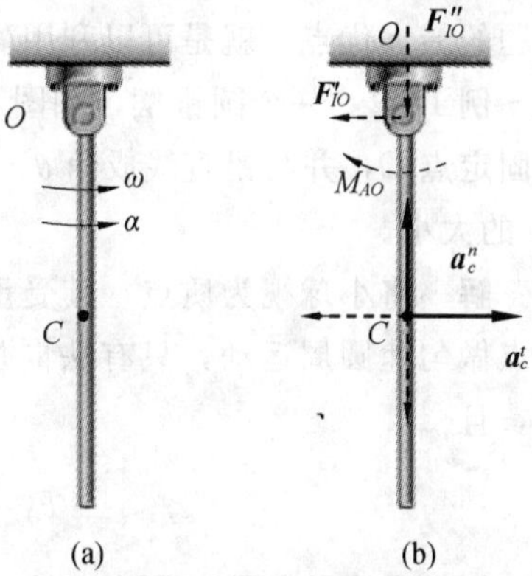


图 10.8 例 10.1 题图

# 10.2 达朗贝尔原理

## 10.2.1 质点达朗贝尔原理

用电梯提升货物，如图 10.9 所示。货物 $M$，质量为 $m$，获得 $\boldsymbol{a}$ 的加速度，方向向上，作其受力分析，有主动力 $\boldsymbol{W}$（重力），约束反力 $\boldsymbol{F}_N$（即货物对电梯地板的压力），根据牛顿第二定律，显然有

$$\boldsymbol{F}_N - \boldsymbol{W} = m\boldsymbol{a}$$

将上式右端的 $m\boldsymbol{a}$ 移到左端，可得

$$\boldsymbol{F}_N + (-\boldsymbol{W}) + (-m\boldsymbol{a}) = 0$$

引入质点惯性力的概念，$\boldsymbol{F}_I = -m\boldsymbol{a}$，则有

$$\boldsymbol{F}_N + (-\boldsymbol{W}) + \boldsymbol{F}_I = 0$$

构成了形式上的平衡方程。

进一步将以上的实例，概化成更一般的模型：质量为 $m$ 的质点，在主动力 $\boldsymbol{F}$、约束反力 $\boldsymbol{N}$ 作用下，获得 $\boldsymbol{a}$ 的加速度，如图 10.10 所示。通过引入惯性力 $\boldsymbol{F}_I = -m\boldsymbol{a}$，可以建立方程

$$\boldsymbol{F}_N + \boldsymbol{N} + \boldsymbol{F}_I = 0 \tag{10.14}$$

可解释为：作用在质点上的主动力和约束反力以及虚加的惯性力组成平衡力系。这种借助于质点上虚加惯性力，而将动力学方程在形式上变成静力学平衡方程的方法，称为动静法，或质点达朗贝尔原理。

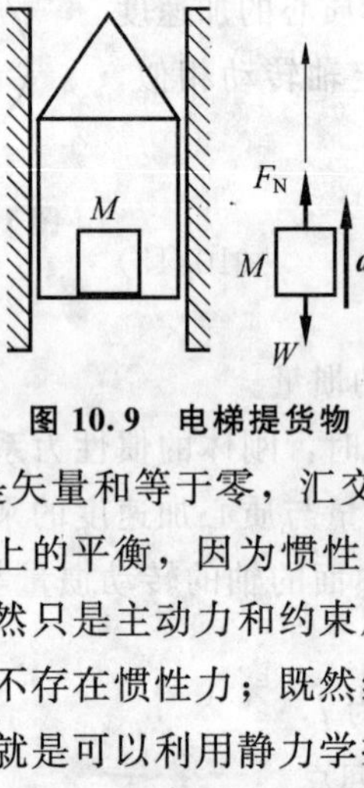


图 10.9 电梯提货物

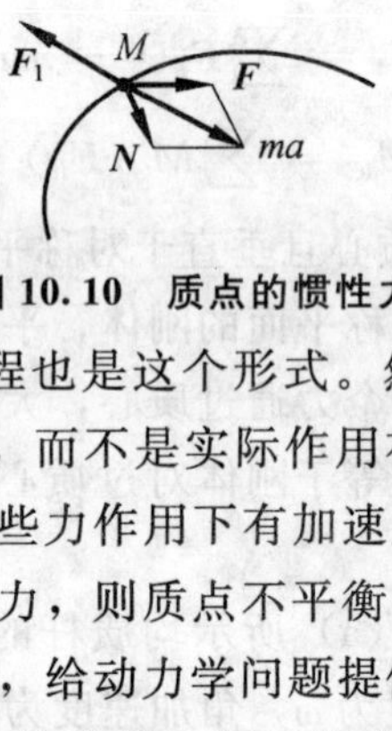


图 10.10 质点的惯性力

式（10.14）是矢量和等于零，汇交力系的平衡方程也是这个形式。然而，这个方程对动力学问题来说只是形式上的平衡，因为惯性力 $\boldsymbol{F}_I$ 是虚拟的，而不是实际作用在质点上的，或者说质点上实际受的力，依然只是主动力和约束反力，而且在这些力作用下有加速度。存在这样的逻辑，如果质点平衡，也就不存在惯性力；既然给质点加上惯性力，则质点不平衡。采用动静法解决动力学问题的最大优点，就是可以利用静力学提供的解题方法，给动力学问题提供一种统一的解题格式。

**例 10.2** 一个圆锥摆，如图 10.11 所示。质量为 $m$ 的小球，系于长为 $l$ 的绳上，绳的另一端系在固定点 $O$，并与铅直线成角 $\theta$。如小球在水平面内做匀速圆周运动，求小球的速度 $v$ 与绳的张力 $F_T$ 的大小。

**解** 将小球视为质点，其受重力（主动力）与绳拉力（约束反力）作用。质点做匀速圆周运动，只有法向加速度，故需加上法向惯性力，如图 10.9 所示，且

$$F_I^n = ma_n = m\frac{v^2}{l\sin\theta}$$

根据质点达朗贝尔原理，这三个力在形式上构成平衡力系，即

$$m\boldsymbol{g} + \boldsymbol{F}_T + \boldsymbol{F}_I^n = 0$$

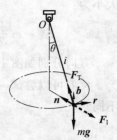

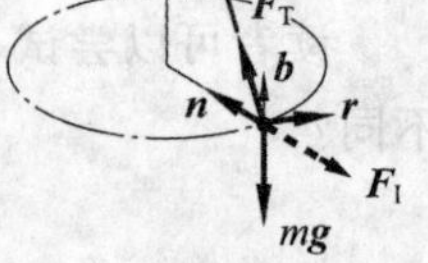


图 10.11 例 10.2 题图

把上式投影到自然坐标系下，有

$$\sum F_b = 0, F_T\cos\theta - mg = 0$$

$$\sum F_n = 0, F_T\sin\theta - F_I^n = 0$$

解得

$$F_T = \frac{mg}{\cos\theta},\ v = \sqrt{\frac{F_T l\sin^2\theta}{m}}$$

**例 10.3** 列车沿水平轨道行驶，在车厢内悬挂一个单摆。当车厢向右做匀加速运动时，单摆向左偏斜与铅直线成角 $\alpha$，相对于车厢静止，如图 10.12 所示，试求车厢的加速度 $\boldsymbol{a}$。

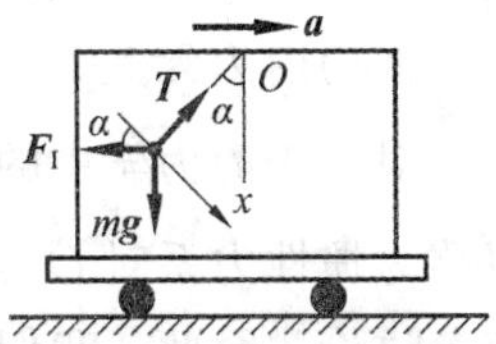


**图 10.12 例 10.3 题图**

**解** 取单摆的摆锤为研究对象，设其质量为 $m$。摆锤和车厢一样，有向右的加速度 $a$。它受两个力的作用：重力（主动力）$m\boldsymbol{g}$ 和悬挂线的拉力（约束反力）$\boldsymbol{T}$。根据质点的达朗贝尔原理，在摆锤上虚加惯性力 $\boldsymbol{F}_I$，则 $m\boldsymbol{g}$、$\boldsymbol{T}$ 和 $\boldsymbol{F}_I$ 构成形式上的平衡力系，即

$$m\boldsymbol{g} + \boldsymbol{T} + \boldsymbol{F}_I = 0$$

把上式投影到图 10.12 所示的 $x$ 轴，有

$$\sum F_x = 0, -F_I\cos\alpha + mg\sin\alpha = 0$$

解得

$$a = g\tan\alpha$$

可见，角 $\alpha$ 是随质点的加速度 $\boldsymbol{a}$ 变化而变化的。当 $\boldsymbol{a}$ 不变时，$\alpha$ 也不变。因此，只要测出了偏角 $\alpha$，就能知道列车的加速度 $\boldsymbol{a}$，这就是摆式加速度计的工作原理。

## 10.2.2 质点系达朗贝尔原理

质点系是由无数个质点构成，因此，对于质点系应用达朗贝尔原理时，可以对每个质点分别应用质点达朗贝尔原理。

设有一个由 $n$ 个质点构成的非自由质点系，系统中任一质点的质量为 $m_i$，加速度为 $\boldsymbol{a}_i$，作用于该质点上的主动力的合力表示为 $\boldsymbol{F}_i$，约束反力的合力为 $\boldsymbol{F}_{Ni}$，在质点上虚加惯性力 $\boldsymbol{F}_{Ii} = -m_i\boldsymbol{a}_i$，在形式上构成平衡力系，即

$$\boldsymbol{F}_i + \boldsymbol{F}_{Ni} + \boldsymbol{F}_{Ii} = 0\ (i=1、2、\cdots、n) \tag{10.15}$$

对于系统中的每个质点都可以列出如上的平衡方程，总共 $n$ 个。虽然上式为单个质点而列，但是它实质上给出了整个质点系的平衡条件。即在质点系运动的任一瞬时，作用于质点系上的所有主动力、约束反力和所有虚加的惯性力在形式上构成一个平衡力系。这就是质点系的达朗贝尔原理。质点系的平衡意味着系统中所有质点的平衡，也意味着可以在质点系中随意选取研究对象，建立相应的平衡方程。然而由质点系的内力性质及静力学的力系简化理论可知，力系平衡的充要条件是向任意一点简化的主矢和主矩都为零，即

$$\begin{cases}\sum \boldsymbol{F}_i + \sum \boldsymbol{F}_{Ni} + \sum \boldsymbol{F}_{Ii} = 0 \\ \sum M_O(\boldsymbol{F}_i) + \sum M_O(\boldsymbol{F}_{Ni}) + \sum M_O(\boldsymbol{F}_{Ii}) = 0\end{cases} \tag{10.16}$$

如果把质点系上的所有实际作用的力，不是按照主动力 $\sum \boldsymbol{F}_i$ 和约束反力 $\sum \boldsymbol{F}_{Ni}$ 来分，而是按照内力 $\sum F_i^{(i)}$ 和外力 $\sum F_i^{(e)}$ 来分，上式也可以写成

$$\begin{cases}\sum \boldsymbol{F}_i^{(e)} + \sum \boldsymbol{F}_i^{(i)} + \sum \boldsymbol{F}_{Ii} = 0 \\ \sum M_O(\boldsymbol{F}_i^{(e)}) + \sum M_O(\boldsymbol{F}_i^{(i)}) + \sum M_O(\boldsymbol{F}_{Ii}) = 0\end{cases} \tag{10.17}$$

考虑到质点系的内力总是成对出现，且彼此等值、反向、共线，因此有 $\sum \boldsymbol{F}_i^{(i)} = 0$ 和

$\sum M_O(\boldsymbol{F}_i^{(i)})=0$，于是得

$$\begin{cases}\sum \boldsymbol{F}_i^{(e)}+\sum \boldsymbol{F}_{Ii}=0\\ \sum M_O(\boldsymbol{F}_i^{(e)})+\sum M_O(\boldsymbol{F}_{Ii})=0\end{cases} \tag{10.18}$$

这表明，对于整个非自有质点系统来说，所有外力与虚假在每个质点上的惯性力形式上构成平衡力系，这也是质点系达朗贝尔原理的另一种表述。显然，只与质点系的惯性力和外力有关，而与质点系的内力无关。

对应于静力学中的主矢和主矩概念，上式中 $\sum \boldsymbol{F}_{Ii}$ 可以称为惯性力系的主矢，$\sum M_O(\boldsymbol{F}_{Ii})$ 可以称为惯性力系对 $O$ 点的主矩。而对应于刚体不同运动形式时，惯性力系的简化结果前面已经做过充分讨论。至此，我们应该能够应用达朗贝尔原理解决有关质点系的动力学问题。将以上的矢量方程在直角坐标系或者自然坐标系下投影，就可按照之前在静力学中对力系的求解一样给出平衡方程，例如对平面任意力系，可以写成

$$\begin{cases}\sum F_{ix}^{(e)}+\sum F_{Iix}=0\\ \sum F_{iy}^{(e)}+\sum F_{Iiy}=0\\ \sum M_O(\boldsymbol{F}_i^{(e)})+\sum M_O(\boldsymbol{F}_{Ii})=0\end{cases} \tag{10.19}$$

对于平面的其他力系或者空间力系可以类似地写出平衡方程。

**例 10.4** 均质杆长 $l$，质量 $m$，与水平面铰接，杆由与平面成 $\varphi_0$ 角位置静止落下，如图 10.13（a）所示。求开始落下时杆的角加速度 $\alpha$ 及支座 $A$ 约束反力。

**解** 选杆为研究对象。做受力分析，按照其做定轴转动的情形，虚加惯性力系，如图 10.13（b）所示。

$$F_I^{\tau}=\frac{ml\alpha}{2},\ F_I^n=ma_n=0,\ M_{IA}=J_A\alpha=\frac{ml^2\alpha}{3}\ （向转轴 A 简化）$$

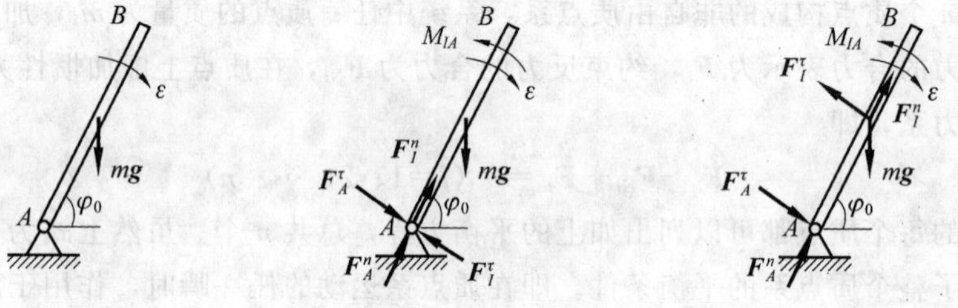


**图 10.13 例 10.4 题图**

根据质点系的达朗贝尔原理，以沿着杆件和垂直于杆件两方向为投影轴，建立平衡方程，有

$$\sum F_{\tau}=0,F_A^{\tau}+mg\cos\varphi_0-F_I^{\tau}=0$$

$$\sum F_n=0,F_A^n+mg\sin\varphi_0-F_I^n=0$$

$$\sum M_A(\boldsymbol{F})=0,F_A^{\tau}+mg\cos\varphi_0\cdot\frac{l}{2}-M^{IA}=0$$

联立求解，可得

$$F_A^n=mg\sin\varphi_0,\ F_A^{\tau}=-mg\cos\frac{\varphi_0}{4},\ \alpha=3g\cos\frac{\varphi_0}{2l}$$

此外，如果惯性力系不是向 $A$ 简化，而是向质心简化，将是图 10.13（c）的情形，其中，惯性力主矩会有变化，取矩方程也有变化，但是最终结果不变。读者可以自行尝试，并与例 10.1 做比较。

**例 10.5** 质量为 $m_1$ 和 $m_2$ 的两重物，且 $m_1>m_2$，分别挂在两条绳子上，绳又分别绕在半径为 $r_1$ 和 $r_2$ 并装在同一轴的两鼓轮上，如图 10.14（a）所示。已知两鼓轮对于转轴 $O$ 的转动惯量为

$J_O$，系统在重力作用下发生运动，求鼓轮的角加速度 $\alpha$。

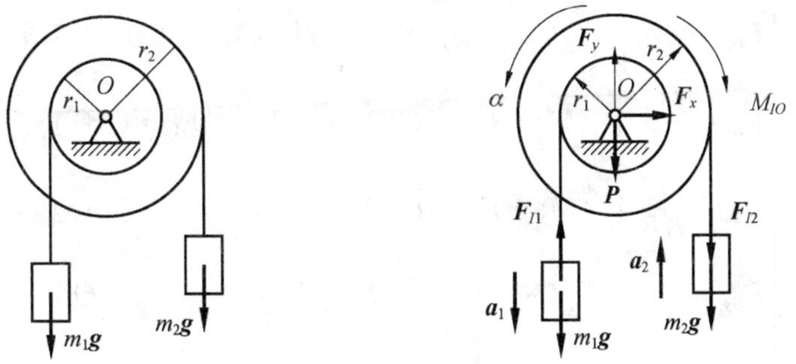


**图 10.14　例 10.5 题图**

**解**　选重物连带鼓轮整体系统为研究对象，做受力分析，并依据运动情况虚加惯性力系，如图 10.14（b）所示。其中 $F_{I1}=m_1a_1$，$F_{I2}=m_2a_2$，$M_{IO}=J_O\alpha$

以水平和竖直为投影轴，建立坐标系，列平衡方程为

$$\sum F_x=0, F_x=0$$

$$\sum F_y=0, F_y+F_{I1}-m_1g-m_2g-P-F_{I2}=0$$

$$\sum M_O(\boldsymbol{F})=0, (m_1g-F_{I1})r_1-(m_2g+F_{I2})r_2-M_{IO}=0$$

代入惯性力，并注意到运动关系

$$a_1=r_1\alpha,\ a_2=r_2\alpha$$

最终得

$$\alpha=\frac{(m_1r_1-m_2r_2)\ g}{m_1r_1^2+m_2r_2^2+J_O}$$

## 10.3　定轴转动刚体的动反力及动平衡的概念

在“工程导入”中我们提到汽轮机转子在高速旋转时会产生轴承动反力，事实上，在生产和生活实践中有大量的绕定轴转动的刚体，如电动机、电风扇、车床主轴等，都会产生动反力，这些动反力有时可达静反力的几十甚至几百倍，常常使得机械结构产生强烈的噪声和振动，甚至是破坏，是机械工程师相当关心的问题。因此，研究高速定轴转动刚体产生附加动反力的原因，减小甚至消除其附加动反力，在工程实践中有重要意义。

设某一刚体围绕定轴 $AB$ 转动，角速度为 $\omega$，角加速度为，取此刚体为研究对象，向转轴上一点简化，其上所有的主动力简化为主矢 $\boldsymbol{F}_R$ 和主矩 $\boldsymbol{M}_O$，惯性力系简化后主矢和主矩分别用 $\boldsymbol{F}_{IR}$ 和 $\boldsymbol{M}_{IO}$ 表示，轴承两端的约束反力分别为 $\boldsymbol{F}_{Ax}$、$\boldsymbol{F}_{Ay}$、$\boldsymbol{F}_{Bx}$、$\boldsymbol{F}_{By}$、$\boldsymbol{F}_{Bz}$，如图 10.15 所示。

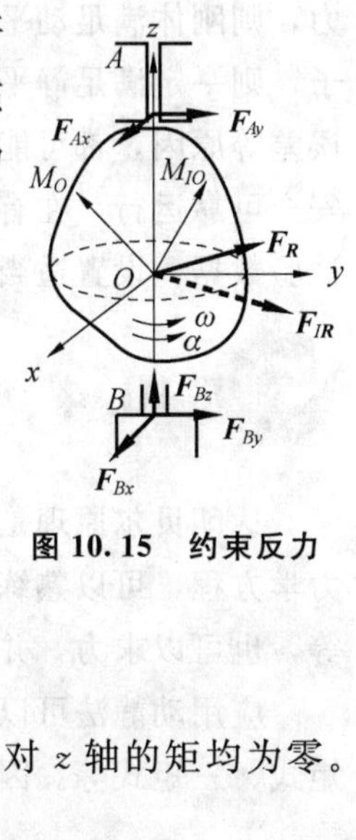


**图 10.15　约束反力**

建立坐标系，根据质点系的达朗贝尔原理，列出平衡方程为

$$\sum F_x=0, F_{Ax}+F_{Bx}+F_{Rx}+F_{Ix}=0$$

$$\sum F_y=0, F_{Ay}+F_{By}+F_{Ry}+F_{Iy}=0$$

$$\sum F_z=0, F_{Bz}+F_{Rz}=0$$

$$\sum M_x=0, -F_{Ay}\cdot OA+F_{By}\cdot OB+M_x+M_{Ix}=0$$

$$\sum M_y=0, F_{Ax}\cdot OA-F_{Bx}\cdot OB+M_y+M_{Iy}=0$$

需要注意的是，惯性力在 $z$ 轴上没有分力。所有外力和惯性力通过 $z$ 轴，对 $z$ 轴的矩均为零。

对上述五个方程进行整理，可得约束反力

$$
\begin{cases}
F_{Ax}=-\dfrac{1}{AB}\left[(M_y+F_{Rx}\cdot OB)+(M_{Iy}+F_{Ix}\cdot OB)\right]\\
F_{Ay}=\dfrac{1}{AB}\left[(M_x-F_{Ry}\cdot OB)+(M_{Ix}-F_{Iy}\cdot OB)\right]\\
F_{Bx}=\dfrac{1}{AB}\left[(M_y-F_{Rx}\cdot OA)+(M_{Iy}-F_{Ix}\cdot OA)\right]\\
F_{By}=-\dfrac{1}{AB}\left[(M_x+F_{Ry}\cdot OA)+(M_{Ix}+F_{Iy}\cdot OA)\right]\\
F_{Bz}=-F_{Rz}
\end{cases}
\tag{10.20}
$$

也正因为惯性力没有沿 $z$ 轴的分量，所以止推轴承 $B$ 沿 $z$ 轴的约束反力 $F_{Bz}$ 与惯性力无关，而与 $z$ 轴垂直的轴承约束反力 $\boldsymbol{F}_{Ax}$，$\boldsymbol{F}_{Ay}$，$\boldsymbol{F}_{Bx}$，$\boldsymbol{F}_{By}$ 与惯性力系的主矢和主矩有关。

若把全部约束反力视为静约束反力和动约束反力两部分，则由惯性力系引起的应称为动约束反力，即式（10.20）中与 $\boldsymbol{F}_{IR}$ 和 $\boldsymbol{M}_{IO}$ 有关的项。显然，欲使动约束反力为零，必须保证

$$M_{Ix}=M_{Iy}=0,\ F_{Ix}=F_{Iy}=0$$

要使轴承动约束反力为零的条件是：惯性力系的主矢为零，惯性力系对于 $x$ 轴和 $y$ 轴的主矩为零。结合式（10.4）和式（10.8）、(10.9)，可得

$$
\begin{cases}
F_{Ix}=-ma_{Cx}=0\\
F_{Iy}=-ma_{Cy}=0\\
M_{Ix}=J_{xz}\alpha-J_{yz}\omega^2=0\\
M_{Iy}=J_{yz}\alpha-J_{xz}\omega^2=0
\end{cases}
\tag{10.21}
$$

由此可见，要使惯性力系的主矢等于零，必须有 $\boldsymbol{a}_C=0$，即转轴必须通过质心。而要使 $M_{Ix}=0$ 和 $M_{Iy}=0$，必须有 $J_{xz}=J_{yz}=0$，即刚体对于转轴 $z$ 的惯性积必须等于零。

于是得到结论，刚体绕定轴转动时，避免出现轴承动约束反力的条件是：转轴通过质心，刚体对转轴的惯性积为零。

刚体对通过某点的 $z$ 轴惯性积 $J_{xz}$、$J_{yz}$ 都为零时，称 $z$ 轴为刚体在该点的惯性主轴，当惯性主轴通过刚体的质心时，称该惯性主轴为刚体的中心惯性主轴。于是上述结论也可以表述为：当刚体的转轴为中心惯性主轴时，定轴转动刚体的轴承动约束反力为零。

当刚体的转轴通过其质心时，转动刚体上除重力外，不再受其他主动力的作用，则它可使其在任何转动位置处于平衡，这种现象称为静平衡。当刚体定轴转动时，若在轴承处不出现附加动反力，则刚体满足动平衡。实践表明，满足静平衡的转子不一定能实现动平衡，但实现了动平衡的转子，则一定满足静平衡。动平衡问题是工程实际中一个很重要的问题。材料的不均匀或制造、安装误差等原因，都可能使定轴转动刚体的转轴偏离中心惯性主轴，为避免轴承动约束反力，确保机器安全可靠运行，在有条件的地方，可在专门的静平衡与动平衡试验机上进行静、动平衡试验，根据试验数据，设置适当的配重或减重。

## 10.4 达朗贝尔原理的应用

达朗贝尔原理是研究动力学问题的一种新的、有效的方法，以静力学平衡方程的形式来建立动力学方程，可以熟练地求解两类动力学问题。应用达朗贝尔原理既可求运动，如加速度、角加速度等，也可以求力，并且多用于已知运动，求质点系运动时的动约束反力等。

应用动静法可以利用静力学建立平衡方程的一切形式上的便利。例如，矩心可以任意选取，二矩式、三矩式等。因此当问题中有多个约束反力时，应用动静法求解它们时就方便得多。此外，很

多动力学问题都是一题多解，有时候也可以综合应用达朗贝尔原理及其他动力学普遍定理进行求解。

**例 10.6** 汽车连同货物的总质量是 $m=5.5$ t，其质心 $C$ 离前后轮的水平距离分别是 $l_1=2.6$ m 和 $l_2=1.4$ m，离地面的高度是 $h=2$ m，如图 10.16 (a) 所示。当汽车紧急刹车时，前后轮停止转动，沿路面滑行。设轮胎与路面的动摩擦因数 $f'=0.6$，轮子的质量不计。求汽车所获得的减速度 $\boldsymbol{a}$，以及地面的法向约束反力 $\boldsymbol{F}_{NA}$ 和 $\boldsymbol{F}_{NB}$。

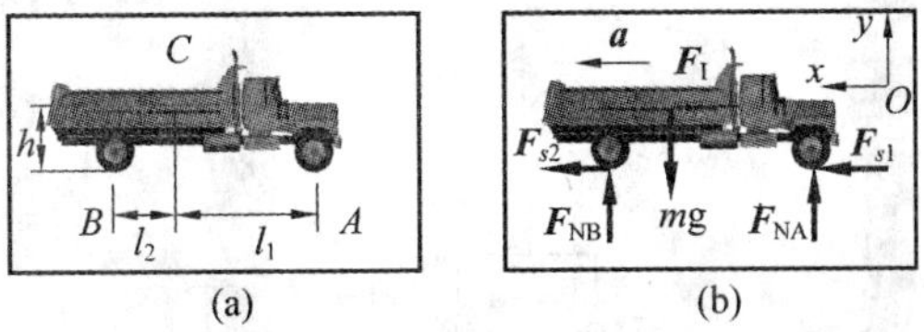


**图 10.16 例 10.6 题图**

**解** 汽车刹车时做平动，选取汽车作为研究对象，作受力分析，并在质心虚加惯性力 $\boldsymbol{F}_I$，如图 10.16 (b)，其中 $\boldsymbol{F}_I=-m\boldsymbol{a}$。作用在汽车上外力和惯性力系构成形式上的平衡力系，同时，是一个平面任意力系。选择水平和竖直为投影轴，建立坐标系，列平衡方程，有

$$\sum F_x = 0, F_{s1} + F_{s2} - ma = 0$$

$$\sum F_y = 0, F_{NA} + F_{NB} - mg = 0$$

$$\sum M_B(F) = 0, (l_1 - l_2) \cdot F_{NA} - mah - mgl_2 = 0$$

再注意到
$$F_{NA}f' = F_{s1}, F_{NB}f' = F_{s2}$$

联立求解，可得
$$a=f'g=5.884 \text{ m/s}^2$$

$$F_{NA}=\frac{l_2+f'h}{l_1+l_2}mg=35.06 \text{ kN}$$

$$F_{NB}=\frac{l_1-f'h}{l_1+l_2}mg=18.88 \text{ kN}$$

汽车在匀速前进或者静止时，前后轮法向约束反力都不含 $f'h$ 项。可见，刹车时，前轮反力增大，后轮反力减小，这样就可以解释刹车时惯性力有使汽车向前翻转的趋势。实际生活中，我们也可以看到刹车时，汽车车头下沉，车尾上抬的现象。

**技术提示**

应用达朗贝尔原理求动力学问题的步骤及要点：

(1) 选取研究对象。原则与静力学相同。

(2) 受力分析。画出全部主动力和约束反力。

(3) 运动分析。尤其刚体质心加速度，刚体角加速度，标出方向。

(4) 虚加惯性力。在受力图上画上惯性力和惯性力偶，一定要在正确运动分析的基础上熟记刚体惯性力系的简化结果。

(5) 列平衡方程。选取适当的矩心和投影轴。

(6) 建立补充方程。运动学补充方程（运动量之间的关系）。

(7) 求解未知量。

## 【重点串联】

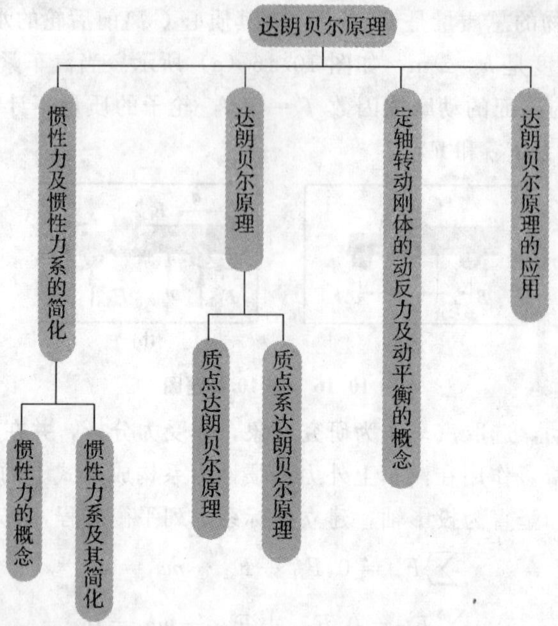


## 拓展与实训

### 职业能力训练

**一、选择题**

1. 刚体做定轴转动时，附加动反力等于0的充分必要条件是（　　）。

A. 转轴是个惯性主轴　　　　B. 质心位于转轴上

C. 转轴与质量对称面垂直　　D. 转轴是中心惯性主轴

2. 在图10.17中，质量为$m$的质点$A$，相对于半径为$r$的圆环做匀速圆周运动，速度为$u$；圆环绕$O$轴转动，在图示瞬时角速度为$\omega$，角加速度为$\alpha$。则图示瞬时，质点$A$的惯性力为(　　)。

A. $F_{Ix}=m(2r\alpha+2u\omega)$，$F_{Iy}=m(2r\omega^2+u^2/r)$

B. $F_{Ix}=-m(2r\alpha+2u\omega)$，$F_{Iy}=-m(2r\omega^2+u^2/r)$

C. $F_{Ix}=-2mr\alpha$，$F_{Iy}=m(\frac{u^2}{r}-2u\omega+2r\omega^2)$

D. $F_{Ix}=0$，$F_{Iy}=-m\frac{u^2}{r}$

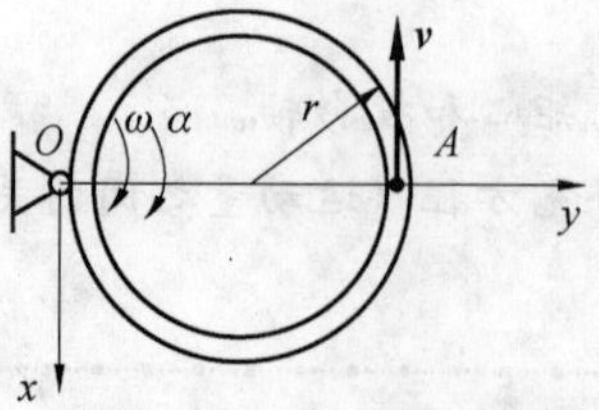


**图10.17　2题图**

3. 半径为 $r$、质量为 $m$ 的均质圆盘与质量也为 $m$、长为 $l$ 的均质杆焊在一起，并绕 $O$ 轴转动。在图 10.18 所示瞬时，角速度为 $\omega$，角加速度为 $\alpha$。则惯性力系向 $O$ 点简化结果为（　　）。

A. $F_{In}=\frac{1}{2}(3l+2r)\cdot m\omega^2$

$F_{I\tau}=\frac{1}{2}(3l+2r)\cdot m\alpha$

$M_{IO}=\frac{1}{6}(8l^2+9r^2+12lr)\cdot m\alpha$

B. $F_{In}=\frac{1}{2}(l+r)\cdot m\omega^2$

$F_{I\tau}=\frac{1}{2}(l+r)\cdot m\alpha$

$M_{IO}=\frac{1}{6}(8l^2+9r^2+12lr)\cdot m\alpha$

C. $F_{In}=\frac{1}{2}(3l+2r)\cdot m\omega^2$

$F_{I\tau}=\frac{1}{2}(3l+2r)\cdot m\alpha$

$M_{IO}=\frac{1}{2}(3l+2r)\cdot m\alpha$

D. $F_{In}=\frac{1}{2}(3l+2r)\cdot m\omega^2$

$F_{I\tau}=\frac{1}{2}(3l+2r)\cdot m\alpha$

$M_{IO}=\frac{1}{4}[l^2+4(l+r)^2]\cdot m\alpha$

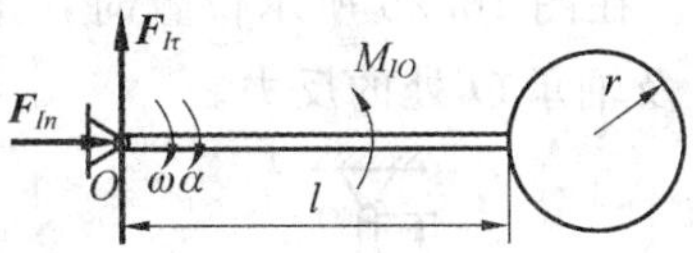

图 10.18　3 题图

4. 刚体惯性力系简化得到的主矢 $F_{IR}=-ma_C$，下列说法正确的是（　　）。

A. 只对平面平动成立　　B. 只对定轴转动成立

C. 只对平面运动成立　　D. 对任何运动都成立

**二、填空题**

1. $AB$ 杆的质量为 $m$，长为 $L$，曲柄 $O_1A$、$O_2B$ 质量不计，且 $O_1A=O_2B=R$，$O_1O_2=L$。当 $\varphi=60°$ 时，$O_1A$ 杆绕 $O_1$ 轴转动的角速度与角加速度分别为 $\omega$ 和 $\alpha$，则该瞬时 $AB$ 杆的惯性力大小为________，方向应标明在图 10.19 上。

2. 均质细杆 $AB$ 重为 $P$，长为 $L$，置于水平位置，若在绳 $BC$ 突然剪断瞬时有角加速度 $\alpha$，则杆上各点惯性力的合力的大小为________，作用点的位置在离 $A$ 端________处。并在图 10.20 中画出该惯性力。

3. 均质细杆 $AB$，长为 $L$，重为 $P$，可绕轴 $O$ 转动，图 10.21 所示瞬时，其角速度为 $\omega$，角加速度为 $\alpha$，则该杆的惯性力系向 $O$ 点简化的结果为：________，________，________，将结果画在图上。

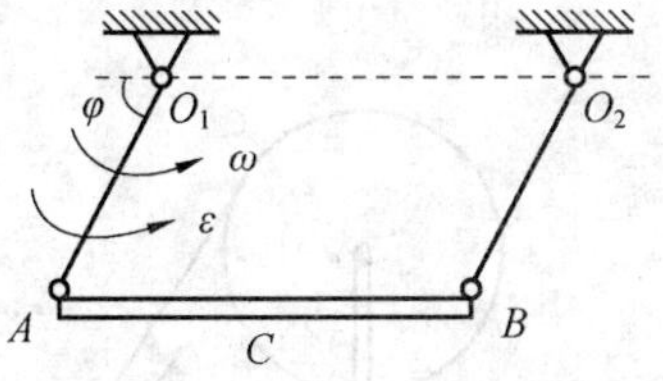

图 10.19　1 题图

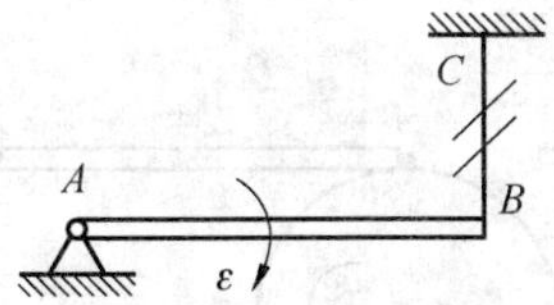

图 10.20　2 题图

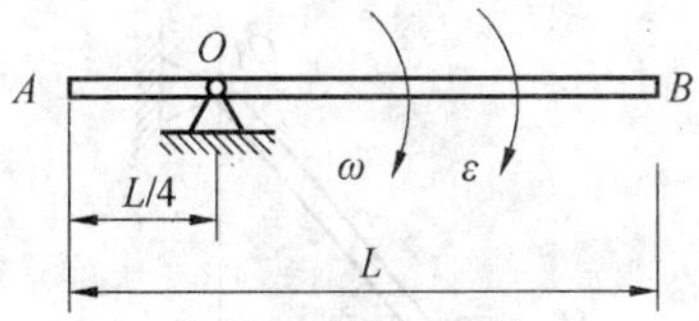

图 10.21　3 题图

4. 半径为 $R$ 的圆盘沿水平地面做纯滚动。一质量为 $m$，长为 $R$ 的均质杆如图 10.22 所示固结在圆盘上，当杆处于铅垂位置瞬时，圆盘圆心有速度 $\boldsymbol{v}$ 和加速度 $\boldsymbol{a}$。则图 10.22 所示瞬时，杆的惯性力系向杆中心简化的结果为：________，________，将结果画在图上。

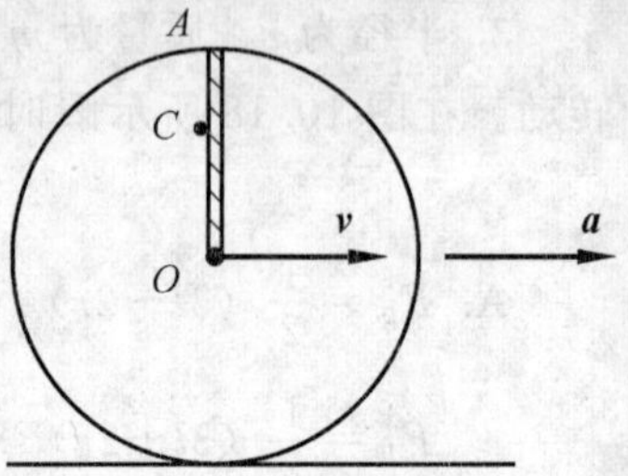

**图 10.22　4 题图**

**三、计算题**

1. 图 10.23 所示匀质圆轮沿水平直线做纯滚动。已知：轮半径为 $r$，质量为 $m$，轮心的加速度为 $\boldsymbol{a}_C$；试求惯性力系的简化结果：(1) 向轮心 $C$ 简化；(2) 向轮上与地面接触的点 $O$ 简化。

2. 长为 $L$，质量为 $m$ 的均质杆 $OA$，可绕水平轴 $O$ 自由转动，如图 10.24 所示。当 $OA$ 杆静止于铅垂位置时，一水平力 $\boldsymbol{F}$ 突然作用到 $B$ 点。试求初瞬时轴承 $O$ 的水平反力。又当距离 $d$ 为何值时，轴承 $O$ 的水平反力为零。

3. 图 10.25 所示偏心飞轮位于铅垂面内。已知飞轮质量 $m=23$ kg，对质心 $C$ 的回转半径 $\rho_C=0.2m$，偏心距 $e=0.15$ m。在图 10.25 所示位置时，角速度 $\omega=8$ rad/s。试用动静法求飞轮在图示瞬时的角加速度 $\alpha$ 及轴承 $O$ 处的反力。

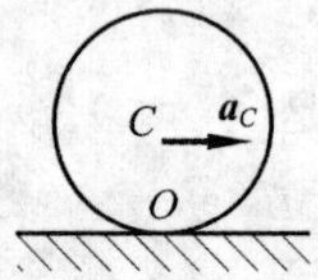

**图 10.23　1 题图**

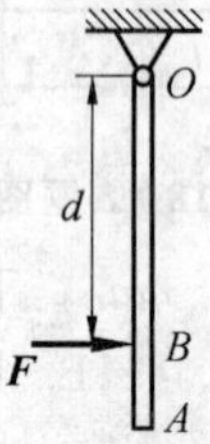

**图 10.24　2 题图**

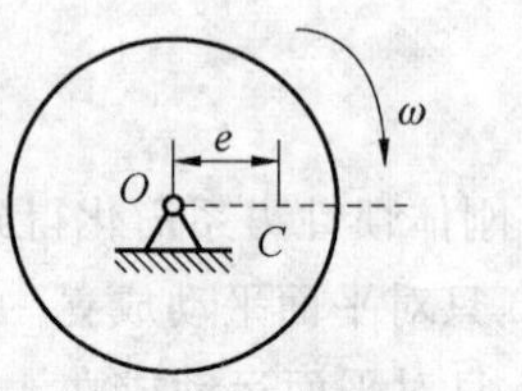

**图 10.25　3 题图**

4. 图 10.26 所示系统位于铅垂面内。已知两均质杆长为 $L=0.5$ m，质量均为 $m=2$ kg，$O_1O_2=0.4$ m，不计杆 $O_2A$ 与杆 $O_1B$ 之间的摩擦。若当杆 $O_2A$ 水平时，其角速度 $\omega=2$ rad/s，角加速度为零，且 $O_2B=b=0.3$ m。求此瞬时作用在杆 $O_2A$ 上的力偶矩 $M$。

5. 图 10.27 所示系统位于铅垂面内，均质细杆被焊接在均质圆盘的切线方向。已知：圆盘半径为 $r$，杆长为 $L$，质量均为 $m$。杆 $AB$ 处于水平位置。求在图 10.27 所示位置圆盘以匀角加速度 $\alpha$ 开始转动瞬时，$A$ 处由于转动引起的力。

6. 图 10.28 所示均质定滑轮装在铅直的无重悬臂梁上，用绳与滑块相连。已知：轮半径 $r=1$ m，重为 20 kN，滑块重为 $P=10$ kN，梁长为 $2r$，斜面倾角 $\tan\theta=3/4$，动摩擦因数 $f'=0.1$。若在轮 $O$ 上作用一常力偶矩 $M=10$ kN·m。试求：(1) 滑块 $B$ 上升的加速度；(2) 支座 $A$ 处的反力。

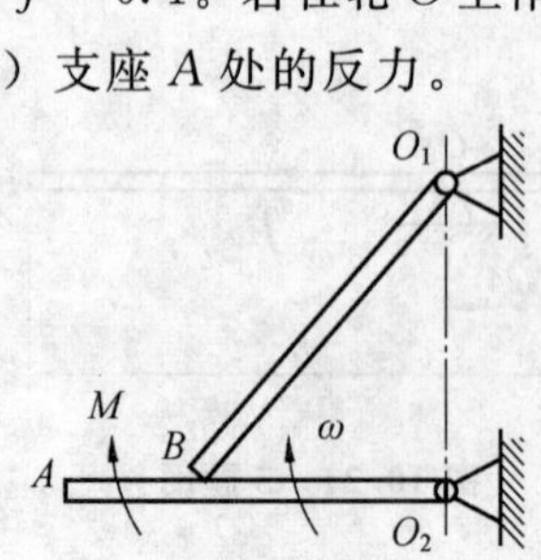

**图 10.26　4 题图**

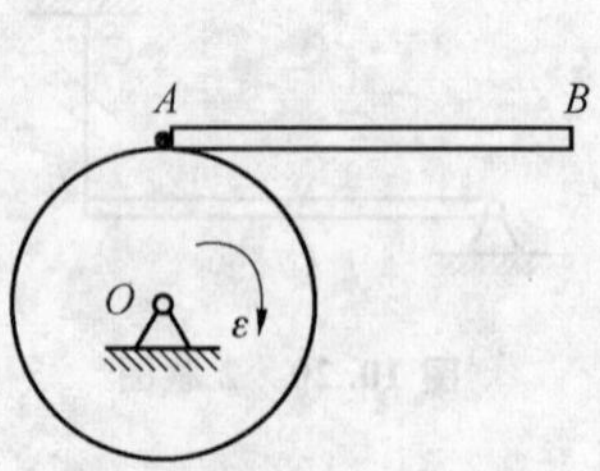

**图 10.27　5 题图**

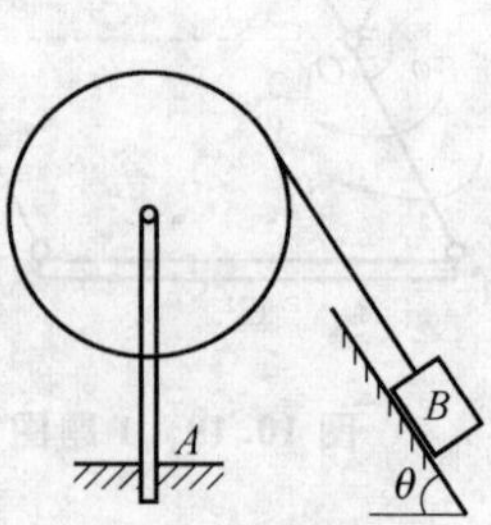

**图 10.28　6 题图**

7. 图 10.29 所示均质圆轮沿水平面做纯滚动，用无重水平刚杆 $AB$ 与滑块 $B$ 相连，又通过定滑轮 $O$ 与重物 $C$ 相连。已知：半径为 $R$ 的轮 $A$、轮 $O$ 与滑块 $B$ 均重 $Q$，轮 $O$ 视为均质圆盘。重物 $C$ 重为 $2Q$，滑块 $B$ 与水平面间的动摩擦因数为 $f'$，轮 $O$ 上作用一常力偶矩为 $M$。试求系统开始运动的瞬时：(1) 物块 $C$ 的加速度；(2) 杆 $AB$ 的受力。

8. 图 10.30 所示均质细杆铰接于无重的水平悬臂梁上。已知：杆 $AB$ 长为 $3L$，质量为 $m$。试用动静法求杆 $AB$ 从图示位置（$\tan\theta=4/3$）开始运动瞬时，支座 $O$ 的反力。

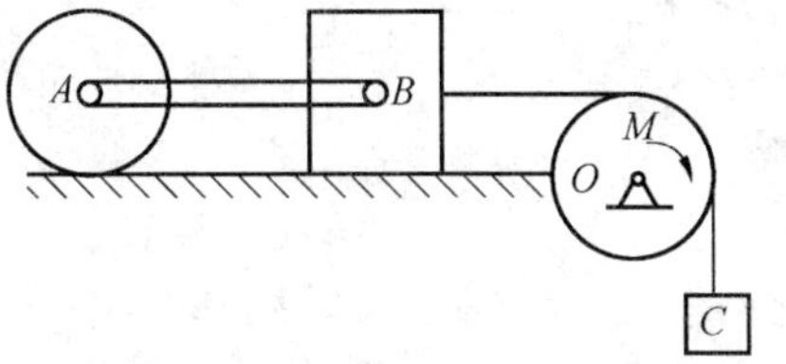


图 10.29　7 题图

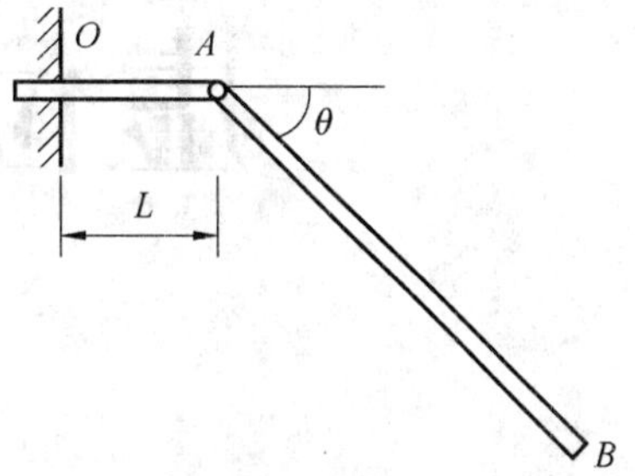


图 10.30　8 题图

**工程模拟训练**

1. 试分析轴上轮盘安装出现偏心距时，对轴承的动约束反力。
2. 试分析货车装运超高时，容易翻倒的原因。
3. 试用达朗贝尔原理求解其他动力学定理能解决的问题。

**链接执考**

**单选题**

1. 质量为 $m$，长为 $2l$ 的均质细杆初始位于水平位置，如图 10.31 所示。$A$ 端脱落后，杆绕轴 $B$ 转动，当杆转到铅垂位置时，$AB$ 杆的角加速度大小为（　　）。

A. 0　　B. $\frac{3g}{4l}$

C. $\frac{3g}{2l}$　　D. $\frac{6g}{l}$

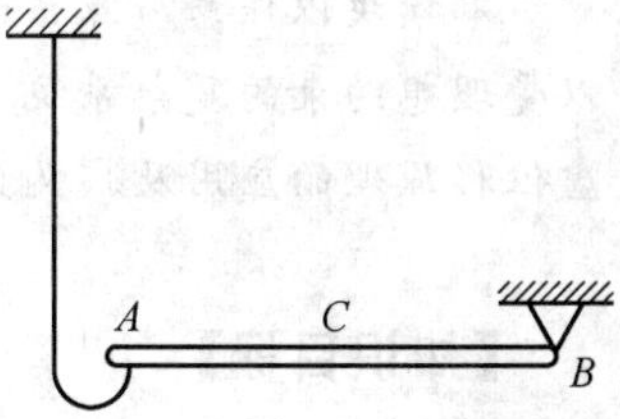


图 10.31　1 题图

2. 均质细杆 $AB$ 质量为 $m$，长为 $2L$，$A$ 端铰支，$B$ 端用绳系住，处于水平位置，如图 10.32 所示。当 $B$ 端绳突然剪断时，$AB$ 杆的角加速度大小为 $\frac{3g}{4l}$，则 $A$ 处的约束反力大小为（　　）。

A. $F_{Ax}=0$，$F_{Ay}=0$

B. $F_{Ax}=0$，$F_{Ay}=\frac{P}{4}$

C. $F_{Ax}=P$，$F_{Ay}=\frac{P}{2}$

D. $F_{Ax}=0$，$F_{Ay}=P$

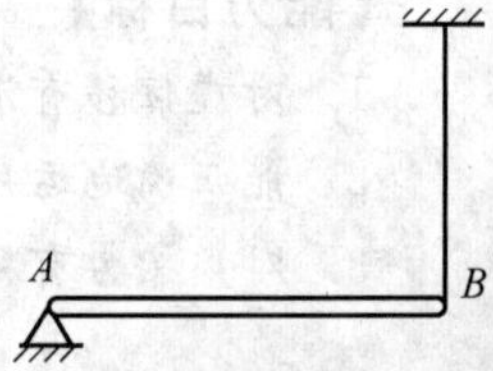


图 10.32　2 题图

# 模块 11

# 虚位移原理

## 【模块概述】

约束方程、理想约束、自由度、广义坐标和虚位移是虚位移原理中最基础的概念，达朗贝尔原理是把动力学问题在方法上变为静力学问题进行处理和求解，虚位移原理是用动力学中虚功的概念去解决静力学问题，是研究静力学平衡问题的另一途径。虚位移原理是分析力学的基础，它要解决的是静力学问题，但要用到关于位移的运动学概念和关于力的功的动力学概念。本模块在机构和结构静力分析中有广泛的应用，是机械原理和结构力学等课程的重要理论基础。

本模块以任意质点系为主要研究对象，以分析力学为主线，以虚位移原理为基本方法，以受理想约束的复杂系统（结构或机构）为实例，主要介绍约束方程、虚位移基本的概念、虚位移原理的应用及广义力的计算。

## 【知识目标】

1. 约束方程、理想约束、虚位移、虚功等重要概念；
2. 虚位移原理；
3. 自由度、广义坐标、广义力的概念；
4. 以广义力表示质点的平衡条件。

## 【能力目标】

1. 对虚位移有清晰的概念，并会计算虚位移；
2. 能正确地运用虚位移原理求解物体系的平衡问题；
3. 对广义力有初步的理解，并会计算广义力。

## 【学习重点】

虚位移、虚功和理想约束的概念；虚位移原理及其应用；确定虚位移关系的几种方法。

## 【课时建议】

4～6 课时

## 工程导入

图 11.1 中所示小球的三种平衡位置，用前面静力学中的平衡条件只能得到 $F_N = mg$ 的相同结果，却不能解释为什么它们的稳定性不同：稳定平衡、不稳定平衡和随遇平衡，而不稳定平衡在实际问题中是很难实现的。研究平衡的稳定性具有很大的实际意义。一般情况下，工程结构要求在稳定平衡的状态下工作，这样就需要判别结构的平衡是否具有稳定性。本模块介绍的虚位移原理，可以解决全部静力分析问题，包括平衡的稳定性问题，因而也称为静力学普遍方程。虚位移原理可以解决很多工程中的平衡问题，对一些不满足虚位移原理的条件（如有弹性元件）或求理想约束的约束反力、桁架中的杆件内力等问题，经过适当变换也可以分析。同时，虚位移原理不仅可以解决静力学问题，也可以解决动力学问题，由于采用动力学普遍方程解决问题相对比较麻烦，拉格朗日在此基础上推出了拉格朗日方程，给工程中建立复杂系统的动力学方程带来极大方便，这些内容将在以后的课程中进一步学习。

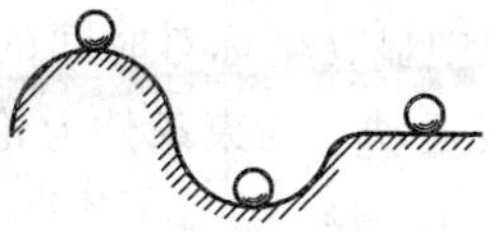

图 11.1　稳定平衡、不稳定平衡和随遇平衡

## 11.1　约束方程

在静力学中，将限制某物体位移的周围物体称为该物体的约束。为研究方便起见，现在进一步将约束定义为：限制质点或质点系运动的各种条件称为约束。例如，限制刚体内任意两点间的距离不变的条件，限制车轮在直线轨道上滚动而不滑动的条件等都是约束。而表示这种限制条件的数学方程，称为约束方程。

**技术提示**

在静力学中曾讨论过约束，分析的侧重点是如何将约束对物体的限制作用以约束反力的形式表现出来。在本模块中讨论约束，要为虚位移原理、分析力学做准备，分析的侧重点是，如何将约束对物体的位置、形状以及运动的限制作用，以解析表达式的形式表现出来。

根据约束的形式和性质，约束可作如下分类：

(1) 几何约束和运动约束。

只限制质点或质点系在空间几何位置的约束称为几何约束。几何约束方程中不显含坐标对时间的导数。例如，图 11.2 所示单摆，由于刚性摆杆的长度 $l$ 不变，摆锤 $A$ 被限制在 $xOy$ 平面内做圆周运动，摆杆对摆锤几何位置的限制条件，即为几何约束，写成的数学方程为

$$x^2 + y^2 = l^2 \tag{11.1}$$

上式就是摆锤 $A$ 的坐标满足的约束方程。

又如图 11.3 所示的曲柄滑块机构，曲柄销 $A$ 只能在以曲柄长 $r$ 为半径的圆周上运动；滑块 $B$ 被限制在水平滑道 $Ox$ 中运动；$A$、$B$ 两点间的距离被连杆的长度 $l$ 所限制。因此，曲柄滑块机构也为几何约束，其约束方程可表示为

$$\begin{cases} x_1^2 + y_1^2 = r^2 \\ (x_2 - x_1)^2 + (y_2 - y_1)^2 = l^2 \\ y_2 = 0 \end{cases} \tag{11.2}$$

几何约束的约束方程中只包含质点系中各质点的位置坐标。

不但能限制质点或质点系的位置，而且还能限制质点或质点系的速度的约束称为运动约束。运动约束方程中显含坐标对时间的导数。如图 11.4 所示的圆轮，沿水平直线轨迹做纯滚动，由于轮心 $C$ 做直线运动，约束条件为轮心 $C$ 的坐标 $y$ 保持不变，即

$$y_C = R \tag{11.3}$$

又因为圆轮做纯滚动，轮心速度 $x'_C$ 与轮的角速度 $\varphi'$ 必须满足约束方程

$$x'_C - R\varphi' = 0 \tag{11.4}$$

上式表示地面对圆轮速度的限制条件，是一种运动约束。

运动约束方程中既包含受约束的质点系中各质点的位置坐标，又包含各质点的速度在坐标轴上的投影。

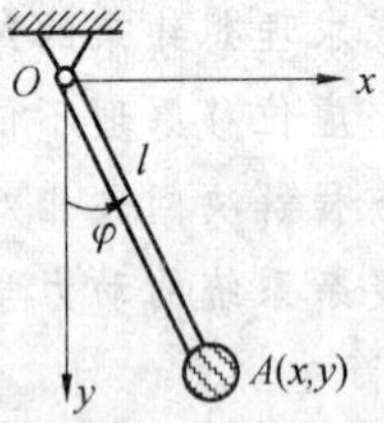

图 11.2　单摆

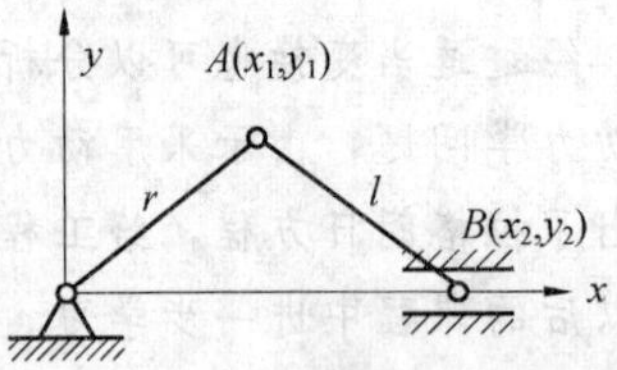

图 11.3　曲柄滑块

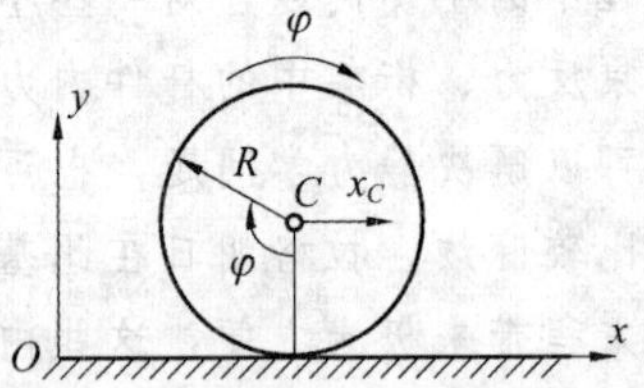

图 11.4　圆轮

(2) 稳定约束和不稳定约束。

如果在约束方程中不显含时间 $t$，即约束不随时间而变，这种约束称为稳定约束或定常约束。以上各例都是稳定约束。如果在约束方程中显含 $t$，则称其为不稳定约束或非定常约束。例如，图 11.1 中的单摆，悬挂点 $O$ 若以匀速 $v$ 沿 $x$ 轴向右运动，这时约束方程成为

$$(x-vt)^2 + y^2 = l^2 \tag{11.5}$$

约束方程中显含时间 $t$。可见，悬挂点移动的单摆的约束是非定常约束。

(3) 双面约束和单面约束。

如果约束在任何瞬时都不允许质点从任何方向脱离，约束方程中用等号表示的约束，称为双面约束或不可离约束。这种约束能限制两个相反方向的运动，由方程 (11.1)、(11.2) 表示的约束都是双面约束。如果约束允许质点从某一方向脱离，约束方程由不等式表示的约束称为单面约束或可离约束。例如，图 11.2 中的单摆，将摆杆以细绳代替，因绳子不能受压，约束方程成为

$$x^2 + y^2 \leqslant l^2 \tag{11.6}$$

显然，单面约束只能限制物体某个方向的运动，而不能限制相反方向的运动。图 11.3 中轨道对圆轮的约束也属单面约束。但在实际问题中，质点系没有脱离约束的主动力作用时，单面约束仍理解为具有双面约束的性质。例如单摆在运动过程中，绳不可能受压，绳与杆并无差别。又如，沿水平面滚动的圆轮，在任何瞬时都不脱离水平面，则作为单面约束的水平面仍可视为双面约束，因为若脱离轨道而跳起，就是自由刚体的运动，这显然是与研究前提相矛盾的。

(4) 完整约束与非完整约束。

通过以上各例的约束方程，我们已注意到约束不仅对质点系的几何位置起限制作用，而且还可能与时间、速度有关。因而，约束方程的一般形式可表示为

$$f_j\,(x_1、y_1、z_1;\ \cdots;\ x_n、y_n、z_n;\ x'_1、y'_1、z'_1;\ \cdots;\ x'_n、y'_n、z'_n;\ t) = 0\quad (j=1、2、\cdots、s) \tag{11.7}$$

式中，$n$ 为质点系中质点的个数；$s$ 为约束方程的个数。

如果约束方程中不包含坐标对时间的导数，或者能通过积分消除约束方程中坐标对时间的导数，得到几何约束的约束方程，则称这种约束称为完整约束。例如，上述地面对圆轮的约束中约束方程 (11.4)，可以积分为 $x_C - R\varphi =$ 常数，故为完整约束。几何约束也属完整约束。完整约束方程

的一般形式为

$$f_j(x_1、y_1、z_1;\cdots;x_n、y_n、z_n;t)=0\ (j=1、2、\cdots、s) \tag{11.8}$$

式中，$n$ 为质点系的质点数；$s$ 为完整约束的方程数。

综上所述，几何约束及可积分的运动约束统称为完整约束。实际上，对于可积分的运动的约束，积分后方程中不再包含坐标的导数，此时的运动约束称为几何约束。因而，在以后的讨论中，对几何约束与完整的约束不再区分。

一般情况下，如果约束方程中含有坐标对时间的导数，而且积分不能消除约束方程中坐标对时间的导数，则这种约束称为非完整约束。非完整约束方程的一般形式为式（11.8）。因为非完整约束方程表现为微分形式，故又称为不可积分约束。应理解为在任意约定的位置中，质点系各点速度应满足的条件。

**技术提示**

关于约束的概念，必须深入理解以下三点：(1) 约束必须是事先给定的限制条件，而不是动力学规律所确定的；(2) 几何约束不仅限制质点的位置，也限制其速度的方向，并通过约束方程的一阶导数限制速度的大小；(3) 在实际问题中，判断约束是否稳定是很重要的，有时也是比较困难的。

一个质点系可以同时受到完整和非完整约束，只受完整约束的质点系称为完整系统，只要质点受到非完整约束，则称为非完整系统。如果约束都是稳定的，则称质点系为稳定系统。否则，称为不稳定系统。

特别注意，本章只讨论双面、定常的几何约束。这种约束方程的一般形式为

$$f_j(x_1、y_1、z_1;\cdots;x_n、y_n、z_n)=0\ (j=1、2、\cdots、s) \tag{11.9}$$

**【知识拓展】**

**分析力学简介**

本书前面主要介绍的是矢量力学，是以牛顿定律为基础，从力和加速度等矢量出发，用几何方法研究力学的理论和处理问题的方法。矢量力学研究不受约束的自由体最为便利，但对于多约束的质点系，用矢量力学方法建立动力学方程，则不可避免地涉及约束力，从而增加了方程中未知变量的个数，使求解过程复杂化。分析力学则是以两大基本原理——虚位移原理（分析静力学）和达朗贝尔—拉格朗日原理（分析动力学）为基础，从功和能量等标量出发，用数学分析方法（主要是微积分和变分法）研究质点和质点系运动的普遍规律，给出处理力学问题的统一的观点和方法，开辟了解决非自由质点系运动和平衡问题的新途径，从而把经典力学推向新的阶段。分析力学是18世纪以来，随着机器大工业的发展而由伯努利、拉格朗日和哈密顿等数学力学家发展而成，在力学的许多领域都有广泛的应用。

## 11.2 虚位移的计算

### 11.2.1 虚位移

在前面模块中所讨论的位移是指质点在运动过程中发生的空间位置的变更，是真实发生的位移，故称为实位移。在无限短的时间 $dt$ 内发生的实位移 $d\boldsymbol{r}=\boldsymbol{v}dt$。当 $dt=0$ 时，实位移 $d\boldsymbol{r}=0$，即没有时间过程就没有实位移。

由于约束的限制，非自由质点或质点系中的质点，其运动不可能完全自由。即约束限制了质点某些方向的位移，但也容许质点沿另一些方向的位移。因此，我们定义：

质点或质点系在给定位置（或瞬时），为约束所容许的任何无限小位移，称为质点或质点系在该位置的虚位移。质点的虚位移记为

$$\delta_r = \delta_x \boldsymbol{i} + \delta_y \boldsymbol{j} + \delta_z \boldsymbol{k} \tag{11.10}$$

式中，$\delta_x$、$\delta_y$、$\delta_z$ 是虚位移在各直角坐标轴上的投影；而虚角位移用 $\delta\varphi$ 或 $\delta\theta$ 表示。应注意，δ 是变分（Variation）符号。以便同实位移 d$\boldsymbol{r}$ 相区别。$\delta\boldsymbol{r}$ 表示函数 $\boldsymbol{r}$（$t$）的变分，变分表示函数自变量（时间 $t$）不变时，由函数本身形状在约束所许可的条件下微小改变而产生的无限小增量。除了 $\delta t=0$ 之外，变分运算与微分运算相类似。

## 【知识拓展】

### 名词解释

质点和质点系可分为两类。若质点可在空间任何方向运动，这种质点称为自由质点。由自由质点组成的质点系，称为自由质点系。例如，空中飞行的飞机或炮弹都可看作自由质点；太阳系就是一自由质点系。若质点在空间的运动受到某种限制（即约束），则它的位置和速度必须满足某种规定条件，这种质点称为非自由质点，由非自由质点组成的系统，称为非自由质点系。刚体就是一非自由质点系，任何一个机器、机构、工程结构物都是非自由质点系。

例如，限制在一个固定平面上的质点 $A$，在平面上的任一个方向上的无限小位移都是该质点的虚位移。又如图 11.5（a）中的曲柄滑块机构，在 $\theta$ 角时处于平衡。但约束容许杆 $OA$ 绕 $O$ 轴转动，我们可给杆 $OA$ 以逆时针的虚转角 $\delta\theta$，杆 $OA$ 转到 $OA'$ 位置，由于杆 $AB$ 的长度不变和滑道对滑块 $B$ 的限制，杆 $AB$ 只能处于 $A'B'$ 位置。于是 $OA'B'$ 表示曲柄滑块机构的虚位移图。系统内的各质点都产生了虚位移，可见，质点系的虚位移是一组虚位移，而且彼此并不独立。应注意，虚位移必须指明给定的位置（或瞬时），位置不同，质点或质点系的虚位移并不相同；其次，虚位移必须为约束所容许，必须是无限小的，否则就可能破坏原质点系的平衡位置，或者改变作用于质点系上主动力的方向。考虑到虚位移的任意性，我们也可给杆 $OA$ 以顺时针的虚转角 $\delta\theta$，此时，曲柄滑块机构的虚位移为 $OA''B''$，如图 11.5（b）所示。

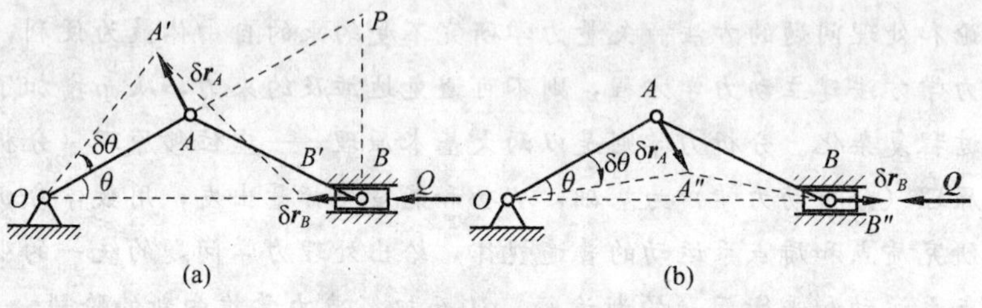


**图 11.5　曲柄滑块机构**

必须强调，虚位移纯粹是一个几何概念，所谓“虚”主要指曲柄滑块机构反映了这种位移的人为假设性，并非真实的位移。众所周知，处于静止状态的质点系，根本就没有实位移。但我们可以在系统的约束所容许的前提下，给定系统的任意虚位移。同时虚位移又完全取决于约束的性质及其限制条件，而不是虚无缥缈，也不可随心所欲的假设。

若质点系在某位置受主动力作用，使系统处于运动状态。这时系统的实位移，将取决于作用于系统上的主动力以及所经历的时间，其位移可以是无限小的，也可以是有限值，其方向是唯一的。而质点系在该位置时的虚位移与主动力和时间无关，虚位移只能是无限小值，方向却可以不止一个，甚至可以有无穷多，具有任意性。这就是虚位移与实位移的区别所在。但在稳定约束条件下，质点系在某位置所发生的微小实位移必是其虚位移中的一个（或一组）。因为质点的虚位移和其无

限小实位移都受约束限制，是约束所容许的位移。

**技术提示**

实位移是一个力学现象，需满足动力学基本定律和初始条件，虚位移则是一个几何概念，只取决于约束条件。虚位移是在不破坏系统约束条件的情况下可能产生的任何位移。

### 11.2.2 虚位移的计算

在质点系的虚位移中，由于各质点的虚位移并不独立，正确分析并确定各主动力作用点的虚位移将成为解题的关键。根据具体问题给定的条件，可选用下列方法分析质点系的虚位移。

(1) 几何法。

应用几何学或运动学的方法求各点虚位移间的关系，称为几何法。在几何法中，首先应根据系统的约束条件，确定系统的自由度，给定系统的虚位移，并正确画出该系统的虚位移图，然后应用运动学的方法求有关点虚位移间的关系。在运动学中质点的无限小位移与该点的速度成正比，即 $d\boldsymbol{r}=\boldsymbol{v}dt$。因此，两质点无限小位移大小之比等于两点速度大小之比。如果把对应于虚位移的速度称之为虚速度，则两质点虚位移大小之比必等于对应点虚速度大小之比。这样，就可以应用运动学中的速度分析方法（如瞬心法、速度投影法、速度合成定理等）去建立虚位移间的关系。这种方法也称为虚速度法。例如图 11.5 (a) 中，连杆 $AB$ 做平面运动，其瞬心为 $P$，$A$、$B$ 两点虚位移大小之比为

$$\frac{\delta\gamma_A}{\delta\gamma_B}=\frac{AP\cdot\delta\theta}{BP\cdot\delta\theta}=\frac{AP}{BP}$$

(2) 解析法。

解析法是指通过变分运算建立虚位移间的关系，故也称为变分法。若已知质点系的约束方程，通过变分运算可得虚位移投影间的关系。一般情况下，将质点系中各质点的矢径或直角坐标先表示为广义坐标的函数，通过一阶变分，可得

$$\delta r_i=\frac{\partial r_i}{\partial q_1}\delta q_1+\frac{\partial r_i}{\partial q_2}\delta q_2+\cdots+\frac{\partial r_i}{\partial q_k}\delta q_k=0 \quad (i=1、2、\cdots、n) \tag{11.11}$$

$$\begin{cases}\delta x_i=\dfrac{\partial x_i}{\partial q_1}\delta q_1+\dfrac{\partial x_i}{\partial q_2}\delta q_2+\cdots+\dfrac{\partial x_i}{\partial q_k}\delta q_k=0\\ \delta y_i=\dfrac{\partial y_i}{\partial q_1}\delta q_1+\dfrac{\partial y_i}{\partial q_2}\delta q_2+\cdots+\dfrac{\partial y_i}{\partial q_k}\delta q_k=0 \quad (i=1、2、\cdots、n)\\ \delta z_i=\dfrac{\partial z_i}{\partial q_1}\delta q_1+\dfrac{\partial z_i}{\partial q_2}\delta q_2+\cdots+\dfrac{\partial z_i}{\partial q_k}\delta q_k=0\end{cases} \tag{11.12}$$

式中，$\delta x_i$、$\delta y_i$、$\delta z_i$、$\delta q_i$ 分别为坐标 $x_i$、$y_i$、$z_i$、$q_i$ 的变分；$\delta q_i$ 称为广义虚位移。

## 11.3 虚位移原理

在研究虚位移原理时，我们先建立虚功与理想约束的概念。

### 11.3.1 虚　功

作用于质点上的力在其虚位移上所做的功称虚功。设作用于质点上的力 $\boldsymbol{F}$，质点的虚位移为 $\delta\boldsymbol{r}$，则力 $\boldsymbol{F}$ 在虚位移 $\delta r$ 上的虚功 $\delta W$ 为

$$\delta W=\boldsymbol{F}\cdot\delta\boldsymbol{r} \tag{11.13}$$

由于虚位移是元位移，与时间、运动都无关，不能积分，所以虚功只有元功的形式，其计算同

力在真实微小位移上所做元功的计算是一样的。但需指出，由于虚位移是假想的，不是真实发生的，故虚功也是假想的，虚功只是强调力与位移的彼此独立性。

## 11.3.2 理想约束

在动能定理中，我们曾经讨论过理想约束，现在给出确切定义：若约束反力在质点系的任一组虚位移上所作虚功之和等于零，则称此约束为理想约束。设第 $i$ 个质点的反力为 $\boldsymbol{F}_{\mathrm{N}i}$，虚位移为 $\delta r_i$，理想约束条件可表示为

$$\sum \boldsymbol{F}_{\mathrm{N}i} \cdot \delta \boldsymbol{r}_i = 0 \qquad (11.14)$$

一般常见的理想约束包括：光滑支承面，各种光滑铰链、轴承、铰链支座，无重刚杆及不可伸长的柔索，刚体纯滚动时的支承面等。理想约束反映了约束的基本力学特性，无论是静力学问题或是动力学问题同样适用。

**技术提示**

理想约束的概念是虚位移原理的基础，必须深刻理解。理想约束是对实际约束在一定条件下的近似而已，也是从实际约束中抽象出来的理想模型，它代表了相当多的实际约束的力学性质。

今后若无特别说明，非自由质点系则一概视为具有理想约束的质点系，对于那些需要考虑虚功的约束反力（如滑动摩擦力），则按主动力处理。

## 11.3.3 虚位移原理

根据达朗贝尔原理，可以用静力学的方法来处理动力学问题（动静法）。反之，静力学问题也可以应用动力学的方法来处理（可称为静动法），这一方法的理论基础就是虚位移原理。虚位移原理是分析力学的普遍原理之一，在求解静力学问题中有着广泛的应用。虚位移原理可陈述为：具有双面、定常、理想约束的静止质点系。其继续保持静止的充分与必要条件是：所有主动力在质点系任何虚位移上的虚功之和等于零，即

$$\sum \boldsymbol{F} \cdot \delta \boldsymbol{r} = 0 \qquad (11.15)$$

或

$$\sum (F_x \delta x + F_y \delta y + F_z \delta z) = 0 \qquad (11.16)$$

式中 $F_x$、$F_y$、$F_z$ 和 $\delta x$、$\delta y$、$\delta z$ 分别表示主动力 $\boldsymbol{F}$ 和虚位移 $\delta \boldsymbol{r}$ 在 $x$ 轴、$y$ 轴、$z$ 轴上的投影。式(11.15) 和式 (11.16) 称为虚功方程。虚功方程又称为静力学普遍方程。虚位移原理是虚功原理之一。

**技术提示**

对虚位移原理的理解注意以下三点：(1) 虚位移原理提供了解决静力学问题的普遍方法，对任何质点系都适用。(2) 在虚位移原理的方程中都不包括约束力，因此在理想约束条件下，应用虚位移原理处理静力学问题时只需考虑主动力，不必考虑约束力，这样避免了解联立方程，使计算过程大为简化。当所遇到的约束不是理想约束而具有摩擦时，只要把摩擦力当作主动力，考虑到摩擦力所做的虚功，虚位移原理仍可应用。(3) 虚位移原理是分析力学的基础，它不仅在刚体力学中，而且在变形体力学，如材料力学、结构力学中也有广泛应用。

下面对虚位移原理的必要性和充分性给出证明。

必要性证明：已知质点系处于静止状态，证明式（11.9）必然成立。因为系统处于静止状态，则系统内每个质点必须处于静止。系统内任一质点的主动力 $\boldsymbol{F}_i$ 和约束反力 $\boldsymbol{F}_{Ni}$ 应满足平衡条件

$$\boldsymbol{F}_i+\boldsymbol{F}_{Ni}=0$$

给系统一组虚位移 $\delta r_i$（$i=1、2、\cdots、n$），每个质点上作用力虚功之和等于零，即

$$(\boldsymbol{F}_i+\boldsymbol{F}_{Ni})\cdot\delta\boldsymbol{r}_i=0\ (i=1、2、\cdots、n)$$

对全体求和，得

$$\sum_{i=1}^{n}(\boldsymbol{F}_i+\boldsymbol{F}_{Ni})\cdot\delta\boldsymbol{r}_i=\sum_{i=1}^{n}\boldsymbol{F}_i\cdot\delta\boldsymbol{r}_i+\sum_{i=1}^{n}\boldsymbol{F}_{Ni}\cdot\delta\boldsymbol{r}_i=0 \tag{11.17}$$

对于理想约束 $\sum_{i=1}^{n}\boldsymbol{F}_{Ni}\cdot\delta\boldsymbol{r}_i=0$，代入式(11.17)，得

$$\sum_{i=1}^{n}\boldsymbol{F}_i\cdot\delta\boldsymbol{r}_i=0$$

必要性得证。

充分性证明：若条件式（11.9）成立，证明系统必继续保持静止。采用反证法。设在式（11.9）的条件下，系统不平衡，则有些质点（至少一个）必进入运动状态。因质点系原来处于静止，一旦进入运动状态，其动能必然增加，即在实位移 d$r$ 中，$dT>0$。根据质点系动能定理的微分形式，有

$$\mathrm{d}T=\sum\mathrm{d}'W=\sum(F_i+F_{Ni})\cdot\mathrm{d}\boldsymbol{r}_i>0 \tag{11.18}$$

对于定常的双面约束，可取微小实位移作为虚位移，即 $\delta\boldsymbol{r}_i=\mathrm{d}\boldsymbol{r}_i$。于是式（11.8）成为

$$\sum(\boldsymbol{F}_i+\boldsymbol{F}_{N_i})\cdot\delta\boldsymbol{r}_i=\sum\boldsymbol{F}_i\cdot\delta\boldsymbol{r}_i+\sum\boldsymbol{F}_{N_i}\cdot\delta\boldsymbol{r}_i>0$$

对于理想约束，$\sum\boldsymbol{F}_{Ni}\cdot\delta\boldsymbol{r}_i=0$，则

$$\sum\boldsymbol{F}_i\cdot\delta\boldsymbol{r}_i>0$$

这与题设条件式（11.9）相矛盾。因此，质点系中的每个质点必须处于静止状态，这就证明了原理的充分性。

## 11.3.4 虚位移原理的应用

应用虚位移原理可以求解静力学的各种问题：①求系统平衡时主动力之间的关系；②确定系统的平衡位置；③求静定结构的约束反力。应注意，虚位移原理中并不包含约束反力。欲求某一约束反力时应将该处的约束解除，代以约束反力，并视其为主动力，这样使系统具有一定的自由度，就可应用虚位移原理求解。

应用虚位移原理解题的一般步骤是：①以整个系统为对象，分析主动力；②分析系统的自由度，给出系统的虚位移，求虚位移间的关系；③列虚功方程求解。

**例 11.1** 图 11.6 所示机构中，曲柄 $OA$ 上作用有力偶 $M$，滑块 $D$ 上作用水平力 $P$，机构处于平衡。设曲柄长 $OA=r$，$\theta$ 角已知，不计摩擦，试求 $P$ 与 $M$ 间的关系。

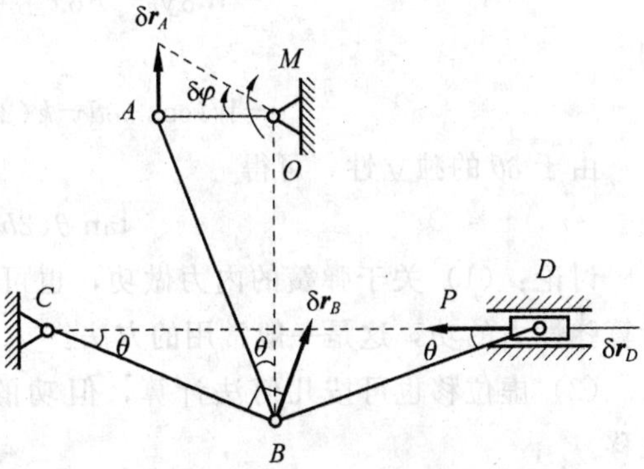


**图 11.6 例 11.1 题图**

**解** 本题是求系统平衡时主动力间的关系，系统具有理想稳定约束，可应用虚位移原理求解。

(1) 取系统为研究对象，受主动力 $P$ 和力偶 $M$ 作用。

(2) 系统具有一个自由度，即具有一个独立的虚位移。取杆 $OA$ 虚转角 $\delta\varphi$ 为独立虚位移。杆 $OA$ 和杆 $BC$ 作定轴转动，杆 $AB$ 与杆 $BD$ 作平面运动。$A$、$B$、$D$ 点的虚位移如图 11.6 所示。根据虚速度法，则有

$$\delta\gamma_A = r\delta\varphi,\ \delta\gamma_A\cos\theta = \delta\gamma_B\cos 2\theta$$

$$\delta\gamma_B\cos(90°-2\theta) = \delta\gamma_B\sin 2\theta = \delta\gamma_D\cos\theta$$

可得力 $P$ 作用点的虚位移为

$$\delta\gamma_D = 2\delta\gamma_B\sin\theta = 2\delta\gamma_A\frac{\sin\theta\cos\theta}{\cos 2\theta} = r\delta\varphi\tan 2\theta$$

(3) 根据虚功方程有

$$\sum \boldsymbol{F}\cdot\delta\boldsymbol{r} = 0$$

得

$$M\delta\varphi - P\delta r_D = 0$$

即

$$M\delta\varphi - Pr\delta\varphi\tan 2\theta = 0$$

由于 $\delta\varphi$ 的独立性，则得

$$M = Pr\tan 2\theta$$

讨论：本题若用静力学方法求解，必须将系统拆开，也必出现内约束反力，求解较繁琐。而虚位移原理以整体为研究对象，不出现约束反力，这正是分析静力学的优点。

**例 11.2** 图 11.7 所示机构中，杆 $AB$ 与 $BC$ 的长度均为 $l$，$B$ 点挂有重为 $W$ 的重物，$D$、$E$ 两点用弹簧连接，且 $BD = BE = b$。已知弹簧原长为 $l_0$，刚度系数为 $k$，不计各杆自重，试求机构的平衡位置（以 $\theta$ 表示）。

**解** 本题为求系统的平衡位置，系统的约束为稳定理想约束，可应用虚位移原理求解。但应注意，弹簧的内力在 $D$、$E$ 两点的相对虚位移上做功。

(1) 以机构系统为研究对象。做功的力有重力 $W$ 和弹簧的内力。在平衡位置时，弹簧的变形量 $\lambda = 2b\cos\theta - l_0$，$E$、$D$ 两点的弹性力的大小为

$$F = k\lambda = k(2b\cos\theta - l_0)$$

(2) 机构有一个自由度，取 $\theta$ 角为广义坐标。以 $x_{ED}$ 表示 $E$、$D$ 两点间的相对坐标，应用解析法求虚位移。对图 11.7 所示 $Axy$ 坐标系有

$$y_B = l\sin\theta,\ x_{ED} = 2b\cos\theta$$

对上式作一阶变分，得

$$\delta y_B = l\cos\theta\delta\theta,\ \delta x_{ED} = -2b\sin\theta\delta\theta$$

(3) 根据虚功方程 $\sum \boldsymbol{F}\cdot\delta\boldsymbol{r} = 0$。则得

$$-W\delta y_B - F\delta x_{ED} = 0$$

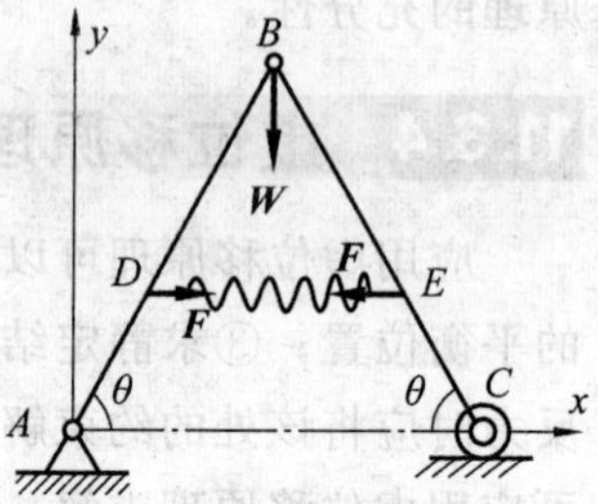

图 11.7　例 11.2 题图

即

$$-Wl\cos\theta\delta\theta - k(2b\cos\theta - l_0)(-2b\sin\theta)\delta\theta = 0$$

由于 $\delta\theta$ 的独立性，可得

$$\tan\theta(2b\cos\theta - l_0) = Wl/2bk$$

讨论：(1) 关于弹簧的内力做功，也可将弹簧去掉，在点 $D$ 和点 $E$ 代以弹性力，则按主动力计算弹性力的功，这是一般常用的方法。

(2) 虚位移也可按几何法计算，但功的计算较繁琐。请读者按几何法分析各力作用点的虚位移。

**例 11.3** 多跨静定如图 11.8 (a) 所示。求在荷载 $P$、$Q$ 作用下，支座 $D$ 的约束反力。已知 $P = 10$ kN, $Q = 20$ kN，图中的长度单位为 m。

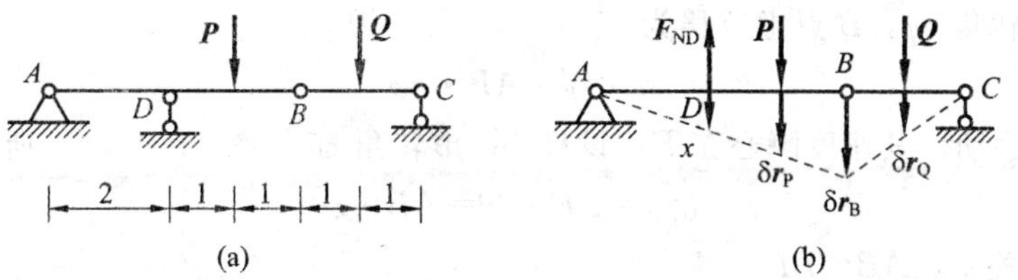


图 11.8 例 11.3 题图

**解** 图 11.8（a）所示的梁的自由度数等于零，不存在任何为约束所允许的位移。为了用虚位移原理求解支座 $D$ 的约束反力，将支座 $D$ 解除，代之以约束反力 $\boldsymbol{F}_{ND}$，得到如图 11.8（b）所示的具有一个自由度的系统。取 $B$ 点的竖向位移作广义坐标，给 $B$ 点以虚位移 $\delta r_B$，在系统的虚位移中，杆 $AB$ 绕 $A$ 点作无限小转动，杆 $BC$ 以 $C$ 点为瞬心作无限小转动。主动力 $\boldsymbol{P}$、$\boldsymbol{Q}$、$\boldsymbol{F}_{ND}$ 作用点的虚位移分别为 $\delta \boldsymbol{r}_P$、$\delta \boldsymbol{r}_Q$、$\delta \boldsymbol{r}_D$。

由几何条件不难将 $\delta r_P$、$\delta r_Q$、$\delta r_D$ 表示为广义坐标变分 $\delta r_B$ 的函数：

$$\delta r_Q=\frac{1}{2}\delta r_B,\ \delta r_P=\frac{3}{4}\delta r_B,\ \delta r_D=\frac{1}{2}\delta r_B$$

按虚位移原理，有

$$P\delta r_P+Q\delta r_Q-F_{ND}\delta r_D=0$$

即

$$\left(\frac{3}{4}P+\frac{1}{2}Q-\frac{1}{2}F_{ND}\right)\delta r_B=0$$

解得
$$F_{ND}=\frac{3}{2}P+Q=35\ \text{kN}$$

**例 11.4** 在图 11.9（a）所示的结构中，已知 $M=12\ \text{kN}\cdot\text{m}$，$P=10\ \text{kN}$，$q=1\ \text{kN/m}$。试求固定端 $A$ 的反力偶和支座 $C$ 的反力。

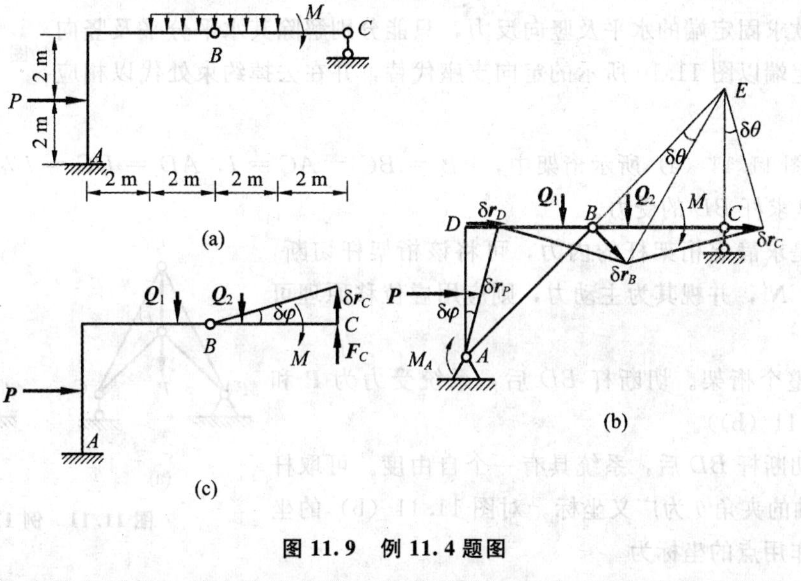


图 11.9 例 11.4 题图

**解** 本题结构为静定结构，其自由度为零。欲求某处反力时，可解除该处约束，而代以相应的未知力，并视其为主动力计算虚功，仍由虚位移原理求解。一般情况下，每次只解除与某个未知力相应的约束，使系统成为一个自由度，以便分析有关虚位移间的关系。

(1) 求固定端 $A$ 的反力偶。将固定端 $A$ 的转动约束解除，而代之以反力偶，则杆可绕 $A$ 转动，但不能沿任何方向移动，因此应将固定端以固定铰支座代替。此时系统具有一个自由度，杆 $AB$ 做定轴转动，杆 $BC$ 可做平面运动。

给杆 $AB$ 以虚转角 $\delta\varphi$，$B$ 点虚位移为

$$\delta\gamma_B=AB\cdot\delta\varphi$$

杆 $BC$ 做平面运动，其速度瞬心在 $E$，设杆 $BC$ 虚转角 $\delta\theta$ 如图 11.9（b）所示。点 $B$ 虚位移为

$$\delta\gamma_B=BE\cdot\delta\theta=AB\cdot\delta\varphi$$

由图示的几何关系，$AB=BE$，得

$$\delta\theta=\delta\varphi$$

做功的力有 $\boldsymbol{P}$ 和均布荷载等效的合力 $\boldsymbol{Q}_1$ 和 $\boldsymbol{Q}_2$ 以及 $M$ 和 $M_A$。计算力偶的虚功时，采用力矩乘以相应的虚转角，若力矩与虚转角的转向一致时，虚功取正号，反之则取负号。于是，可得虚功方程为

$$M_A\delta\varphi+2P\delta\varphi+3Q_1\delta\varphi+3Q_2\delta\varphi-M\delta\theta=0$$

注意到 $\delta\theta=\delta\varphi$，$Q_1=Q_2=2q=2\ \text{kN}$，并代入 $P$、$M$ 的值，可得

$$M_A=M-2P-12=-20\ \text{kN}\cdot\text{m}$$

式中，负号表示反力偶的转向与假设相反，即为逆时针方向。

（2）求反力 $\boldsymbol{F}_C$。将可动铰支座 $C$ 去掉，代以反力 $\boldsymbol{F}_C$（图 11.9（c）），$AB$ 部分仍为静定结构，杆 $BC$ 只能绕 $B$ 铰做定轴转动。

给 $BC$ 杆虚转角 $\delta\varphi$（图 11.9（c）），$C$ 点的虚位移为

$$\delta\gamma_C=BC\cdot\delta\varphi=4\delta\varphi$$

由虚功方程，可得

$$F_C\delta\gamma_C-Q_2\times1\times\delta\varphi-M\delta\varphi=0$$

即

$$F_C\delta\gamma_C-Q_2\times1\times\delta\varphi-M\delta\varphi=0$$

因为 $4F_C\delta\varphi-2\delta\varphi-12\delta\varphi=0$，求得

$$F_C=14/4=3.5\ \text{kN}$$

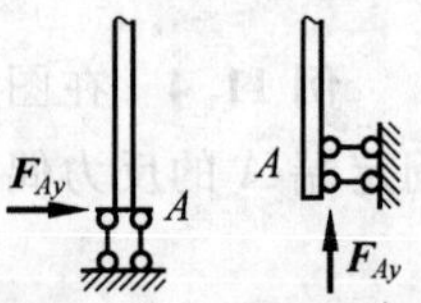

图 11.10　受力分析

讨论：求静定结构的反力时，解除约束一定要与所求的未知量相对应。例如，本题中若欲求固定端的水平及竖向反力，只能分别解除其水平分平及竖向约束，应将固定端以图 11.10 所示的定向支座代替，并在去掉约束处代以相应的反力。

**例 11.5**　图 11.11（a）所示桁架中，$AB=BC=AC=l$，$AD=DC=l/\sqrt{2}$，节点 $D$ 作用有铅垂力 $\boldsymbol{P}$。试求杆 $BD$ 的受力。

**解**　本题是求静定桁架杆的内力，可将该桁架杆切断，并代以内力 $\boldsymbol{N}$、$\boldsymbol{N}'$，并视其为主动力，则应用虚位移原理可以求解。

（1）研究整个桁架。切断杆 $BD$ 后，系统受力为 $\boldsymbol{P}$ 和 $\boldsymbol{N}$、$\boldsymbol{N}'$（图 11.11（b））。

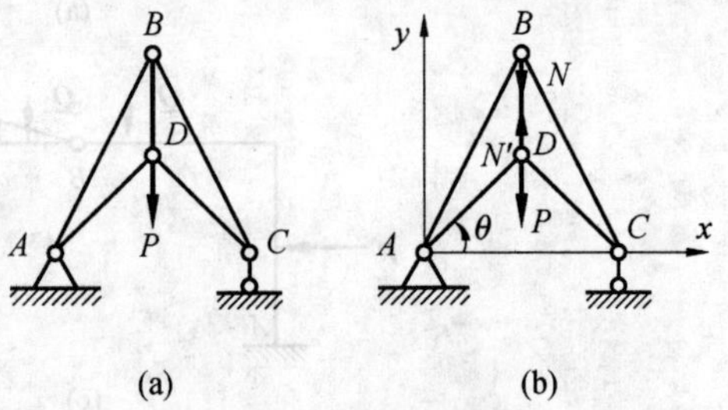

图 11.11　例 11.5 题图

（2）由于切断杆 $BD$ 后，系统具有一个自由度。可取杆 $AD$ 与图示 $x$ 轴的夹角 $\theta$ 为广义坐标。对图 11.11（b）的坐标系，铅垂力作用点的坐标为

$$y_D=AD\sin\theta=\frac{l}{\sqrt{2}}\sin\theta$$

$$y_B=\sqrt{AB^2-(AD\cos\theta)^2}=\sqrt{l^2-\frac{l^2}{2}\cos^2\theta}=\frac{l}{2}\sqrt{3-\cos2\theta}$$

对上式进行一阶变分，得

$$\delta y_D=\frac{l}{\sqrt{2}}\cos\theta\delta\theta$$

$$\delta y_B=\frac{l}{2}\frac{-\frac{1}{2}(-\sin 2\theta)\times 2\delta\theta}{\sqrt{3-\cos 2\theta}}=\frac{l}{2}\frac{\sin 2\theta}{\sqrt{3-\cos 2\theta}}\delta\theta$$

(3) 根据虚功方程，可得

$$(N'-P)\delta y_D-N\delta y_B=0$$

即

$$(N'-P)\frac{l}{\sqrt{2}}\cos\theta\delta\theta-N\frac{l}{2}\frac{\sin 2\theta}{\sqrt{3-\cos 2\theta}}\delta\theta=0$$

由于 $N=N'$，$\delta\theta\neq 0$，可得

$$N\left(1-\frac{\sqrt{2}\sin\theta}{\sqrt{3-\cos 2\theta}}\right)=P$$

在静平衡位置，由图示的几何关系，有

$$\cos\theta=\frac{\frac{l}{2}}{AD}=\frac{\frac{l}{2}}{\frac{l}{\sqrt{2}}}=\frac{\sqrt{2}}{2}$$

因而 $\theta=45°$。于是，杆 $BD$ 的内力为

$$N=\frac{P}{1-\frac{1}{\sqrt{3}}}=\frac{\sqrt{3}}{\sqrt{3}-1}P=2.37P\text{（拉力）}$$

**讨论：**(1) 若用节点法或截面法求杆 $BD$ 内力，读者试列出解题步骤。

(2) 如何应用几何法求虚位移？

**技术提示**

应用虚位移原理求解问题时注意以下两点：(1) 系统中若有力偶作用，求虚位移宜用虚速度法，而应用虚速度法时，必须画出系统的虚位移图，标明主动力作用点的虚位移，并画出转动刚体的虚转角。(2) 对定轴转动刚体和平面运动刚体，计算其上主动力的虚功时，可按转动刚体上力的功来计算，即力对轴的矩乘以相应的虚转角，往往简单而方便。

## 11.4* 自由度与广义坐标

### 11.4.1 自由度

由于约束的限制，质点系内各质点的虚位移并不独立。那么，一个非自由质点系究竟有多少个独立的虚位移？于是，把质点系独立的虚位移（或独立坐标变分）数目，称为质点系的自由度。因为每个独立的虚位移反映了系统一个独立的虚位移形式，自由度数就反映了系统独立的虚位移形式的数目。例如图 11.3 中的曲柄滑块机构，独立的虚位移可为 $\delta\theta$，$\delta\theta$ 一旦给定，系统的虚位移形式（虚位移图）就完全确定了，而且任一点的虚位移都可以用 $\delta\theta$ 表示。

具有定常几何约束的质点系，设质点系包括 $n$ 个质点，受到 $s$ 个约束，约束方程为式 (11.9)，即

$$f_j\ (x_1、y_1、z_1;\ \cdots;\ x_n、y_n、z_n)=0\ (j=1、2、\cdots、s)$$

对约束方程求一阶变分，则得

$$\sum_{i=1}^{n}\left(\frac{\partial f_j}{\partial x_i}\delta x_i+\frac{\partial f_j}{\partial y_i}\delta y_i+\frac{\partial f_j}{\partial z_i}\delta z_i\right)=0\,(j=1、2、\cdots、s) \tag{11.19}$$

式（11.9）表示，给质点系的虚位移时，质点系 $3n$ 个质点的坐标变分应满足 $s$ 个方程，也就是说，只有 $3n-s$ 个变分是独立的。它正好等于质点独立坐标的数目。因此，对于具有定常几何约束的质点系，确定其几何位置的独立坐标的数目，也称为质点系的自由度。

## 11.4.2 广义坐标

在许多实际问题中，采用直角坐标法确定系统的位置并不方便。如上所述，我们可取 $3n-s$ 个独立的参数便能完全确定系统的位置，这些定参数可以是长度、角度、弧长等。能够完全确定质点系位置的独立参数，称为系统的广义坐标。对于定常的几何约束系统，显然，广义坐标的数目就等于系统的自由度数。

对于我们所讨论的定常的完整系统，如系统具有 $k=3n-s$ 个自由度，广义坐标以 $q_i$ $(i=1、2、\cdots、k)$表示，则任一瞬时系统中每一质点的矢径和直角坐标都可以表示为广义坐标的函数，即

$$\boldsymbol{r}_i=\boldsymbol{r}_i(q_1、\ q_2、\ \cdots、\ q_k\ )\,(i=1、2、\cdots、n) \tag{11.20}$$

$$\begin{cases}x_i=x_i(q_1、\ q_2、\ \cdots、\ q_k\ )\\ y_i=y_i(q_1、\ q_2、\ \cdots、\ q_k\ )\,(i=1、2、\cdots、n)\\ z_i=z_i(q_1、\ q_2、\ \cdots、\ q_k\ )\end{cases} \tag{11.21}$$

图 11.12 表示一个在 $Oxy$ 面内运动二级摆。这个质点系由两个质点组成，受到两个几何约束，其约束方程为

$$x_1^2+y_1^2=l_1^2 \tag{11.22}$$

$$(x_2-x_1)^2+(y_2-y_1)^2=l_2^2 \tag{11.23}$$

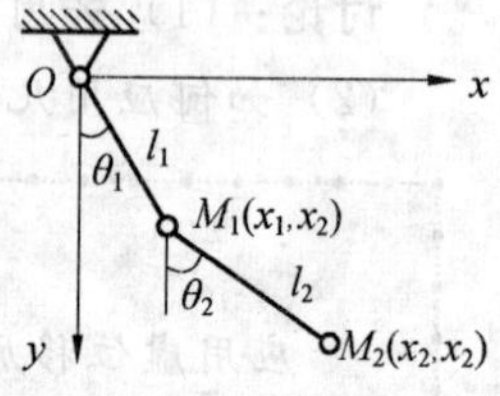

**图 11.12　二级摆**

所以，该质点系的广义坐标数（或自由度数）为

$$k=2n-s=2$$

系统的位置用两个独立的参变量给定。按照约束方程（11.22）和（11.23），两个广义坐标可以从 $x_1$ 和 $y_1$ 中选一个，另一个在 $x_2$ 和 $y_2$ 中选取。也可以选取角 $\varphi_1$ 和 $\varphi_2$ 作为系统的广义坐标，因为按照约束条件，$\varphi_1$ 和 $\varphi_2$ 是相互独立的，且一旦给定了 $\varphi_1$ 和 $\varphi_2$，质点 $M_1$ 和 $M_2$ 的位置就能唯一地确定。

总之，对于一个给定的非自由质点系，其广义坐标的个数是确定的，但广义坐标的取法则可有不同。

又如，图 11.13 中所示的曲柄滑块机构，它在 $Oxy$ 面内运动。曲柄 $OA$ 做定轴转动，需要用一个独立参数确定其位置；连杆 $AB$ 做平面运动，需要用三个独立参数确定其位置，两个刚体则需要四个独立的参数确定其位置。但对曲柄滑块机构来说受到如下三个几何约束的限制：

$$x_A^2+y_A^2=r^2$$

$$(y_B-y_A)^2+(x_B-x_B)^2=l^2$$

$$y_B=0$$

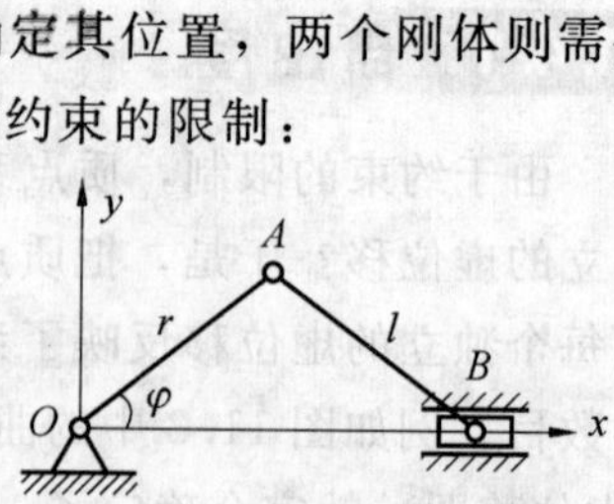

**图 11.13　曲柄滑块机构**

因此，曲柄滑块机构的广义坐标只有一个。可以选取曲柄 $OA$ 的转角 $\varphi$ 作为广义坐标，也可以取滑块 $B$ 的坐标 $x_B$ 作为广义坐标，等等。

**技术提示**

在求解实际问题时，广义坐标选取得恰当，会使解题简便，或者得到力学意义明显的结果。如何选取广义坐标虽无规律可循，但经验表明，存在转动的场合选取角度比较方便，存在平移时选取长度比较方便。

# 11.5* 以广义力表示质点的平衡条件

## 11.5.1 以广义力表示的质点系平衡条件

将式（11.11）改写为

$$\delta \boldsymbol{r}_i = \frac{\partial \boldsymbol{r}_i}{\partial q_1}\delta q_1 + \frac{\partial \boldsymbol{r}_i}{\partial q_2}\delta q_2 + \cdots + \frac{\partial \boldsymbol{r}_i}{\partial q_k}\delta q_k = \sum_{j=1}^{k}\frac{\partial \boldsymbol{r}_i}{\partial q_j}\delta q_j$$

代入虚功方程，有

$$\sum_{i=1}^{n}\boldsymbol{F}_i \cdot \delta \boldsymbol{r}_i = 0$$

可得

$$\sum_{i=1}^{n}\boldsymbol{F}_i\left(\sum_{j=1}^{k}\frac{\partial \boldsymbol{r}_i}{\partial q_j}\delta q_j\right) = 0$$

交换式中 $i$、$j$ 的求和顺序有

$$\sum_{j=1}^{k}\left(\sum_{i=1}^{n}\boldsymbol{F}_i \cdot \frac{\partial \boldsymbol{r}_i}{\partial q_j}\right)\delta q_j = 0 \qquad (11.24)$$

令

$$Q_j = \sum_{i=1}^{n}\boldsymbol{F}_i \cdot \frac{\partial \boldsymbol{r}_i}{\partial q_j}(j = 1、2、\cdots、k)$$

则式(11.24)成为

$$\sum_{j=1}^{k}Q_j\delta q_j = 0 \qquad (11.25)$$

式（11.25）称为广义坐标形式的虚位移原理。由于 $\delta q_j$ 是系统对应于广义坐标 $q_j$ 的广义虚位移，而 $Q_j\delta q_j$ 具有功的量纲，因此 $Q_j$ 称为对应广义坐标 $q_j$ 的广义力。当 $\delta q_j$ 是长度单位时，则 $Q_j$ 为力的单位；当 $\delta q_j$ 是角度单位时，则 $Q_j$ 为力矩的单位。

对于完整系统，各个广义坐标的变分独立，故由式（11.25）可得

$$Q_j = 0(j=1、2、\cdots、k) \qquad (11.26)$$

这就是以广义力表示的质点系平衡条件。可表述为：具有双面、定常、理想约束的质点系，平衡的必要和充分条件是：在给定的平衡位置上，系统的所有与广义坐标对应的广义力均等于零。也称为广义虚功原理，应用此原理可以求解具有任意个自由度的质点系平衡问题。

**技术提示**

广义力与牛顿力的比较：（1）牛顿力是矢量，广义力是标量；（2）牛顿力有明确的施力体，广义力没有；（3）牛顿力的量纲为力的量纲，广义力的量纲则可以是力，也可以是力矩。

## 11.5.2 广义力的计算

应用式（11.16）求解平衡问题时，关键是如何正确快速地计算对应于广义坐标的广义力。一般情况下，广义力可选用下述三种方法之一计算。

（1）按定义计算。由定义式（11.24）有

$$Q_j = \sum_{i=1}^{n} \boldsymbol{F}_i \cdot \frac{\partial \boldsymbol{r}_i}{\partial q_j} = \sum_{i=1}^{n} \left( F_{ix} \frac{\partial x_i}{\partial q_j} + F_{iy} \frac{\partial y_i}{\partial q_j} + F_{iz} \frac{\partial z_i}{\partial q_j} \right) \tag{11.27}$$

式中，$F_{ix}$、$F_{iy}$、$F_{iz}$为质点$m_i$所受的主动力$F_i$在各直角坐标轴上的投影，力$F_i$作用点的坐标为广义坐标的函数。这种方法也称为解析法。

(2) 虚功法。对于完整系统，广义力的虚功之和以$\sum \delta W$表示，则有

$$\sum \delta W = Q_1 \delta q_1 + Q_2 \delta q_2 + \cdots + Q_k \delta q_k = \sum_{j=1}^{k} Q_j \delta q_j \tag{11.28}$$

式中，$\delta q_1$、$\delta q_2$、…、$\delta q_k$，彼此相互独立，因此欲求某个广义力$Q_j$时，可以取一组特殊的广义虚位移，为此，令$\delta q_j \neq 0$，而令其余$\delta q_l = 0 (l \neq j)$，这时式 (15.18) 成为

$$\sum \delta W_j = Q_j \delta q_j$$

式中，$\sum \delta W_j$表示仅当$\delta q_j$非零时系统上主动力的虚功之和。于是，可得对应于广义坐标的广义力为

$$Q_j = \frac{\sum \delta W_j}{\delta q_j} (j = 1、2、\cdots、k) \tag{11.29}$$

(3) 势能法。

若作用于系统的主动力都是有势力，这时系统的势能函数可表示为

$$V = V(x_1、y_1、z_1、\cdots、x_n、y_n、z_n) = V(q_1、q_2、\cdots、q_k)$$

任一质点$M_i$的有势力在直角坐标上的投影为

$$F_{ix} = -\frac{\partial V}{\partial x_i},\ F_{iy} = -\frac{\partial V}{\partial y_i},\ F_{iz} = -\frac{\partial V}{\partial z_i} \tag{11.30}$$

将式 (11.20) 代入式 (11.17)，得

$$Q_j = -\sum_{i=1}^{n} \left( \frac{\partial V}{\partial x_i} \frac{\partial x_i}{\partial q_j} + \frac{\partial V}{\partial y_i} \frac{\partial y_i}{\partial q_j} + \frac{\partial V}{\partial z_i} \frac{\partial z_i}{\partial q_j} \right)$$

即

$$Q_j = -\frac{\partial V}{\partial q_j} \ (j = 1、2、\cdots、k) \tag{11.31}$$

于是，对于保守系统，对应于每个广义坐标的广义力等于势能函数对该坐标的偏导数并冠以负号。

在一般情况下，应用虚功法计算广义力比较简单。

**例 11.6** 图 11.14 (a) 所示系统中，杆 $OA$ 和 $AB$ 长度均为 $l$，不计自重，在杆件所在的平面内作用有矩为 $M$ 的两力偶及水平力 $\boldsymbol{P}$，系统处于平衡。求平衡位置时的 $\theta_1$ 和 $\theta_2$。

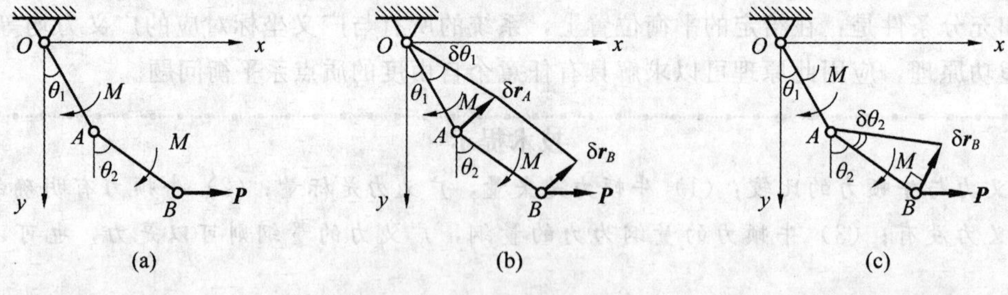


**图 11.14 例 11.6 题图**

**解** 此系统具有两个自由度，可取角 $\theta_1$ 和 $\theta_2$ 为广义坐标。属求主动力作用下的平衡位置问题，现应用广义坐标形式的虚位移原理求解。

$$Q_1 = 0,\ Q_2 = 0$$

(1) 取两杆系统为研究对象。

(2) 由于广义坐标的独立性，给杆 $OA$ 以虚转角 $\delta\theta_1$，而令 $\theta_2$ 保持不变，即 $\delta\theta_2 = 0$。此时杆 $OA$ 作定轴动，杆 $AB$ 做平动，系统的虚位移如图 11.13 (b) 所示。力 $\boldsymbol{P}$ 作用点的虚位移为

$$\delta\gamma_B=\delta\gamma_A=l\delta\theta_1$$

系统上主动力的虚功之和为

$$\sum\delta W_1=-M\delta\theta_1+P\delta\gamma_B\cos\theta_1=-M\delta\theta_1+Pl\cos\theta_1\delta\theta_1=0$$

由 $$Q_1=\frac{\sum\delta W_1}{\delta\theta_1}=-M+Pl\cos\theta_1=0$$

得 $$\cos\theta_1=\frac{M}{Pl}$$

或 $$\theta_1=\arccos\frac{M}{Pl}$$

(3) 给杆 $AB$ 以虚转角 $\delta\theta_2$，而令 $\delta\theta_1=0$。此时杆 $AB$ 做定轴转动，系统虚位移如图 11.13 (c) 所示。可知

$$\delta\gamma_B=l\delta\theta_2$$

$$\sum\delta W_2=-M\delta\theta_2+P\delta\gamma_B\cos\theta_2=-M\delta\theta_2+Pl\cos\theta_2\delta\theta_2$$

由 $$Q_2=\frac{\sum\delta W_2}{\delta\theta_2}=-M+Pl\cos\theta_2=0$$

得 $$\theta_2=\arccos\frac{M}{Pl}$$

## 【重点串联】

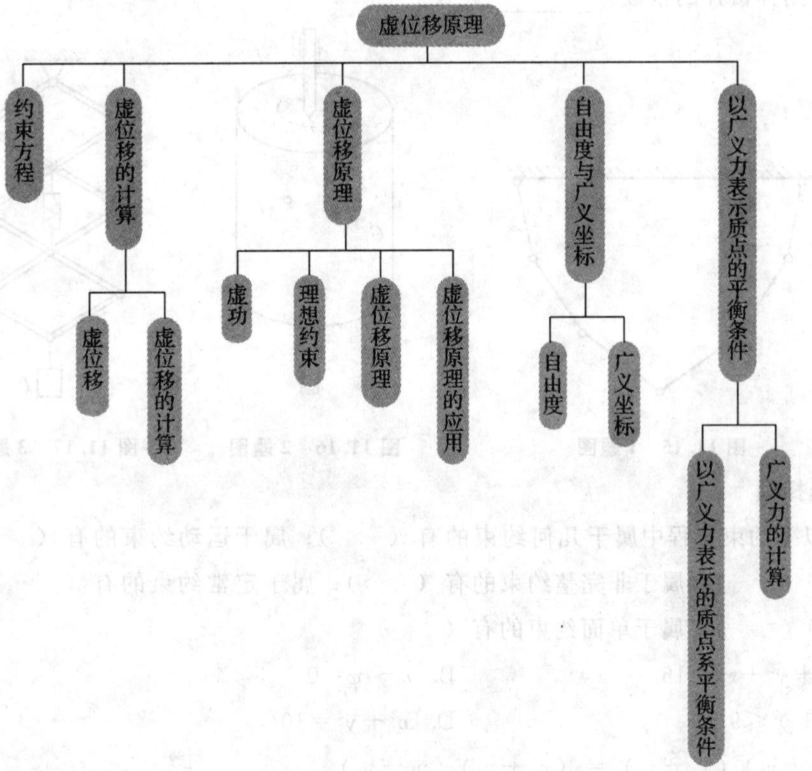

# 拓展与实训

## 职业能力训练

### 一、判断题

1. 几何约束限制质系中各质点的位置，但不限制各质点的速度。 （ ）

2. 单摆中绳的张力不做功，绳是理想约束。变长度单摆中绳的张力做功，因而绳不是理想约束。 （ ）

3. 一个给定系统的自由度数是确定的，但广义坐标的选择是不确定的。 （ ）

4. 虚位移虽与时间无关，但与主动力的方向一致。 （ ）

5. 虚位移原理是静力学普遍方程，因而可以推导出几何静力学的一切平衡方程。 （ ）

### 二、填空题

1. 在图 11.15 所示由六杆组成的机构可在铅垂面中运动，该机构的自由度数为________。

2. 如图 11.16 所示，圆柱体以等角速 $\omega$ 绕铅垂轴转动，小球 $M$ 可沿圆柱体表面的曲线槽 $C$ 滑动。则小球 $M$ 的自由度为________，约束类型为________，广义坐标为________。

3. 图 11.17 所示的多菱形机构中，中间菱形置一弹簧秤，如果机构下端的重量为 $P$，不计杆重，则弹簧秤的指数为________。

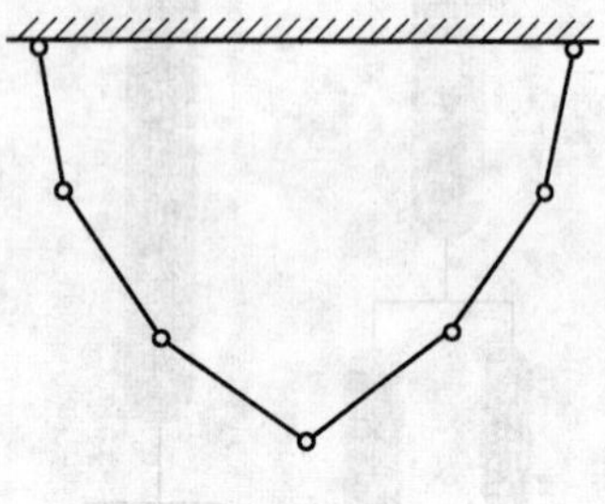
图 11.15 1 题图

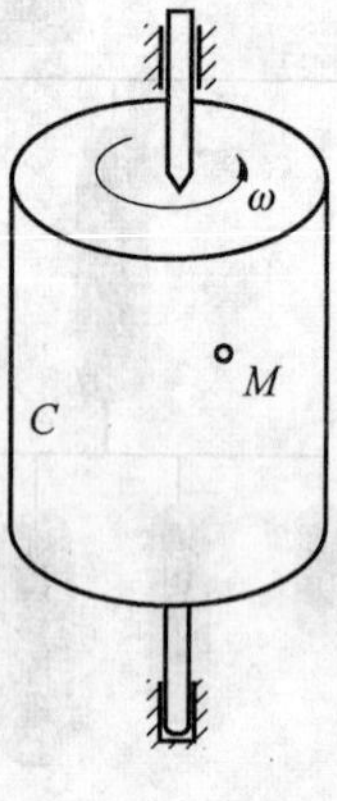

图 11.16 2 题图

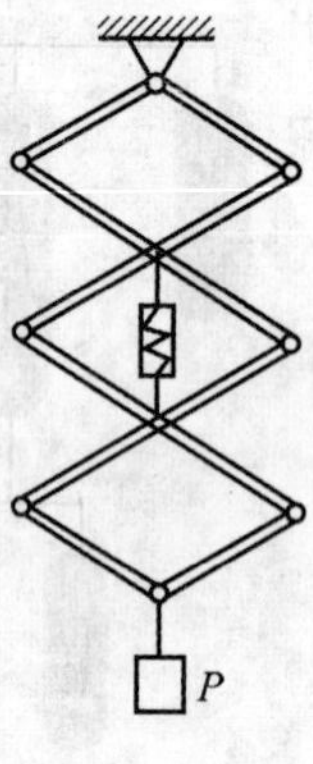

图 11.17 3 题图

### 三、选择题

1. 在以下约束方程中属于几何约束的有（ ）；属于运动约束的有（ ）；属于完整约束的有（ ）；属于非完整约束的有（ ）；属于定常约束的有（ ）；属于非定常约束的有（ ）；属于单面约束的有（ ）。

A. $x^2+y^2+z^2=16$　　B. $\dot{x}-r\dot{\varphi}=0$

C. $x^2+y^2\leqslant 9$　　D. $x^2+y^2=10t$

E. $(\dot{y}_1+\dot{y}_2)(x_1-x_2)=(\dot{x}_1+\dot{x}_2)(y_1-y_2)$

2. 图 11.18 所示四连杆机构中，点 $B$、$C$ 的虚位移有四种画法，其中正确的是（　　）。

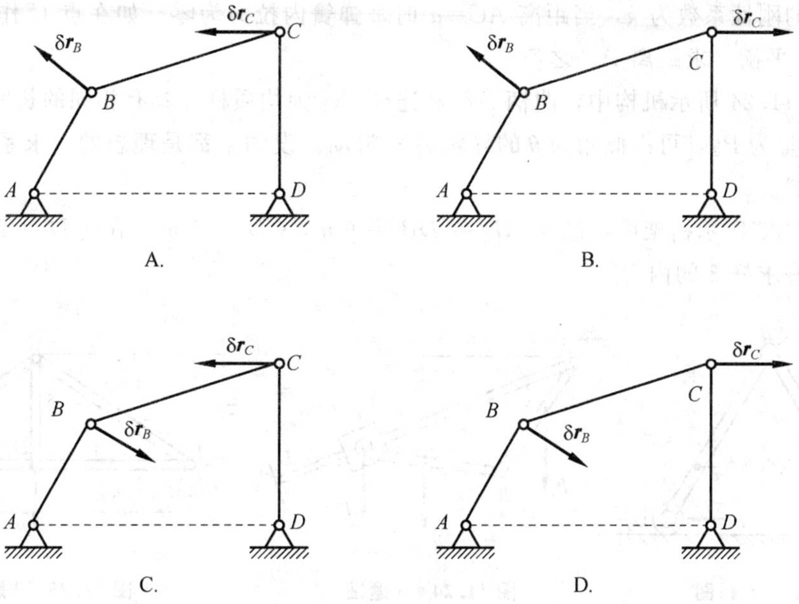


**图 11.18　2 题图**

## 四、计算题

1. $AB$ 和 $BC$ 组成的静定梁，荷载如图 11.19 所示。已知 $q=5$ kN/m，$F=10$ kN，$M=6$ kN·m。试用虚位移原理求固定铰链支座 $C$ 竖向的约束反力和可动铰链支座 $D$ 的约束反力。

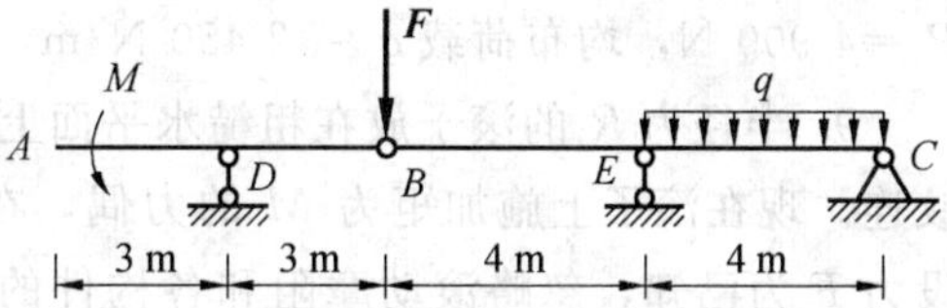


**图 11.19　1 题图**

2. 挖土机挖掘部分示意如图 11.20 所示。支臂 $DEF$ 不动，$A$、$B$、$D$、$E$、$F$ 为铰链，液压油缸 $AD$ 伸缩时可通过连杆 $AB$ 使挖斗 $BFC$ 绕 $F$ 转动，$EA=FB=r$。当 $\theta_1=\theta_2=30°$ 时杆 $AE\perp DF$，此时油缸推力为 $F$。不计构件重量，求此时挖斗可克服的最大阻力矩 $M$。

3. 在图 11.21 所示机构中，当曲柄 $OC$ 绕 $O$ 轴摆动时，滑块 $A$ 沿曲柄滑动，从而带动杆 $AB$ 在铅直导槽 $K$ 内移动。已知：$OC=a$，$OK=l$。在点 $C$ 处垂直于曲柄作用一力 $F_1$；而在点 $B$ 沿 $BA$ 作用一力 $F_2$。求机构平衡时 $F_2$ 与 $F_1$ 的关系。

4. 滑轮机构将两物体 $A$ 和 $B$ 悬挂如图 11.22 所示。如绳和滑轮重量不计，当两物体平衡时，求重量 $P_A$ 与 $P_B$ 的关系。

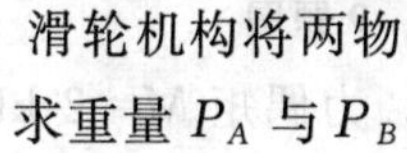

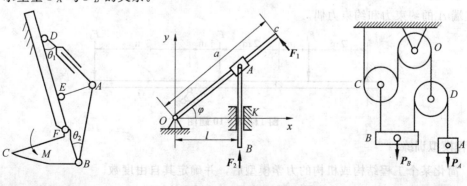

**图 11.20　2 题图**

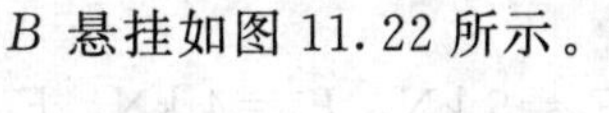


**图 11.21　3 题图**

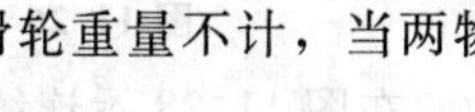


**图 11.22　4 题图**

5. 如图 11.23 所示两等长杆 $AB$ 与 $BC$ 在点 $B$ 用铰链连接，又在杆的 $D$、$E$ 两点连一弹簧。弹簧的刚性系数为 $k$，当距离 $AC=a$ 时，弹簧内拉力为零。如在点 $C$ 作用一水平力 $F$，杆系处于平衡，求距离 $AC$ 之值。

6. 在图 11.24 所示机构中，曲柄 $AB$ 和连杆 $BC$ 为均质杆，具有相同的长度和重量 $P_1$。滑块 $C$ 的重量为 $P_2$，可沿倾角为 $\theta$ 的导轨 $AD$ 滑动。设约束都是理想的，求系统在铅垂面内的平衡位置。

7. 图 11.25 所示桁架中，已知 $AD=DB=6$ m，$CD=3$ m，节点 $D$ 处荷载为 $P$。试用虚位移原理求杆 3 的内力。

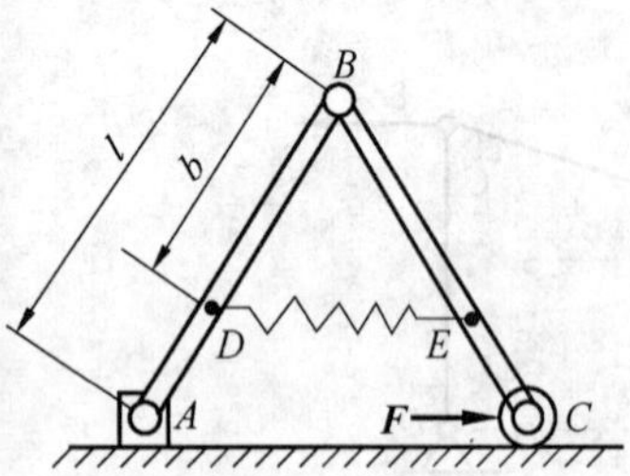

图 11.23　5 题图

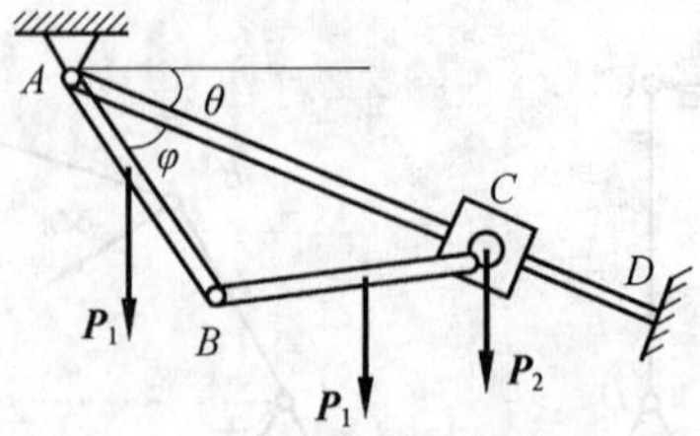

图 11.24　6 题图

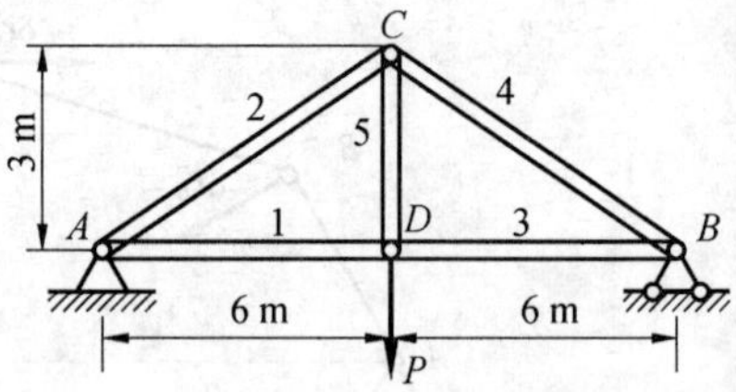

图 11.25　7 题图

8. 组合梁由铰链 $C$ 铰接 $AC$ 和 $CE$ 而成，荷载分布如图 11.26 所示。已知跨度 $l=8$ m，$P=4\ 900$ N，均布荷载 $q=2\ 450$ N/m，力偶矩 $M=4\ 900$ N·m。求支座反力。

9. 半径为 $R$ 的滚子放在粗糙水平面上，连杆 $AB$ 的两端分别与轮缘上的 $A$ 点和滑块 $B$ 铰连。现在滚子上施加矩为 $M$ 的力偶，在滑块上施加力 $F$，使系统于图示位置处于平衡。设力 $F$ 为已知，忽略滚动摩阻和各构件的重量，不计滑块和各铰链处的摩擦，试求力偶矩 $M$ 以及滚子与地面间的摩擦力 $F_s$。

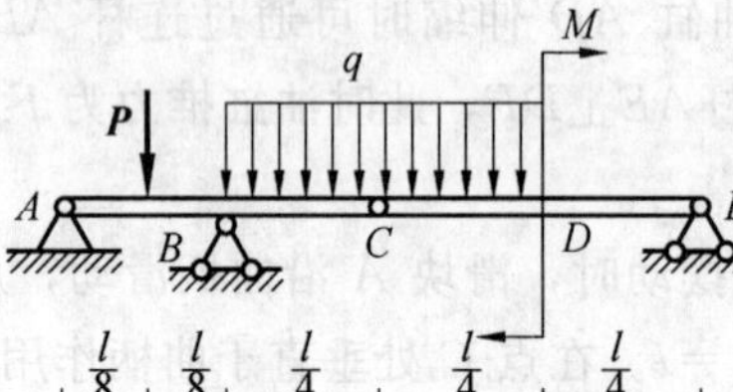

图 11.26　8 题图

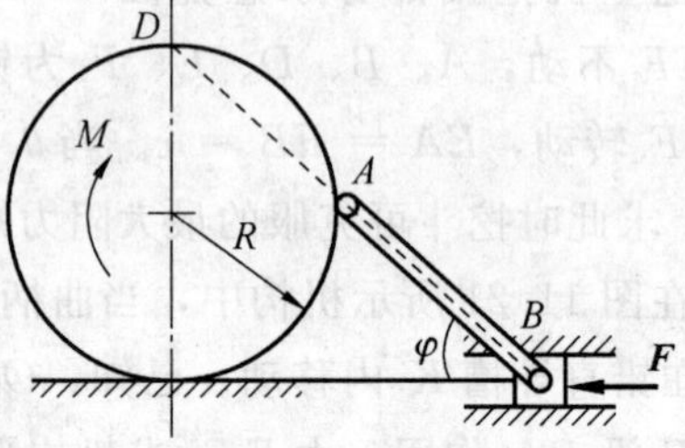

图 11.27　9 题图

10. 在图 11.28 示连续梁中，$F_1=5$ kN，$F_2=4$ kN，$F_3=3$ kN，力偶矩 $M=2$ kN·m。求固定端 $A$ 的约束力和约束力偶。

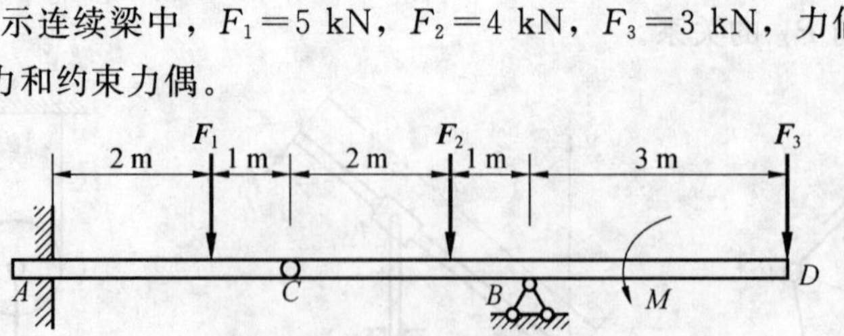

图 11.28　10 题图

## 工程模拟训练

1. 简化某个工程结构或机构的力学模型后，并确定其自由度数。

2. 列举三个工程与生活实际中的虚位移原理应用的例子。

### 链接执考

**单选题**

1. 理论力学讲授虚位移原理的数学表达式：$\sum_{i=1}^{n} F_i \cdot \delta r_i = 0$ 中，$F_i(i=1,\cdots n)$ 的物理意义是（　　）。

A. 所作用的全部外力　　B. 所作用的全部内力

C. 所作用的全部主动力　　D. 所作用的全部约束力

2. 图 11.29 所示定平面 $Oxy$ 内，杆 $OA$ 可绕轴 $O$ 转动，杆 $AB$ 在点 $A$ 与杆 $OA$ 铰接，即杆 $AB$ 可绕点 $A$ 转动。该系统称为双摆，其自由度数为（　　）。

A. 1 个　　B. 2 个　　C. 3 个　　D. 4 个

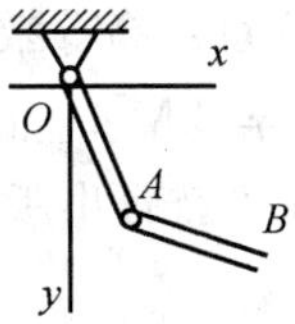


**图 11.29　2 题图**

# 参考文献


[1] 哈尔滨工业大学理论力学教研室．理论力学［M］．北京：高等教育出版社，2009．

[2] 单辉祖．工程力学［M］．北京：高等教育出版社，2006．

[3] 戴葆青．工程力学［M］．北京：北京航空航天大学出版社，2011．

[4] 陈平．理论力学全程学习指导与习题精解［M］．南京：东南大学出版社，2012．

[5] 张策．机械动力学史［M］．北京：高等教育出版社，2009．

[6] 王铎．理论力学解题指导及习题集［M］．北京：高等教育出版社，2005．

[7] 蔡泰信．理论力学教与学［M］．北京：高等教育出版社，2007．

[8] 浙江大学理论力学教研室．理论力学［M］．北京：高等教育出版社，2009．

[9] 胡仰馨．理论力学［M］．北京：高等教育出版社，1985．